U0793737

全国机械行业职业教育优质规划教材（高职高专）
经全国机械职业教育教学指导委员会审定

Windows Server 2008 服务器配置与管理

主　编　李巧君
副主编　时　磊　刘春茂
参　编　裴　祥　王　华　鲁华栋　李　伟　赵　冉

机械工业出版社

本书以 Windows Server 2008 网络操作系统作为应用背景，以“任务驱动、项目导向”的原则编写，主要内容包括：Windows Server 2008 简介与安装、配置 Windows Server 2008 工作环境、本地用户与组账户的管理、文件系统管理、磁盘管理、Active Directory 域服务的配置与管理、组策略管理与安全设置、DHCP 服务器架设、DNS 服务器架设、WWW 服务器架设、FTP 服务器架设及路由与远程访问。

本书可作为高职高专计算机专业用书，也可作为相关人员参考用书。对于希望尽快掌握 Windows Server 2008 操作系统的入门者，本书也是一本不可多得的参考资料。

为了方便教学，本书配备电子课件等教学资源。凡选用本书作为教材的教师均可登录机械工业出版社教育服务网 www.cmpedu.com 下载，或发送电子邮件至 cmpgaozhi@sina.com 索取。咨询电话：010-88379375。

图书在版编目（CIP）数据

Windows Server 2008 服务器配置与管理/李巧君主编．—北京：机械工业出版社，2014.8（2022.1 重印）

全国机械行业职业教育优质规划教材．高职高专

ISBN 978-7-111-47681-8

Ⅰ．①W… Ⅱ．①李… Ⅲ．①Windows 操作系统—网络服务器—高等职业教育—教材 Ⅳ．①TP316.86

中国版本图书馆 CIP 数据核字（2014）第 187358 号

机械工业出版社（北京市百万庄大街 22 号 邮政编码 100037）

策划编辑：王玉鑫　　责任编辑：王玉鑫　陈瑞文

责任校对：薛　娜　　封面设计：马精明

责任印制：单爱军

北京虎彩文化传播有限公司印刷

2022 年 1 月第 1 版第 8 次印刷

184mm×260mm・17.25 印张・420 千字

标准书号：ISBN 978-7-111-47681-8

定价：42.00 元

电话服务　　网络服务

客服电话：010-88361066　　机 工 官 网：www.cmpbook.com

010-88379833　　机 工 官 博：weibo.com/cmp1952

010-68326294　　金 书 网：www.golden-book.com

　机工教育服务网：www.cmpedu.com

前　　言

Windows 系列服务器操作系统无疑是目前最强大、最易用的网络操作系统之一，具有安全性、可管理性及可靠性等特点，非常适合于搭建中小型网络中的各种网络服务，尤其适合那些没有经过专业培训的非专业类管理人员使用。

Windows Server 2008 是继 Windows Server 2003 之后微软公司推出的新一代服务器操作系统。Windows Server 2008 与之前版本的 Windows Server 相比又有了巨大的改变。在控制能力、安全性和灵活性等方面加强后，Windows Server 2008 家族具有更多新特性，如 Server Core、PowerShell 命令行操作模式、强制重启技术、核心工作代理技术等。

本书特色

（1）对知识的讲述通俗易懂，深入浅出，融入了编者多年的教学心得。

编者具有丰富的 Windows Server 服务器课程教学经验，对 Windows Server 2008 也有独到的见解，并能用通俗易懂的语言，深入浅出地表达出来。

（2）内容全面，重点突出，图文并茂。

编者多次编写网络技术方面的教材，对书中的重点内容有较好的把握，也对读者在学习中可能会遇到的疑难点有深刻的了解。本书采用图文并茂的方式进行讲授，即使一些操作难以理解，读者也能按图索骥，顺利掌握。

（3）案例独具匠心，具有高度的启发性和可扩展性。

本书选取了有代表性的企业环境作为案例，详细讲解了解决和部署的方法，使读者能带着目标去学习，并能对相似的环境举一反三，最终掌握应对各类企业网络环境的方法。

技术支持

本书注重理论知识与动手实践的结合，按照“任务驱动、项目导向”的原则编排每个章节，容纳几乎所有重要的知识结构，其中涉及了各种典型的、复杂的应用场景，使读者可以根据自己的网络管理任务查阅相应的章节，完成相应的网络管理工作。为了突出技能实训，每章均安排了项目实训，包括实训环境和条件、实训目的、实训内容及实训过程。这些实训内容均可在虚拟机软件环境下进行。

本书由李巧君担任主编，时磊、刘春茂担任副主编。裴祥、王华、鲁华栋、李伟及赵冉也参与了本书的编写。书中的所有操作环节都经过严格的测试。在本书的编写过程中，得到了王东升、邱建新的悉心指导，在此对上述专家表示由衷的感谢。

由于编者水平有限，尽管经过多次核对及反复修改，但是书中难免存在疏漏及不当之处，恳请广大读者批评指正。

编　者

目　　录

第一部分

Windows Server 2008 安装与基本管理

项目1 Windows Server 2008 简介与安装

主要内容

- Windows Server 2008 的主要特点和版本。
- Windows Server 2008 的安装方法。
- 虚拟机技术。
- 利用虚拟机技术构建 Windows Server 2008 实验环境。

技术目标

- 了解 Windows Server 2008 的主要特点。
- 学会选择 Windows Server 2008 的不同版本。
- 了解 Windows Server 2008 的主要安装方法及使用场合。
- 掌握使用 DVD 光盘安装 Windows Server 2008 的方法。
- 熟悉虚拟机技术的工作原理。
- 掌握利用虚拟机技术构建 Windows Server 2008 实验环境的方法。

1.1 真实情景引入

【真实情景】

A 公司是一家建筑设计与装潢企业，为保证设计数据的可靠性，公司设计部购置了一台服务器用于存放员工提交的标书、开发图样和文档，以及员工个人文档的备份。该服务器硬盘的可用空间约为 550GB，公司设计部经理准备对服务器进行如下设置。

（1）为了便于管理，服务器的操作系统采用 Windows Server 2008。

（2）将服务器的硬盘划分为 3 个逻辑盘（C 盘、D 盘、E 盘），分别用于安装操作系统、存储公用文档和员工个人文档。其中，C 盘 50GB，D 盘 300GB，其余空间用作 E 盘。

【引入问题】

（1）Windows Server 2008 有哪些版本？如何选择？

（2）Windows Server 2008 有哪些安装方法？安装前需要做哪些准备工作？在一台全新的服务器中如何安装 Windows Server 2008？

1.2 Windows Server 2008 简介

Microsoft Windows Server 2008 不仅是微软目前较新一代的服务器操作系统，而且代表了下一代 Windows Server 的发展趋势。它改善了用户操作界面，还继承了 Windows Server 2003 操作系统的各种优点，并在此基础上提供了重要的新功能和对原有功能的强大改进，促进了应用程序、网络和 Web 服务从工作组向数据中心的转变。

Windows Server 2008 通过加强操作系统和保护网络环境提高了安全性，通过加快 IT 系统的部署与维护，使服务器和应用程序的合并与虚拟化更加简单，通过提供直观管理工具，使得网络管理人员的管理更加灵活。

1.2.1 Windows Server 2008 简介

Windows Server 2008 用于虚拟化工作负载、支持应用程序和保护网络方面向组织提供最高效的平台。它为开发、承载 Web 应用程序和服务提供了一个安全且易于管理的平台。从工作组到数据中心，Windows Server 2008 都提供了令人兴奋且很有价值的新功能。

1. 更强的控制能力

使用 Windows Server 2008，IT 专业人员能够更好地控制服务器和网络基础结构，从而将精力集中在处理关键业务的需求上。增强的脚本编写功能和任务自动化功能（如 Windows PowerShell）可帮助 IT 专业人员自动地执行常见任务。通过对服务器管理器进行的基于角色的安装和管理，大大地简化了在企业中管理与保护多个服务器角色的任务。服务器的配置信息和系统信息由服务器管理器控制台集中管理。IT 人员可以只安装需要的角色和功能，向导会自动完成其他许多费时的系统部署任务。增强的系统管理工具会（如可靠性监视器）提供有关的系统信息，在潜在问题发生之前向 IT 人员发出警告。

2. 增强的安全性

Windows Server 2008 提供了一系列全新的安全技术，这些技术增强了对操作系统的保护，为企业的运营和发展奠定了坚实的基础。Windows Server 2008 提供了减小内核攻击面的安全创新，从而使服务器环境更安全、更稳定。通过保护关键服务器服务，使其免受文件系统、注册表或网络中异常活动的影响。强化 Windows 服务有助于提高系统的安全性。借助网络访问保护（NAP）、只读域控制器（RODC）、公钥基础结构（PKI）增强功能、Windows 服务强化、新双向 Windows 防火墙和新一代加密支持，Windows Server 2008 操作系统的安全性大大加强。

3. 更大的灵活性

Windows Server 2008 允许管理员修改其基础结构以适应不断变化的业务需求，同时还可保持此操作的灵活性。它允许用户从远程位置（如远程应用程序和终端服务网关）执行程序，这样，工作人员操作起来更加灵活。Windows Server 2008 使用 Windows 部署服务（WDS）加速对 IT 系统的部署和维护，使用 Windows Server 虚拟化（WSV）帮助合并服务器。对于需要在分支机构中使用域控制器的组织，Windows Server 2008 提供了一个新的配置选项—— 只读域控制器（RODC），它可以防止在域控制器出现安全问题时暴露用户账户。

1.2.2 Windows Server 2008 家族系列

目前，Windows Server 2008 包括多种不同的版本，以满足各种规模的企业对服务器的不断变化的需求，满足不同单位（公司）网络的各种服务器和工作负载。

1. Windows Server 2008 Standard Edition（标准版）

该操作系统是迄今为止最稳固的 Windows Server 操作系统之一，其内置的强化 Web 和虚拟化功能，是专为增加服务器基础架构的可靠性和弹性而设计的，同时可节省时间、降低成本。除此之外，它包含功能强大的工具，拥有更佳的服务器控制能力，可简化设定和管理工作，而且增强的安全性功能可以强化操作系统，协助保护数据和网络，为企业提供扎实可靠的基础服务架构。

该操作系统包括 32 位和 64 位两种类型。其中，32 位（x86）版本最多支持 4GB 内存，在 SMP 配置下最多支持 4 个处理器；64 位（x64）版本最多支持 32GB 内存，在 SMP 配置下最多支持 4 个处理器，该版本主要面向中小型企业用户。

提示

SMP (Symmetric Multi Processing) 即对称多处理器，是一项使软件在一台服务器上使用多个处理器以提高系统性能的技术。

2. Windows Server 2008 Enterprise（企业版）

该操作系统主要满足各种规模企业的一般需求，也可以部署关键应用。它所具备的群集和热新增（Hot-Add）处理器功能可协助改善可用性，整合的身份识别管理功能可协助改善安全性，利用虚拟化授权权限整合应用程序可减少基础架构的成本。因此，Windows Server 2008 能提供高度动态、可扩充的 IT 基础架构。

Windows Server 2008 企业版在功能类型上与标准版基本相同，只是企业版支持更高系统的硬件配置，同时具有更优良的可伸缩性和可用性，同时还添加了企业技术，如 Failover Clustcring 与活动目录联合服务等。

该操作系统包括 32 位和 64 位两种类型。其中，32 位（x86）版本在 SMP 配置下最多支持 64GB 内存和 8 个处理器；64 位（x64）版本在 SMP 配置下最多支持 2TB 内存和 8 个处理器，该版本主要用于大型企业的操作系统，特别是在运行 SQL Server 2008 Enterprise Edition 和 Exchange Server 2007 应用程序的服务器上。

3. Windows Server 2008 Datacenter（数据中心版）

该操作系统是为运行重要的应用程序而设计的，可在小型和大型服务器上部署关键的应用程序或进行大规模的虚拟化。它所具备的集群和动态硬件分割功能可改善可用性，利用虚拟化授权权限整合而成的应用程序，可以减少基础架构的成本。另外，Windows Server 2008 数据中心版还可以提供无限量的虚拟镜像应用。

该操作系统包括32位和64位两种类型。其中，32位（x86）版本在SMP配置下最多支持64GB内存和32个处理器；64位（x64）版本在SMP配置下最多支持2TB内存和64个处理器，该版本直接针对大规模的企业应用。

4. Windows Web Server 2008

Windows Web Server 2008专门为单一用途的Web服务器而设计，它建立在Web基础架构功能之上，同时整合了经过重新设计架构的 IIS 7.0、ASP.NET 和 Microsoft.NET Framework，可以方便用户快速部署网页、网站、Web应用程序和Web服务。

Windows Web Server 2008同样包括32位和64位两种类型。其中，32位（x86）版本在SMP配置下最多支持4GB内存和4个处理器；64位（x64）版本在SMP配置下最多支持32GB内存和4个处理器，该版本是专门为Web应用程序服务器设计的。其他角色，如Windows部署服务器和Active Directory域服务等，Windows Web Server 2008不支持。

5. Windows Server 2008 for Itanium-Based Systems

与前几种版本不同，Windows Server 2008 for Itanium-Based Systems是专为Inter Itanium 64位处理器架构设计的，该架构不同于Intel Core 2 Duo或AMD Turion系列中的x64架构。这是Windows Server 2008可以安装到一台基于Itanium的计算机上的唯一版本，并且需要一个Itanium 2处理器。该版本在SMP配置下最多可支持64个处理器和2TB内存。

6. Windows HPC Server 2008

Windows HPC Server 2008具有高效能运算（HPC）特性，可以建立高生产力的HPC环境。由于其建立在Windows Server 2008及64位技术上，因此，可有效地扩充至数以千计的处理核心，并可提供管理控制台，协助管理员主动监督和维护系统的健康及稳定性。除此之外，它所具备的工作进程的互操作性和弹性，可让Windows和Linux的HPC平台间进行整合，也可支持批次作业以及服务导向架构（SOA）工作负载。增强的生产力、可扩充的效能以及使用容易等特色，使Windows HPC Server 2008成为同级中最佳的Windows环境。

1.2.3 Windows Server 2008 的新特性

Windows Server 2008是新一代的Windows Server系列操作系统，它不仅改善了用户操作界面，而且在此基础上提供了重要的新功能，对原有功能也有强大改进。与Microsoft公司之前发布的Windows Server系列操作系统相比，Windows Server 2008的新特性包括以下几个方面。

1. **服务器核心**（Server Core）

服务器核心是Windows Server 2008新增的功能，它能够提供较简化的模块化安装，是Windows Server 2008中最小的安装选择部分，仅包括一个可执行文件和服务器任务。

Server Core不提供完整的桌面，而是通过命令行来管理Windows Server 2008。

网络服务器可能在网络中执行特定的任务或担任关键的角色，全新的Server Core安装选项可为运行这些特定应用的服务器或服务器角色提供较为简化的环境，从而提高其可靠性与效率，使单位或公司能更好地利用现有硬件。总体来讲，使用 Windows Server 2008

的 Server Core 具有以下两点好处。

- 提升服务器的稳定性

Server Core 只安装那些为管理 DHCP、DNS、文件服务器或者域控制器所需要的功能，在 Server Core 上只运行很少的服务和应用。因此，与那些运行了更多功能的服务器相比，Server Core 极大地增强了服务器的稳定性和性能。

- 攻击面减少

由于 Server Core 能够加载并运行核心基础架构角色服务器所需的最少的操作系统组件（即安装的组件更少），因此可以有效地减少系统对补丁的需求，也使企图通过补丁来危害计算机安全的数量减少，从而提高了核心网络基础架构服务器的可靠性与安全性。

2. Internet 信息服务 7.0（IIS 7.0）

在 Windows Server 2008 中，用户可以有选择地安装 IIS 7.0，其管理界面也可被重新设计，以方便用户对各种 Web 服务组件的添加、禁止和授权等操作。

与早期的 IIS 版本相比， IIS 6.0、IIS 7.0 在以下方面进行了改进。

- ❑ 统一的 Web 平台，为管理员和开发人员提供了一个一致的 Web 解决方案。
- ❑ 增强了安全性并增加了自定义服务器，以减少攻击面。
- ❑ 简化了诊断和故障排除功能。
- ❑ 与 Active Directory 相似，在 IIS 7.0 中，应用程序和站点的委派管理功能使管理员能够将 Web 服务器的不同部分的控制权委派给其他用户，如网站所有者。
- ❑ IIS 7.0 提供了基于任务的全新 UI（用户界面），并新增了功能强大的命令行工具。
- ❑ IIS 7.0 引入了新的配置存储，该存储集成了针对整个 Web 平台的 IIS 和 ASP.NET 的配置。
- ❑ 在 IIS 7.0 中，Web 服务器由多个模块组成，用户可以根据需要在服务器中添加或删除这些模块。
- ❑ IIS 7.0 Web 服务器可以最大限度地保证与现有应用程序的兼容。

3. Hyper-V

Hyper-V 的前称是 Viridian，是微软新推出的服务器虚拟化技术，也是微软第一个采用类似 VMware 和 Citrix 开源 Xen 一样的基于 Hypervisor 的技术。

Hyper-V 提供 Windows Server 2008 中的软件基础结构和基本管理工具，可用于创建和管理虚拟化服务器计算环境。此虚拟化环境可用来实现旨在提高效率和降低成本的各种商业目标。例如，虚拟化服务器环境可以帮助用户解决以下问题。

- ❑ 通过提高硬件的利用率来降低运行和维护物理服务器的成本。同时，它还可以减少运行服务器负载所需的硬件数量。
- ❑ 通过减少硬件和软件的设置以及再现测试环境所需的时间来提高开发和测试效率。
- ❑ 提高服务器的可用性，转移配置中所需物理计算机的数量。

通常来讲，用户通过 Hyper-V 可以使用 Windows Server 2008 中的一项技术来创建一个虚拟化的服务器计算环境，利用多个硬件资源来提高计算效率。Hyper-V 的主要特点如下。

- ❑ 基于 64 位本机虚拟机管理程序的虚拟化。

- 能够同时运行 32 位和 64 位虚拟机。
- 支持对称多处理（SMP），即只要物理服务器主机有 4 个内核，虚拟机器都可以使用多达 4 个虚拟处理器，以充分利用多线程应用的需要。
- 能够捕获正在运行的虚拟机的状态、数据和硬件配置。由于快照记录系统状态，因此用户可以将虚拟机恢复到以前的状态。
- 支持较大的虚拟机内存。
- 支持虚拟的 LAN（局域网络）。
- 支持 Microsoft 管理控制台（MMC）3.0 管理工具。
- 文档化的 Windows Management Instrumentation（WMI）界面，便于管理和编写脚本。

4. Windows PowerShell 命令行

Windows PowerShell 是一种专门为系统管理而设计的基于任务的新命令行 Shell 和脚本语言。它构建在.NET Framework 之上，可以帮助管理人员管理 Windows 操作系统和应用程序。

内置的 Windows PowerShell 命令称为 cmdlet，可让用户以命令行的方式管理组织中的计算机。Windows PowerShell 可以让用户访问数据存储，如注册表和证书存储，与访问文件系统一样方便。另外，Windows PowerShell 具有丰富的表达式解析程序和开发完整的脚本语言。

5. 随机地址空间分布（Address Space Layout Randomization，ASLR）

随机地址空间分布最早出现在 Vista 64 位操作系统中，主要功能是在计算机启动时，将关键的系统文件加载到不同的内存地址中，从而防止恶意代码篡改，最终提高系统的安全性。

6. Windows 硬件错误架构（WHEA）

Windows 硬件错误架构即在 Windows Server 2008 中，微软公司最终对硬件错误信息进行了标准化。目前错误报告的一大问题就是设备报错的方式多种多样，各种硬件系统之间没有一种标准，因此编写应用程序的时候很难集合所有的错误资源，并统一呈现，这就意味着要编写许多特定代码，针对各种特定情况。而在 Windows Server 2008 中，所有的硬件相关错误都使用同样的界面汇报给系统，第三方软件就能轻松地管理和消除错误。

7. BitLocker 驱动器加密

BitLocker 驱动器加密是 Windows Server 2008 中一个重要的新功能，可以提高服务器、工作站和移动计算机的安全性。BitLocker 可对磁盘驱动器的内容进行加密，防止未经授权的使用者通过运行并行操作系统或其他软件工具绕过文件和系统的保护，或者对受保护的驱动器上的文件进行脱机查看。

8. 并行 Session 创建

在 Windows Server 2008 操作系统之前，Session 的创建都是逐一操作的，但是对于大型系统而言这是个瓶颈。例如，当周一早上数百人准备工作的时候，不少人就必须等待 Session 初始化。

在 Vista 和 Windows Server 2008 操作系统中加入了新的 Session 模型，可以同时发起 4

个以上的 Session，如果服务器有 4 个以上的处理器，还可以同时发起更多 Session。这样，当更多的用户同时登录时，彼此速度不受影响。

9. 自动修复 NTFS 文件系统

自动修复 NTFS 文件系统是 Windows Server 2008 中新增的一个服务，其功能是在文件系统发生错误时，一个新的系统服务将在后台运行、检测，并可以在不关闭服务器的状态下自动修复错误。在此过程中，服务器只会暂时停止无法访问的数据，其整体运行基本不受影响。

1.2.4 Windows Server 2008 的系统硬件配置

若要在计算机内安装 Windows Server 2008，则此计算机需要按照表 1-1 进行硬件配置。

表 1-1 Windows Server 2008 系统安装硬件配置

硬 件	需 求
处理器（CPU）	● 最小：1GHz（x86）或 1.4GHz（x64） ● 推荐：2GHz 及以上 注意：Windows Server 2008 for Itanium-based Systems 需要使用 Intel Itanium 2 处理器
内存（RAM）	● 最小：512MB 内存 ● 推荐：2GB 内存（完整安装）或者 1GB 内存（Server Core 安装）或者其他 ● 最大（32 位系统）：4GB（标准版）或者 64GB（企业版以及数据中心版） ● 最大（64 位系统）：32GB（标准版）或者 2TB（企业版、数据中心版以及 Itanium-based 系统）
允许的硬盘空间	● 最小：8GB ● 推荐：40GB（完整安装）或者 10GB（Server Core 安装）
光盘驱动器	DVD-ROM
显示	● Super VGA（800×600）或者更高级的显示器 ● 键盘 ● Microsoft Mouse 或者其他兼容设备

1.3 任务 1—安装 Windows Server 2008

1.3.1 Windows Server 2008 的安装模式

Windows Server 2008 有多种安装模式，分别适用于不同的环境，用户可以根据实际需要选择合适的安装方式，从而提高工作效率。除常规使用的 DVD 启动安装方式外，Windows Server 2008 还可以选择全新安装、升级安装、远程安装以及 Server Core 安装。

1. 全新安装

使用 DVD 启动安装方式是最基本的安装方式，一般新的服务器都采用这种方式进行安装。使用这种安装方式，用户只要根据提示信息适时插入 Windows Server 2008 安装光盘即可。

2. 升级安装

如果需要安装 Windows Server 2008 的计算机已经安装了 Windows 2000 Server 或 Windows Server 2003 操作系统，则可以选择升级安装方式，此方式不需要卸载原有的操作系统。这种安装方式的优点是可以保留原操作系统的各种配置。

在 Windows 系统状态下，将 Windows Server 2008 安装光盘放入光驱，安装盘会自动运行，弹出“安装 Windows”对话框。单击【现在安装】按钮，即可启动安装向导，当出现“你想进行何种类型的安装”对话框时，单击“升级”选项，即可将原操作系统升级到 Windows Server 2008。

不同的 Windows Server 2003 版本可以升级到的 Windows Server 2008 版本也不同，具体见表 1-2。

表 1-2　Windows Server 2008 升级安装

当前系统版本	可以升级到的 Windows Server 2008 版本
Windows Server 2003 标准版（SP1） Windows Server 2003 标准版（SP2） Windows Server 2003 R2 标准版	Windows Server 2008 标准版 Windows Server 2008 企业版
Windows Server 2003 企业版（SP1） Windows Server 2003 企业版（SP2） Windows Server 2003 R2 企业版	Windows Server 2008 企业版

3. 远程安装

如果网络中已经配置了 Windows 部署服务，则可通过网络远程方式来安装 Windows Server 2008。需要注意的是，使用这种安装方式必须要确保计算机网卡具有 PXE（预启动执行环境）芯片且支持远程启动功能，否则就需要使用 rbfg.exe 程序生成启动软盘来启动计算机，然后再执行远程安装。

当使用 PXE 功能启动计算机时，会显示当前计算机所使用的网络的版本信息等。用户可以根据提示信息按下引导键（一般为<F12>键），启动网络服务引导。

4. Server Core 安装

Server Core 是 Windows Server 2008 的新功能之一。管理员在安装 Windows Server 2008 时可以只安装执行 DHCP、DNS、文件服务器或域控制器角色所需的服务。这个新的安装选项只安装必要的服务和应用程序，只提供基本的服务器功能，没有任何额外开销。虽然 Server Core 安装选项是操作系统的一个完整功能模式，支持指定的角色，但它不包含服务器图形用户界面(GUI)。由于 Server Core 安装只包含指定角色所需的功能，因此 Server Core 安装通常只需要较少的维护和更新，因为要管理的组件较少。换句话说，由于服务器上安装和运行的程序、组件较少，因此暴露在网络上的攻击向量也较少，从而减少了攻击面。若在没有安装的组件中发现了安全缺陷或漏洞，则不需要安装补丁。

1.3.2　利用 DVD 启动和安装 Windows Server 2008

安装 Windows Server 2008 的用户界面是非常友好的，安装过程基本是在一个图形用户界面（GUI）下完成的，并且会为用户处理大部分的初始化工作。具体步骤如下：

（1）从光盘引导计算机。将计算机的 CMOS 设置为“从光盘（DVD-ROM）引导”，然后将 Windows Server 2008 安装光盘置于光驱内并重新启动，计算机就会从光盘启动。如果硬盘内没有安装任何操作系统，那么会直接启动到安装界面；如果硬盘内安装有其他操作系统，则会显示“Press any key to boot from CD…”提示信息，此时在键盘上按任意键，即可从 DVD-ROM 启动。

（2）安装启动后，打开“安装 Windows”窗口，设置安装语言、时间和货币格式、键盘和输入方法。设置完毕后，单击【下一步】按钮，如图 1-1 所示。

（3）接下来安装向导会询问是否立即安装 Windows Server 2008，单击【现在安装】按钮开始安装，如图 1-2 所示。

图 1-1　设置语言、时间和货币、键盘和输入方法

图 1-2　现在安装

（4）打开“选择要安装的操作系统”界面，在“操作系统”列表框中列出了可以安装的操作系统。从图 1-3 中不难看出，Windows Server 2008 支持多种安装模式，分别是完全安装模式下的标准版、企业版、数据中心版，以及服务器核心安装模式下的标准版、企业版、数据中心版。这里选择“Windows Server 2008 Enterprise（完全安装）”，如图 1-3 所示，单击【下一步】按钮。

（5）在“请阅读许可条款”界面中，显示《MICROSOFT 软件许可条款》，只有接受该条款才可继续安装。选中“我接受许可条款”复选框，如图 1-4 所示，单击【下一步】按钮。

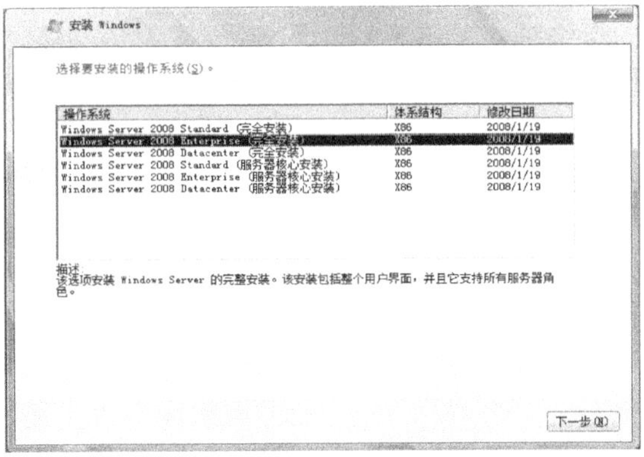

图 1-3　选择 Windows Server 2008 版本

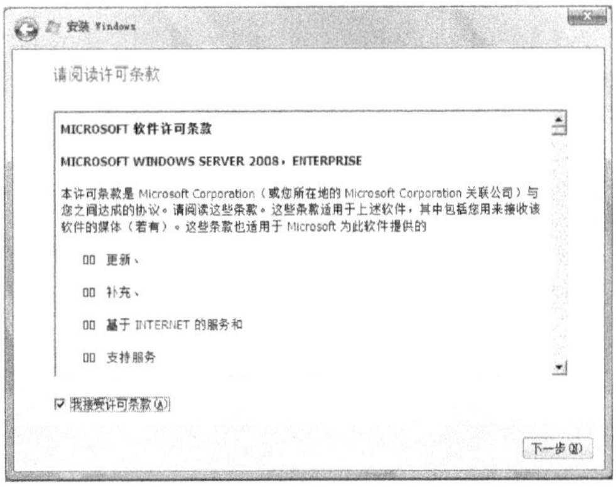

图 1-4　许可条款

（6）在“您想进行何种类型的安装？”界面中，“升级”选项用于从旧版 Windows Server 2003 升级到 Windows Server 2008，如果计算机中没有安装任何操作系统，则该选项不可用。“自定义（高级）”选项用于全新安装，单击该选项可进行全新安装，如图 1-5 所示。

（7）在“您想将 Windows 安装在何处？”界面中，显示计算机上硬盘的分区信息，图 1-6 所示的计算机中只有一块硬盘且没有分区。若在计算机上安装了多块硬盘，则会依次显示磁盘 1、磁盘 2……。单击“驱动器选项（高级）”选项，可对一块硬盘进行分区、格式化或删除已有分配等操作。

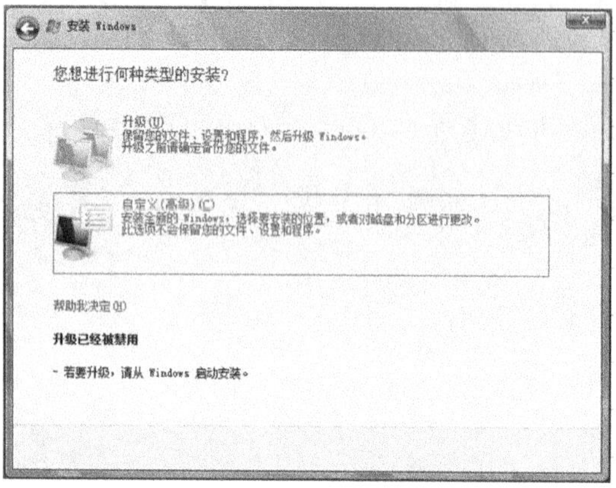

图 1-5　选择安装类型

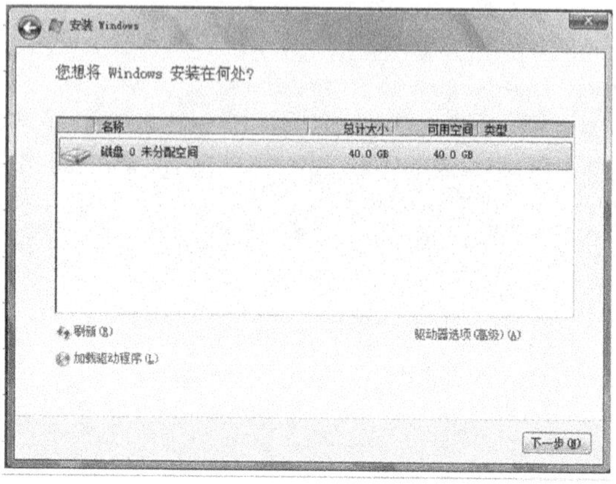

图 1-6　选择安装位置

注意

Windows Server 2008 只能被安装在 NTFS 格式的分区下，并且分区剩余空间必须大于 8GB。如果使用了一些不常见的硬盘接口系统，如 SCSI、RAID 或者特殊的 SATA 硬盘，那么安装程序将无法识别硬盘，需要在图 1-6 中加载驱动程序。单击【加载驱动程序】按钮，然后按照提示手动安装驱动程序，即可继续。当然，安装好驱动程序后，还需要单击【刷新】按钮让安装程序重新搜索硬盘。同时，也可以在“驱动器选项（高级）”链接中进行磁盘操作，如删除和新建分区、格式化分区、扩展分区等。

（8）在列表框中选择“磁盘 0 未分配空间”选项，单击【新建】按钮，在“大小”文本框中输入第一个分区的大小，如图 1-7 所示。主分区创建后，这时列表框中将出现两行磁盘分配信息，第一行为“磁盘 0 分区 1”，第二行仍为“磁盘 0 未分配空间”，但容量变小。再选择第二行，继续单击【新建】按钮。同理，将剩余空间再划分给其他分区。所有分区都创建完成后，选中列表框中的“磁盘 0 分区 1”，单击【下一步】按钮，将 Windows 安装在磁盘的第一个分区中，即 C 盘中。

（9）打开“正在安装 Windows…”界面，复制文件并安装 Windows Server 2008，主要完成系统文件的复制、展开以及安装更新等。如果用户安装过早期的版本，那么肯定会觉得一些组件选择和参数设置并不需要在安装时完成，实际上，这就是新版本的特点，那些设置可以根据用户的定制在安装结束之后完成。安装进度如图 1-8 所示。

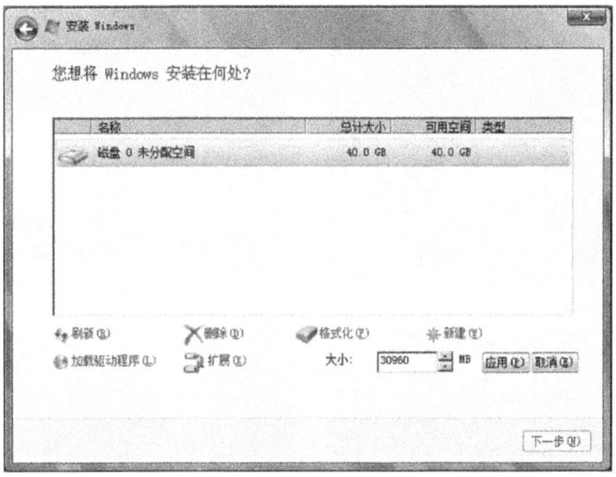

图 1-7　分区设置

（10）Windows Server 2008 安装完毕后，系统会根据需要重新启动。重新启动后，在第一次登录之前要求用户必须更改系统管理员（Administrator）账户的密码。单击【确定】按钮设置系统管理员账户的密码即可，如图 1-9 所示。

从安装过程来看，微软对安装新一代操作系统的便利性做了很大优化，相比以往烦琐的设置和反复的重启，现在的安装过程让用户感觉很简捷。但是，一些原本的必需的设置过程也因此被移到了安装完毕之后来完成，这对于需要进行批量预装服务器的用户来说不太适合。同时，安装源压缩算法的优化和 DVD 载体在读取速度上的提高，使得整个安装过程耗时较少。

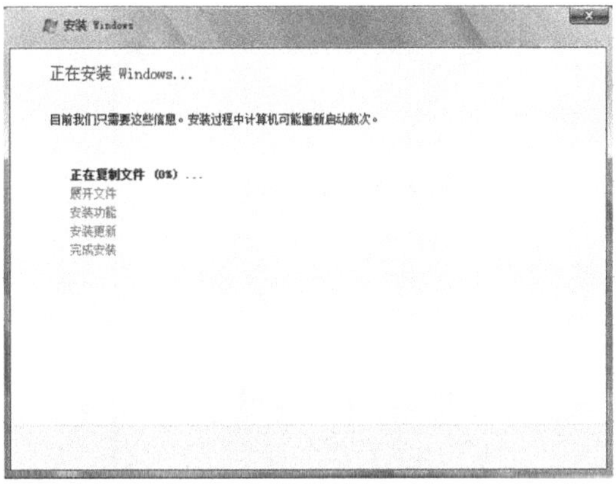

图 1-8　安装进度

图 1-9　更改系统管理员账户密码

1.3.3　启动与使用 Windows Server 2008

Windows Server 2008 在安装完毕并正确地设置完系统管理员账户的密码后，就可以使用了。具体使用过程如下：

（1）Windows Server 2008 启动后的第一个界面，提示用户按下<Ctrl+Alt+Delete>组合键进入用户登录窗口，如图 1-10 所示。

（2）在用户登录窗口中，输入系统管理员的账号和密码，登录到 Windows Server 2008 系统中，如图 1-11 所示。

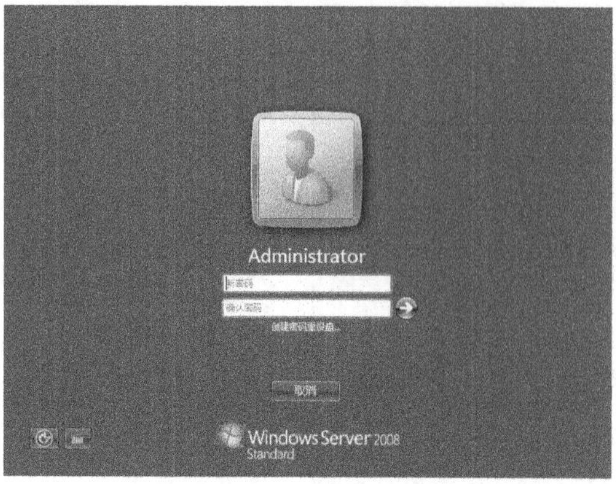

图 1-10　用户登录窗口

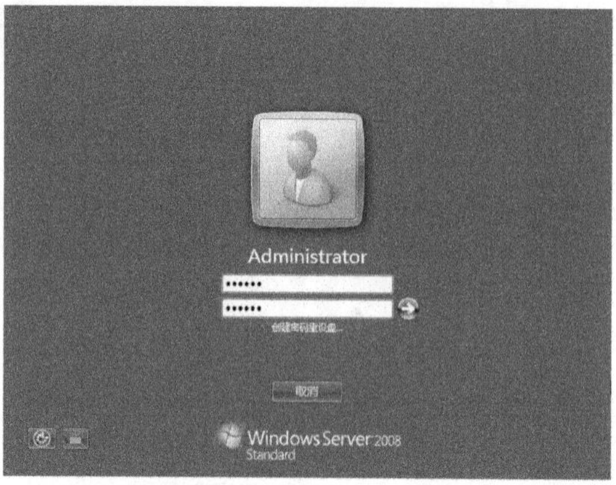

图 1-11　输入账号和密码

（3）在安装 Windows Server 2008 系统时，与安装 Windows Server 2003 最大的区别是，在整个安装过程中，不会提示用户设置计算机名、网络配置等信息，安装所需时间大大减少。但作为一台服务器，这些信息又必不可少，因此 Windows Server 2008 系统在第一次启动时，会默认打开“初始配置任务”窗口，要求管理员设置基本配置信息，如设置服务器的时区、将服务器加入现有域、为服务器启用远程桌面，以及启用 Windows 更新和 Windows 防火墙等。图 1-12 为 Windows Server 2008 中的“初始配置任务”窗口。

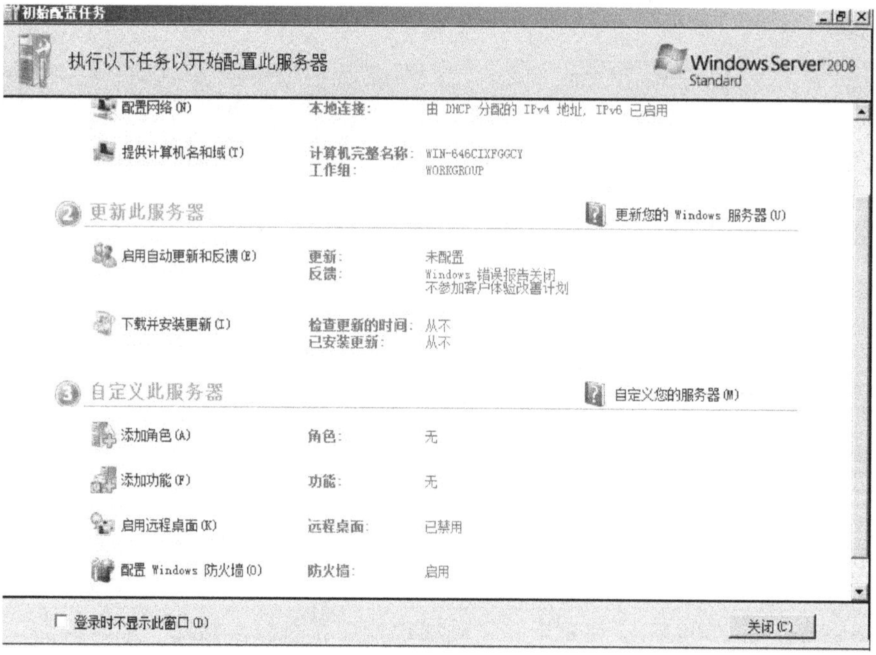

图 1-12　“初始配置任务”窗口

1.4　任务 2—利用虚拟机技术构建 Windows Server 2008 实验环境

对于 Windows Server 2008 的学习者来说，最大的困难可能是没有一个实验环境，自从有了虚拟机，这个问题就解决了。下面简要地介绍什么是虚拟机、虚拟机的特点以及如何利用虚拟机技术来构建 Windows Server 2008 实验环境。

1.4.1 虚拟机简介

1. 什么是虚拟机

从本质上讲虚拟机（Virtual Machine）是一套软件，通过对计算机硬件资源的管理和协调在已经安装了操作系统的计算机上虚拟出一台计算机。虚拟机可以让用户在一台实际的机器上同时运行多套操作系统和应用程序，这些操作系统使用的是同一套硬件装置，但在逻辑上各自独立运行，互不干扰。虚拟机软件将这些硬件资源映射为本身的虚拟机器资源，每个虚拟机器看起来都拥有自己的 CPU、内存、硬盘、I/O 设备等。

通过虚拟机软件，可以在一台物理计算机上模拟出一台或多台虚拟的计算机，这些虚拟的计算机完全就像真正的计算机那样工作，可以安装操作系统和应用程序、访问网络资源等。对于使用者而言，它只是运行在物理计算机上的一个应用程序，但是对于在虚拟机中运行的应用程序而言，它就是一台真正的计算机。因此，在虚拟机中进行软件测评时，系统可能也会崩溃，但是，崩溃的只是虚拟机上的操作系统，而不是物理计算机上的操作系统。而且，使用虚拟机的“Undo（恢复）”功能，马上就可以将虚拟机恢复到安装软件之前的状态。

下面，简要地介绍一下在虚拟机系统中常用的重要术语。

（1）物理计算机（Physical Computer）：运行虚拟机软件（如 VMware Workstation、Virtual PC 等）的物理计算机硬件系统，又称为宿主机。

（2）主机操作系统（Host OS）：在物理计算机上运行的操作系统，在这个系统中运行虚拟机软件。

（3）客户操作系统（Guest OS）：运行在虚拟机中的操作系统，可以在虚拟机中安装能在标准 PC 上运行的操作系统及软件，如 UNIX、Linux、Windows、Netware 或 MS-DOS 等。

提示

客户操作系统不等于桌面操作系统（Desktop Operating System）和客户端操作系统（Client Operating System），因为虚拟机中的客户操作系统可以是服务器操作系统，如在虚拟机中可以安装 Windows Server 2008 操作系统。

（4）虚拟硬件（Virtual Hardware）：指虚拟机通过软件模拟出来的硬件系统，如 CPU、内存、硬盘等。

2. 常用的虚拟机软件

目前，主流的虚拟机软件有 Vmware Workstation、Microsoft Virtual PC/Server、Sun VirtualBox、Bochs 等，其中根据不同的应用平台分为服务器版本和 PC 桌面版本。

（1）VMware 是提供虚拟机解决方案的软件公司，较常用的产品是 VMware Workstation。VMware 产品家族中的桌面产品使用非常简便，支持多种主流的操作系统。VMware Workstation 的优点是具有很好的稳定性和安全性，同时功能相对强大，并且提供了多平台的版本（Windows 和 Linux），客户操作系统也是多平台的操作系统。但 VMware 不是免费软件，也不是开源软件。

（2）Microsoft Virtual PC/Server 是微软公司的产品，可以很好地支持 Windows 系列的操作系统。但是相对于 VMware Workstation 和 Sun VirtualBox，Virtual PC/Server 只能运行于 Windows 操作系统，并且其客户操作系统也只能为 Windows 操作系统，可以说它是为 Windows 软件开发人员设计的虚拟机软件。

（3）无论是对于个人还是企业，SunVirtualBox 都是功能强大的虚拟产品。对于企业来说，它性能丰富、高效；对于个人用户来说，它是一套开源软件，用户不仅可以免费使用，还能获得其源代码。同时，它也支持多平台，多客户操作系统平台。

（4）Bochs 是一套免费的开源软件，可以自行修改和编译源代码。Bochs 对 Linux 平台的支持非常好，但操作略显复杂，因此多用于 Linux 平台上。

提示

Windows Server 2008 操作系统自带 Windows Server Virtualization（WSV），这是一项功能强大的虚拟化和网络管理技术，使企业无须购买第三方软件即可充分利用虚拟化的优势。在 Windows Server 2008 操作系统中创建虚拟机前，要先安装 Hyper-V 角色，然后再安装最新的 Hyper-V 补丁。

1.4.2 安装 VMware Workstation

VMware Workstation 虚拟机是一个在 Windows 或 Linux 平台上运行的应用程序，它可以模拟出一个标准的 PC 环境。这个环境和真实的计算机一样，有芯片组、CPU、内存、显卡、声卡、网卡、软驱、硬盘、光驱、串口、并口、USB 控制器、SCSI 控制器等设备，提供这个应用程序的窗口就是虚拟机的显示器。本节以 VMware Workstation full 8.0.1 版本为例，说明虚拟机软件 VMware Workstation 的安装与配置过程。

（1）双击 VMware Workstation 的安装文件，安装文件解压缩包后，将启动安装向导界面，单击【Next】按钮继续，如图 1-13 所示。

（2）在 License Agreement 向导页中，询问是否同意最终用户许可协议，选中“Yes, I accept the terms in the license agreement”单选项，然后单击【OK】按钮继续，如图 1-14 所示。

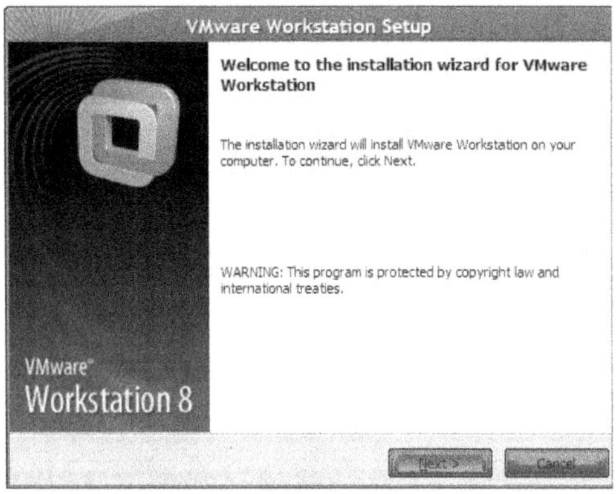

图 1-13　VMware Workstation 安装向导

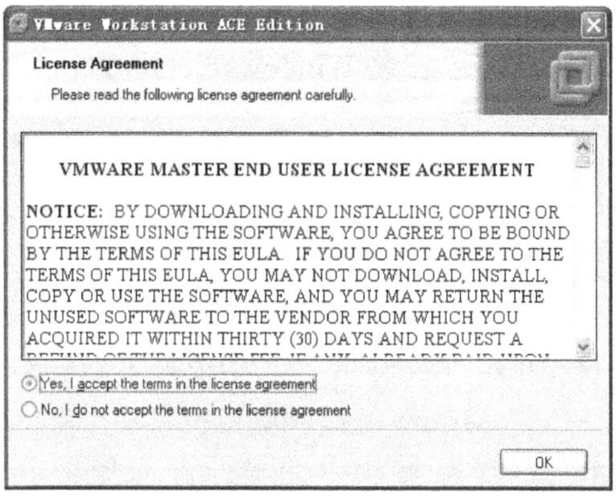

图 1-14　License Agreement 向导页

（3）在 Setup Type 向导页中，选择“Typical（典型安装）”选项，然后单击【Next】按钮继续，如图 1-15 所示。

（4）在 Destination Folder 向导页中，选择虚拟机软件安装的路径，可单击【Change】按钮更改默认路径。修改完成后，单击【Next】按钮继续，如图 1-16 所示。

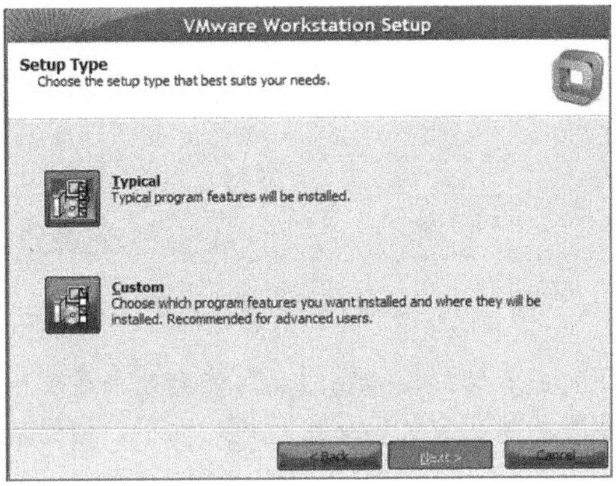

图 1-15　Setup Type 向导页

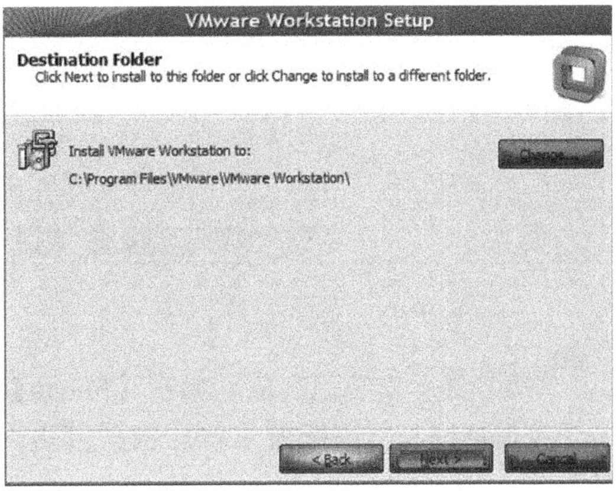

图 1-16　Destination Folder 向导页

（5）在 Shortcuts 向导页中，选择是否创建桌面图标、开始菜单选项和快速启动图标。用户可根据习惯勾选相应的复选框，单击【Next】按钮继续，如图 1-17 所示。

（6）在 Configure Product 向导页中，选择是否禁用光驱自动播放功能。Windows 下的光驱自动播放功能可能对虚拟机产生意想不到的错误，因此选中“Yes Disable autorun”复选框禁用该功能，单击【Next】按钮继续，出现如图 1-18 所示的准备安装程序提示向导页。

（7）确认后，单击【Install】按钮开始安装。如果对设置不满意可以单击【Back】按钮返回并修改。

（8）软件开始安装并提示安装进度，如图 1-19 所示。这时不要轻易单击【Cancel】按钮，否则会终止安装。

（9）在 Enter License Key 向导页中，输入序列号，单击【Enter】按钮继续，如图 1-20 所示。

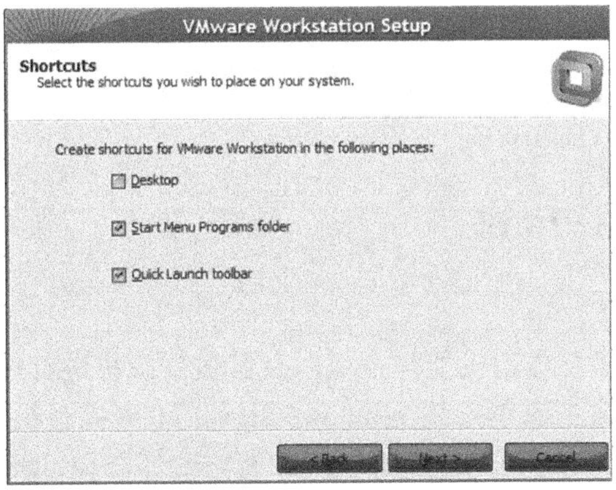

图 1-17　Shortcuts 向导页

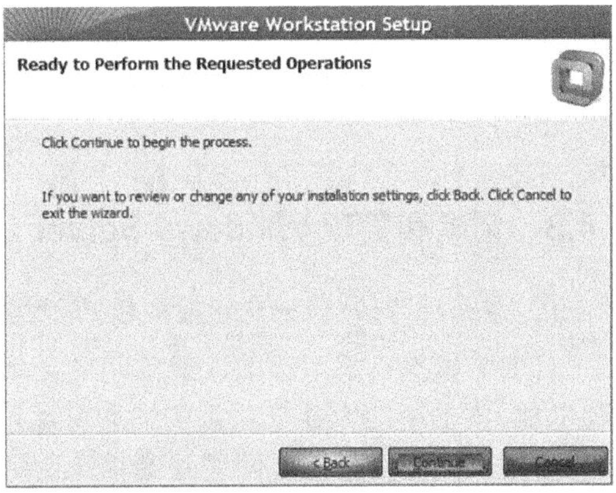

图 1-18　安装配置完成向导页

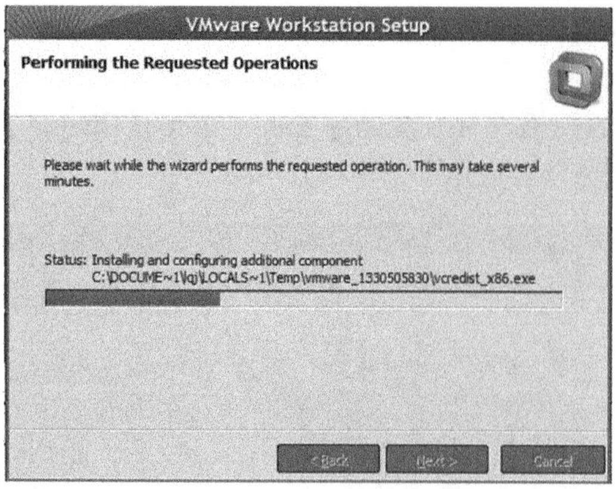

图 1-19　正在安装向导页

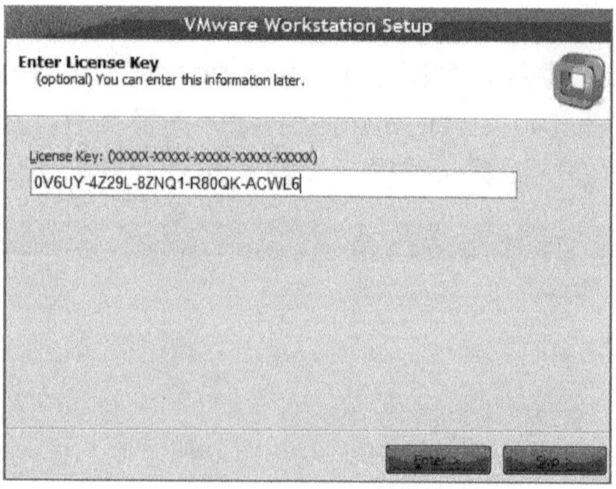

图 1-20　Enter License Key 向导页

（10）显示安装已完成，单击【Finish】按钮完成安装，安装完成后可能会要求重新启动计算机，以使一些配置生效。重新启动后就能顺利使用 VMware 虚拟机软件了，最终效果如图 1-21 所示。

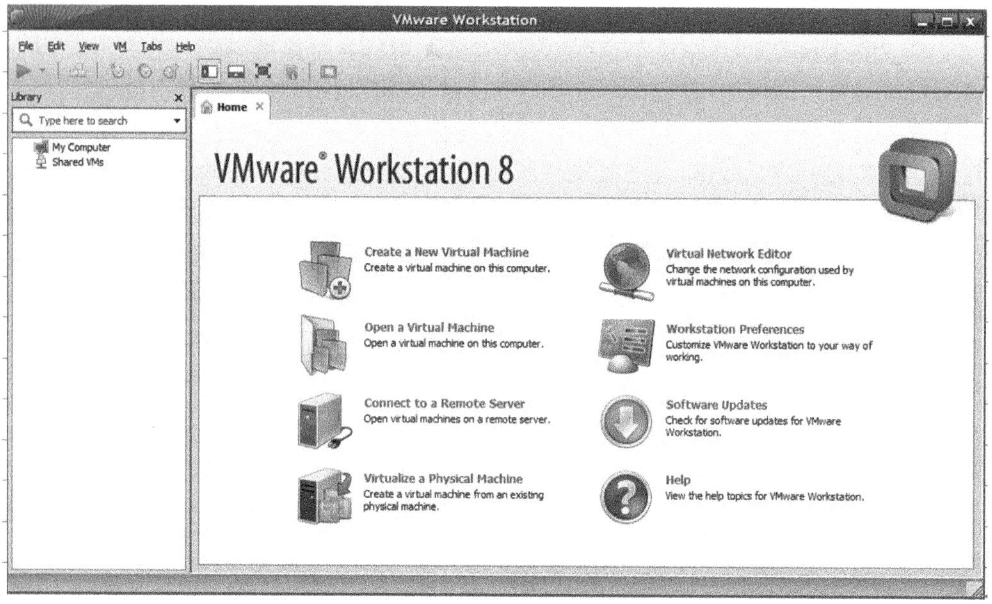

图 1-21　WMware 8 主界面

1.4.3　创建和管理 Windows Server 2008 虚拟机

1. VMware Workstation 虚拟机的网络模型

只安装虚拟机是不够的，最常用的环境是需要虚拟机能与主机以及其他虚拟机进行通信。例如，本书中的大部分项目实训均可通过在宿主机中安装 Windows Server 2008 虚拟机，然后在宿主机与虚拟机之间相互通信来实现。VMware Workstation 虚拟机主要有 Bridged 网络、NAT 网络和 Host-only 网络 3 种网络模型。

安装完 VMware Workstation 后，会生成几个虚拟网络设备，如图 1-22 所示。

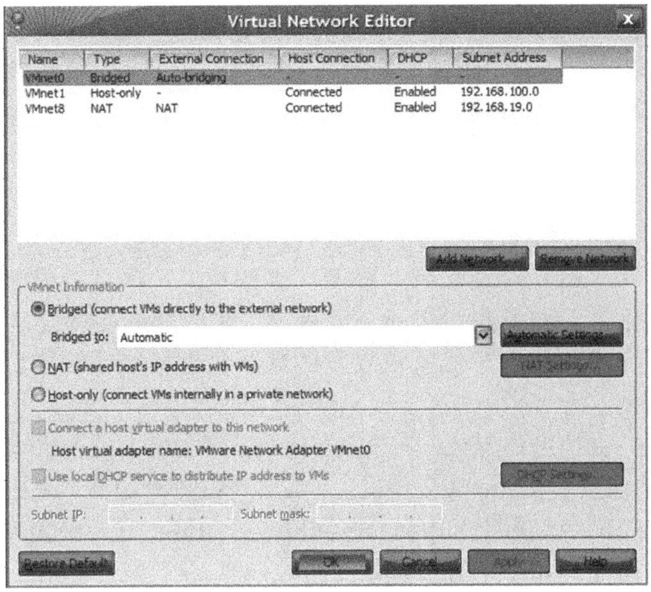

图 1-22　虚拟网络设备

在图 1-22 中，VMnet0 是 VMware 虚拟桥接网络下的虚拟交换机；VMnetl 是用于与 Host-only 虚拟网络进行通信的虚拟交换机；VMnet8 是主机用于与 NAT 虚拟网络进行通信的虚拟交换机。

为了使虚拟机能与宿主机进行通信，在宿主机中需要安装两个虚拟网卡，分别是 VMware Network Adapter VMnetl 和 VMware Network Adapter VMnet8，其中 VMware Network Adapter VMnet1 与 VMnetl 虚拟交换机互联，是宿主机与 Host-Only 虚拟网络进行通信的虚拟网卡；VMware Network Adapter VMnet8 与 VMnet8 虚拟交换机互联，是宿主机与 NAT 虚拟网络进行通信的虚拟网卡，如图 1-23 所示。

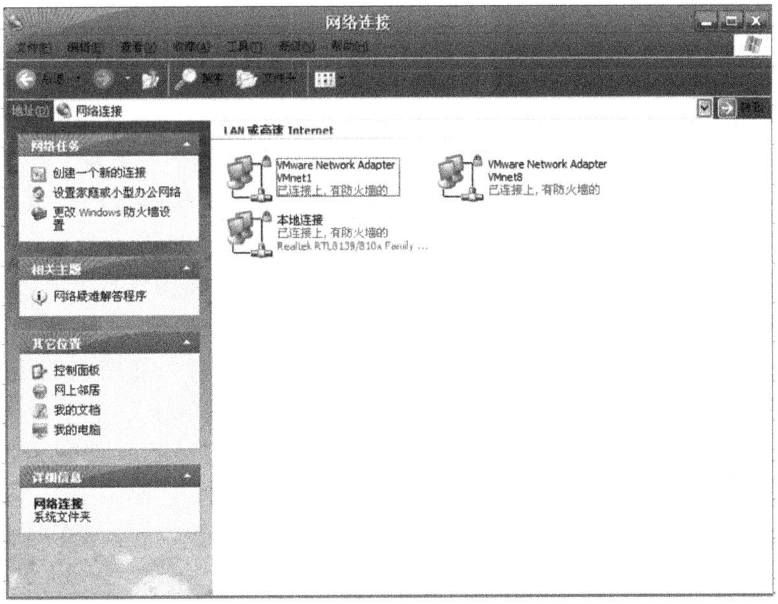

图 1-23　虚拟网卡

1）Bridged 网络。Bridged（桥接）模型的网络是比较容易实现的，是一种常用的虚拟网络。宿主机的物理网卡和客户机的虚拟网卡在 VMnet0 上通过虚拟网桥进行连接，也就是说，宿主机的物理网卡和客户机的虚拟网卡处于同等地位，此时的客户机就好像是宿主机所在的一个网段上的另一台计算机。如果宿主机网络存在 DHCP 服务器，那么宿主机和客户机都可以把 IP 地址获取方式设置为 DHCP 方式。

2）NAT 网络。NAT（Network Address Translation，网络地址转换）网络主要用于实现使虚拟机通过宿主机系统连接到互联网，也就是说，宿主机能够访问互联网资源，同时在该网络模型下的客户机也可以访问互联网。客户机是不能自己连接互联网的，宿主机必须对所有进出网络的客户机系统收发的数据包进行地址转换。在这种方式下，客户机对外是不可见的。

在 NAT 网络中，会使用到 VMnet8 虚拟交换机，宿主机上的 VMware Network Adapter VMnet8 虚拟网卡被连接到 VMnet8 交换机上，与客户机进行通信。但是，VMware Network Adapter VMnet8 虚拟网卡仅用于和 VMnet8 网段进行通信，它并不为 VMnet8 网段提供路由功能。处于虚拟 NAT 网络下的客户机是使用虚拟的 NAT 服务器来连接互联网的。

3）Host-only 网络。Host-only 网络被设计成了一个与外界隔绝的网络。其实 Host-only 网络和 NAT 网络非常相似，唯一不同的地方就是在 Host-only 网络中，没有用到 NAT 服务，没有服务器为 VMnetl 网络作路由。那么，如果宿主机要和客户机通信该怎么办呢?此时就要用到 VMware Network Adapter VMnetl 虚拟网卡了。

2. 创建虚拟机

在使用上，虚拟机和真正的物理主机没有太大区别，都需要分区、格式化、安装操作系统、安装应用程序和软件，总之，一切操作都跟一台真正的计算机一样。下面详细介绍使用 VMware Workstation 创建虚拟机的方法与步骤。

（1）运行 VMware Workstation 8，选择“File-New-Virtual Machine”选项或者按下 <Ctrl+N>组合键，进入创建虚拟机向导。在弹出的欢迎向导页中，单击【Create a New Virtual Machine】按钮。

（2）在 Welcome to the New Virtual Machine Wizard 向导页中选择配置类型。配置类型有 Typical（典型）和 Custom（自定义）两种，典型设置十分方便，但无法在低版本的虚拟机软件上使用。这里选择“Custom”单选项，单击【Next】按钮继续，如图 1-24 所示。

（3）在 Choose the Virtual Machine Hardware Compatibility 向导页中，选择虚拟机的硬件格式。在 Hardware compatibility 下拉列表框中选择 Workstation 8.0 选项即可，因为新的虚拟机硬件格式支持更多的功能。选择好后单击【Next】按钮，如图 1-25 所示。

（4）在 Select a Guest Operating System 向导页中，选择要创建的虚拟机类型及要运行的操作系统，软件会根据选择的操作系统自动选择合适的硬件配置。常见的操作系统都能在这里找到。由于要创建 Windows Server 2008 虚拟机，因此这里选择 Microsoft Windows 中的 Windows Server 2008 x64 版本，单击【Next】按钮继续，如图 1-26 所示。

（5）在 Name the Virtual Machine 向导页中，为新建的虚拟机命名并选择保存路径。由于虚拟机文件会很大，因此应该指定到剩余空间较多的磁盘分区上，单击【Next】按钮继续，如图 1-27 所示。

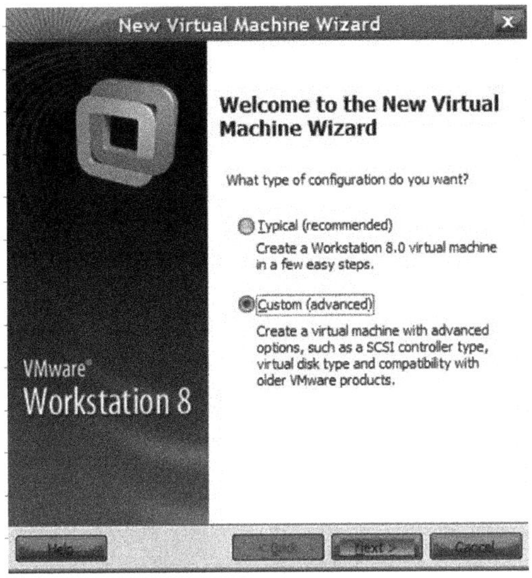

图 1-24　选择配置类型

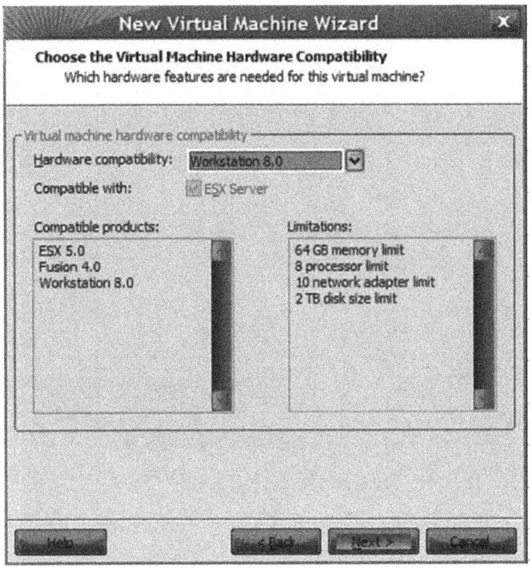

图 1-25　选择硬件格式

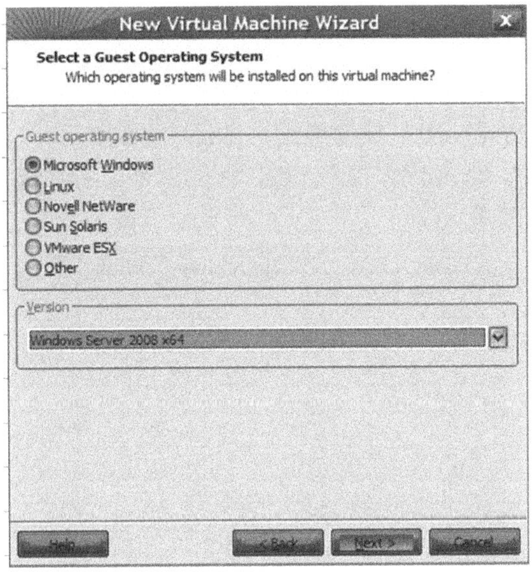

图 1-26　选择要安装的操作系统

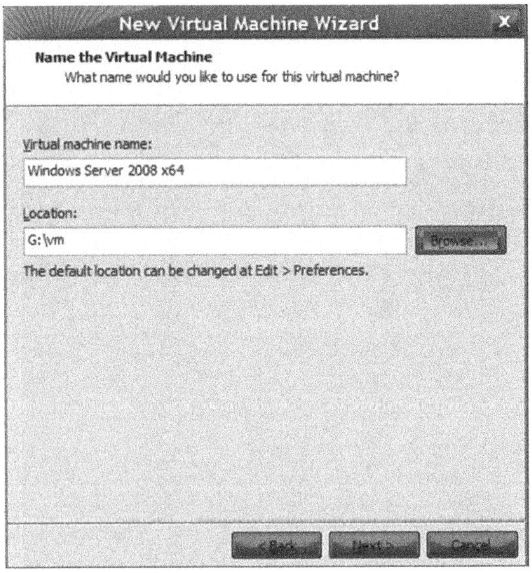

图 1-27　设置虚拟机名称和文件位置

（6）在 Processor Configuration 向导页中，选择虚拟机中 CPU 的数量。如果选择 1，则主机需要有两个 CPU 或是有超线程的 CPU，这里选择 CPU 数量为 1，如图 1-28 所示。

（7）在 Memory for the Virtual Machine 向导页中，设置虚拟机使用的内存。通常情况下，对于 Windows 98 及其以下的系统，可以设置为 64MB；对于 Windows 2000 或 Windows XP，最少可以设置为 96MB；对于 Windows Server 2003，最低设置为 128MB；对于 Windows Vista 或 Windows Server 2008 虚拟机，最低设置为 512MB。单击【Next】按钮继续，如图 1-29 所示。

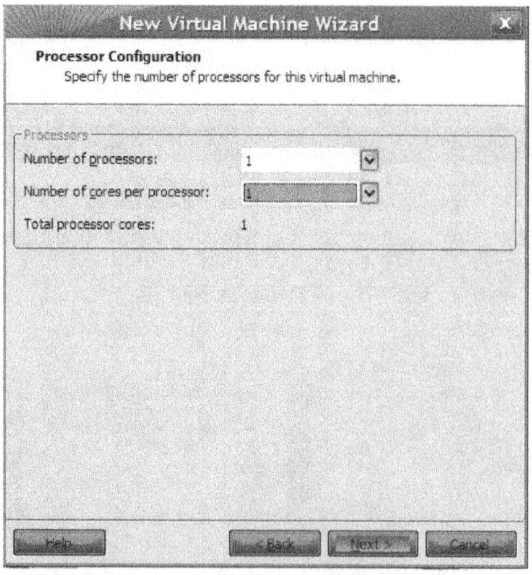

图 1-28　选择 CPU 的数量

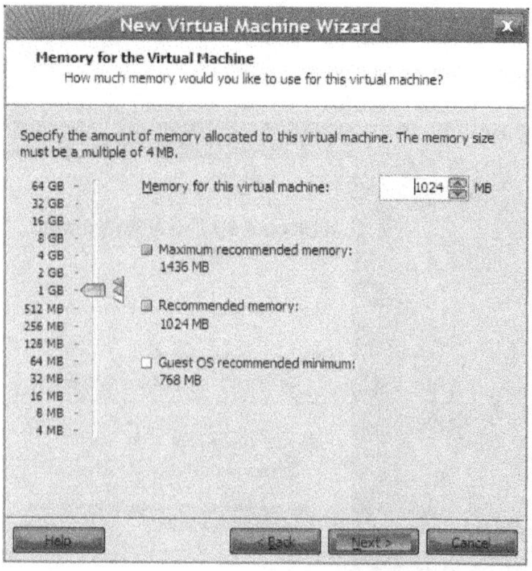

图 1-29　设置使用的内存

（8）在 Network Type 向导页中，选择虚拟机网卡的联网类型。如图 1-30 所示，选中第一个单选项，使用桥接网卡（VMnet0 虚拟网卡），表示当前虚拟机与主机（指运行 VMware Workstation 软件的计算机）在同一个网络中；选中第二个单选项，使用 NAT 网卡（VMnet8 虚拟网卡），表示虚拟机通过宿主机单向访问宿主机及其他网络，但宿主机之外的网络中的计算机，不能访问该虚拟机；选中第三个单选项，只使用本地网络（VMnet1 虚拟网卡），表示虚拟机只能访问宿主机及所有使用 VMnet1 虚拟网卡的虚拟机，宿主机之外的网络中的计算机不能访问该虚拟机，也不能被该虚拟机访问；选中第四个单选项，没有网络连接，表示该虚拟机与宿主机之间没有网络连接。单击【Next】按钮继续，如图 1-30 所示。

（9）在 Select I/O Controller Types 向导页中，选择虚拟机的 SCSI 卡的型号，通常选择默认值即可，单击【Next】按钮继续，如图 1-31 所示。

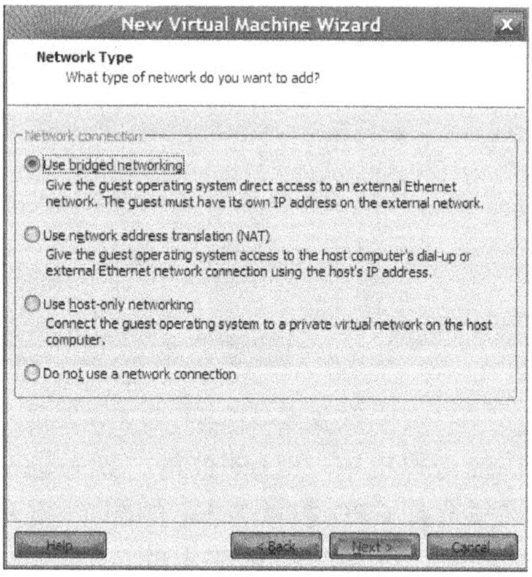

图 1-30　选择网络类型

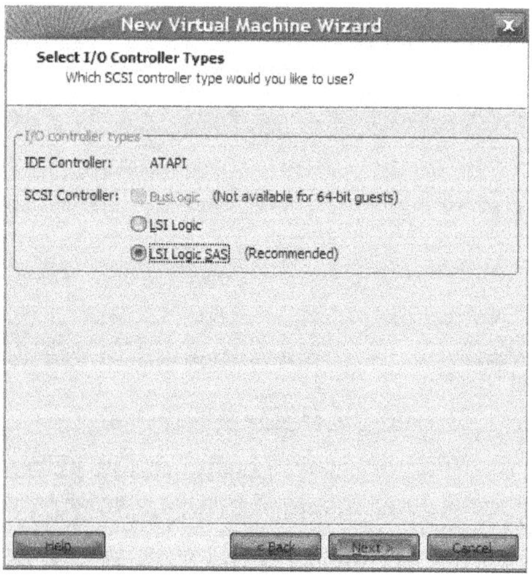

图 1-31　选择 SCSI 卡的型号

（10）在 Select a Disk 向导页中，选中“Create a new virtual disk（创建一个新的虚拟硬盘）”单选项。单击【Next】按钮继续，如图 1-32 所示。

（11）在 Select a Disk Type 向导页中，选择虚拟硬盘的接口方式，通常选择默认值即可，单击【Next】按钮继续。

（12）在 Specify Disk Capacity 向导页中，设置虚拟磁盘的大小。这里的大小是指允许虚拟机占用的最大空间，但并不会立即使用这么大的磁盘空间。如果选中“Allocate all disk space now”复选框，则软件会立即将这部分空间划给虚拟机使用。如果分区不支持超过 2GB 的文件（如 FAT32 文件系统），则系统会自动选中“Split virtual disk into multiple files”单选项。单击【Next】按钮继续，如图 1-33 所示。

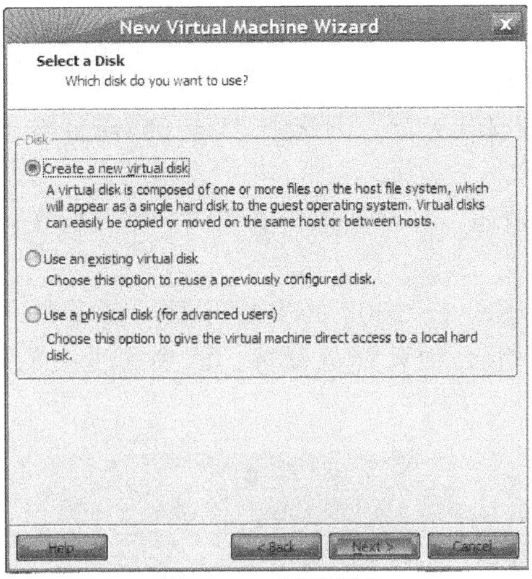

图 1-32　创建硬盘

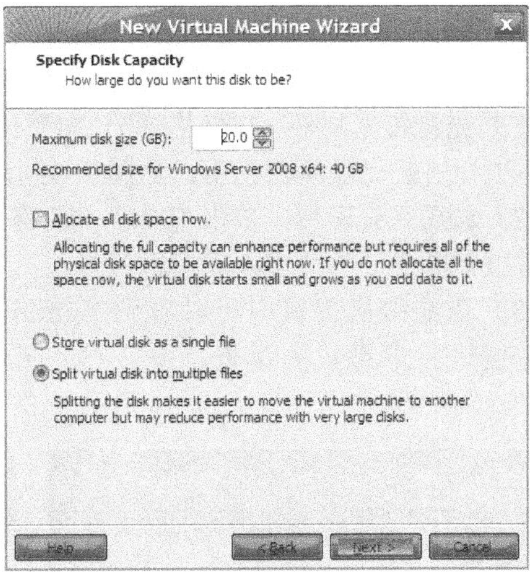

图 1-33　设置磁盘容量的大小

（13）在 Specify Disk File 向导页的 Disk file 选项组中，设置虚拟磁盘文件的名称。通常选择默认值即可，然后单击【Next】按钮，在 Virtual machine Created successfully 向导页中，单击【Close】按钮即可完成虚拟机的安装，如图 1-34 所示。

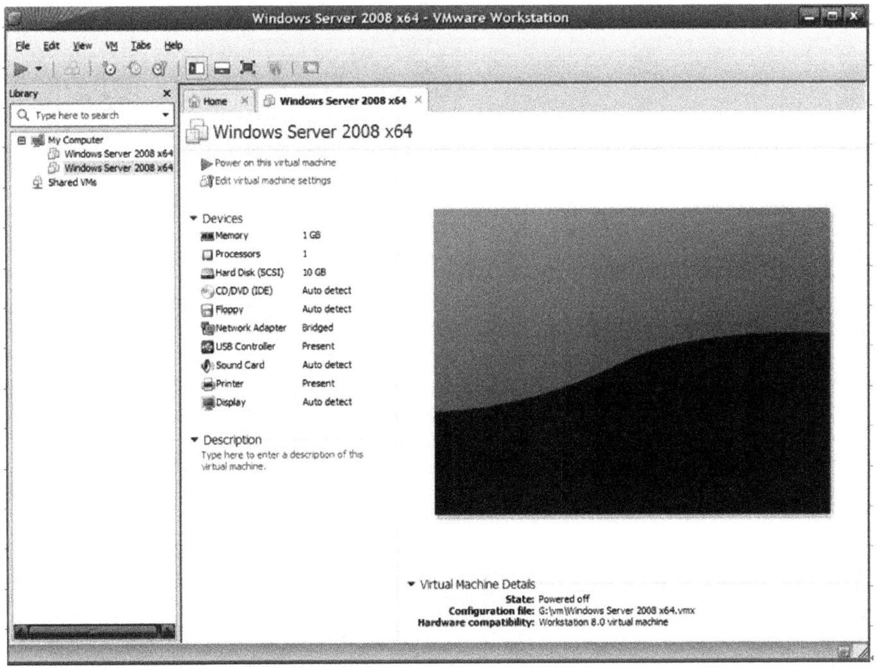

图 1-34　虚拟机安装完成

3. 为虚拟机安装Windows Server 2008操作系统

在虚拟机中安装 Windows Server 2008 操作系统，与在真实的计算机中安装没有区别，但在虚拟机中安装 Windows Server 2008 操作系统，可以直接使用保存在主机上的 Windows Server 2008 安装光盘镜像作为虚拟机的光驱。具体的安装如下：

（1）若使用安装光盘镜像为虚拟机安装 Windows Server 2008 操作系统，可以单击 Virtual Machine Settings 链接，打开 Windows Server 2008 虚拟机配置文件。在“Virtual Machine Settings”对话框的 Hardware 选项卡中，选择“CD-ROM”选项，在 Connection 选项区域内选中“Use ISO imagefile”单选项，然后单击“浏览”按钮选择 Windows Server 2008 安装光盘镜像文件（ISO 格式）。如果使用安装光盘，则选中“Use physical drive”单选项并选择安装光盘所在光驱，如图 1-35 所示。

（2）选择完光驱后，单击工具栏上的播放按钮，打开虚拟机的电源，用鼠标在虚拟机工作窗口上单击一下，进入虚拟机。

（3）在虚拟机窗口中可以看到 Windows Server 2008 的安装界面，在窗口内单击鼠标左键进行虚拟机的设置。按下<Alt+Ctrl>组合键可释放鼠标，回到宿主机的操作，如图 1-36 所示。

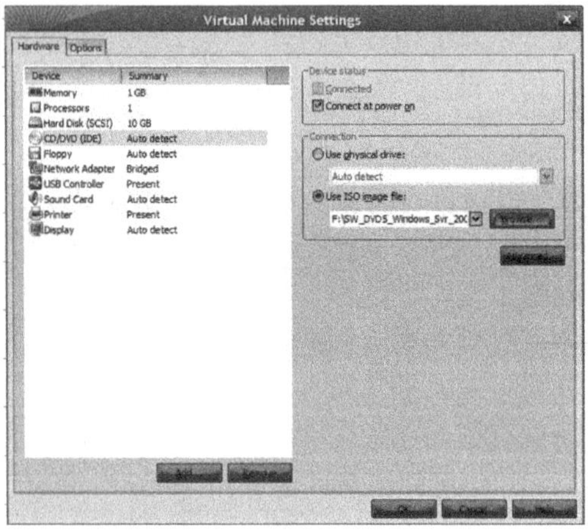

图 1-35　配置虚拟机光驱

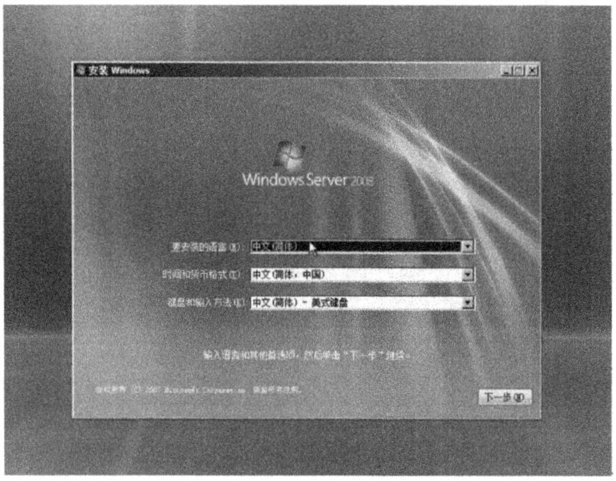

图 1-36　在虚拟机中安装 Windows Server 2008

1.4.4　虚拟机的操作与设置

1. 启动、关闭和挂起虚拟机

若要启动、关闭和挂起虚拟机，可以分别单击工具栏上的【Power on】、【Power off】和【Suspend】按钮。需要说明的是，当关闭虚拟机时，最好是在虚拟机操作系统的正常关机方式下关闭虚拟机，以免损坏系统或丢失数据。

2. 在虚拟机中使用<Ctrl+Alt+Delete>组合键

Windows Server 2008 安装成功后，在登录系统时用户需要使用<Ctrl+Alt+ Delete>组合键。由于该组合键被宿主机操作系统使用了，所以在虚拟机中不能再使用。首先应在虚拟机主窗口上单击鼠标左键，使虚拟机获得焦点，然后按下<Ctrl+Alt+ Delete>组合键实现用户登录系统。

3. 安装 VMware Tools

为了更好地使用虚拟机，可以为其操作系统安装 VMware Tools 工具包。VMware Tools 相当于 VMware 虚拟机的主板芯片组驱动、显卡驱动和鼠标驱动，安装 VMware Tools 工具包后，可增强虚拟机的性能。例如，可直接用鼠标在虚拟机和主机之间切换；可直接拖动主机的文件或文件夹到虚拟机的桌面，从而达到复制文件的目的；可以提高虚拟机的显示性能等。安装 VMware Tools 的过程如下。

（1）启动虚拟机后，单击 VM→Install VMware Tools 命令，在弹出的对话框中单击【Install】按钮。

（2）进入虚拟机，安装程序将自动运行，若没有自动运行，可打开虚拟机的虚拟光驱，运行 Setup.exe 程序，然后按照向导提示进行操作即可。

4. 调整虚拟机配置

在测试环境中，可以定制虚拟机的网卡数，调整虚拟机的使用内存，或者给虚拟机添加多个硬盘。

若要调整虚拟机的硬件配置，必须要先将虚拟机关机，然后单击 Edit Virtual Machine Settings 链接，打开“Virtual Machine Settings”对话框，如图 1-37 所示。

在 Hardware 选项卡中，用户可单击【Add】按钮添加各种硬件，单击【Remove】按钮可删除各种硬件。

在 Options 选项卡中，用户可以对虚拟机的选项进行设置，如虚拟机名称的修改、电源设置、将宿主机的某个文件夹设置为共享文件夹等，如图 1-38 所示。

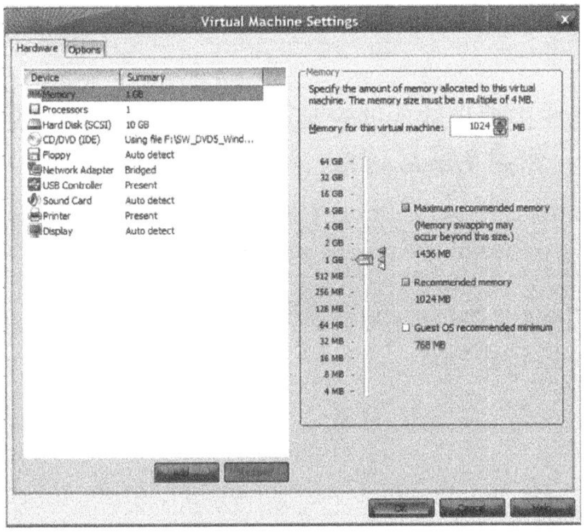

图 1-37 “Virtual Machine Settings”对话框

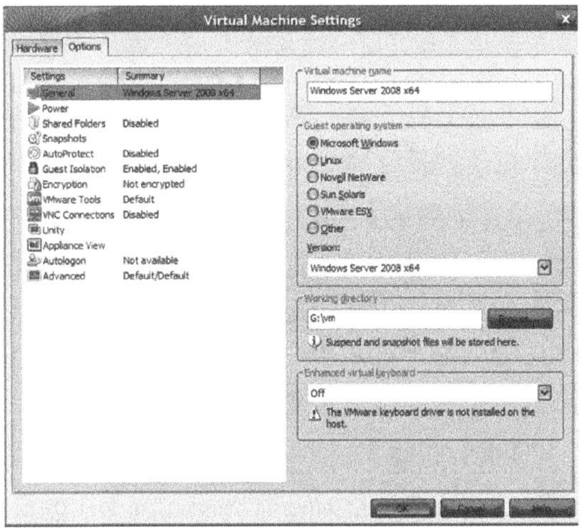

图 1-38 Options 选项卡

1.5 回到工作情景

【工作过程一】安装前的准备工作

（1）连接服务器的硬件，包括显示器、键盘、鼠标等，并加电测试，检查系统配置情况是否满足安装 Windows Server 2008 操作系统的硬件条件。为了安全起见，在安装前，断开网络。

（2）根据使用情况，确定安装哪一种版本，在本例中，使用 Windows Server 2008 标准版。

（3）规划好服务器的磁盘分区，确定各分区的大小。

（4）准备服务器的随机光盘，确定显卡、网卡等驱动程序是否齐全。

【工作过程二】利用 DVD 光驱为服务器安装 Windows Server 2008 操作系统

（1）将计算机的 CMOS 设置为“从光盘（DVD-ROM）引导”，将 Windows Server 2008 安装光盘置于光驱内并重新启动，计算机就会从光盘启动。如果硬盘内没有安装任何操作系统，则会直接启动到安装界面；如果硬盘内安装有其他操作系统，则会显示“Press any key to boot from CD…”提示信息，此时在键盘上按任意键，即可从 CD-ROM 启动。

（2）选择安装语言、时间和货币格式、键盘和输入方法。

（3）选择安装 Windows Server 2008 标准版。

（4）创建 3 个磁盘分区，其中第 1 个分区大小为 50GB，第 2 个分区大小为 300GB，剩余空间都划分给第 3 个分区。

（5）选择操作系统的安装位置，选择“磁盘 0 分区 1”，并将其格式化为 NTFS 分区。

（6）Windows Server 2008 标准版安装完毕并重新启动后，更改系统管理员账户的密码。

1.6 项目实训—Windows Server 2008 系统的安装

【实训环境和条件】

（1）VMware Workstation 8.0 虚拟机软件。

（2）Windows Server 2008 系统光盘或镜像文件。

【实训目的】

通过上机练习，熟悉 VMware Workstation 8.0 虚拟机软件的安装与配置方法；学会利用虚拟机软件搭建 Windows Server 2008 实验环境；掌握 Windows Server 2008 的安装过程。

【实训内容】

（1）安装 VMware Workstation 8.0 虚拟机软件。

（2）利用 VMware Workstation 8.0 创建 Windows Server 2008 虚拟机。

（3）在虚拟机中安装 Windows Server 2008 操作系统。

（4）操作与设置虚拟机。

【实训过程】

（1）安装 VMware Workstation 8.0 虚拟机软件。

双击 VMware Workstation 的安装文件，利用安装向导安装 VMware Workstation。

（2）利用 VMware Workstation 8.0 创建 Windows Server 2008 虚拟机。

1）运行 VMware Workstation 8.0，单击 File→New→Virtual Machine 命令，进入创建虚拟机向导。

2）在 Virtual machine configuration 区域内，选中“Custom（自定义）”单选按钮。

3）依次选择虚拟机的硬件格式、虚拟机安装的操作系统，然后设置虚拟机的名称并指定虚拟机文件的位置，选择 CPU 的数量并设置使用内存。选择网络类型、SCSI 卡的型号、磁盘、创建的虚拟硬盘的接口方式和虚拟机磁盘容量大小，设置虚拟磁盘的文件名称等参数，这些参数大多数采用默认值即可。

（3）在虚拟机中安装 Windows Server 2008 操作系统。

1）打开虚拟机设置对话框，选择使用 Windows Server 2008 系统光盘或镜像文件进行安装。

2）打开虚拟机。若无法从光盘启动，则需按下<F2>键进入 BIOS 进行设置。

3）按照 Windows Server 2008 安装向导的提示进行安装。

4）安装完毕并重新启动后设置管理员的登录密码，并使用新设置的密码登录到 Windows Server 2008 系统中。

（4）设置并操作虚拟机。

1）为 Windows Server 2008 虚拟机安装 VMware Tools 工具包。

2）调整虚拟机的配置，尝试给虚拟机再增加一块硬盘和一块网卡。

习　　题

一．填空题

1. Windows Server 2008 操作系统的安装方式有_______、_______、_______、_______等。

2. VMware Workstation 虚拟机的网络模型有_______、_______和_____。

3. 在虚拟机中使用<Ctrl+Alt+Delete>组合键时，可使用_______组合键代替；若要从虚拟机返回到宿主机，可使用_______组合键。

二．选择题

1. 有一台服务器的操作系统是 Windows Server 2000，文件系统是 NTFS，无任何分区，现要求为该服务器安装 Windows Server 2008 系统，保留原数据，但不保留操作系统，应使用下列（　　）方法进行安装才能满足需求。

A. 在安装过程中进行全新安装并格式化磁盘

B. 对原操作系统进行升级安装，不格式化磁盘

C. 做成双引导，不格式化磁盘

D. 重新分区并进行全新安装

2. 现要在一台装有 Windows Server 2003 操作系统的机器上安装 Windows Server 2008 系统，并做成双引导系统。此计算机硬盘的大小是 10.4GB，有两个分区，即 C 盘 4GB，文件系统是 FAT; D 盘 6.4GB，文件系统是 NTFS。为使计算机成为双引导系统，下列（　　）选项是最好的方法。

A. 安装时选择升级选项，并选择 D 盘作为安装盘

B. 安装时选择全新安装，并且选择 C 盘上与 Windows 相同的目录作为 Windows Server 2008 的安装目录

C. 安装时选择升级安装，并且选择 C 盘上与 Windows 不同的目录作为 Windows Server 2008 的安装目录

D. 安装时选择全新安装，并选择 D 盘作为安装盘

项目2 配置 Windows Server 2008 工作环境

主要内容

- 配置 Windows Server 2008 系统的用户环境和系统环境。
- 管理硬件设备。
- 设置计算机名与网络。
- 使用 Windows Server 2008 管理控制台。
- 管理服务器的角色和功能。

技术目标

- 了解控制面板中的主要工具及功能，掌握设置 Windows Server 2008 桌面环境及“开始”菜单的方法，掌握环境变量的查看、设置和使用方法。
- 掌握硬件设备安装、查看和管理的方法。
- 掌握更改计算机名和工作组的方法，掌握 TCP/IP 属性的配置方法，熟悉常用的网络排错工具的使用方法及应用场合。
- 熟悉管理控制台的操作界面，掌握管理控制台的操作方法。
- 理解服务器角色、角色服务和功能的概念，掌握服务器管理器的使用方法，并学会如何利用向导添加服务器角色和功能。

2.1 真实情景引入

【真实情景】

A 公司设计部文件服务器已成功安装了 Windows Server 2008，对 A 公司设计部文件服务器进行相关的初始化配置，要求在桌面显示常用的图标；修改服务器的计算机名；配置服务器的网络参数；启用 Windows 防火墙、下载更新；远程管理和维护服务器以及安装 Telnet 客户端。

【引入问题】

（1）控制面板有哪些功能？如何利用控制面板设置用户的桌面环境、“开始”菜单和任务栏？

（2）如何修改服务器的计算机名？

（3）如何配置网络参数？有哪些命令可以帮助系统管理员来排除网络故障？

（4）如何启用和配置 Windows 防火墙？如何配置 Windows Update 与自动更新？如何启用远程桌面功能？

（5）什么是服务器角色、角色服务和功能？如何安装服务器角色和功能？

2.2 任务 1–配置用户和系统环境

2.2.1 控制面板

控制面板（Control Panel）是 Windows 图形用户界面的一部分，是一组具有特殊用途的管理工具。它允许用户查看并操作基本的系统设置，如添加硬件、添加或删除软件、控制用户账户、更改辅助功能选项等。可以从“开始”菜单直接访问或者运行 control 命令来打开，控制面板界面主要包括 32 个配置工具，如图 2-1 所示。

图 2-1 控制面板

下面简单介绍 Windows Server 2008 控制面板中的主要配置工具。

（1）Internet 选项：可以使用 Internet 选项更改 Internet Explorer 浏览器的设置，可以设置网页访问主页、修改安全设置、限制访问不安全网站等。

（2）iSCSI 发起程序：连接到远程 iSCSI 目标并配置连接设置。

（3）Windows Update：设置 Windows 系统更新的方式。

（4）程序和功能：管理计算机上的程序，可以添加、修改和删除程序等。

（5）打印机：安装和共享整个网络上的打印资源。

（6）个性化：允许用户更改计算机的显示设置，如 Windows 颜色和外观、桌面背景、屏幕保护程序、声音、鼠标指针、桌面主题等。

（7）管理工具：为系统管理员提供多种工具，可以使用其对计算机进行系统管理、网络管理、目录服务管理和存储管理等。

（8）区域和语言选项：设置计算机所显示的日期、时间、货币量、数字等的格式，可以选择使用多种输入语言和文字服务。

（9）设备管理器：用于检查硬件状态并更新计算机上的硬件设备驱动程序。

（10）网络和共享中心：用于配置计算机与网络或另一台计算机的连接。使用网络连接，可以将计算机设置为访问本地或远程的网络资源或功能。

（11）文件夹选项：配置计算机中文件夹和文件在 Windows 资源管理器中的显示方式及显示类型。

（12）字体：显示安装到计算机中的所有字体。用户可以删除字体、安装新字体或者搜索需要的字体等。

2.2.2 设置用户工作环境

1．设置用户的桌面环境

安装好 Windows Server 2008 后，桌面上只有“回收站”一个图标，如果想在桌面上显示“计算机”“网络”等图标，可以通过个性化设置来完成工作环境的设置。

（1）在控制面板中双击“个性化”图标，或在桌面上单击鼠标右键，在弹出的快捷菜单中单击“个性化”命令。

（2）在“个性化”窗口中，可以设置 Windows 颜色和外观、桌面背景、屏幕保护程序、声音、鼠标指针、主题和显示设置，如图 2-2 所示。若要设置桌面图标，可单击“更改桌面图标”链接。

（3）勾选需要放在桌面上的图标的复选框，如计算机、回收站、控制面板等。设置后的效果如图 2-3 所示。

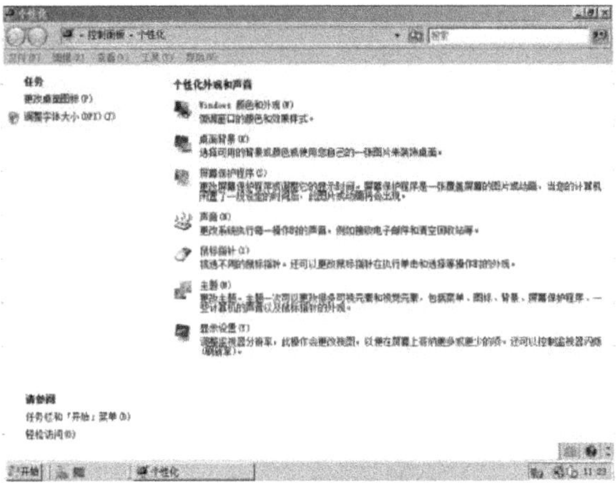

图 2-2 “个性化”窗口

图 2-3 设置后的桌面

2．自定义任务栏和开始菜单

操作系统安装完成，用户单击【开始】按钮后，会弹出如图 2-4 所示的默认“开始”菜单。如果不太符合个人的使用习惯，则可改为经典模式，同时还可以扩展控制面板和显示管理工具。

（1）在控制面板中双击“任务栏和「开始」菜单”图标，在“任务栏和「开始」菜单属性”窗口中，单击【自定义】按钮，如图 2-5 所示。

（2）勾选“扩展控制面板”和“显示管理工具”两个复选框，从而显示传统的“开始”菜单。再次单击【开始】按钮，则可以看到传统的“开始”菜单。

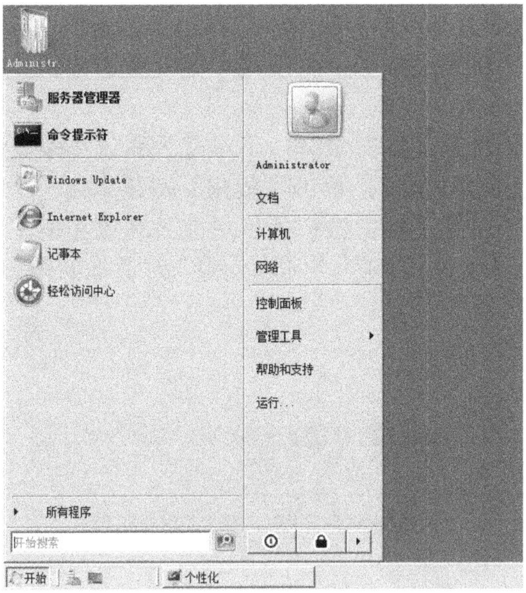

图 2-4　默认的“开始”菜单

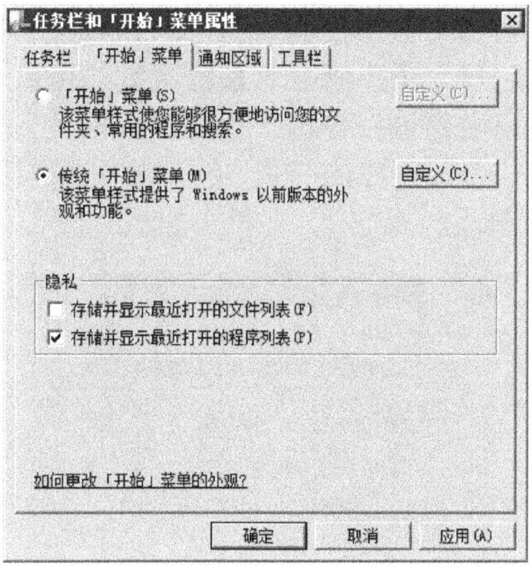

图 2-5　“任务栏和「开始」菜单属性”窗口

2.2.3　用户环境变量和系统环境变量

环境变量主要影响计算机如何运行程序、如何查找程序、如何分配内存等。

1. 查看现有环境变量

在“命令提示符”窗口中，执行 set 命令即可检测计算机中现有的环境变量，其当前的环境变量如图 2-6 所示。在图 2-6 中，每一行都代表一个环境变量，等号左边为环境变量的名称，等号右边为环境变量的值。

图 2-6　当前环境变量

2. 更改环境变量

更改环境变量主要是更改系统环境变量和用户环境变量，系统环境变量适用于每个在此台计算机登录的用户；用户环境变量是每个用户都可自定义的，只适用于该用户。

（1）打开“系统属性”对话框，选择“高级”选项卡，单击【环境变量】按钮，如图 2-7 所示。

（2）在“环境变量”对话框中，上半部为用户环境变量区，下半部为系统环境变量区。对于用户变量或系统变量，可以进行以下 3 种操作：单击【新建】按钮添加一个新变量名和值；单击一个已存在的变量，然后单击【编辑】按钮可以更改其名称和值；单击一个已存在的变量，然后单击【删除】按钮可以将其删除。“环境变量”对话框如图 2-8 所示。

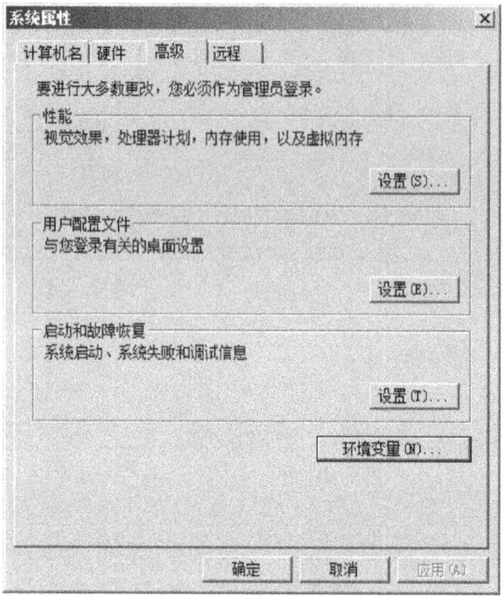

图 2-7　系统属性设置

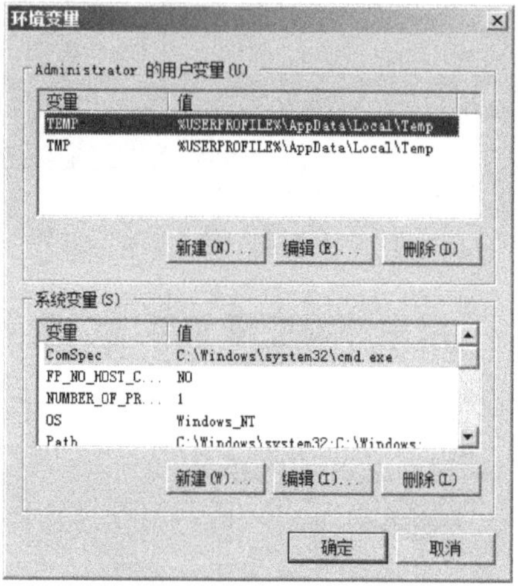

图 2-8　“环境变量”对话框

3. 使用环境变量

使用环境变量时，需要在环境变量的前后加上%符号。例如，%username%表示当前登录者的用户账户名称；%windir%表示 Windows 系统文件目录。图 2-9 所示的是用 Echo 命令来显示当前登录者的用户名。

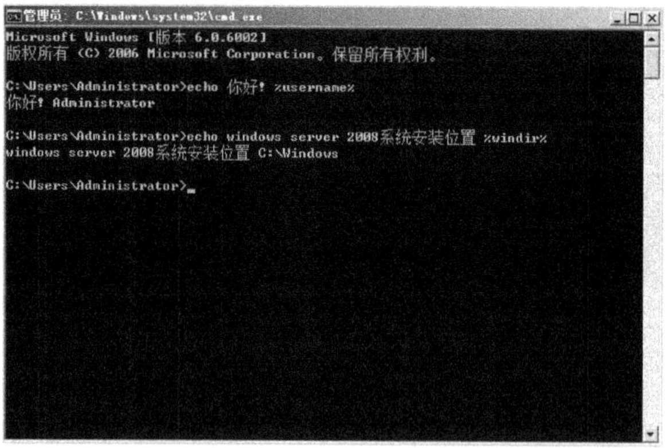

图 2-9　Echo 命令的使用

2.3 管理硬件设备

硬件设备是所有连接到计算机并由计算机控制的设备。由于 Windows Server 2008 支持即插即用硬件设备，所以在安装了新设备后，只要系统支持该设备的驱动程序（Device Driver），系统就会自动安装。安装完成后就可以使用该设备了。如果是新上市的设备，Windows Server 2008 可能尚未支持其驱动程序，因此虽然系统能检测到此设备，但是却无法找到可用的驱动程序，此时系统会显示提示信息，要求用户提供驱动程序。

除此之外，可以单击控制面板中的“添加硬件”图标来添加无法被系统识别的设备或者不支持 Plug and Play 的设备。同时也可以用设备管理器来管理计算机内的设备。启动设备管理器的方法是单击开始→管理工具→计算机管理→设备管理器。

Windows 的设备管理器是一种管理工具，它用来管理计算机上的设备。可以使用设备管理器查看和更改设备属性、更新设备驱动程序、配置设备设置和卸载设备。设备管理器提供计算机上所安装硬件的图形视图。所有设备都通过一个称为“设备驱动程序”的软件来与 Windows 进行通信。使用设备管理器可以安装和更新硬件设备的驱动程序、修改设备的硬件设置以及解决相关问题。

2.3.1 安装新硬件

操作系统能自动检测即插即用硬件设备（Plug and Play，PnP），并自动安装驱动程序。若操作系统能自动地检测，却无法找到合适的驱动程序，则系统会提示要求提供驱动程序。

安装非即插即用硬件设备需要双击控制面板中的“添加硬件”图标，打开“添加硬件向导”，按照向导提示一步一步地操作即可。

2.3.2 禁用、卸载和扫描检测新设备

在设备管理器中右击某设备，就可以将该设备禁用或卸载，也可以扫描、检测是否有新安装的设备，如图 2-10 所示。

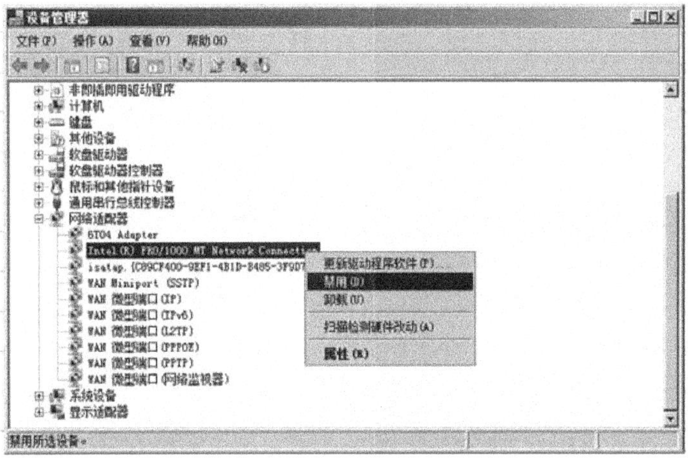

图 2-10　禁用、卸载和扫描设备

注意

若某设备是由系统自动检测到并自动安装了驱动程序，则即使将该设备卸载，那么在下次重新开机或执行“扫描检测设备”操作时，该设备还是会被自动检测到并安装、启用。因此，若不想使用该设备，则应采取“禁用”的方式，而不是“卸载”。

2.3.3 回滚驱动程序

如果在更新某设备的驱动程序后，发现此新驱动程序无法正常运行，那么可以将之前正常的驱动程序再安装回来，这个功能称为回滚驱动程序，其操作步骤是：在设备管理器中右击需要修改的设备，单击【属性】按钮，在弹出的“NVIDIA GeForce 8400SE 属性”对话框中选择“驱动程序”选项卡，在该选项卡中单击【返回驱动程序】按钮，如图 2-11 所示。

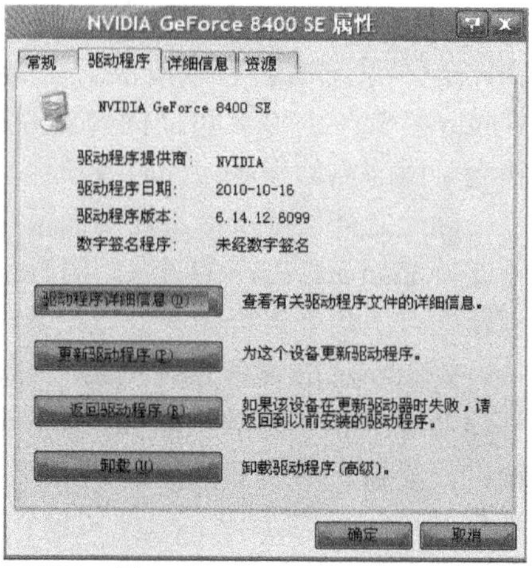

图 2-11　返回驱动程序

2.4 任务 2—配置 Windows Server 2008 网络

当计算机应用于某一网络时，需要对该计算机进行相关的网络设置。

2.4.1 更改计算机名与工作组名

（1）双击控制面板中的“系统”图标，打开如图 2-12 所示的“系统属性”对话框。

（2）在“系统属性”对话框中，选择“计算机名”选项卡，单击【更改】按钮。

（3）在弹出的“计算机名/域更改”对话框中，输入新的计算机名和工作组，如图 2-13 所示。

设置完成后必须重新启动计算机才能生效，重新启动系统后计算机将以刚刚命名的计算机名和工作组名称显示。

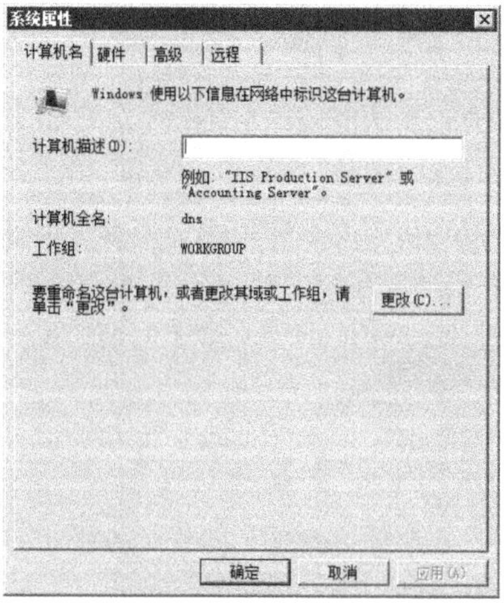

图 2-12　“系统属性”对话框

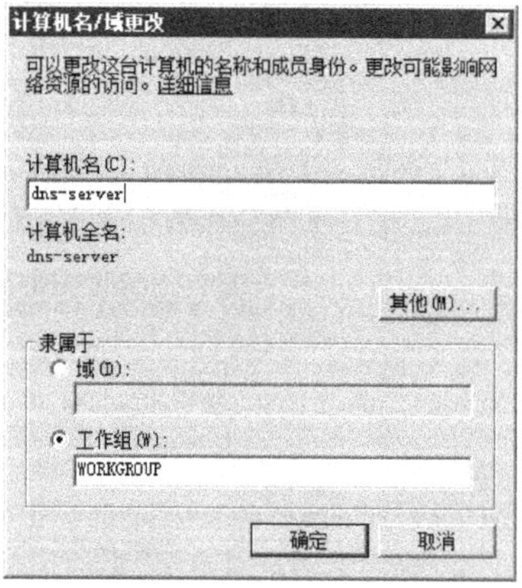

图 2-13　更改计算机名和工作组

2.4.2 设置 TCP/IP 属性

若网络中配备了 DHCP，则可自动获取 IP 地址。对于服务器而言，通常为网络提供某些服务，其 IP 地址为固定值，因此需要手动设定 IP 地址。

（1）选择“开始”中的“服务器管理器”命令打开“服务器管理器”窗口，在“计算机信息”区域中，单击“查看网络连接”选项，如图 2-14 所示；或者右键单击桌面状态栏托盘区域中的网络连接图标，在弹出的快捷键菜单中单击“网络和共享中心”命令，打开“网络和共享中心”窗口。

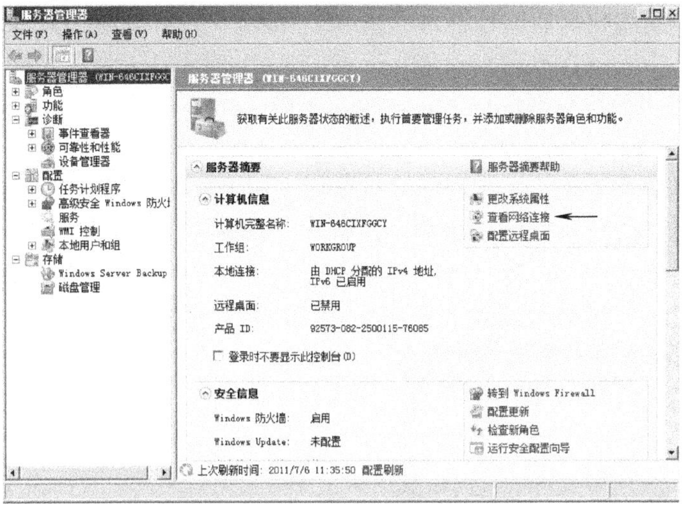

图 2-14 “服务器管理器”窗口

（2）在“网络连接”窗口中，双击“本地连接”图标，弹出“本地连接 属性”对话框。在“本地连接 属性”对话框中，显示系统已安装的网络程序和协议。选中“Internet 协议版本 4（TCP/IPv4）”选项，再单击【属性】按钮，如图 2-15 所示。

（3）在“Internet 协议版本 4（TCP/IPv4）属性”对话框中，若要通过 DHCP 获得 IP 地址，则要选中“自动获得 IP 地址”单选项。对于一台服务器来说，通常需要设置静态 IP 地址，此时可选中“使用下面的 IP 地址”单选项，并在相应的文本框中输入 IP 地址、子网掩码、默认网关和 DNS 服务器的 IP 地址。参数设置完毕后，单击【确定】按钮保存设置，如图 2-16 所示。

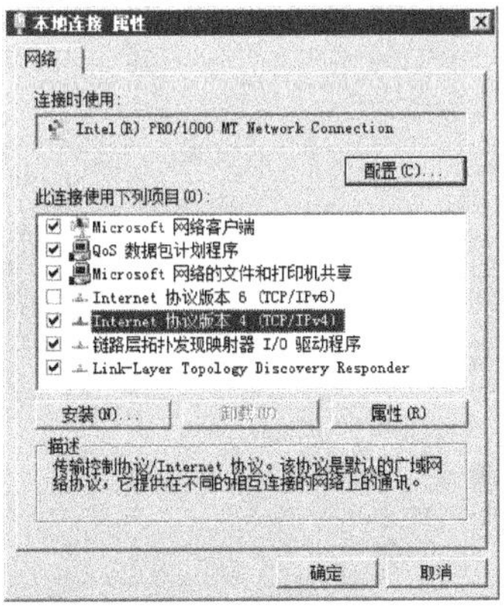

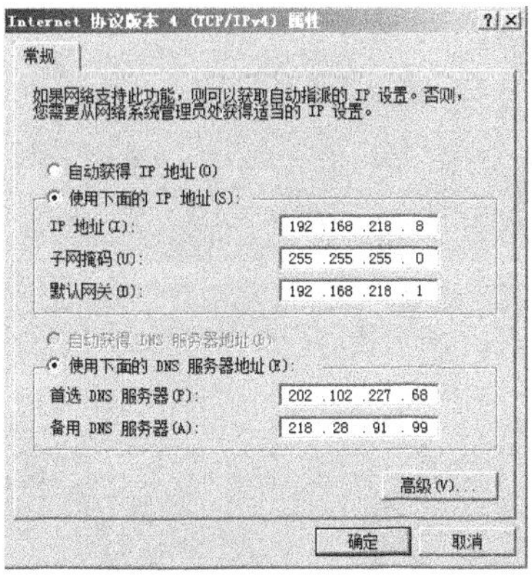

图 2-15 “本地连接 属性”对话框　　图 2-16 “Internet 协议版本 4（TCP/IP）属性”对话框

2.4.3 启用远程桌面功能

远程桌面主要是为方便管理员管理和维护服务器而推出的一项服务。通过使用 TCP/IP 连接对网络上的一台计算机进行远程管理，一般在默认情况下，该功能不启用。若想启用远程桌面，具体操作过程如下：

（1）在控制面板中双击“系统”图标，打开“系统属性”对话框。

（2）在“系统属性”对话框中，选择“远程”选项卡，选中“远程桌面”组合框中的“允许运行任意版本远程桌面的计算机连接（较不安全）”单选项，单击【选择用户】按钮，如图 2-17 所示。

（3）在弹出的“远程桌面用户”窗口中，单击【添加（D）...】按钮添加允许远程访问的用户，如图 2-18 所示。

（4）启用远程桌面管理后，远程计算机就可以使用远程桌面客户连接到该服务器。此时，服务器的 3389 端口就被打开，用户可以执行 netstat–a 命令进行查看，如图 2-19 所示。

（5）在远程计算机中，启动“远程桌面连接”应用程序，在“计算机”文本框中输入远程终端服务器的计算机名称或 IP 地址，单击【连接】按钮，如图 2-20 所示。

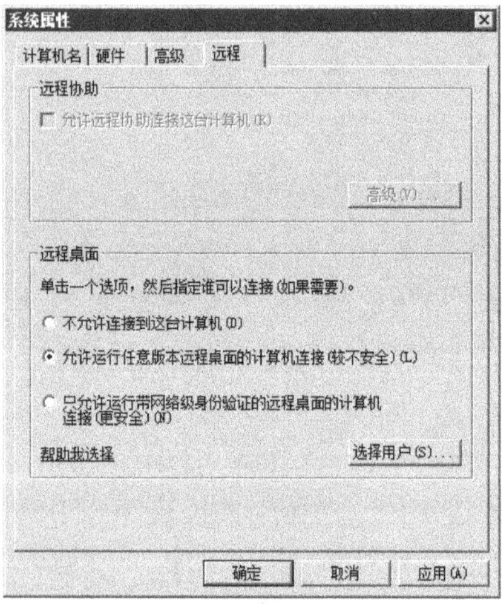

图 2-17 “远程”选项卡

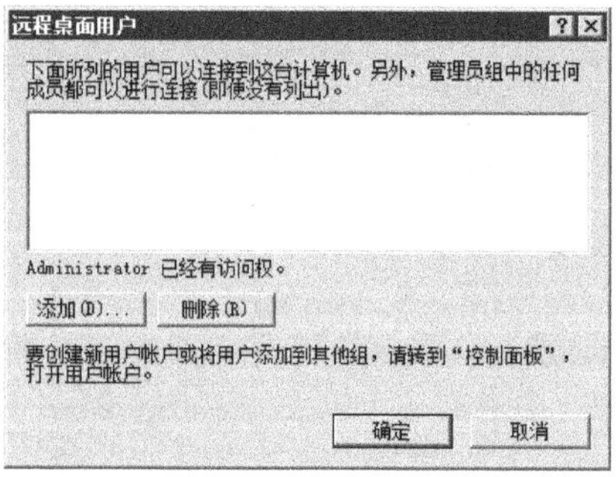

图 2-18 添加远程用户

图 2-19 netstat-a 命令

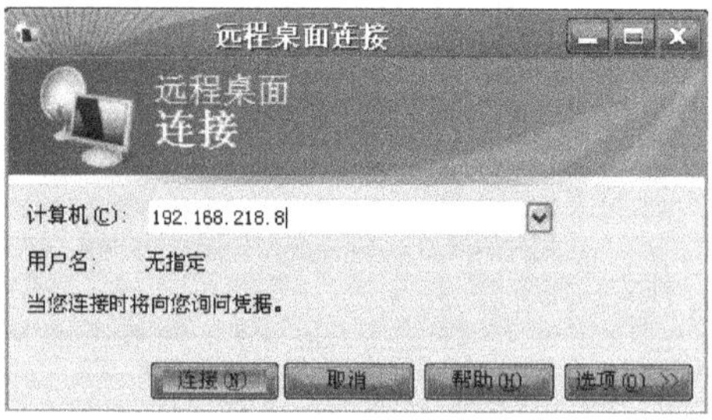

图 2-20 远程桌面连接

（6）通过用户验证后，用户就能正常连接远程终端服务器了，如图 2-21 所示。

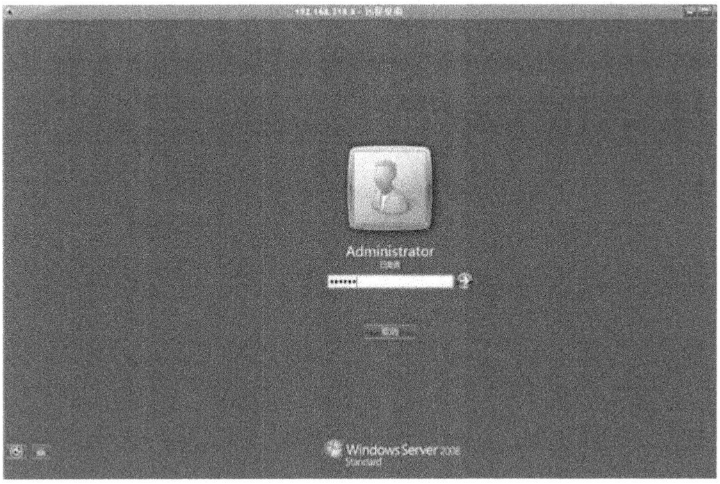

图 2-21　远程桌面连接成功

提示

最多只允许两个管理员同时登录到服务器。

2.4.4　配置 Windows 防火墙

防火墙可以有效地防止服务器上未经允许的程序与网络通信，从而在一定程度上保护服务器与网络的安全。若要允许某个程序与网络通信，可加入防火墙的“例外”选项卡中。默认设置下，Windows 防火墙自动为开启状态。防火墙的配置步骤如下：

（1）在控制面板中双击“Windows 防火墙”图标，或者在“网络和共享中心”窗口中单击“Windows 防火墙”选项，如图 2-22 所示。

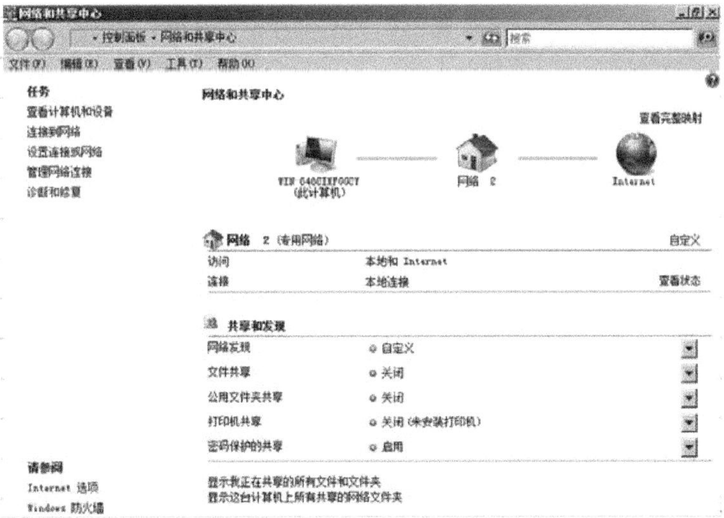

图 2-22　网络和共享中心

（2）在“Windows 防火墙”对话框中，单击“启用或关闭 Windows 防火墙”以启用防火墙。若要进行详细设置，可单击“更改设置”选项，如图 2-23 所示。

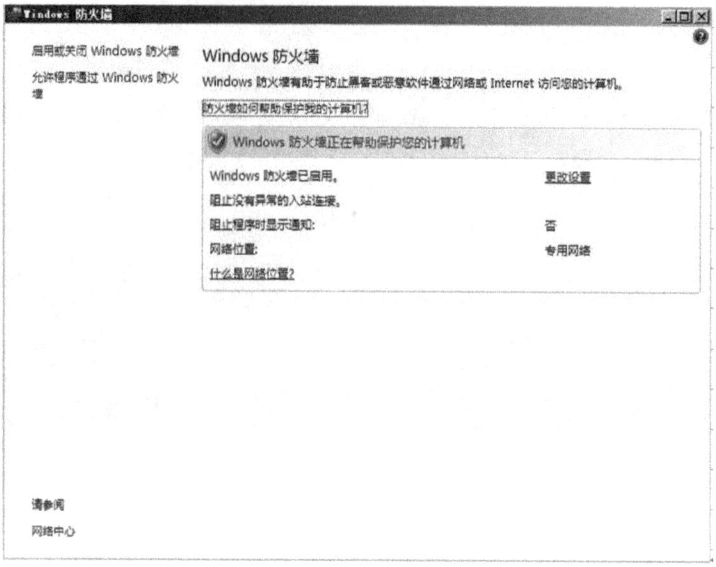

图 2-23　Windows 防火墙

（3）在“Windows 防火墙设置”对话框的“常规”选项卡中，可以启用防火墙，也可关闭防火墙，如图 2-24 所示。

（4）选择“例外”选项卡，可以设置开放一些端口或允许一些程序侦听网络，如图 2-25 所示。例如，用户的计算机对外提供 Web 服务，则需要单击【添加端口】按钮以指定协议及服务所要侦听的端口。

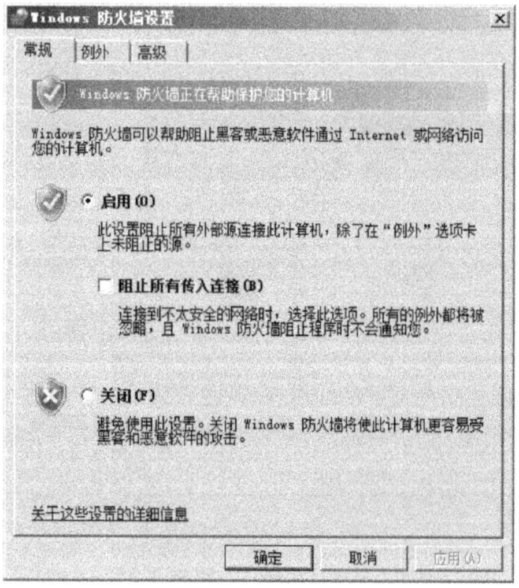

图 2-24　“Windows 防火墙设置”对话框

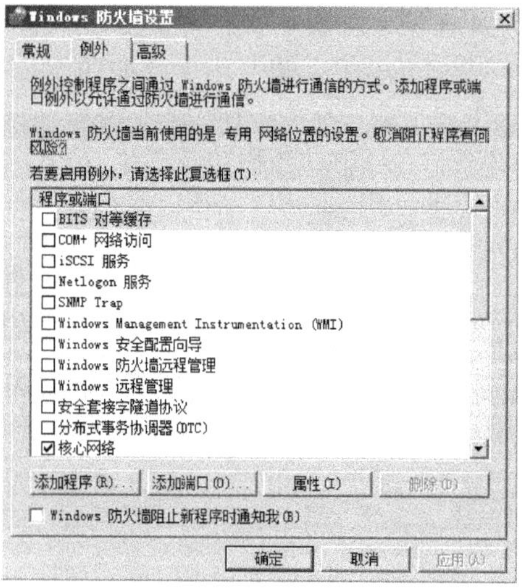

图 2-25　“例外”选项卡

（5）如果用户不知道应用程序用的是什么端口，则可单击【添加程序】按钮，可以直接添加应用程序，如图 2-26 所示。

（6）选择“高级”选项卡，如果用户的计算机有多个网卡，那么可以具体指定防火墙应用到哪些网卡，如图 2-27 所示。

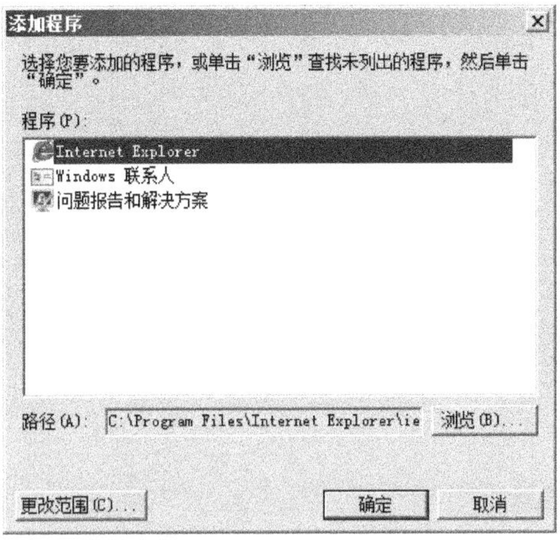

图 2-26　添加应用程序

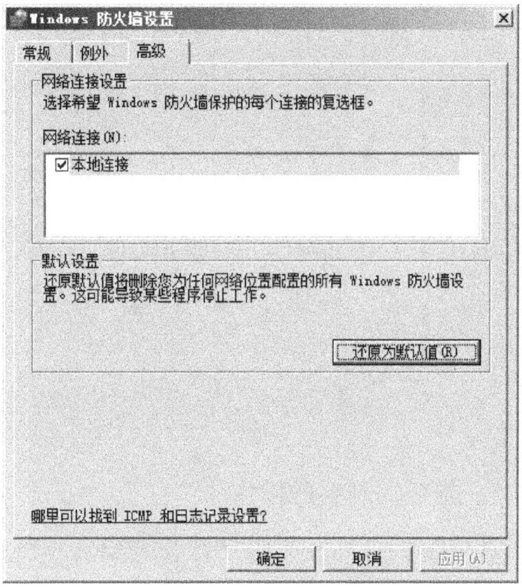

图 2-27　“高级”选项卡

2.4.5　配置 Windows Update 与自动更新

在控制面板中双击“Windows Update”图标，在“Windows Update”对话框中，选择安装更新的方法，这里选择“让我选择”选项，如图 2-28 所示。在“选择安装更新的方法”窗口中，选择一种自动安装更新的方法，然后单击【确定】按钮保存设置。

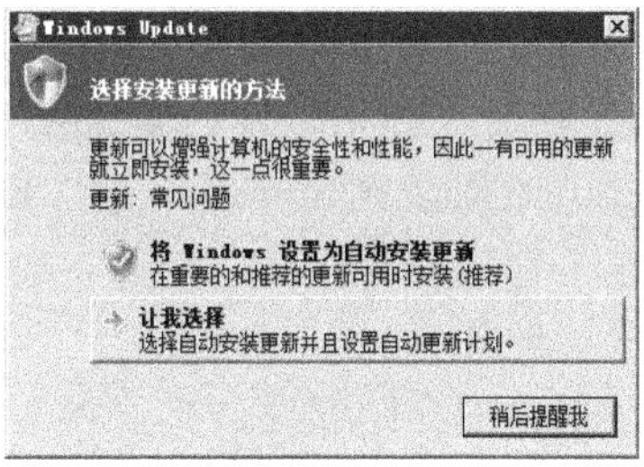

图 2-28　选择安装更新的方法

2.5　Windows Server 2008 管理控制台

Windows Server 2008 具有完善的集成管理特性，这种特性允许管理员为本地和远程计算机创建自定义的管理工具，这个管理工具就是微软系统管理控制台（Microsoft Management Console，MMC）。它是一个用来管理 Windows 系统的网络、计算机、服务及其他系统组件的管理平台。

1．管理单元

MMC 不是一个执行具有管理功能的程序，而是一个集成管理平台工具。MMC 集成了一些被称为管理单元的管理性程序，这些管理单元就是 MMC 提供用于创建、保存和打开管理工具的标准方法。

管理单元是用户直接执行管理任务的应用程序。MMC 的基本组件主要包括独立管理单元和扩展管理单元两种类型。MMC 窗口由两部分窗格组成，如图 2-29 所示。

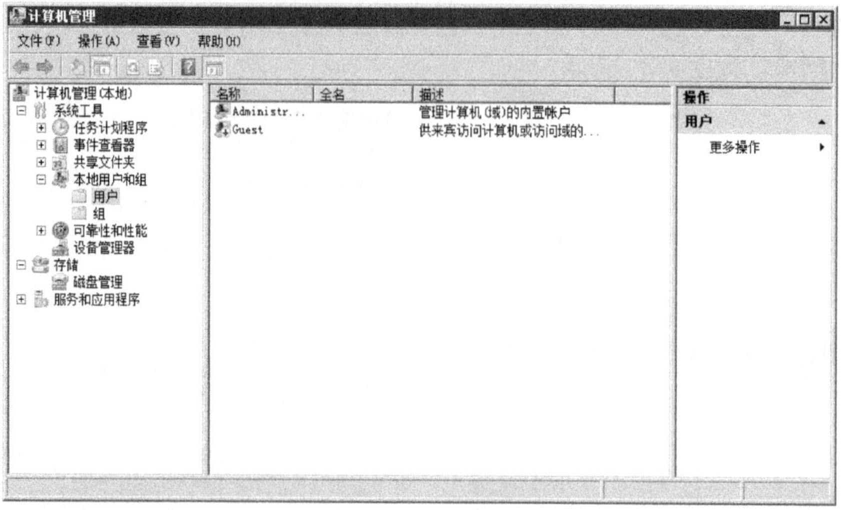

图 2-29 管理控制台

2. 管理控制台的操作

管理控制台的操作包括打开 MMC、添加或删除管理单元。

（1）打开 MMC。

1）选择“开始”命令中的“运行”命令，打开“运行”对话框，在“运行”对话框中输入 mmc 命令。

2）在“开始搜索”文本框中输入 mmc 命令。

3）在命令提示符窗口中输入 mmc 命令。

（2）添加或删除管理单元。系统管理员通过创建自定义的 MMC，可以把完成单个任务的多个管理单元组合在一起，使用一个统一的管理界面来完成适合自身企业应用环境的大多数管理任务。

下面详细介绍创建自定义的 MMC 的具体步骤：

（1）打开 MMC 窗口。

（2）MMC 的初始窗口是空白的，如图 2-30 所示。单击“文件”→“添加或删除管理单元”命令，向控制台添加新的管理单元（或删除已有的管理单元）。

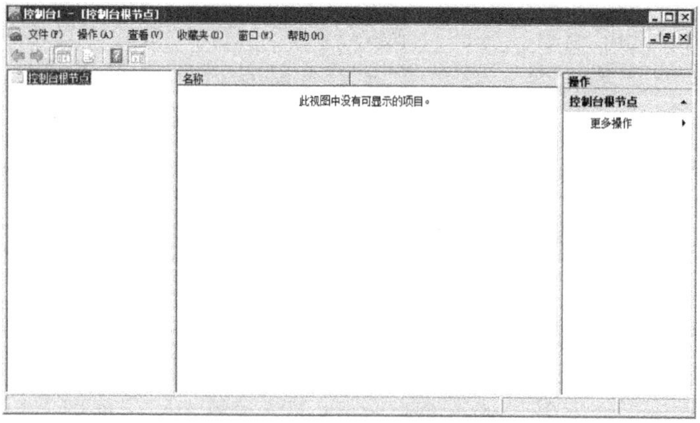

图 2-30 空白的管理控制台

（3）打开“添加或删除管理单元”对话框，在“可用的管理单元”列表框中选择要添加的管理单元，然后单击【添加】按钮，将其添加到“所选管理单元”列表框中。添加完毕后，单击【确定】按钮，如图 2-31 所示。

（4）MMC 不但可以管理本地计算机，还可以管理远程计算机。在添加计算机管理单元时，会打开“计算机管理”对话框，如图 2-32 所示，提示用户选择管理本地计算机还是远程计算机，若要管理远程计算机，则需选中“另一台计算机”单选项，并输入计算机的 IP 地址或计算机名。至此一个新的管理控制台创建完成。

（5）为了便于日后打开该管理单元，可以将新创建的 MMC 控制台保存起来，新创建的控制台以“.msc”为扩展名进行储存，如图 2-33 所示。

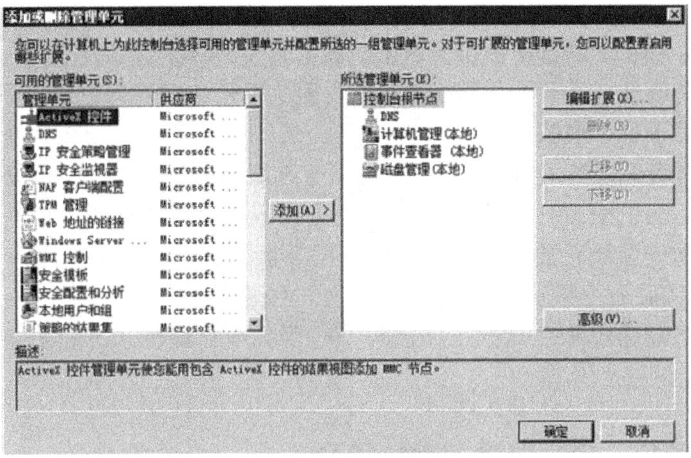

图 2-31 “添加或删除管理单元”对话框

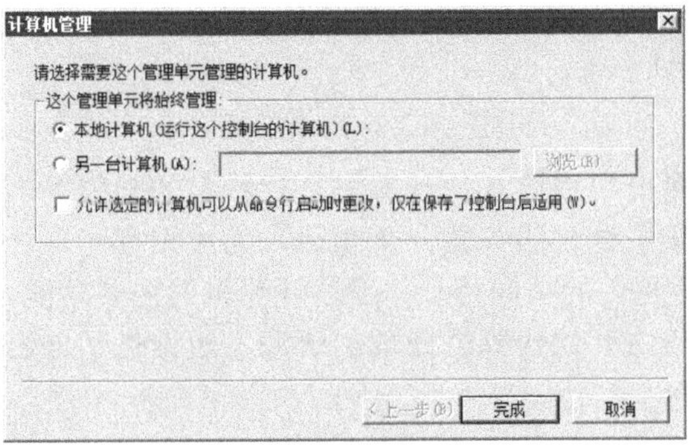

图 2-32 “计算机管理”对话框

图 2-33 保存控制台

2.6 任务 3-系统角色与功能的配置

在 Windows Server 2008 系统安装完成后，管理员会发现很多网络服务并没有直接提供，并且在安装过程中，也没有服务的安装选项。没有这些服务，管理员将无法发布网络信息资源。那么，管理员该如何在 Windows Server 2008 中添加服务和设置服务功能呢？

安装时没有安装选项不代表系统不支持这些服务，实际上，这恰恰是 Windows Server 2008 系统配置的特点，也就是将服务模块化。系统安装完成后，只是提供了一个服务的基础平台，具体服务由管理员根据网络的具体功能和要求单独进行添加或删除。

相对于以前的版本，Windows Server 2008 在服务提供上更加灵活和方便。一般而言，Windows Server 2008 系统中包括 3 种主要类别的服务器角色：标志和访问管理（作为活动目录的部分角色）、基础结构（包括文件服务器、打印服务器、DNS 等）以及应用程序（如 Web 服务器角色和终端服务）。而服务器管理器正具有这些角色的添加、删除、维护功能。Windows Server 2008 系统中的新的“服务器管理器”控制台使得在企业中管理和保护多个服务器角色变得更为容易。它在本质上是扩展的 Microsoft 管理控制台（MMC），服务器管理器代替了 Windows Server 2003 系统中包含的管理服务器、配置服务器和添加或删除 Windows 组件等功能。利用它可以实际查看和管理影响服务器生产率的所有信息和工具。它为管理服务器的标志和系统信息、显示服务器状态、确定服务器角色配置问题以及管理在服务器中安装的所有角色提供了单一来源。

利用“服务器管理器”，管理员可以查看和更改服务器上安装的服务器角色和功能，可以执行特定于服务器的管理任务，如启动或停止服务、管理本地用户账户等，可以执行特定于服务器上的所安装角色的管理任务、检查服务器状态、确定关键事件、分析配置问题，还可以使用 GUI 或命令行来安装或删除角色、角色服务和功能。

配置一台服务器角色和功能的工作流程是：服务与功能需求分析→规划→添加角色或功能→简单配置。

2.6.1 服务器角色、角色服务和功能简介

服务器相当于 Windows Server 2003 系统中的 Windows 组件，重要的组件划分给了 Windows Server 2008 角色，不太重要的服务和增加的服务器功能划分给了 Windows Server 2008 功能，同时随附了 17 个角色和 35 个功能。

1. 服务器角色

服务器角色是程序的集合，为网络内的多个用户或其他计算机执行特定的功能。当一台服务器安装了某个服务后，其实就是赋予了这台服务器一个角色，为应用程序、计算机或者整个网络环境提供该项服务。服务器角色的共同特征：描述计算机的主要功能、用途或使用方法；允许整个组织中的用户访问由其他计算机管理的资源，通常包括自己的数据库。

2. 角色服务

角色服务提供角色功能的程序。安装角色时，可以选择角色为企业中的其他用户和计算机提供的角色服务。当角色（如 DNS 服务器）只有一个功能时，该角色就没有可用的角色服务，而对于具有多个功能的角色（如终端服务）则可以安装多个角色服务。安装角色服务的数量取决于用户的应用需求。

3. 功能

功能虽然不能直接构成角色，但可以支持或增强一个或多个角色的功能，或者增强整

个服务器的功能。例如，故障转移群集功能增强其他角色的功能，使它们可以针对已增加的冗余和改进的性能加入服务器群集，Telnet 客户端功能允许网络连接与 Telnet 服务器远程通信，从而全面增强服务器的通信功能。

2.6.2 服务器管理器

服务器管理器的主窗口主要包括服务器摘要、角色摘要、功能摘要以及资源和支持几个方面的功能。其中，服务器摘要包括计算机信息和安全信息；角色摘要主要是指明服务器上安装了哪些角色；功能摘要指明服务器上安装了哪些功能。服务器管理器的主窗口。如图 2-34 所示。

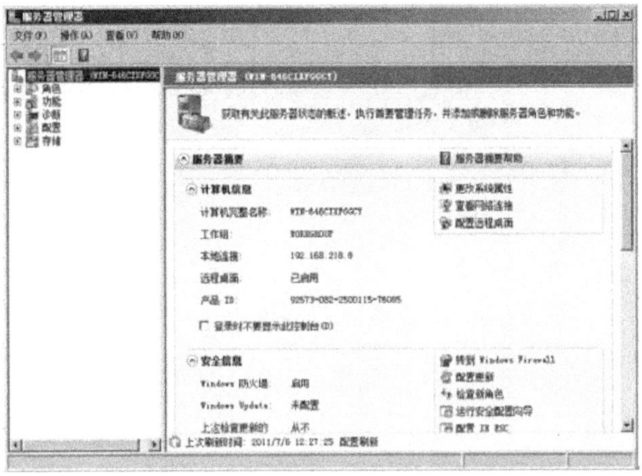

图 2-34　服务器管理器的主窗口

1. 服务器管理器的主要功能

服务器管理器允许管理员使用单个工具来完成以下任务，从而使服务器管理更加高效。

- 查看和更改服务器上安装的服务器角色和功能。
- 执行特定于服务器的管理任务，如启动或停止服务、管理本地用户账户等。
- 执行特定于服务器上的所安装角色的管理任务。
- 检查服务器状态、确定关键事件以及分析配置问题。

2. 服务器管理器向导

管理员可以通过服务器管理器向导在单个会话中安装或删除多个角色、角色服务或功能，而不需要单击“添加/删除 Windows 组件”命令。使用向导的最大好处是简单、易用，而且有提示信息的向导可以消除管理员的猜测，不必担心在安装或删除角色和功能期间丢失重要的程序。

服务器管理器向导主要包括添加角色向导、添加角色服务向导、添加功能向导、删除角色向导、删除角色服务向导以及删除功能向导等。

2.6.3 任务实施 1-添加服务器角色（DNS 服务器）

（1）单击“开始”→“管理工具”→“服务器管理器”，进入服务器管理器窗口，在窗口中单击左侧的“角色”节点，然后单击“添加角色”选项，启动添加角色向导，如图 2-35 所示。

（2）在“开始之前”页中，提示此向导可以完成的工作，以及操作之前应注意的相关事项，单击【下一步】按钮继续，如图 2-36 所示。

（3）在“选择服务器角色”页中，显示所有可以安装的服务器角色。如果角色前面的复选框没有被选中，则表示该网络服务尚未安装；如果已选中，则表示该服务已经安装。在此项目中添加“DNS 服务器”，如图 2-37 所示。

（4）在“DNS 服务器”页中，对 DNS 服务器的功能作简要介绍，单击【下一步】按钮继续。在“确认安装选择”页中，要求确认所要安装的服务器角色是否正确。如果错误，可以单击【上一步】按钮返回，这里单击【安装】按钮开始安装 DNS 服务器角色，如图 2-38 所示。

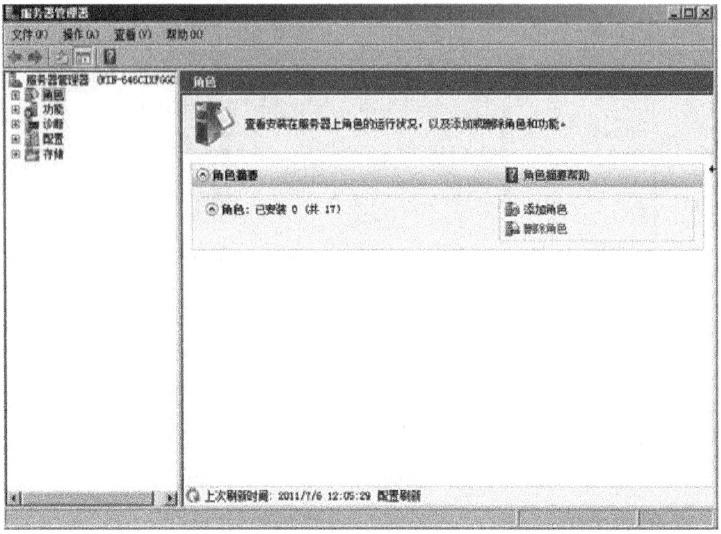

图 2-35　添加角色

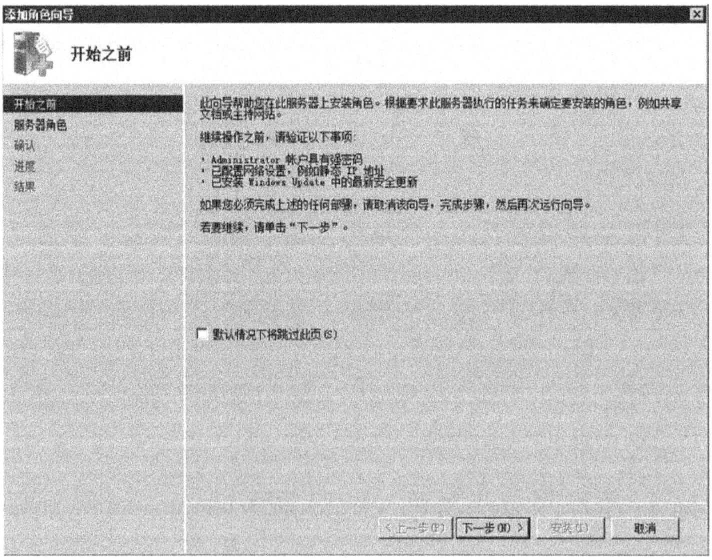

图 2-36　添加角色向导

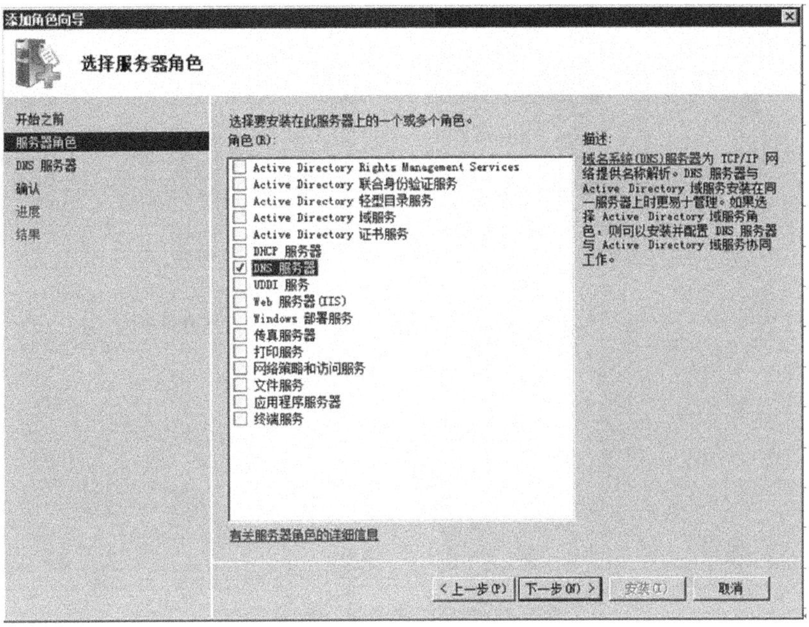

图 2-37　添加 DNS 服务器

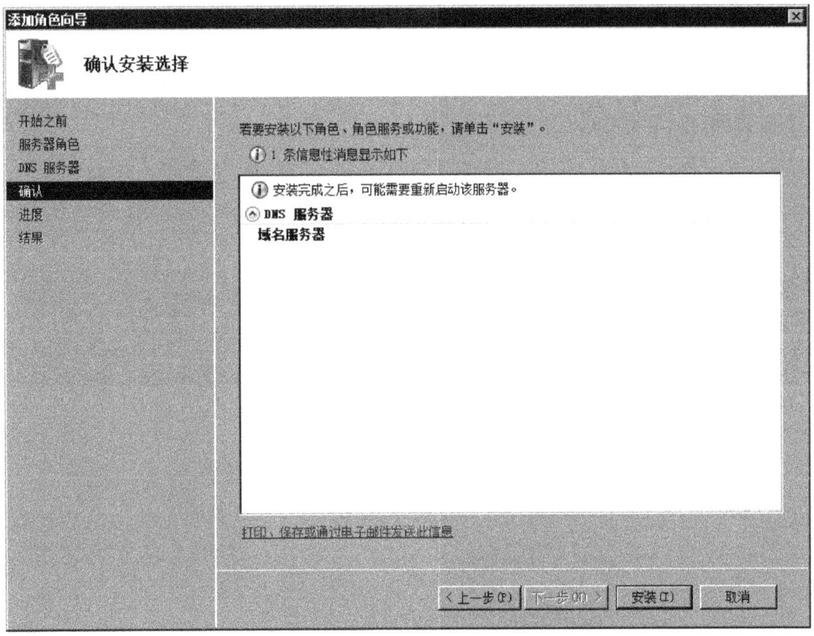

图 2-38　安装 DNS 服务器

（5）在“安装进度”页中，显示安装 DNS 服务器角色的进度。在“安装结果”页中，显示安装的 DNS 服务器角色已完成，提示用户可以使用 DNS 管理器对 DNS 服务器进行配置。若系统未启用 Windows 自动更新，还会提醒用户设置 Windows 自动更新，以即时更新系统。单击【关闭】按钮即可完成 DNS 服务器的安装。在“服务器管理器”窗口中将显示 DNS 服务器角色已经安装，同时显示其运行状态，如图 2-39 所示。

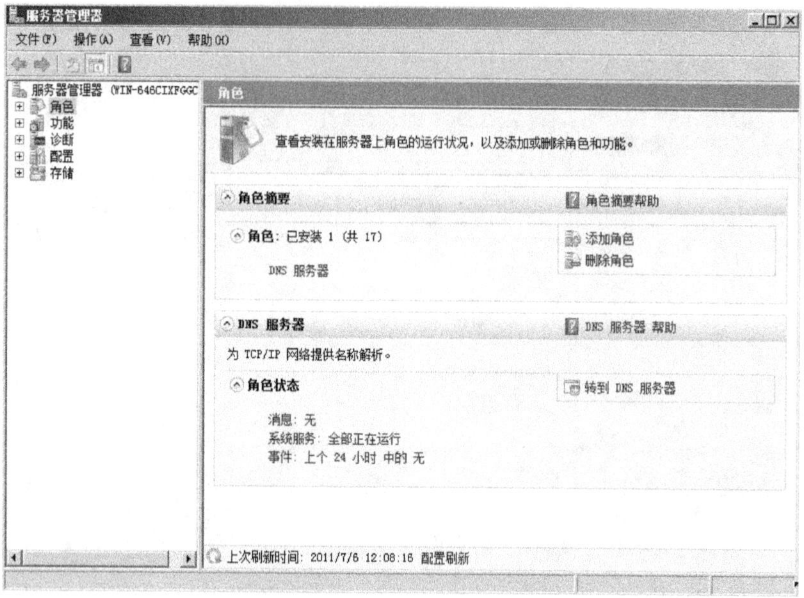

图 2-39　DNS 服务器运行状态

2.6.4　任务实施 2-添加系统功能之“Telnet 客户端”功能

在以往的 Windows 操作系统中，Telnet 客户端功能系统是默认安装的，但在 Windows Server 2008 中，该功能是没有安装，下面以安装 Telnet 客户端为例，说明利用服务器管理器向导添加服务器功能的过程。

在 Windows Server 2008 系统中安装“Telnet 客户端”功能，具体步骤如下：

（1）打开“服务器管理器”窗口，单击左侧的“功能”节点，单击“添加功能”选项，启动添加功能向导，如图 2-40 所示。

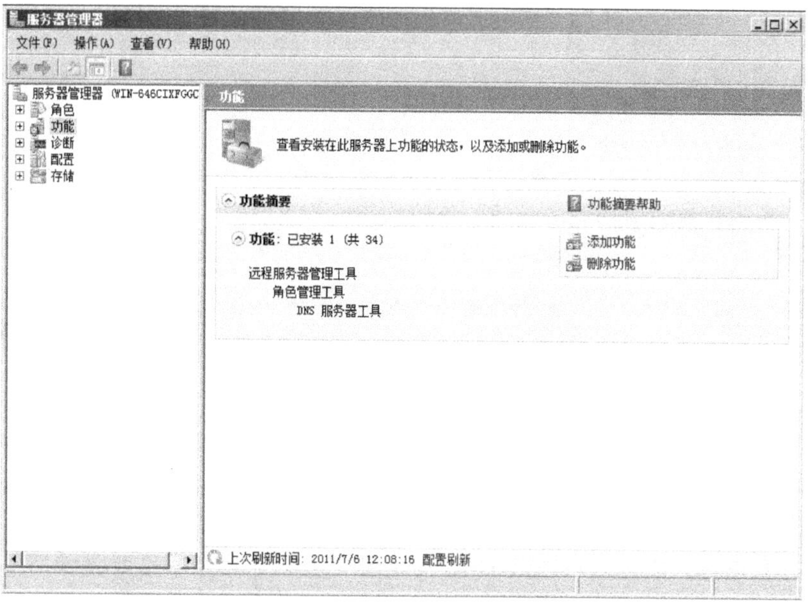

图 2-40　添加功能向导

（2）在“选择功能”页中，显示所有可以安装的服务器功能，如果功能前面的复选框没有被选中，则表示该网络服务尚未安装；如果已选中，说明该功能已经安装。这里选中“Telnet 客户端”复选框，单击【下一步】按钮继续。

（3）在“确认安装选择”页中，要求确认所要安装的服务器角色是否正确，如果错误，可以单击【上一步】按钮返回，这里单击【安装】按钮开始安装，如图 2-41 所示。

（4）确认安装后，在“安装进度”页中，显示安装 Telnet 客户端功能的进度。完成安装后，在“安装结果”页中，显示 Telnet 客户端功能已成功安装，最后单击【关闭】按钮，如图 2-42 所示。

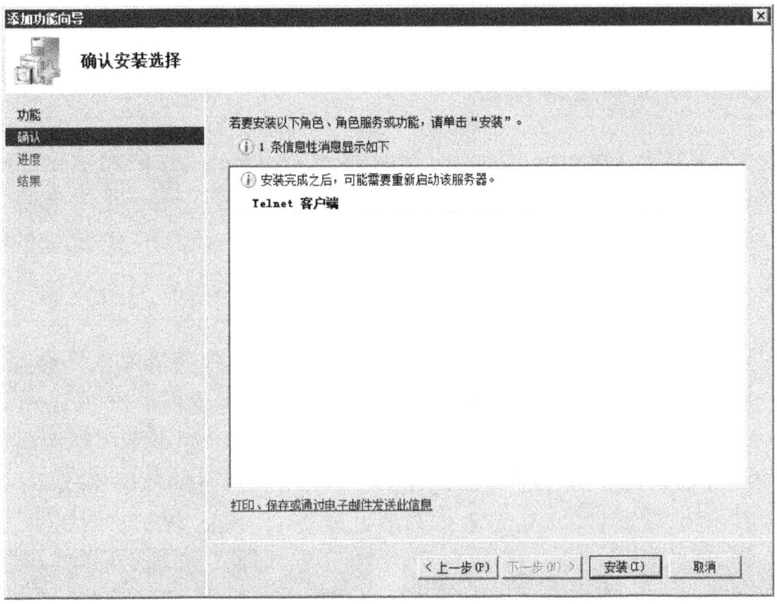

图 2-41　确认安装

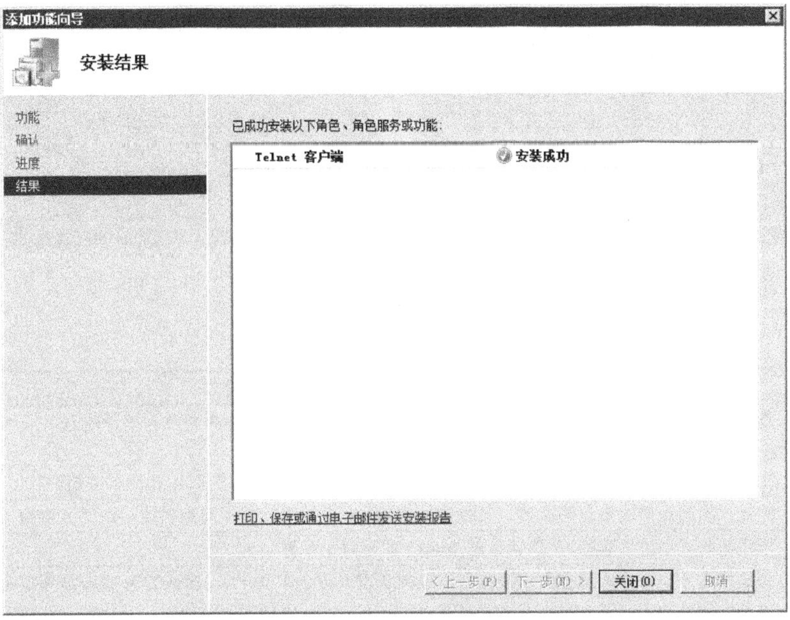

图 2-42　Telnet 客户端安装完成

Telnet 客户端功能安装完成后，就可以远程管理交换机了。

2.7 常用的网络排错工具

2.7.1 使用 ipconfig 确认 IP 地址配置

在命令行中输入“cmd”命令，打开命令行界面，在该界面中输入命令 ipconfig/all，显示所有当前的 TCP/IP 网络配置值、刷新动态主机配置协议（DHCP）和域名系统（DNS）设置。使用不带参数显示所有适配器的 IP 地址、子网掩码、默认网关和参数/all，可以显示所有适配器的完整 TCP/IP 配置信息，如图 2-43 所示。

2.7.2 使用 ping 测试网络连通性

ping 发送一个 ICMP（Internet Control Messages Protocol，互联网信报控制协议）回声请求消息给目的地并报告是否收到所期望的 ICMP 回声应答。ping 是用来检查网络是否通畅或者检测网络连接速度的命令，其工作原理：利用网络上计算机 IP 地址的唯一性，给目标 IP 地址发送一个数据包，再要求对方返回一个同样大小的数据包来确定两台网络计算机是否连接通畅，以及时延是多少。

ping 指的是端对端连通，通常用来检查可用性，但是某些病毒或木马会强行、大量、远程地执行 ping 命令以抢占用户的网络资源，导致系统和网速变慢。严禁 ping 入侵作为大多数防火墙的一个基本功能提供给用户进行选择。通常情况下，如果不用作服务器或者进行网络测试，可以放心地选中它，来保护计算机的安全。ping 命令的使用格式是：ping [<命令选项>] <目标 IP 地址或域名>，ping 命令选项见表 2-1，ping 命令实例如图 2-44 所示。

图 2-43 ipconfig 命令

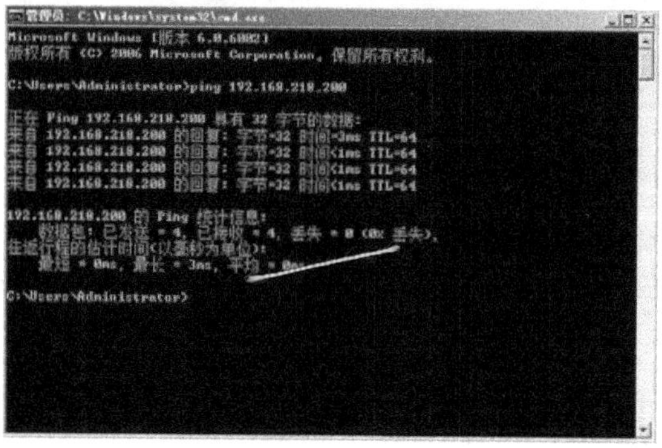

图 2-44 ping 命令实例

表 2-1 ping 命令选项

选 项	用 途
-t	指定在中断前 ping 可以持续发送回声请求信息到目的地。要中断并显示统计信息，按<Ctrl+Break>组合键；要中断并退出 ping，按<Ctrl+C>组合键
-a	指定对目的地 IP 地址进行反向名称解析，如果解析成功，ping 将显示相应的主机名
-n count	指定发送回声请求消息的次数，具体次数由 count 来指定。若不指定次数，则默认值为 4
-w timeout	调整超时（单位为毫秒），默认值是 1000（即超时 1 秒钟）
-l size	指定发送的回声请求消息中“数据”字段的长度（以字节表示）。默认值为 32，最大值是 65527
-f	指定发送的回声请求消息带有“不要拆分”标志（所在的 IP 标题设为 1）。回声请求消息不能由目的地路径上的路由器进行拆分。该参数可用于检测并解决“路径最大传输单位（PMTU）”的故障

使用 ping 命令可以排除以下简单的网络故障：

（1）ping 环回地址（127.0.0.1）：验证本地计算机是否正确地配置了 TCP/IP，若执行失败，则说明 TCP/IP 安装不正确。

（2）ping 本地计算机的 IP 地址：验证其是否已正确地添加到网络中，若执行失败，则说明 IP 地址配置不正确或没有连接到网络中。

（3）ping 默认网关的 IP 地址：验证默认网关是否正常工作以及是否可以与本地网络上的本地主机进行通信。若执行失败，则需要验证默认网关 IP 地址是否正确以及网关（路由器）是否运行。

（4）ping 远程主机的 IP 地址：验证到远程主机（不同子网上的主机）IP 地址的连通性。若执行失败，则需要验证远程主机的 IP 地址是否正确、远程主机是否运行以及该计算机和远程主机之间的所有网关（路由器）是否运行。

（5）ping 远程主机的计算机名：如果 ping IP 地址已成功，但 ping 命令执行失败，则是因名称解析问题所致，此时需要验证 DNS 服务器的 IP 地址是否正确、DNS 服务器是否运行以及该计算机和 DNS 服务器之间的网关（路由器）是否运行。

2.7.3 使用 tracert 跟踪网络连接

路由跟踪 tracert 命令用于确定 IP 数据报访问目标所采取的路径，用 IP 生存时间（TTL）字段和 ICMP 错误消息来确定从一个主机到网络上其他主机的路由。

tracert 命令的格式是：tracert [<命令选项>] <目标主机的名称或 IP 地址>。常见的 tracert 命令选项见表 2-2。

表 2-2 tracert 命令选项

选项	描述
-d	指定不将 IP 地址解析到主机名称
-h maximum_hops	指定跟踪到目标主机的路由中所允许的跃点数
-j host-list	指定数据包所采用路径中的路由器接口列表
-w timeout	等待 timeout 为每次回复所指定的毫秒数

tracert 命令对于解决大型网络问题非常有用，可以确定数据包在网络上的停止位置和路由环路等问题。例如，使用 tracert 命令跟踪“搜狐”网站，如图 2-45 所示。

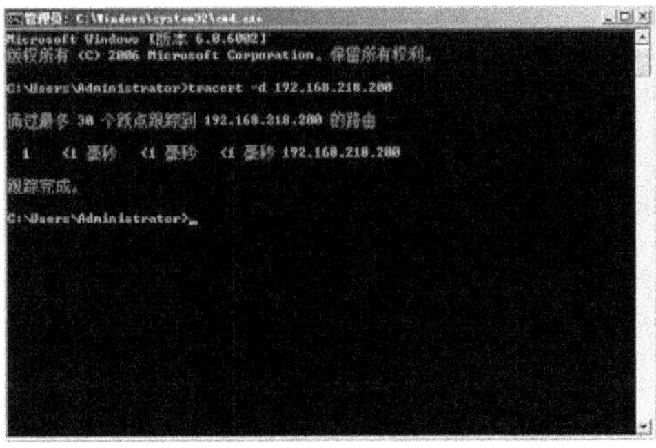

图 2-45 使用 tracert 命令跟踪“搜狐”网站

2.7.4 使用 pathping 跟踪数据包的路径

使用路由跟踪工具 pathping 可以将 ping 和 tracert 命令的功能及这两个命令所不提供的其他信息结合起来。pathping 命令的格式是：pathping[<命令选项>] <目标主机的名称或 IP 地址>，其命令选项见表 2-3 所示。

表 2-3 **pathping** 命令选项

选　项	功　能
-n	不将地址解析成主机名
-h maximum_hops	搜索目标的最大跃点数
-g host-list	沿着主机列表释放源路由
-p period	在 ping 之间等待的毫秒数
-q num_queries	每个跃点的查询数
-w timeout	每次等待回复的毫秒数
-i address	使用指定的源地址
-4	强制 pathping 使用 IPv4
-6	强制 pathping 使用 IPv6

2.7.5 使用 netstat 显示连接统计

netstat 命令提供了有关网络连接状态的实时信息、网络统计数据以及路由信息，netstat 的命令格式是：netstat [选项]。表 2-4 显示了 netstat 命令各种选项的功能。

表 2-4 **netstat** 选项

选　项	功　能
-a	显示所有的 Internet 套接字信息，包括正在监听的套接字
-i	显示所有网络设备的统计信息
-c	在程序中断前，显示网络状况，间隔为 1 秒
-e	显示以太网（Ethernet）统计信息
-n	以网络 IP 地址代替名次，显示出网络连接情形
-o	显示定时器状态、截止时间和网络连接的以往状态
-r	显示内核路由表，输出与 route 命令的输出相同
-s	显示每个协议的统计信息
-t	只显示 TCP 套接字信息，包括正在监听的 TCP 套接字
-u	只显示 UDP 套接字信息

2.7.6 使用 arp 显示和修改地址解析协议缓存

arp 用于显示和修改“地址解析协议（ARP）”缓存中的项目，ARP 缓存中包含一个或多个表，用于存储 IP 地址及经过解析的以太网或令牌环的物理地址。表 2-5 显示了 arp 命令各种选项的功能。

表 2-5 **arp** 命令选项

选　项	功　能
-a	显示所有接口的当前 ARP 缓存表
-d inet_addr	删除指定的 IP 地址项，此处的 inet_addr 代表 IP 地址
-s inet_addr ether_Addr	向 ARP 缓存添加可将 IP 地址 InetAddr 解析成物理地址 ether_Addr 的静态项

若要显示所有接口的 ARP 缓存表，则使用命令：arp –a；若添加静态 ARP 缓存项，则

使用命令：arp –s 10.0.0.80 00-AA-00-4F-2A-9C。

2.8 回到工作情景

【工作过程一】设置系统桌面

（1）双击控制面板中的“个性化”图标。

（2）在“个性化”窗口中单击“更改桌面图标”选项。

（3）在“桌面图标设置”对话框中，选中需要放在桌面的图标的复选框，单击【确定】按钮。

【工作过程二】修改服务器的计算机名

（1）双击控制面板中的“系统”图标，打开“系统属性”对话框。

（2）在“系统属性”对话框中，选择“计算机名”选项卡，单击【更改】按钮。

（3）在“计算机名/域更改”对话框中，在“计算机名”文本框中输入新的计算机名，在“工作组”文本框中输入计算机所处的工作组。设置完毕后，单击【确定】按钮。

（4）根据系统提示，重新启动计算机，以使新的计算机名和组名生效。

【工作过程三】配置服务器网络参数并测试连通性

（1）单击“开始”→“服务器管理器”命令，打开“服务器管理器”窗口，在“计算机信息”区域中，单击“查看网络连接”选项。

（2）在“网络连接”窗口中，双击“本地连接”图标。

（3）在“本地连接　属性”对话框中，选中“Internet 协议版本 4（TCP/IPv4）”，然后单击【属性】按钮。

（4）打开“Internet 协议版本 4（TCP/IPv4）属性”对话框后，在相应的文本框中输入 IP 地址、子网掩码、默认网关和 DNS 服务器的 IP 地址。参数设置完毕后，单击【确定】按钮保存设置。

（5）使用 ipconfig 确认 IP 地址配置是否正确。

（6）使用 ping 测试网络的连通性。

【工作过程四】启用防火墙和更新系统

（1）双击控制面板中的“Windows 防火墙”图标。

（2）在“Windows 防火墙”对话框中，单击“更改设置”选项。

（3）在“Windows 防火墙设置”对话框的“常规”选项卡中，选中“启用”单选项，单击【确定】按钮。

（4）双击控制面板中的 Windows Update 图标。

（5）在“选择 Windows 安装更新的方法”窗口中，选中“自动安装更新”单选项，并设置安装选项，单击【确认】按钮保存。

【工作过程五】开启远程桌面

（1）双击控制面板中的“系统”图标，打开“系统属性”对话框。

（2）在“系统属性”对话框中，选择“远程”选项卡，选中“远程桌面”区域中的“允许运行任意版本远程桌面的计算机连接（较不安全）”单选项。

（3）单击【选择远程用户】按钮，打开“远程桌面用户”对话框，单击【添加】按钮以增加新用户。

【工作过程六】安装 Telnet 客户端

（1）打开“服务器管理器”窗口，单击左侧的“功能”节点，单击“添加功能”选项，启动添加功能向导。

（2）在“选择功能”对话框中，选中“Telnet 客户端”复选框，单击【下一步】按钮继续。

（3）在“确认安装选择”对话框中，单击【安装】按钮开始安装。

2.9 项目实训–Windows Server 2008 基本环境配置

【实训环境和条件】

（1）网络环境或 VMware Workstation 6.0 虚拟机软件。

（2）安装有 Windows Server 2008 的物理计算机或虚拟机。

（3）安装有 Windows XP、Windows Vista 或 Windows 7 的物理计算机或虚拟机。

【实训目的】

通过项目实训，学会利用控制面板来配置 Windows Server 2008 基本环境，熟悉服务器管理器的使用方法，利用服务器管理器来添加、删除和管理服务器角色和功能，掌握常用网络排错工具的使用方法及应用场合。

【实训内容】

（1）设置用户工作环境。

（2）查看和管理环境变量。

（3）更改计算机名与工作组名。

（4）设置 TCP/IP 属性，启用防火墙和远程桌面。

（5）使用常用的网络排错工具。

（6）使用 MMC 管理控制台。

（7）添加服务器角色和功能。

【实训过程】

（1）设置用户环境和系统环境。

1）双击控制面板中的“个性化”图标，在“个性化”窗口中单击“更改桌面图标”选项。

2）在“桌面图标设置”对话框中，选中作为桌面图标的相应的复选框，单击【确定】按钮。

3）在命令提示符窗口中，执行“set”命令，检查计算机中现有的环境变量。

4）双击控制面板中的“系统”图标，打开“系统属性”对话框，选择“高级”选项卡，单击【环境变量】按钮，在“环境变量”对话框中，通过单击【新建】、【编辑】和【删除】按钮，对系统环境变量和用户环境变量进行设置。

（2）设置 TCP/IP 属性，启动防火墙和远程桌面。

1）单击“开始”→“服务器管理器”命令，打开“服务器管理器”窗口，在“计算机信息”区域中，单击“查看网络连接”选项。

2）在“网络连接”窗口中，双击“本地连接”图标。在“本地连接 属性”对话框中，选中“Internet 协议版本 4（TCP/IPv4）”，然后单击【属性】按钮。

3）打开“Internet 协议版本 4（TCP/IPv4）”对话框后，在相应的文本框中输入 IP 地址、子网掩码、默认网关和 DNS 服务器的 IP 地址。参数设置完毕后，单击【确定】按钮保存设置。

4）双击控制面板中的“Windows 防火墙”图标，在“Windows 防火墙”对话框中，单击“更改设置”选项，在“Windows 防火墙设置”对话框的“常规”选项卡中，选中“启用”单选项，单击【确定】按钮。

5）双击控制面板中的“系统”图标，在“系统属性”对话框中选择“远程”选项卡，设置相应的参数即可。

6）在远程计算机中，启动“远程桌面连接”应用程序。在“计算机”文本框中输入远程终端服务器的计算机名称或 IP 地址，单击【连接】按钮，测试是否连接到远程服务器。

习　　题

一．简答题

1. Windows Server 2008 系统能提供的网络服务主要有哪些？
2. 有几种进入防火墙设置的方法，区别是什么？

二．操作题

1. 对 Windows Server 2008 系统进行基本设置，主要完成以下操作：

（1）网络参数设置为 C 类 IP 地址，地址划分可自行确定。

（2）开启防火墙，掌握通过 MMC 控制台进入防火墙高级设置的方法。

（3）设置系统的升级更新时间为每天中午 12 点。

2. 网络服务及功能的添加。

（1）在系统上添加以下角色：DHCP 服务器、DNS 服务器、WEB 服务器。

（2）在系统上添加 SMTP 服务器，TELNET 服务器以及 Windows Server backup 功能。

项目3 本地用户与组账户的管理

主要内容

- Windows Server 2008 系统中本地用户账户的创建、删除与修改。
- Windows Server 2008 系统中本地组账户的创建、删除与修改。

技术目标

- 理解本地用户账户和域用户账户的区别，熟悉内置本地用户账户及其功能。
- 掌握本地用户账户的命名规则和密码要求，学会使用服务器管理、计算机管理器或 net user 命令来创建本地用户账户。
- 掌握本地用户账户的属性设置及管理任务。
- 能够通过图形化界面或命令行来配置本地用户账户和本地组账户。

3.1 真实情景引入

【真实情景】

ABSoft 是一家小型软件公司，在公司的用户服务器上使用了 Windows Server 2008 系统。在服务器系统上创建有各个部门的文档及预发布的程序。网络管理部门计划为每名员工创建用户账户，以确保登录的用户只能进行与其工作相关的操作。该公司的网络管理部员工分布情况和要求如下：

（1）网络管理部有经理、副经理各 1 名，有 5 个设计小组，每个设计小组有设计人员 5～6 人，每个小组设有主管 1 名，另外还有归档员、打印员等辅助性人员。

（2）网络管理人员访问服务器的权限基本相同；经理、副经理及各组主管对服务器的访问权限较大；各个设计小组都有各自的文档，但仅供本组使用。

【引入问题】

（1）Windows Server 2008 系统有哪些用户账户类型，它们有什么区别？有哪些内置的本地用户账户，它们分别有什么功能？

（2）本地用户账户命名有何规则？对密码有什么要求？如何创建本地用户账户？本地用户账户有哪些属性，如何设置？如何批处理创建用户账户？

（3）组账户有什么功能？Windows Server 2008 系统有哪些内置的组账户？如何创建和管理本组的组账户？

3.2 本地用户

3.2.1 用户账号简介

每一位需要登录 Windows Server 2008 系统的员工都应该有一个用户账户。用户账户是登录系统的唯一凭证，它能使用户登录到某台计算机上，以访问该计算机上的资源，或是登录到域，以访问网络资源。根据作用范围的差异，用户账户可以分为“本地用户账户”和“域用户账户”，其中“本地用户账户”只能用来访问本地计算机。

无论计算机在网络中的位置如何（独立计算机或是域中的计算机），在完成操作系统的安装之后都会默认创建一些用户账户和组。这是因为每台计算机都有一个本地安全账户管理器（SAM），用户在使用计算机前都必须登录该计算机，这个用户被默认创建在本地安全账户管理器内，被称作本地用户账户。同样的，所有创建在本地安全账户管理器内的组都被称为本地组账户。

用户账户的主要用途如下：

- 验证用户身份。
- 授权或拒绝访问资源。
- 管理其他用户账户。

3.2.2 默认本地用户账户

Windows Server 2008 系统内置了两个用户账户，这些默认的用户账户是在安装操作系统时自动创建的。表 3-1 描述了显示在本地用户和组中的默认用户账户。

表 3-1 默认用户账户

默认用户账户	描 述
Administrator 账户	默认情况下，Administrator 账户处于禁用状态，但也可以启用它。当它处于启用状态时，Administrator 账户具有对计算机的完全控制权限，并可以根据需要向用户分配用户权利和访问控制权限。该账户仅用于需要管理凭据的任务。强烈建议将此账户设置为使用强密码 Administrator 账户是计算机上管理员组的成员。永远都不可以从管理员组删除 Administrator 账户，但可以重命名或禁用该账户。Administrator 账户存在于许多版本的系统上，所以重命名或禁用此账户可以使恶意用户尝试并访问该账户变得更为困难 即使禁用了 Administrator 账户，仍然可以在安全模式下使用该账户访问计算机
Guest 账户	Guest 账户被在这台计算机上没有实际账户的人使用。如果某个用户的账户已被禁用，但还未删除，那该用户也可以使用 Guest 账户。Guest 账户不需要密码。默认情况下，Guest 账户是禁用的，但也可以启用它 可以像任何用户账户一样设置 Guest 账户的权限。默认情况下，Guest 账户是默认的 Guest 组的成员，该组允许用户登录计算机。其他权利及任何权限都必须由管理员组的成员授予 Guest 组。默认情况下将禁用 Guest 账户，并且建议将其保持禁用状态

以上用户账户名称，如 Administrator 和 Guest，都是为了方便记忆和输入而定的，在本地计算机中用户账户名称不允许相同。在系统内部的操作系统使用安全标志符（Security Identifier，SID）来识别用户身份，SID 在创建账户时由系统自动生成，当账户删除时，其 SID 也会删除。SID 不能手工设置和修改，系统在生成 SID 时利用了一定的随机算法，这样可保证各账户的 SID 不重复。SID 可保证账户的唯一性。当一个账户被删除后，如果再创建一个同名的新账户，由于该账户的 SID 与以前的账户不同，所以不能继承原账户，只能当做一个新账户。所以一个账户一旦被删除就不可恢复。查看一个账户的 SID 时，应先用该账户登录计算机，然后打开“开始|运行”，输入“cmd”进入命令行，输入命令“whoami/logonid”，就可以看到当前账户的 SID。SID 的一般格式类似于 S-1-5-5-0-602059。

3.2.3 规划本地用户账户

在正式创建新的用户账户之前，用户需要遵守一定的规则和约定，这样能简化账户创建后的管理工作。

1. 用户账户命名约定

用户账户命名约定确定了用户被识别的方式。在企业中使用一致的命名约定，有助于员工记忆用户登录账号名称。

在设置用户账户名称时应考虑以下几点：

- 账户名必须唯一，即本地账户必须在本地计算机上唯一。
- 账户名不能包含* / \ [ ] : | = , + < > " 字符。
- 账户名不能超过 20 个字符。

2. 密码设置原则

为了保护计算机系统的安全，每一位登录到 Windows Server 2008 系统上的用户账户都应设置密码，最好使用强密码保护用户账户并在一定的周期内进行更换，这样可以大大提高安全性。

密码在保证组织网络安全中扮演的角色经常被低估甚至忽略，密码是防止非法访问的第一道防线。弱密码会使攻击者轻松访问计算机和网络，而强密码则难以破解，即使使用当今的密码破解软件也难以办到。密码破解工具在不断进步，近而用于破解密码的计算机也比以往更加强大。密码破解软件通常使用以下 3 种方法：巧妙猜测、字典攻击和尝试各种可能的字符组合的自动野蛮攻击。如果有足够的时间，这种自动的方法可以破解任何密码。即便如此，破解强密码也远比破解弱密码困难得多。安全的计算机对所有的用户账户都使用强密码。

强密码的基本要求：

- 长度至少为 7 个字符。
- 不包含用户名、真实姓名或公司名称。
- 不是完整的字典中的词汇。
- 与先前的密码大不相同。递增密码（Password1、Password2、Password3…）不能算作强密码

强密码的示例：J*p2leO4>F。有的密码虽然具备强密码应具备的绝大多数条件，但仍然较弱，如 Hello2U。H!elZl2o 是一个强密码，因为字典词汇已被符号、数字和其他字符所打乱。向用户讲授使用强密码的优点以及如何创建真正意义上的强密码是十分重要的。

3.3 任务 1–本地用户的创建与管理

3.3.1 创建本地用户账户

在 Windows Server 2008 系统上可以使用图形化的界面来创建本地用户账户，也能使用命令行来创建用户账户，通过图形化界面创建用户账户的过程清晰、直观。

1. 使用图形界面创建用户账户

使用“计算机管理”控制台创建本地用户账户，并为其设置足够长的复杂密码。单击“开始”→“管理工具”→“计算机管理”命令，打开“计算机管理”控制台，如图 3-1

所示。右键单击“用户”，选择“新用户”选项，在弹出的“新用户“选项卡上输入新用户的相关信息。输入完毕后，单击【创建】按钮即可创建一个新用户。

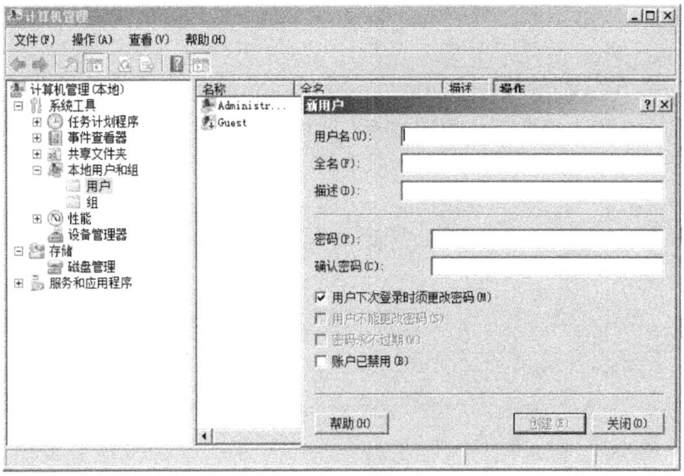

图 3-1 创建用户账户

下面对文本框中的各个选项进行解释：

（1）用户名：用户登录时所使用的账户名。

（2）全名和描述：用户的完整名称，以及用来描述此用户的说明性文字。

（3）密码和确认密码：设置用户账户的密码。为了避免输入错误，需要输入两次以确保正确。

注意

请尽全力遵照强密码规范来为用户账户设置密码；注意在密码设置中英文字母的大写和小写是不同的，即 abc123 与 ABC123 是完全不同的密码；如果密码中含有空格，则此账户只能从本地登录，无法从网络登录。

（4）用户下次登录时须更改密码：用户在使用管理员创建的默认密码登录后，系统会显示一个要求用户更改密码的对话框，以确保只有用户自己知道密码。

注意

如果用户要使用网络登录，请勿勾选该复选框，因为通过网络登录时无法更改密码。

（5）用户不能更改密码：防止用户自行修改密码，该复选框不可与“用户在下次登录时须更改密码”复选框同时勾选。

（6）密码永不过期：系统默认 42 天后要求用户更改密码，若勾选此复选框，则系统永远不会要求用户更改密码。该复选框不可与“用户在下次登录时须更改密码”复选框同时勾选。

（7）账户已禁用：禁用已有账户，在需要使用时可重新打开。

2. 使用命令行方式创建用户账户

使用图形化界面创建用户账户的过程清晰、直观，但在批量创建账户时则显得过于繁项。Windows Server 2008 系统还提供了另外一种解决方式，即通过命令行来创建用户账户。

若要使用命令行创建用户账户，则必须先了解 net user 命令。net user 命令是 net 命令的子命令之一，用来添加或修改用户账户，或者显示用户账户信息。如果在没有参数的情况下使用，则 net user 命令将显示计算机上用户账户的列表。net user 命令的语法格式如下：

net user [UserName [Password | *] [Options]] [**/domain**]
net user [UserName {Password | *} **/add** [Options] [**/domain**]]
net user [UserName [**/delete**] [**/domain**]]

各参数含义如下。

- UserName：指定要添加、删除、修改或查看的用户账户名称。用户账户名可以包含 20 个字符。
- Password：为用户账户指派或更改密码。输入星号（*）将给出密码提示。当在密码提示符下输入密码时不显示密码。
- /domain：在计算机主域的域控制器上执行操作。
- Options：指定命令行选项。

表 3-2 为 net user 命令的有效命令行选项。

表 3-2　net user 命令的有效命令行选项

命令行选项语法	描　述
/active:{no | yes_	启用或禁用用户账户。如果用户账户未处于活动状态，则用户将不能访问计算机上的资源。默认设置为 yes（即处于活动状态）
/comment:"Text"	提供关于用户账户的描述性注释，该注释可以包含多达 48 个字符。要为文本加上引号
/countrycode:NNN	使用操作系统“国家（地区）”代码为用户帮助及错误消息执行时指定的语言文件。值 0 表示默认的“国家（地区）”代码
/expires:{{MM/DD/YYYY |DD/MM/YYYY| mmm,dd ,YYYY} | never}	如果指定 date 将导致用户账户过期。过期时间根据“国家（地区）”代码的不同，可以有 3 种格式：[MM/DD/YYYY]、[DD/MM/YYYY]或[mmm，dd，YYYY]。注意，账户将在指定日期开始时过期。对于表示月份的值，可以使用数字、将其拼出或者使用 3 个字母的缩写（即 Jan、Feb、Mar、Apr、May、Jun、Jul、Aug、Sep、Oct、Nov 及 Dec）来表示。可以使用两个或 4 个数字来表示年的值。使用逗号或斜杠分隔日期的各部分，不要使用空格。如果省略了 YYYY，则将假定下一个出现的日期（即根据该计算机的日期和时间）为所需日期。例如，如果在 1994 年 1 月 10 日和 1995 年 1 月 8 日之间输入，那么以下项将相等： jan，9；1/9/95；january，9，1995；1/9
/fullname:"Name"	指定用户的全名而不是用户名。要为该名称加上引号
/homedir:Path	为用户的主目录设置路径，该目录必须存在
/passwordchg:{yes| no}	指定用户是否可以更改其密码，默认设置为 yes
/passwordreq:{yes | no}	指定用户账户是否必须具有密码，默认设置为 yes
/profilepath:[Path]	为用户登录配置文件设置路径，该路径将指向某个注册表配置文件
/scriptpath:Path	为用户登录脚本设置路径。Path 不能是绝对路径。Path 是相对于%systemroot%\System32\Repl\Import\Scripts 的路径
/times:{Day[-Day][,Day[-Day]],Time[-Time][,Time[-Time]][;] | all}	指定允许用户使用该计算机的次数。Time 被限定为一小时的增量。对于 Day 的值，可以将其拼出或使用缩写（即 M、T、W、Th、F、Sa 和 Su）。可以使用 12 小时制或 24 小时制表示法表示小时。对于 12 小时制表示法，请使用 AM 和 PM 或 A.M.和 P.M.。值 all 表示用户始终可以登录。空值（空白）表示用户永远不能登录。用逗号分隔日期和时间，用分号分隔日期和时间单元（如 M，4AM～5PM；T，1PM～3PM）。指定时间时不要使用空格
/usercomment:"Text"	指定管理员可以添加或更改账户的“用户注释”，要为文本加上引号
/workstations:{ComputerName[,...]|*}	最多可以列出 8 个用户登录到网络的工作站。用逗号分隔列表中的多个项。如果 /workstations 没有列表，或者列表是星号（*），则用户可从任何计算机上登录

下面通过命令行方式添加用户账户 Jay Jamison。要显示本地计算机上所有用户账户的列表，应输入 net user 命令；要查看有关用户账户 Administrator 的信息，应输入 net user administrator 命令。

（1）添加用户账户 Jay Jamison，登录时间为星期一到星期五的上午 8 点到下午 5 点（时间指定中没有间隔），使用强制密码（jayj）和用户全名，输入命令：

```
net user jayj /add /passwordreq:yes /times:monday-friday,8am-5pm /fullname:"Jay Jamison"
```

（2）要使用 24 小时制表示法设置 johnsw 的登录时间（上午 8 点到下午 5 点），输入命令：

```
net user johnsw /time:M-F,08:00-17:00
```

（3）要使用 12 小时制表示法设置 johnsw 的登录时间（上午 8 点到下午 5 点），输入命令：

```
net user johnsw /time:M-F,8am-5pm
```

（4）指定 marysl 的登录时间为星期一的早晨 4 点到下午 5 点、星期二的下午 1 点到下午 3 点以及星期三到星期五的上午 8 点到下午 5 点，输入命令：

```
net user marysl /time:M,4am-5pm;T,1pm-3pm;W-F,8:00-17:00
```

3.3.2 重设本地用户账户密码

在默认情况下，本地用户账户可以任意更改其密码，管理员可以更改所有本地账户的密码。同样也可以通过图形界面或命令行两种方式更改用户密码。

1．使用图形界面重设用户账户密码

若本地用户需要更改密码，可以单击“开始”→“管理工具”→“计算机管理”命令，展开“本地用户和组”节点，在中间的窗口中右键单击要重设密码的账户名，在弹出的菜单中选择“设置密码”选项，如图 3-2 所示。随后系统会弹出一个警告窗口，告知用户重设密码的风险，如果要继续设置密码，单击【继续】按钮即可。最后，在如图 3-3 所示的界面中输入账户的新密码，单击【确定】按钮使新密码生效。

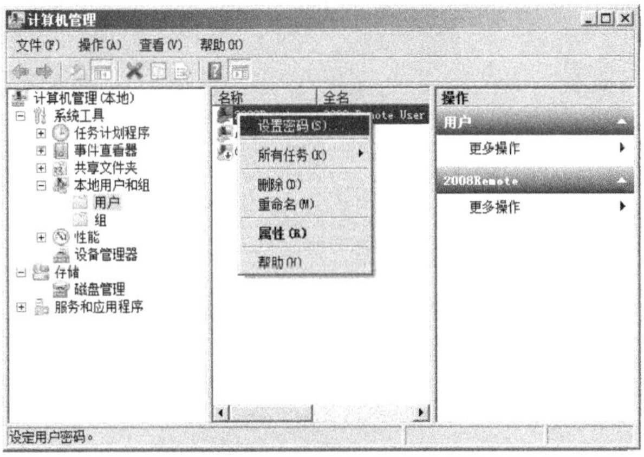

图 3-2　重设本地用户账户密码

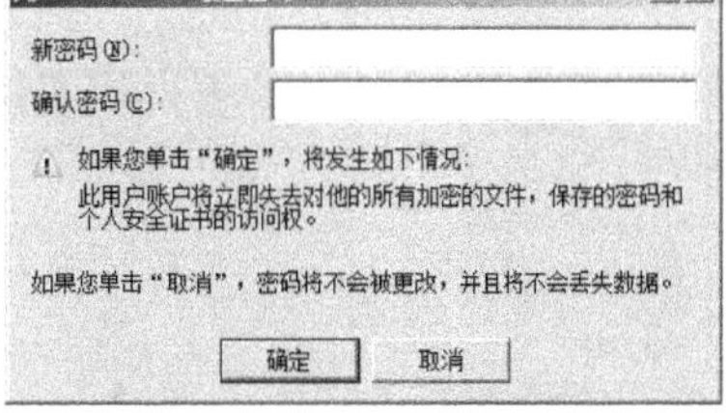

图 3-3　输入新密码

2．使用命令行方式重设用户账户密码

使用命令行方式同样可以方便地重设用户密码，以先前的 2008Remote 账户为例，在命令提示符窗口中输入 net user 2008Remote sU123456#命令，按<Enter>键执行，即可将其

密码设置为 sU123456#。

命令行还提供了一种隐式密码的设置方式，通过执行 net user 2008Remote *命令可以进入该模式进行密码设置。在这种模式下输入的密码，屏幕上不会有显示，输入密码更安全，如图 3-4 所示。

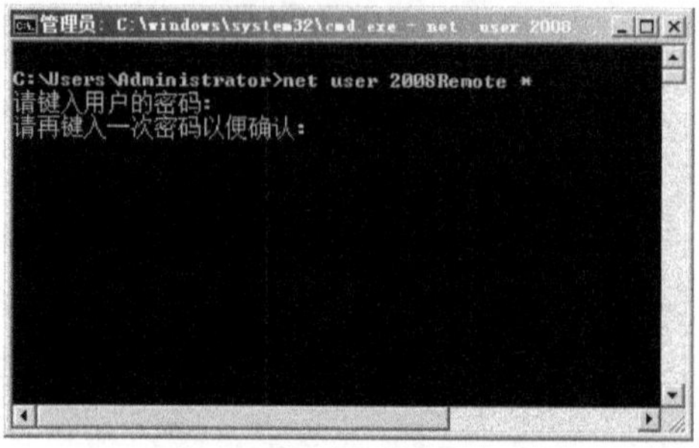

图 3-4　修改用户账户密码

3.3.3　本地用户账户的启用或禁用

在某些情况下，需要对用户账户进行临时性的禁用，如使用该用户账户的员工离职了，为了系统的安全，系统管理员就要将该账户临时禁用，等待新的负责此项工作的员工到来再开放此用户账户。在前面的内容中已经提到过，当一个账户被删除后，如果再创建一个同名的新账户，由于它们的 SID 不会相同，所以不能继承原账户的权利，只能当做一个新的账户。所以如果不能十分确定此用户账户不再需要，就不要轻易地删除用户账户。

禁用或启用本地用户账户的操作十分简单，依次单击“开始”→“管理工具”→“计算机管理”命令，在“计算机管理”面板中单击“本地用户和组”节点，选择“用户”选项，如图 3-5 所示。右键单击需要修改的用户，在弹出的菜单中选择“属性”选项，如图 3-6 所示。

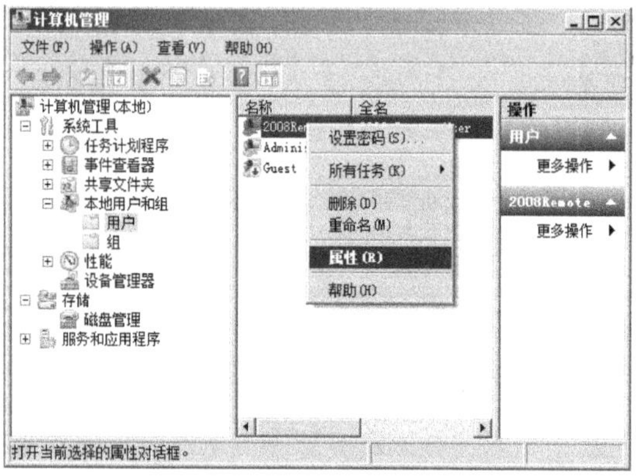

图 3-5　禁用用户账户（一）

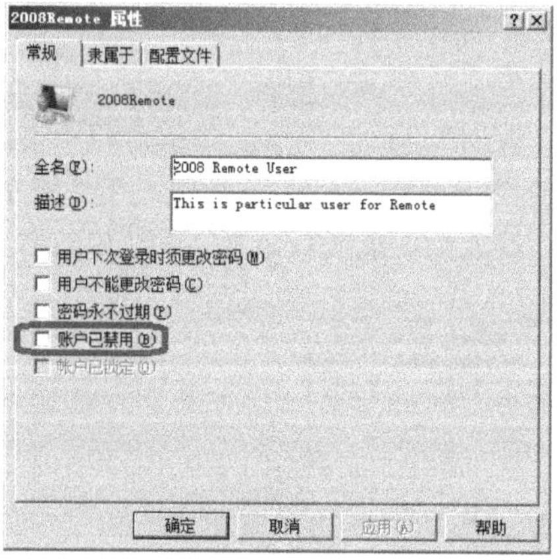

图 3-6　禁用用户账户（二）

在图 3-6 所示的界面上，勾选“账户已禁用”复选框，再单击下方的【应用】按钮，最后单击【确定】按钮即可完成用户账户的禁用。

启用用户账户的方法与此类似，不再作详细介绍。

使用命令行禁用或启用账户只需执行一个命令，具体命令如下。

- 启用用户账户：net user username /active:yes
- 禁用用户账户：net user username /active:no

3.3.4 本地用户账户的删除和重命名

管理员可以删除不再使用的账户，也可以更改用户账户的名称。但需要格外注意的是，每添加一个新的用户账户，系统都会为其创建一个唯一的安全标识符（Security Identifier，SID）。在系统内部会利用这个唯一的标识符来标明用户，用户权限也都是通过SID来记录，而并非记录在用户账户名称上。

当需要删除一个本地用户账户时，首先建议禁用该账户。确信禁用账户不会引起问题后，才可放心地删除该账户。删除用户账户时，其标识符会一起删除且不能还原。将用户账户删除后，即便再添加一个名称完全相同的账户，这个账户也不会拥有原账户的权限，原因就在于系统会为这个新账户分配一个完全不同的SID。在删除账户时，系统也会给出一个具有类似含义的警告窗口。

重命名账户则完全不同，SID在重命名后不会改变，因此用户账户之前的权限不会改变。以员工离职为例，当老员工离职之后，可先将账户禁用，等待接替其工作的新员工到来，再将此账户启用并改为新员工的名称。这样既方便新员工登录又能使同一项工作延续下去。

重命名和删除用户账户的操作都比较简单，在图3-5所示的界面上，选择“重命名”或“删除”命令即可完成相应的操作，这里不再赘述。

注意

■ 由于重命名的用户账户会保留原始的安全标识符（SID），因此也保留着其他所有属性，如描述、密码、组成员身份、用户配置文件以及任何被指派的权限和用户权利。

■ 用户名不能与被管理的计算机上的任何其他用户名或组名重名。用户名最多可以包含20个字符。

3.4 本地组用户

3.4.1 组账户简介

组是用户账户的集合，利用组可以管理对共享资源的访问。可以将一些权限一次性授予某个组以代替单独授予多个用户，简化了对控制权限的管理。组可以互相嵌套，即可以将一个组添加到另一个组中，使之成为另一个组的成员。

在Windows Server 2008系统中提供的组账户类型有本地组账户和域组账户两种。

3.4.2 默认本地组账户

在前文中曾经提到，系统内置了两个本地账户。与此相对应地，系统也内置了许多组，组本身已经被赋予了一些权利（Rights）与权限（Permissions），以使它们具有管理本地计算机或访问本地资源的权限。只要将用户账户加入到这些组中，这些用户账户也将具有该组所具备的权利与权限。

下面详细介绍 Windows Server 2008 系统中常见的默认本地组。

1. Administrators

该组的成员具有对服务器的完全控制权，并且可以根据需要向用户指派用户权利和访问控制权限。管理员账户也是默认成员。当该服务器加入域中时，Domain Admins 组会自动添加到该组中。由于该组可以完全控制服务器，所以向该组添加用户时需谨慎。详细信息，请参阅默认本地组和默认组。

2. Backup Operators

该组的成员可以备份和还原服务器上的文件，而不管保护这些文件的权限如何，因为执行备份任务的权利要高于所有文件权限。但该组成员不能更改安全设置。

3. Power Users

该组的成员可以创建用户账户，然后修改并删除所创建的账户。他们可以创建本地组，然后在已创建的本地组中添加或删除用户。还可以在 Power Users 组、Users 组和 Guests 组中添加或删除用户。成员可以创建共享资源并管理所创建的共享资源。但该组成员不能取得文件的所有权、备份或还原目录、加载或卸载设备驱动程序，不能管理安全性以及审核日志。

4. Remote Desktop Users

该组的成员可以远程登录计算机系统，该组的成员默认用户权限允许通过终端服务登录。

5. Users

该组的成员可以执行一些常见任务，如运行应用程序、使用本地和网络打印机以及锁定服务器。用户不能共享目录或创建本地打印机。默认情况下，Domain Users、Authenticated Users 以及 Interactive 组是该组的成员。因此，在域中创建的任何用户账户都将成为该组的成员。

6. Guests

该组的成员拥有一个在登录时创建的临时配置文件，在注销时，该配置文件将被删除。来宾账户（默认情况下已禁用）也是该组的默认成员。

7. DHCP Administrators（与 DHCP 服务器服务一起安装）

该组的成员具有对“动态主机配置协议（DHCP）服务器”服务的管理访问权限。该组提供了一种方式，仅授予对 DHCP 服务器的有限管理访问权，而不提供对服务器的完全访问权。该组的成员可以使用 DHCP 控制台或 Netsh 命令在服务器上管理 DHCP，但不能在服务器上执行其他管理任务。

表 3-3 所示的用户组是 Windows Server 2008 系统内置的特殊组，无法更改这些组的成员。

表 3-3 Windows Server 2008 系统内置的特殊组

名　称	特　性
Everyone	任何一个用户都属于这个组。若 Guest 账户被启用，那么当委派权限给 Everyone 时需小心，因为若一个在计算机内没有账户的用户，通过网络来登录该计算机，他会被自动允许使用 Guest 账户进行连接。此时因为 Guest 账户也属于 Everyone 组，所以他将具有 Everyone 所拥有的权限
Authenticated Users	任何使用有效用户账户来登录此计算机的用户都属于这个组
Interactive	任何在本地登录的用户都属于这个组
Network	任何通过网络来登录此计算机的用户都属于这个组
Anonymous Logon	任何未使用有效的一般用户账户登录的用户，都属于这个组。但是默认 Anonymous Logon 不属于 Everyone 组
Dialup	任何使用拨号方式来联机的用户都属于此组

3.5 任务 2—本地组账户的创建与管理

3.5.1 创建本地组账户

如果默认的本地组不能满足管理上的授权要求，那么此时应该考虑创建新的组。在前面章节中使用“本地用户和组”创建了用户，下面在此位置上创建新的组。

1. 使用图形界面创建本地组

打开“服务器管理器”窗口，在控制台树中，右键单击“组”选项，在弹出的菜单中单击“新建组”命令。在如图 3-7 所示的界面上，在“组名”文本框中输入新组的名称，在“描述”文本框中输入新组的描述，最后单击【创建】按钮。这样创建的组是空组，只有名称和描述，没有任何成员。

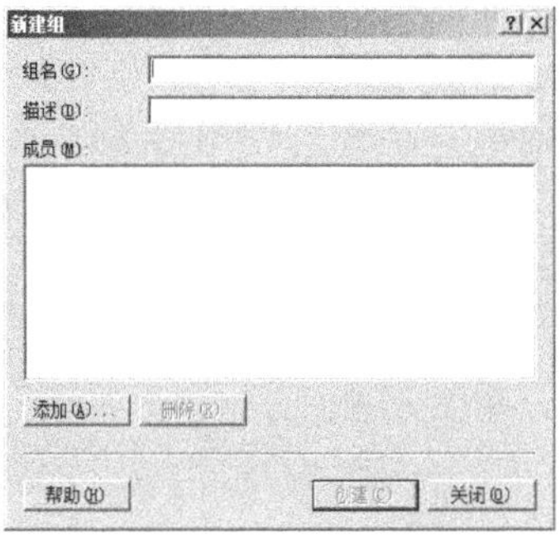

图 3-7　新建组

2. 使用命令行方式创建本地组

在 Windows Server 2008 系统中，还可以使用命令行方式对组进行系列操作。以管理员账户登录，在命令提示符中输入 net localgroup 命令。按<Enter>键执行后，会把本地计算机上的用户组都显示出来，如图 3-8 所示。

要为开发部新建一个用户组 DevelopmentD，在命令提示符中输入 net localgroup DevelopmentD /add 命令即可，如图 3-9 所示。

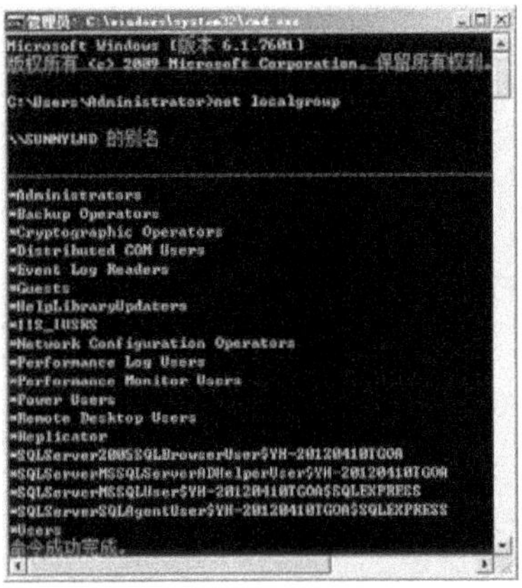

图 3-8　本地用户组

图 3-9　添加用户组

注意

将计算机升级到 Active Directory 服务器后，原来的“本地用户和用户组”管理工具将不复存在。

3.5.2　为本地组账户添加成员

为了方便对用户的管理，可以将一个或多个用户账户添加到指定的用户组中。用户不能脱离组而单独存在，前文中创建的各种用户，在未指明他们的用户组的情况下，系统都会将他们归属到 Users 组中。组可以不含有任何用户。

1．使用图形界面为组添加成员

在“计算机管理”控制台中展开“本地用户和组”节点，单击【组】按钮，找到需要添加成员的组，这里以 DevelopmentD 组为例，双击 DevelopmentD 组，弹出如图 3-10 所示的对话框，单击【添加】按钮后，会弹出如图 3-11 所示的对话框，这时需要输入要添加的用户，输入完毕后单击【确定】按钮即可。

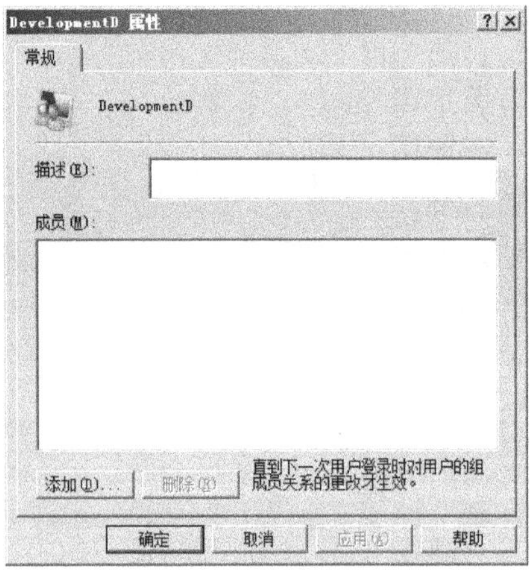

图 3-10　为组添加成员

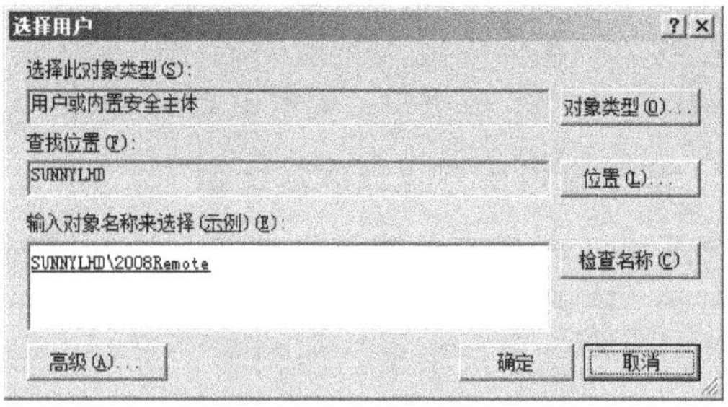

图 3-11　输入成员名称

2．使用命令行方式为组添加成员

在图形界面下，双击一个组的名称，即可直接在弹出的界面中看到该组的成员。如果想要使用命令查看组中包含的成员，需要用 net localgroup "local group name"命令。例如，若想查看 Administrators 组中都包含哪些成员，就可以输入 net localgroup administrators 命令，结果如图 3-12 所示。

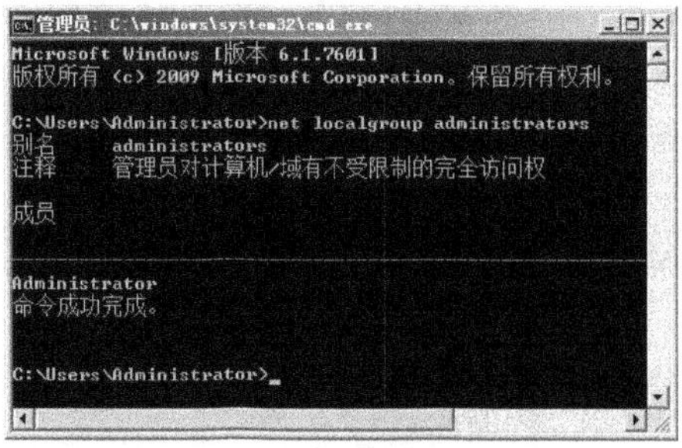

图 3-12　查看 Administrators 组的成员

若要将前面的 2008Remote 本地用户账户也添加到 Administrators 组中，需要使用的命令格式为 net localgroup "UsersGroupName" "MemberName" /add。在本例中，则输入 net localgroup administrators 2008Remote /add 命令，按<Enter>键执行即

可看到“命令成功完成”的提示，再次执行 net localgroup administrators 命令就会发现 Administrators 组中多了一个新的成员。

如果要一次向指定组中添加多个账户，那么输入（假定需要向 Administrators 组中添加 aaa、bbb 两个账户）net localgroup administrators aaa bbb /add 命令即可。

3.5.3 本地组账户的重命名和删除

组账户的重命名和删除与本地用户账户类似。在“计算机管理”窗口中，右键单击需要删除或重命名的本地组账户，可以看到在弹出的菜单中有“删除”和“重命名”两个选项，如图 3-13 所示。

在重命名本地组账户时需要注意，不要与已有的本地组账户重名，如果重名，系统会弹出一个提示窗口。在删除本地组账户时，系统也会弹出一个警告窗口，如图 3-14 所示。警告内容与删除本地用户账户时的内容类似，通过此警告窗口可以得知，Windows Server 2008 系统使用类似的机制管理本地用户账户和本地组账户，即都为它们分配一个 SID，这样的机制则要求管理员无论删除哪种账户都要慎之又慎。

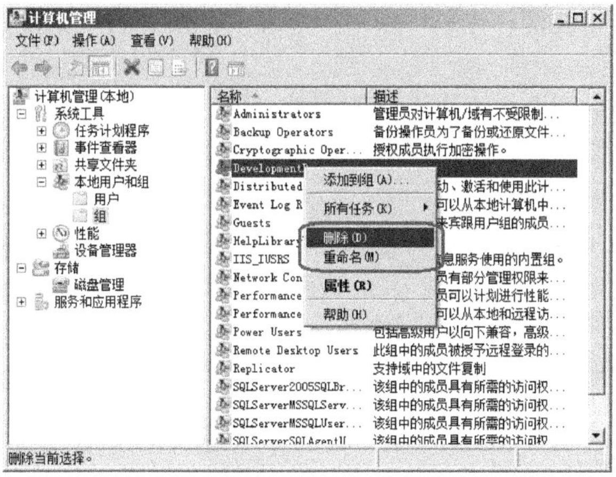

图 3-13　删除和重命名本地组账户

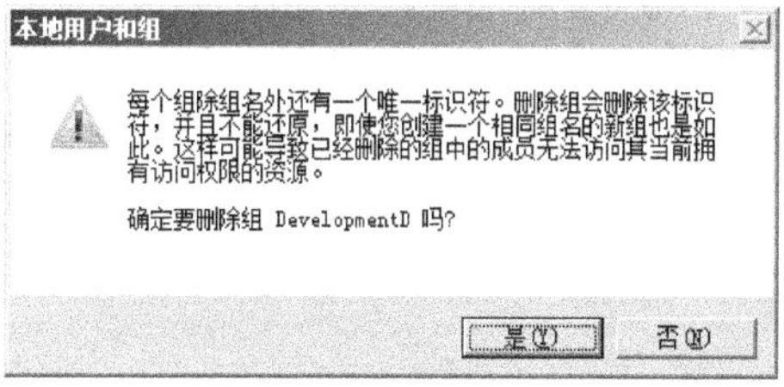

图 3-14　删除警告

注意

管理员只能删除新增的组，不能删除系统内置的组。

3.6 回到工作场景

下面回到在 3.1 节中描述的工作场景，完成工作任务。

（1）制订本地用户账户命名规则和密码要求；制订用户命名规则和所属用户。

（2）打开“计算机管理”窗口，为每个员工创建一个本地用户账户。

（3）打开“计算机管理”窗口，分别创建经理、主管及网络管理人员等用户的本地组账户。修改上述本地组账户的属性，并将相关员工的本地用户账户加入到各自所属的组中。

3.7 项目实训–本地用户和组的管理

【实训环境和条件】

（1）VMware Workstation 6 虚拟机软件。

（2）安装有 Windows Server 2008 系统的计算机或虚拟机。

【实训目的】

（1）理解本地用户账户和本地组账户的概念。

（2）掌握创建和管理本地用户账户和本地组账户的方法。

【实训内容】

（1）利用“计算机管理”窗口创建本地用户账户。

（2）使用 net user 命令批量创建本地用户账户。

（3）利用“计算机管理”窗口创建本地用户组账户。

【实训过程】

（1）利用“计算机管理”窗口创建本地用户账户。

1）打开“计算机管理”窗口，右键单击左侧树中的“用户”节点，在弹出的快捷菜单中选择“新用户”选项。

2）在“新用户”对话框中，输入用户名、全名、用户描述信息和用户密码，并指定用户密码选项。单击【创建】按钮新增用户账户。创建完成后，单击【关闭】按钮。

（2）使用 net user 命令批量创建本地用户账户。

1）打开可编辑纯文本文件的工具，如记事本，输入用户账户数据，其格式是“net user <新用户名>/add”，保存文本文件。

2）将上述文本文件（*.txt）重命名为批处理文件（*.bat）。

3）打开命令行窗口，执行上述批处理文件。

习　　题

一．填空题

1. 用户要登录到安装有 Windows Server 2008 系统的计算机，必须拥有一个合法的______。

2. Windows Server 2008 系统支持两种用户账户：______和______。

3. 使用______可以同时为多个用户账户指派一组公共权限。

4. 用户必须拥有_______权限，才能创建用户账户。

5. 用户登录后，可以在“命令提示符”窗口中输入______命令查询当前用户账户的安全标志符。

二．选择题

1. 下列关于账户的说法正确的是（　　）。

A. 可以用用户账户或组账户登录系统
B. 一个用户账户删除后，通过重新建立同名的账户可以获得和此账户先前相同的权限
C. 使用本地账户只能登录到建立该账户的计算机上，使用域账户用户可以在域网络环境模式中登录任何一台计算机
D. Guest 账户不用时可以将其删除

2. 将一个用户改名后，则该账户（　　）。
A. 成为一个新用户，原来的权限都不存在了
B. 成为一个新用户，原来的权限部分存在
C. 还是原来的账户，原来的权限不存在了
D. 还是原来的账户，原来的权限没有变化

3. 下列（　　）账户名不是合法的账户名。
A．abc_123　　B．windowsbook
C．dictionar*　　D．abdkeofFHELLOP

项目4 文件系统管理

主要内容

- 文件系统概述。
- 共享文件夹概述。
- NTFS 文件系统权限设置和数据管理。
- 共享文件夹的创建与管理。
- 卷影副本。

技术目标

- 了解文件系统的主要类型及其特点。
- 掌握 NTFS 文件系统权限的设置。
- 学会使用 NTFS 对数据进行管理。
- 掌握共享文件夹的创建和管理方法。
- 了解卷影副本的意义及其使用方法。

4.1 真实情景引入

【真实情景】

某公司新建一电子资料室并购置了一批计算机供员工查阅与工作相关的资料。为了进行统一管理，公司将所有非核心材料全部分类存储在计算机内，但是考虑到不同部门的员工查阅的资料不尽相同，而且不同部门之间有些资料不便公开，因此要求对资料进行合理的管理，杜绝泄密等安全事件的发生。

【引入问题】

（1）如何对不同部门的员工设置不同的访问权限？

（2）如何对敏感材料进行安全限制？

（3）如何实现部门之间材料的共享？

4.2 文件系统概述

4.2.1 FAT 文件系统

FAT 文件系统源自于 DOS，支持该文件系统的有 DOS、所有版本的 Windows、Windows NT、Windows Server 2008、UNIX、Linux 和 OS/2。因为获得了广泛的支持，所以 FAT 文

件系统的兼容性非常好。FAT 即文件分配表（File Allocation Table），它是 FAT 卷中的一个结构，用于保存磁盘空间的分配信息。

FAT 有一个严重的缺点，当文件被删除并且在同一位置写入新数据时，片段通常是分散的，这样便减慢了读写速度。磁盘碎片重整是一种解决方法，但必须经常进行重整以保持 FAT 文件系统的效率。

除此之外，FAT 的缺点还有以下几项：

- 太浪费磁盘空间。
- 磁盘利用效率低。
- 文件存储受限制。
- 不支持长文件名，最多只能支持 8 个字符。
- 安全性较差。

初期的 FAT 就是现在俗称的 FAT12。作为软盘的文件系统，它不支持分层性结构，从集寻址只有 12 位（这使得控制 FAT 有些棘手），而且最多只支持 32MB 的分区。

1987 年 11 月，现在的 FAT 格式出现了，它在康柏 DOS 3.31 中去掉了磁盘扇区的 16 位计数器。尽管看起来磁盘上的变动很小，但 DOS 的磁盘代码都必须检查并转换为 32 位的扇区数，由于它全部是 16 位的汇编语言，因此这项工作就变得非常复杂。1988 年，这项改进通过 MS-DOS 4.0 得到广泛应用。现在分区大小受限于每个簇的 8 位有符号扇区计数，最大能达到 2^{64}，对于一个常用的有 32KB 个簇、每扇区 512B 的硬盘来说，将 FAT16 分区大小的“明显”限制扩充到 2GB。

为了解决 FAT16 对于卷大小的限制，同时让 DOS 的真实模式在非必要情况下不减少，可在常规内存状况下处理这种格式。微软公司决定实施新一代的 FAT，它被称为 FAT32，带有 32 位的簇数，目前用了其中的 28 位。理论上，这将支持总数达 268 435 438（$<2^{28}$）的簇，允许磁盘容量达到 8TB。然而，由于微软公司 scandisk 工具的限制，FAT 不能大于 4 177 920（$<2^{22}$）个簇，这将卷的容量限制在了 124.55GB，除非不再使用 scandisk 工具。

虽然 FAT32 具有近乎 8TB 的容量，但在实际应用中通常不使用超过 32GB 的 FAT32 分区。Windows 2000 及以上的操作系统已经不直接将超过 32GB 的分区格式化成 FAT32。Windows 98 依然可以格式化超过 127GB 的 FAT32 分区，但不推荐这样做。

一个 FAT 文件系统包括 4 个不同的部分：

（1）保留扇区。第一个保留扇区是引导区（分区启动记录），通常包括操作系统的启动调用代码。保留扇区的总数记录在引导扇区的一个参数中。引导扇区中的重要信息可以被 DOS 和 OS/2 中称为驱动器参数块的操作系统结构访问。

（2）FAT 区域。它包含两份文件分配表，这是考虑到了系统冗余，但它很少使用，即使是磁盘修复工具也很少使用它。它是分区信息的映射表，指示簇如何进行存储。

（3）根目录区域。它是在根目录中存储文件和目录信息的目录表。在 FAT32 下，它可以存在分区中的任何位置，但是在早期的版本中它永远在 FAT 区域之后。

（4）数据区域。这是实际的文件和目录数据存储的区域，它占据了分区的绝大部分。通过简单地在 FAT 中添加文件链接，可以任意增加文件大小和子目录个数（只要有空簇存在）。然而需要注意的是，每个簇只能被一个文件占有，这样，如果在 32KB 的簇中有一个 1KB 的文件，那么 31KB 的空间就浪费掉了。

4.2.2 NTFS 文件系统

NTFS（New Technology File System）即 NT 文件系统，是 Windows NT 以及之后的 Windows 2000、Windows XP、Windows Server 2003、Windows Server 2008、Windows Vista 和 Windows 7 的标准文件系统。NTFS 取代了文件分配表（FAT）文件系统，为微软的 Windows 系列操作系统提供文件系统。NTFS 对 FAT 和 HPFS（高性能文件系统）做了若干改进。例如，支持元数据并且使用了高级数据结构，以便改善性能、可靠性和磁盘空间利用率，同时提供了若干附加功能，如访问控制列表（ACL）和文件系统日志。

NTFS 具有以下优点：

（1）更安全的文件保障，提供文件加密，能够大大提高信息的安全性。

（2）更好的磁盘压缩功能。

（3）支持最大达 2TB 的硬盘，并且随着磁盘容量的增大而增大，NTFS 的性能不像 FAT 那样随之降低。

（4）可以赋予单个文件和文件夹权限。对同一个文件或者文件夹可以为不同用户指定不同的权限。在 NTFS 文件系统中，可以为单个用户设置权限。

（5）NTFS 文件系统中设计的恢复能力无需用户在 NTFS 卷中运行磁盘修复程序。在系统崩溃事件中，NTFS 文件系统使用日志文件和复查点信息自动恢复文件系统的一致性。

（6）NTFS 文件夹的 B-Tree 结构使得用户在访问较大文件夹中的文件时，速度甚至比访问卷中较小的文件夹中的文件还快。

（7）可以在 NTFS 卷中压缩单个文件和文件夹。NTFS 系统的压缩机制可以让用户直接读写压缩文件，而不需要使用解压软件将这些文件展开。

（8）支持活动目录和域。此特性可以帮助用户方便、灵活地查看和控制网络资源。

（9）支持稀疏文件。稀疏文件是应用程序生成的一种特殊文件，文件非常大，但实际上只需要很少的磁盘空间，也就是说，NTFS 只需要为这种文件实际写入的数据分配磁盘存储空间即可。

（10）支持磁盘配额。磁盘配额可以管理和控制每个用户所能使用的最大磁盘空间。

NTFS 同样也存在一些限制，但是都不会影响用户的正常使用。例如，NTFS 支持最长 32767 个 Unicode 字符的路径，每个路径的组成部分（目录或文件名）最多可以有 255 个字符，但不允许使用某些特定的名称；理论上来说，NTFS 卷的最大尺寸是 264.1 个簇，但是由于主引导记录（MBR）上的分区表最大只支持 2TB 的分区，所以要创建超过 2TB 的 NTFS 卷，必须使用动态卷；NTFS 支持的最大文件为 16TB 减去 64KB 等。

4.2.3 NTFS 访问控制

访问控制是授权用户、组或计算机访问网络或计算机上的对象的过程。组成访问控制的主要概念有权限、对象所有者、权限的继承、用户权利和对象审核。

权限定义了授予用户或组对某个对象或对象属性的访问类型。例如，everyone 组可以被授予对名为 D:\server 的文件夹的“读取”权限。权限可以授予任何用户、组和计算机。将权限分配给组非常有用，因为它可以在验证对象访问时改进系统性能。

对于任何对象，都可以向下列内容授予权限：

（1）组、用户以及域中包含安全标识符的其他对象。

（2）该域或任何受信任域中的组和用户。

（3）对象所在计算机上的本地组和用户。

附加在不同对象上的权限也不尽相同。例如，附加给文件的权限与附加给注册表项的权限不同。但是，某些权限对于大多数类型的对象都是公用的，共有权限有读取、修改、所有者和删除 4 种。设置权限时，可以指定组和用户的访问级别。例如，可以允许一个用户读取文件的内容，允许另一个用户修改文件内容，同时防止其他用户访问该文件。

在创建对象时，即有一个所有者指派给该对象，一般默认是创建者。不管为该对象设置什么权限，对象的所有者总能修改该对象的权限。权限的继承使得管理员易于指派和管理权限，该功能自动使组或者域中的对象继承组或者域的所有可继承权限。

用户权利可以授予计算机环境中的用户和组以特定的权利。管理员可以向组账户或单个用户账户分配特定权限，这些权利授权用户可以执行特定的操作。用户的权利和权限不同，用户权利应用于用户账户，而权限则附加到对象。虽然用户权利可以应用于单个用户账户，但用户权利最好在组账户基础上进行管理。访问控制用户界面中不支持授权用户权利，但可以通过“本地安全设置”管理单元来管理用户的权利分配。拥有管理员权限以后，可以审核用户对对象的访问是成功还是失败。

4.2.4 Windows Server 2008 系统的共享

共享就是网络上的俱乐部，用户和用户组通过共享来共享资源。创建一个共享就可以让用户和应用程序对文件夹进行共享，用术语来说，就是在大型机、中型机或传统系统上创建共享点。共享资源提供对应用程序、数据或用户个人数据的访问，管理员可对每个共享资源分配或拒绝权限。

在 Windows Server 2008 系统中，可以通过多种方法来控制对共享资源的访问，可以使用共享权限进行简单的应用和管理，或者使用 NTFS 文件系统上的访问控制，这样可以对共享资源及其内容进行更详细的控制。还可以将这些方法结合起来，使得权限管理更为严格。例如，如果共享权限设置为“everyone=读取”并且 NTFS 权限允许用户更改共享文件，则实际应用共享权限为只允许用户读取文件，不允许用户更改文件。

共享权限仅应用于通过网络访问资源的用户，这些权限不会应用到在本地登录的用户。在这种情况下，可以通过 NTFS 设置访问控制权限。共享权限应用于共享资源中所有的文件和文件夹，如果要为共享文件夹中的子文件夹或对象提供更详细的安全级别，可以使用 NTFS 的访问控制。

共享权限是保护 FAT16 和 FAT32 卷上的网络资源的有效方法，因为 NTFS 权限在 FAT16 和 FAT32 卷上不可用。可以对共享文件夹或驱动器分配的访问权限有读取、更改和完全控制 3 种，其中完全控制权限可以修改共享资源的访问权限，因此比更改权限级别高。

4.3 任务 1—设置 NTFS 权限

设置 NTFS 权限主要涉及将 FAT32 文件系统转换到 NTFS、设置标准权限、设置特殊权限以及取消权限继承等内容。

4.3.1 FAT32 文件系统转换为 NTFS 文件系统

平时使用计算机时，为了格式化硬盘分区，通常右键单击硬盘分区图标，然后在弹出的菜单中选择“格式化...”命令，如图 4-1 所示。

在弹出的格式化窗口中有个选项是“文件系统”，如果在这里选择将 FAT32 文件系统更改成 NTFS 文件系统，那么单击【确定】按钮后，系统就会自动把该分区的文件系统格式改为 NTFS。但是，这种做法会带来一个不可避免的后果，格式化这个分区后，分区内的原有信息将全部被删除。

还有一种办法是使用工具软件 Partition Magic（分区魔术师）。安装并运行 Partition Magic，在主窗口中右键单击要转换文件系统的硬盘分区，在弹出的菜单中选择“转换文件系统”命令，然后在弹出的窗口中选择文件系统是“NTFS”，单击【确定】按钮即可，如图 4-2 所示。使用工具转换分区的文件系统，原分区内的文件不会丢失，可以称之为无损转换。

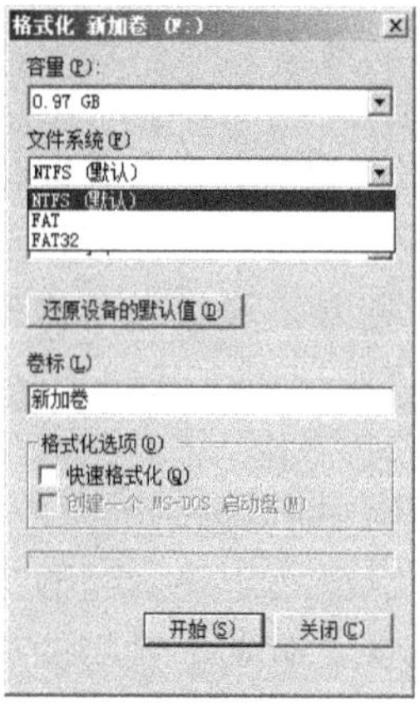

图 4-1　格式化硬盘分区

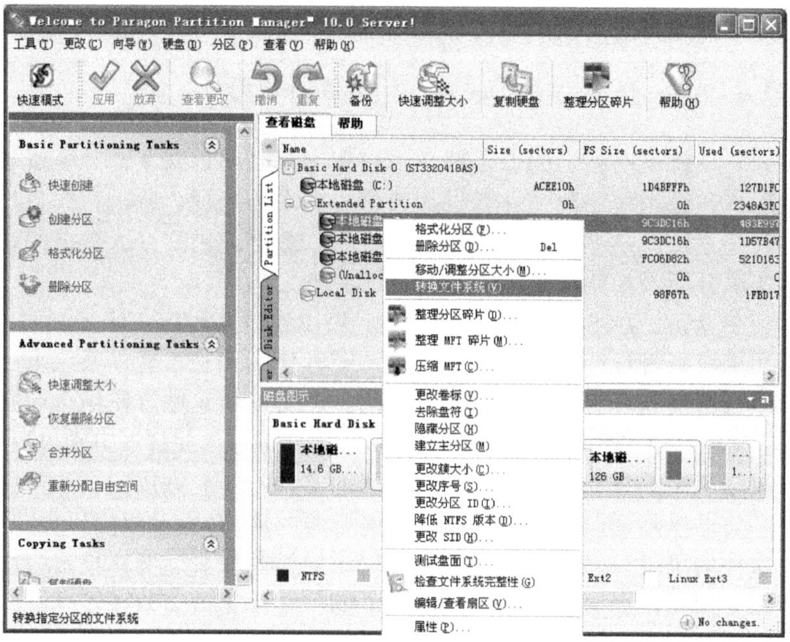

图 4-2　Partition Magic 文件系统转换

其实最简单的方法是通过系统自带的 convert 命令来进行转换，只需要在命令行中输入一段命令即可实现分区文件系统的无损转换。该命令的格式为 convert volume /FS:NTFS，其中 volume 是要进行转换的分区卷标。

例如，要将 E 盘转换成 NTFS 格式，就可以单击“开始”→“运行”命令，在弹出的窗口中输入 cmd，然后单击【确定】按钮，最后在弹出的命令提示符界面中输入 convert E:/FS:NTFS 命令即可，如图 4-3 所示。这种方法既不会损坏原来分区内的文件，也不需要单独下载和安装工具软件，是最简便的方法之一。

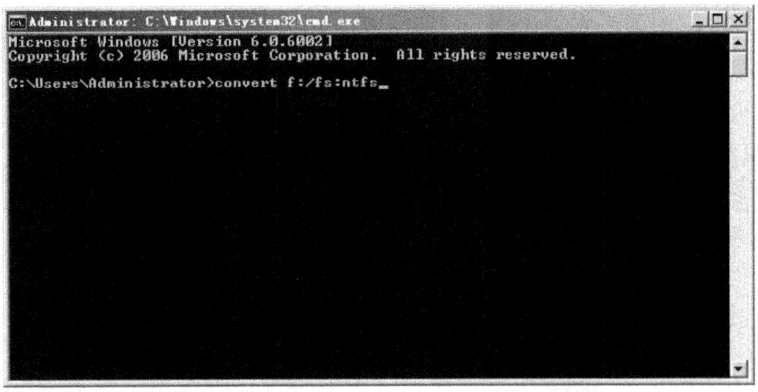

图 4-3　使用 convert 命令转换文件系统

4.3.2　设置标准权限

创建完文件或文件夹后，系统会向该对象分配默认权限。一般 Administrator 用户和创建文件的用户拥有该对象的完全控制权限，可以使用 Administrator 管理员用户为已经存在的文件或文件夹设置标准权限。

下面对文件夹“E:\it”设置标准权限，使得用户账户“zhangsan”对该文件夹具有“读取和执行”“列出文件夹目录”和“读取”的权限，具体步骤如下。

（1）在“计算机”管理器中右键单击需要设置标准权限的文件夹“E:\it”，在弹出的菜单中选择“属性”选项，打开“it 属性”对话框，选择“安全”选项卡，该选项卡中显示了哪些用户对该文件夹有哪些访问权限，如图 4-4 所示。

（2）单击【编辑】按钮，打开“it 的权限”对话框，在该对话框中添加用户或组对该文件夹的访问权限，如图 4-5 所示。

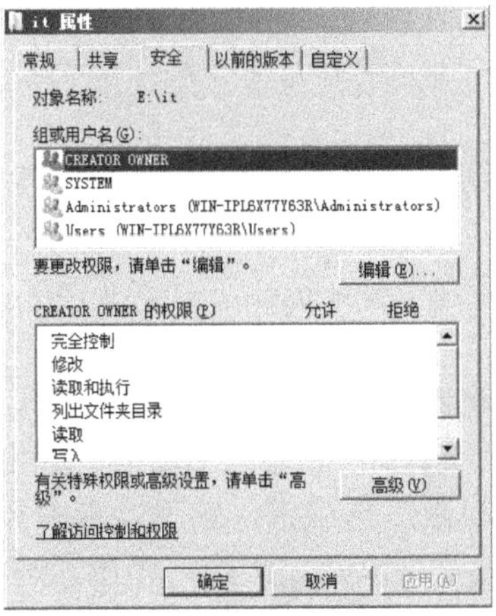

图 4-4　“安全”选项卡

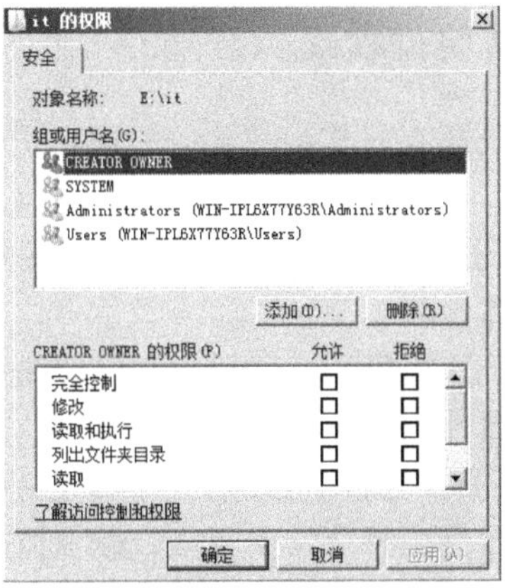

图 4-5　添加权限

（3）单击【添加】按钮，打开“选择用户或组”对话框，在“输入对象名称来选择”文本框中输入用户账户“zhangsan”，如图 4-6 所示，然后单击【确定】按钮。

（4）返回“it 的权限”对话框，在“zhangsan 的权限”区域中设置用户账户“zhangsan”对该文件夹的访问权限，如图 4-7 所示，然后单击【确定】按钮。

（5）返回如图 4-8 所示的“安全”选项卡，可以看到用户账户“zhangsan”已经对文件夹“E:\it”具有“读取和执行”“列出文件夹目录”和“读取”的权限，单击【确定】按钮即可。

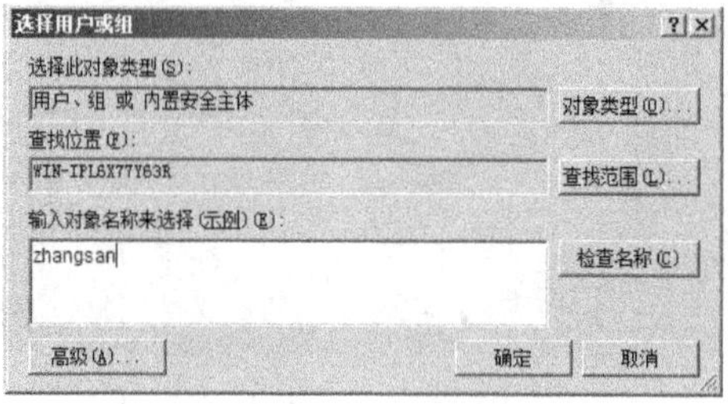

图 4-6　设置权限用户

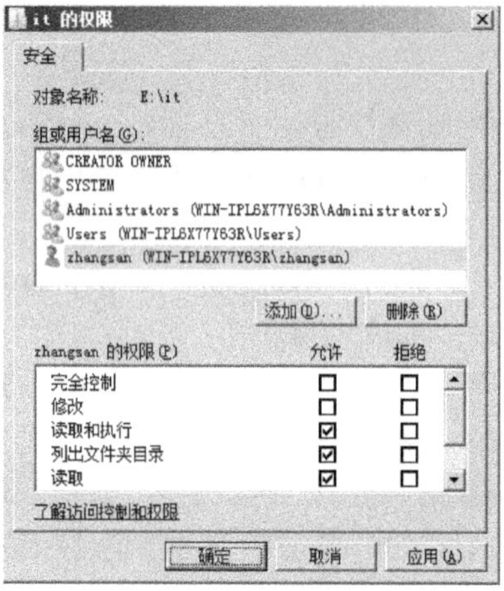

图 4-7　文件夹权限的修改

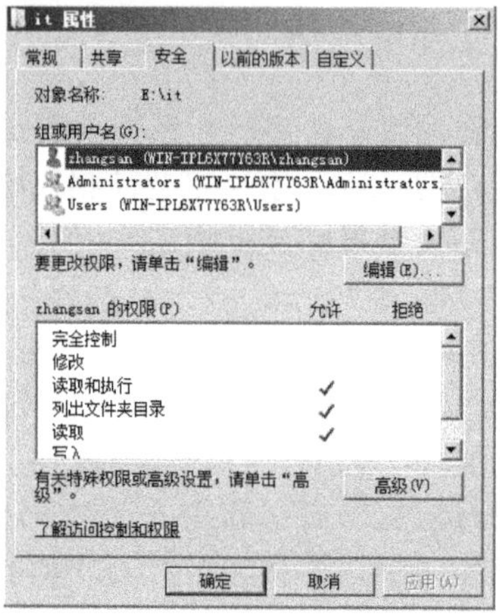

图 4-8　修改后的文件夹访问权限

4.3.3　设置特殊权限

每个对象都有与其相关联的权限，可以限制访问或修改特殊权限，也可以定义对特定对象的访问。

对文件夹“E:\it”设置特殊权限，使得用户账户“zhangsan”对该文件夹具有“读取”的权限，具体步骤如下。

（1）在“计算机”管理器中右键单击需要设置特殊权限的文件夹“E:\it”，在弹出的菜单中选择“属性”选项，打开“it 属性”对话框。选择“安全”选项卡，单击【高级】按钮，打开“it 的高级安全设置”对话框，选择“权限”选项卡，该选项卡中显示了用户或组对文件夹具有的特殊访问权限、继承情况、权限类型以及权限应用范围，如图 4-9 所示。

（2）单击【编辑】按钮，打开“it 的高级安全设置”对话框，在该对话框中设置哪些用户对该文件夹具有哪些特殊权限，以及权限继承的情况，如图 4-10 所示。

（3）单击【添加】按钮，打开“选择用户或组”对话框，在“输入要选择的对象名称”文本框中输入需要设置特殊权限的用户“zhangsan”，如图 4-11 所示，然后单击【确定】按钮。

（4）此时弹出“it 的权限项目”对话框，在“应用于”下拉列表框中选择“该文件夹，子文件夹及文件”选项作为权限的应用范围，并在“权限”区域中设置用户账户“zhangsan”

对该文件夹的访问权限，如图 4-12 所示，然后单击【确定】按钮。

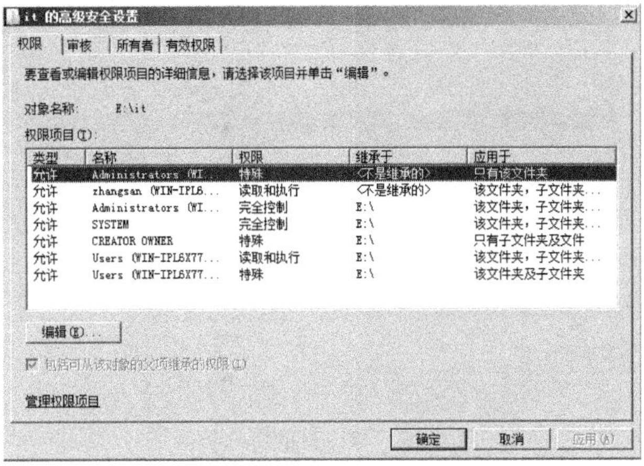

图 4-9　文件夹高级安全设置

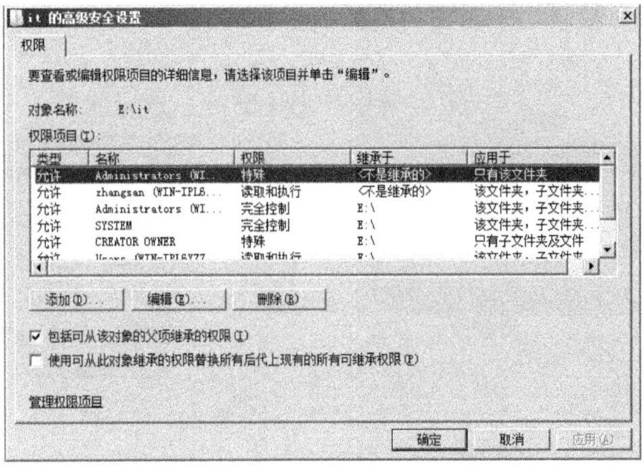

图 4-10　编辑文件夹的特殊权限

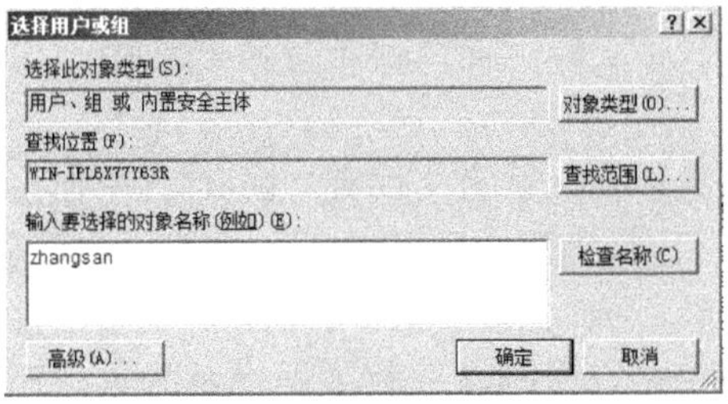

图 4-11　添加特殊权限用户

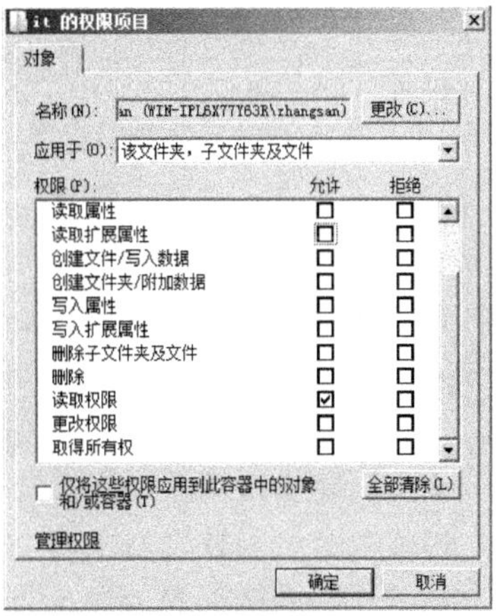

图 4-12　指定特殊权限

（5）返回如图 4-13 所示的“it 的高级安全设置”对话框，可以看到用户账户“zhangsan”对该文件夹具有“读取”的权限，单击【确定】按钮。

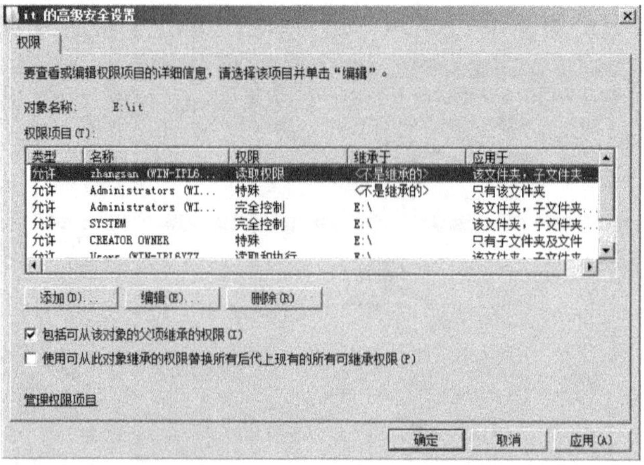

图 4-13　自定义的特殊权限

（6）返回如图 4-14 所示的“权限”选项卡，可以看到已经添加用户账户“zhangsan”对该文件夹的“读取”权限，单击【确定】按钮。

（7）返回如图 4-15 所示的“安全”选项卡，可以看到用户账户“zhangsan”已经对文件夹“E:\it”具有了“特殊”的权限，最后单击【确定】按钮即可。

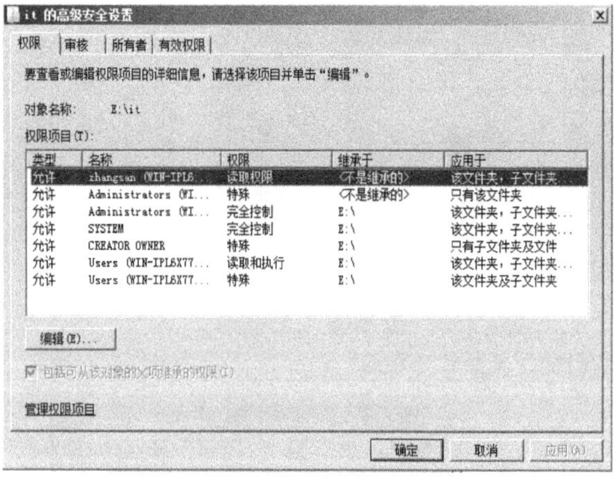

图 4-14　特殊权限设置完成

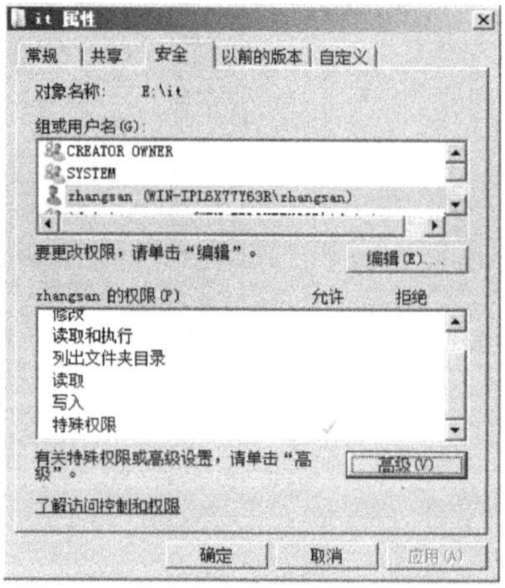

图 4-15　特殊权限在文件夹属性中显示

4.3.4　取消继承权限

取消文件夹“E:\it”的继承权限功能，使得该文件夹保留原有继承的权限，但以后将不会继承父项的权限，具体步骤如下。

（1）在“计算机”管理器中，右键单击需要继承权限的文件夹“E:\it”，在弹出的菜单中选择“属性”选项，打开“it 属性”对话框。选择“安全”选项卡，单击【高级】按钮，打开“it 的高级安全设置”对话框，选择“权限”选项卡，单击【编辑】按钮，打开如图 4-16 所示的“it 的高级安全设置”对话框，从中可以看到有些权限是继承父项“E:\”的。

（2）取消勾选“包括可从该对象的父项继承的权限”复选框，弹出如图 4-17 所示的“Windows 安全”界面，单击【复制】按钮，这样原先继承的权限还拥有，但以后将不会继承父项的权限。

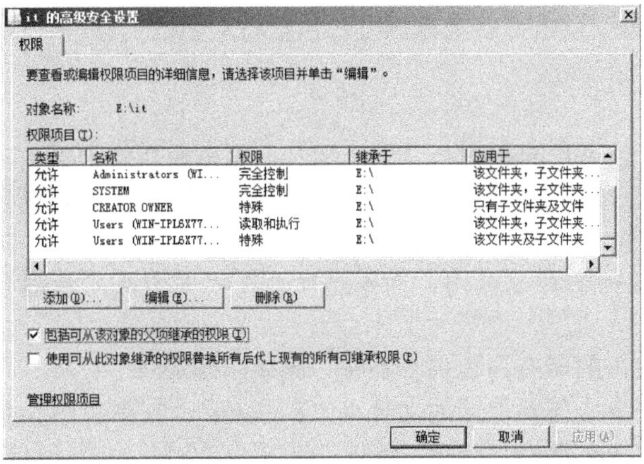

图 4-16　在文件夹高级安全设置中查看继承权限

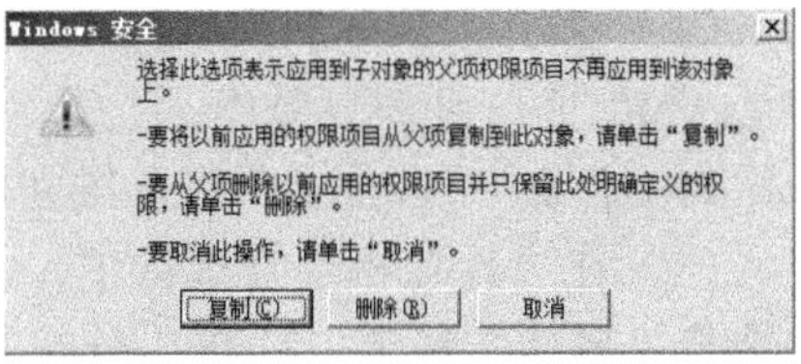

图 4-17　修改继承权限

4.4　任务 2–利用 NTFS 管理数据

4.4.1　加密文件系统

使用加密文件系统（EFS）类似于使用文件和文件夹上的权限，两种方法都可用于限制数据的访问。然而，未经许可对加密文件和文件夹进行物理访问的入侵者将无法阅读这些文件和文件夹中的内容。如果入侵者试图打开或复制已加密文件或文件夹，入侵者将收到拒绝访问的信息。文件和文件夹上的权限不能防止未授权的物理攻击。

与设置其他属性（如只读、压缩或隐藏）一样，通过为文件夹和文件设置加密属性，可以对文件夹或文件进行加密和解密。如果加密一个文件夹，则会为加密文件夹中的所有文件和子文件夹都加密。推荐在文件夹级别上进行加密。使用加密文件系统时应当注意：

（1）只有 NTFS 卷上的文件或文件夹才能被加密。

（2）不能加密压缩的文件或文件夹。

（3）如果将加密的文件复制或移动到非 NTFS 格式的卷上，则该文件会被解密。

（4）如果将非加密文件移动到加密文件夹中，则这些文件会在新文件夹中自动加密。但是，反向操作不能自动解密文件。文件必须明确解密。

（5）无法加密标记为“系统”属性的文件。

加密文件夹或文件不能防止它们被删除或被列出，具有合适权限的人员可以删除或列出已加密的文件夹或文件。因此，建议结合 NTFS 权限使用 EFS。

在允许进行远程加密的计算机上可以加密或解密文件和文件夹。如果用户指定为某文件进行加密，那么对用户来讲实际的数据加密和解密过程是完全透明的，用户并不需要理解这个过程。但对于管理员来说，了解数据加密和解密的知识是十分有用的。对文件进行加密的过程如下：

（1）每个文件都有一个唯一的文件加密密钥，用于日后对文件数据进行解密。

（2）加密密钥本身是加密的，通过与 EFS 证书对应的公钥进行保护。

（3）加密密钥同时也被其他授权解密该文件的 EFS 用户的公钥和每个故障恢复代理的公钥所保护。

（4）加密所使用的 EFS 证书和私钥可以由许多来源颁发，包括自动生成的证书、CA 创建的证书或第三方 CA 创建的证书。

对文件进行解密的过程如下：

（1）对文件的加密密钥进行解密。当用户的私钥与公钥匹配时，加密密钥就被解密。

（2）原始用户并非是唯一能对加密密钥进行解密的人，其他被指派的用户或恢复代理可以使用他们自身的私钥来解密加密密钥。

（3）私钥被安全地保存在受保护的密钥存储区内，而不是保存在“安全账户管理器（SAM）”或单独的目录中。

对文件夹“E:\jiami”以及该文件夹内的所有内容进行加密，具体步骤如下。

（1）在“计算机”管理器中，右键单击需要加密的文件夹“E:\jiami”，在弹出的菜单中选择“属性”选项，打开“jiami 属性”对话框，选择“常规”选项卡，如图 4-18 所示。

（2）单击【高级】按钮，打开“高级属性”对话框，勾选“加密内容以便保护数据”复选框，如图 4-19 所示，最后单击【确定】按钮即可。

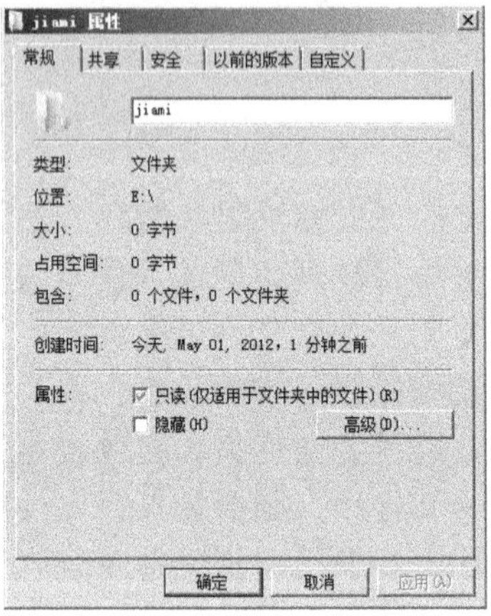

图 4-18 “jiami”文件夹属性

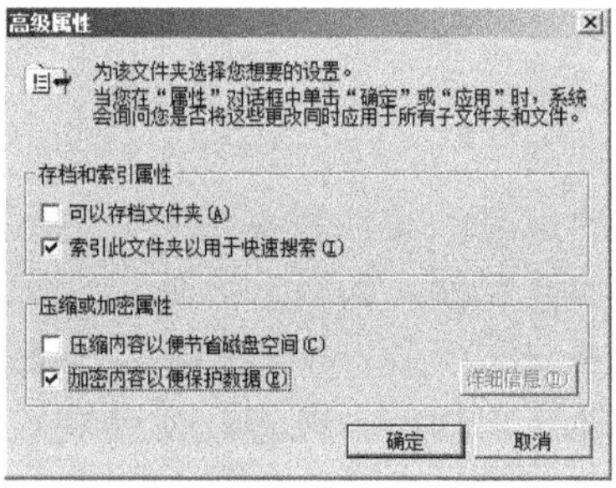

图 4-19 文件夹高级属性

（3）返回“jiami 属性”对话框后，单击【确定】按钮，由于该文件夹内具有文件，所以会打开“确认属性更改”对话框，选中“将更改应用于此文件夹、子文件夹和文件”单选项，如图 4-20 所示，最后单击【确定】按钮即可完成文件夹的加密。

（4）以用户账户“zhangsan”登录系统，在“计算机”管理器中打开文件夹“E:\jiami”中的文件“无标题”，由于该文件已经被加密，所以用户无法查看，如图 4-21 所示。

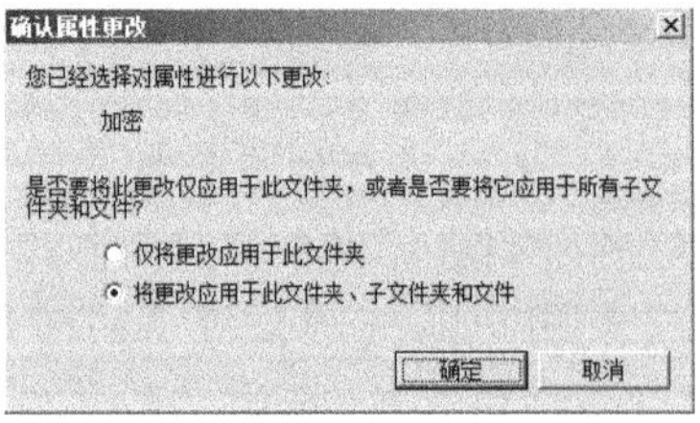

图 4-20 确认文件夹属性修改

图 4-21 被加密的文件夹中的文件无法打开

4.4.2 NTFS 压缩

使用 NTFS 压缩功能，可以压缩卷、文件夹以及文件，从而节省存储空间。

对文件夹“E:\yasuo”以及该文件夹内的所有内容进行压缩，具体步骤如下。

（1）在“计算机”管理器中，右键单击需要压缩的文件夹“E:\yasuo”，在弹出的菜单中选择“属性”选项，打开“yasuo 属性”对话框，选择“常规”选项卡，如图 4-22 所示。

（2）单击【高级】按钮，打开“高级属性”对话框，勾选“压缩内容以便节省磁盘空间”复选框，如图 4-23 所示，最后单击【确定】按钮即可。

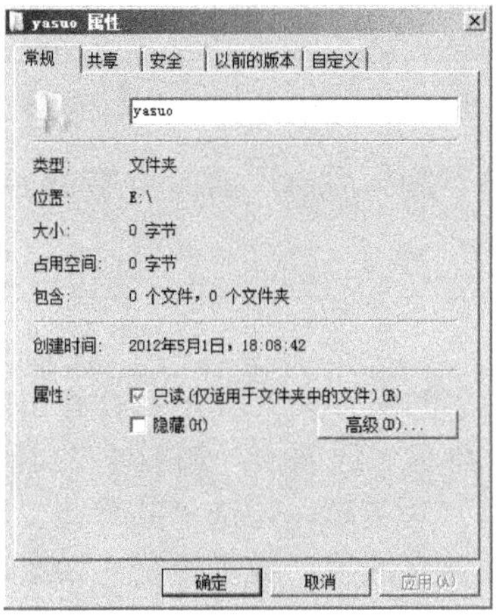

图 4-22 “yasuo”文件夹属性

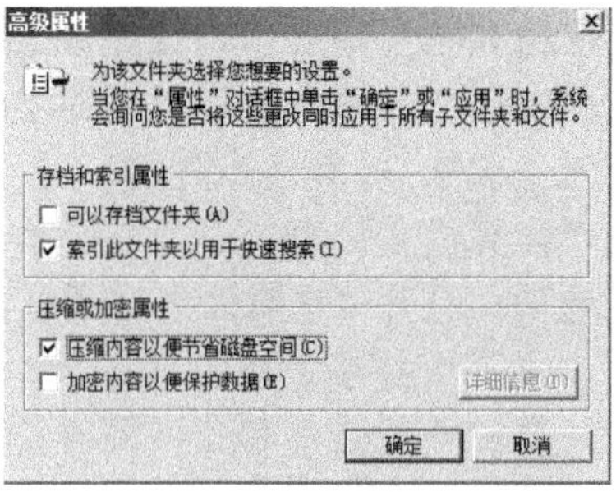

图 4-23 设置文件夹压缩属性

（3）返回“yasuo 属性”对话框后，单击【确定】按钮，由于该文件夹内具有文件，所以会打开“确认属性更改”对话框，选中“将更改应用于此文件夹、子文件夹和文件”单选项，如图 4-24 所示，最后单击【确定】按钮即可完成文件夹的压缩。

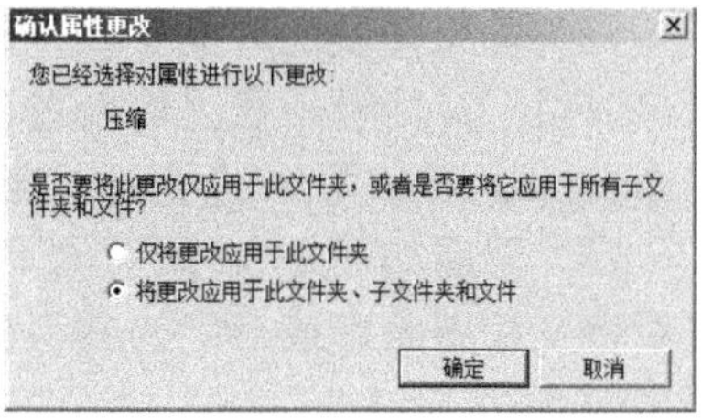

图 4-24 确认文件夹压缩属性的修改

4.5 任务 3-共享文件夹的创建与管理

4.5.1 创建共享文件夹

可以使用文件共享向导和“计算机”管理器两种方法来对文件夹进行共享，并设置共享的权限。

方法一：使用文件共享向导对文件夹“E:\it”进行共享，并设置用户“zhangsan”的共享权限为“读者”，具体步骤如下。

（1）在“计算机”管理器中，右键单击需要共享的文件夹“E:\it”，在弹出的菜单中选择“共享”选项，打开“文件共享”对话框，在该对话框中输入允许访问共享文件夹的本地用户账户为“zhangsan”，如图 4-25 所示。

（2）单击【添加】按钮，将本地用户账户“zhangsan”添加到“名称”列表中，然后在“权限级别”处设置共享权限为“读者”，如图 4-26 所示。

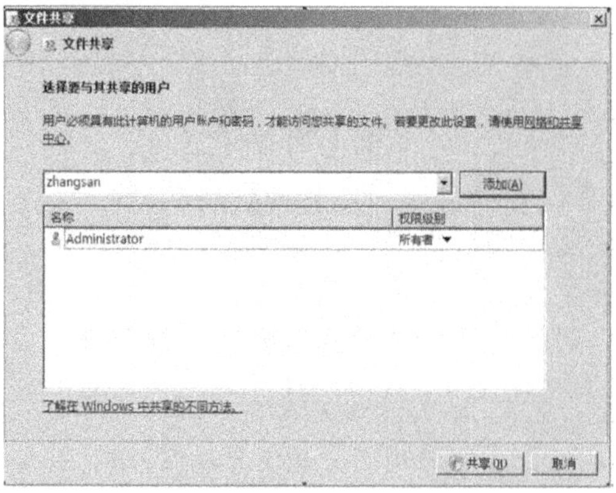

图 4-25　使用文件共享向导设置文件夹共享

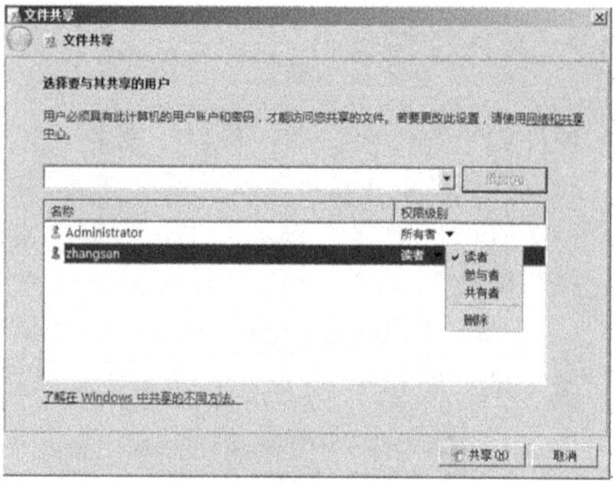

图 4-26　设置共享用户权限

（3）单击【共享】按钮开始共享该文件夹，共享完毕后出现如图 4-27 所示的对话框，显示文件夹已经共享，最后单击【完成】按钮即可。

方法二：使用“计算机”管理器对文件夹“E:\it”进行共享，并设置用户“zhangsan”的共享权限为“读取”，具体步骤如下。

（1）在“计算机”管理器中，右键单击需要共享的文件夹“E:\it”，在弹出的菜单中选择“属性”选项，打开“it 属性”对话框，选择“共享”选项卡，如图 4-28 所示。

（2）单击【高级共享】按钮，打开“高级共享”对话框，勾选“共享此文件夹”复选项，并设置共享文件夹名称和允许同时访问共享文件夹的用户数量限制，如图 4-29 所示。

（3）单击【权限】按钮，打开“it 的权限”对话框，在该对话框中设置用户访问共享文件夹的权限，如图 4-30 所示。

（4）如果需要允许某个用户能访问共享文件夹，则需单击【添加】按钮，打开“选择用户或组”对话框，在“输入对象名称来选择”文本框中输入允许访问的本地用户账户为“zhangsan”，如图 4-31 所示，然后单击【确定】按钮即可。

（5）返回如图 4-32 所示的“it 的权限”对话框，在“zhangsan 的权限”区域中选择用户对该文件夹允许或拒绝的共享权限，最后单击【确定】按钮返回“高级共享”对话框后退出即可。

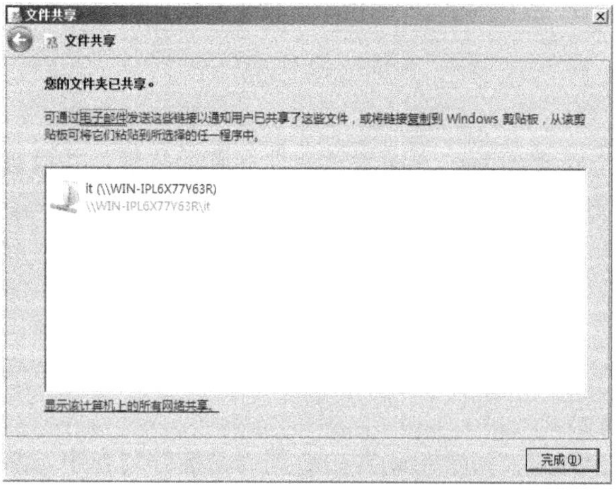

图 4-27　文件夹共享设置成功

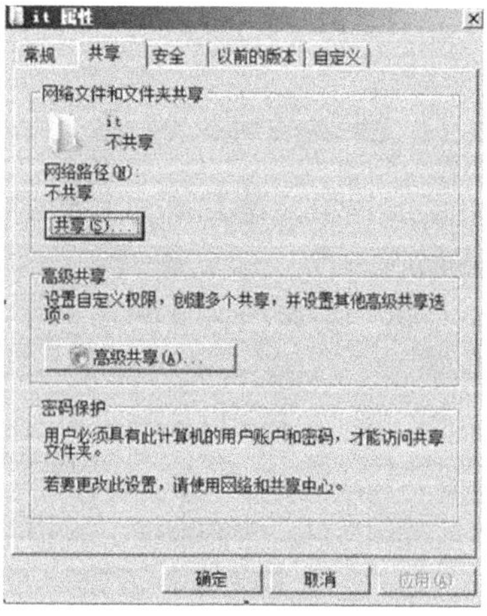

图 4-28　在文件夹属性中设置共享

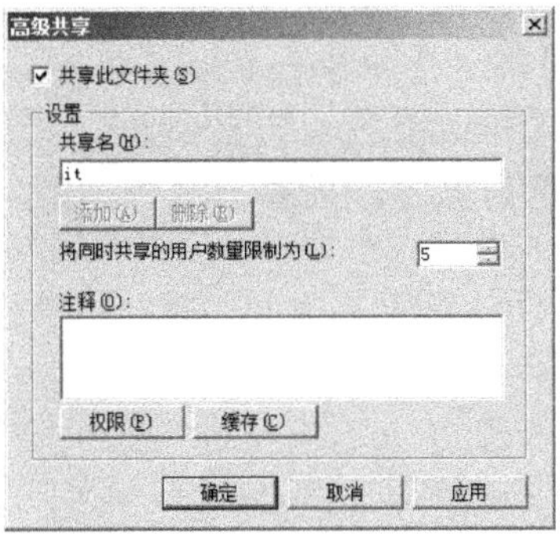

图 4-29　文件夹高级共享设置

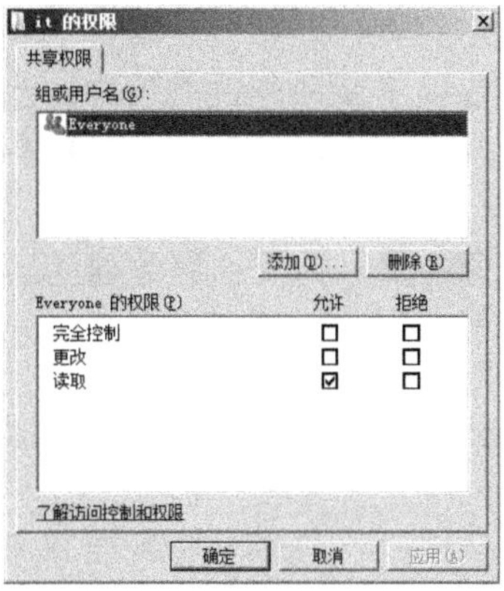

图 4-30　查看当前共享权限

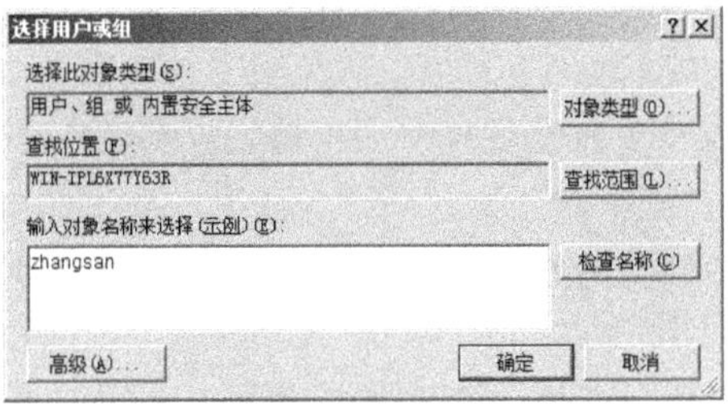

图 4-31　添加新的用户共享权限

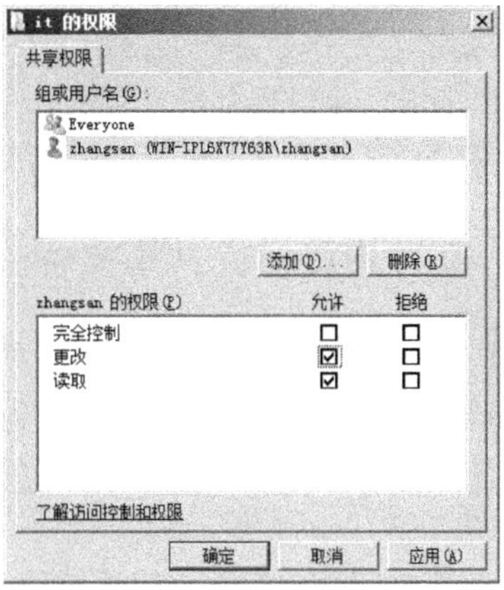

图 4-32　修改后的文件夹共享权限

4.5.2　创建隐藏共享的文件夹

隐藏共享是 Windows 操作系统的一个很有用的功能，它弥补了网络上任何人都可以看到共享文件的缺陷，看到共享文件的用户甚至还可以访问共享文件。共享文件的相对隐藏可能是引入到操作系统的一项比较复杂而且麻烦的技术，但只让能够访问共享的用户看到共享文件是非常明智的。对于其他用户来说，共享是不可见的，其可用性只是基于需要而已。活动目录（Active Directory）通过查找组织单位中发布的共享，对于选择性地向可能的用户提供共享文件大有帮助。

隐藏共享很简单，只要在共享名后面加上美元符号“$”即可。如果需要访问该共享文件，仍然可以连接上，但它不会再出现在浏览列表中（因为浏览列表不会列出以美元符号结尾的任何文件）。使用“运行”窗口就能连接到共享文件，或者使用命令行命令 netshare 也可以进行共享连接。

这里有一个极好的关于隐藏共享操作的示例。每天下午，佛罗里达州的某家公司将把几百万美元的直接存款信息发往银行，该应用程序驻留在迈阿密的数据中心，但登录到广域网上的一个隐藏共享文件中，登录事件应发生在位于洛杉矶的应用程序把直接存款信息写入同一个隐藏共享的文件之后。这两个应用程序或进程都是 Banking 组的成员，在共享中都拥有读取和写入事件的访问权限。谁也无法看到网络上的共享文件，这种隐藏为共享提供了某种程度的伪装。当然，如果对计算机进行锲而不舍地钻研，就可以找出隐藏的共享文件，但有谁知道服务器也可以隐藏呢？运行命令 net config server /hidden: yes，就能让服务器不出现在浏览列表中。不过，如果知道服务器的 IP 地址，仍然可以联系到这台服务器。为了让服务器的名称重新回到浏览列表中，只要把命令中的 yes 改为 no 即可。

4.5.3 管理本地计算机所有的共享文件夹

安装 Windows Server 2008 系统时，NTFS 自动在本地卷上创建管理共享文件夹。这些共享文件夹位于策略性的管理级文件夹中，其中最重要的共享文件与 Windows Server2008 系统文件安装在一起。

可以使用“开始”→“管理工具”→“计算机管理”→“系统工具”→“共享文件夹”→“共享”的方法来管理共享文件夹。图中列出了现有的共享文件夹名、文件夹路径、适用于哪一种客户端来访问、目前已经连接到此共享文件夹的用户数量等。

4.5.4 在客户端访问共享文件夹

用户在客户端计算机上可以通过使用“网络”工具、“运行”对话框以及映射网络驱动器来访问共享文件夹，具体有三种方法。

方法一：使用“网络”工具访问计算机“WIN-IPL6X77Y63R”上的共享文件夹“it”，具体步骤如下。

（1）在如图 4-33 所示的“网络”界面中，显示网络中存在的计算机。

（2）双击具有共享文件夹的计算机“WIN-IPL6X77Y63R”，打开如图 4-34 所示的界面，可以看到该计算机上存在的共享文件夹，双击共享文件夹“it”即可访问该文件夹。

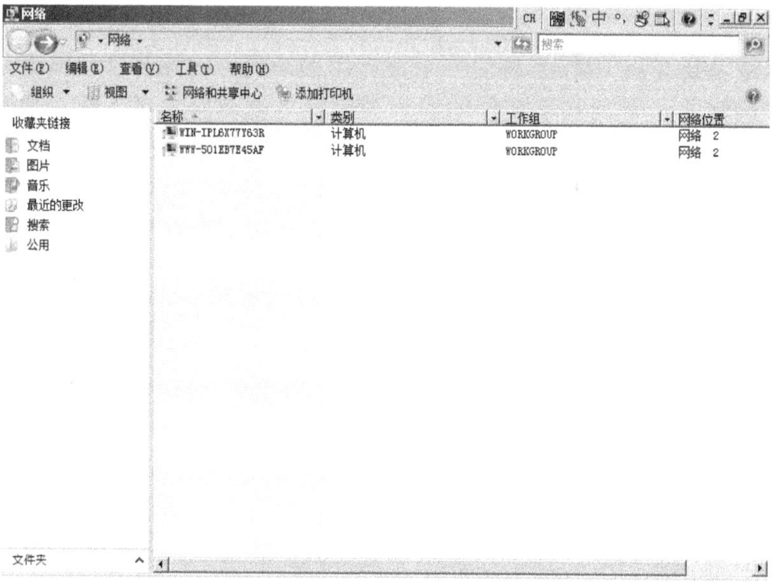

图 4-33　网络中的计算机

图 4-34　查看网络中计算机的共享资源

方法二：使用“运行”访问已知 IP 地址的计算机中的共享文件夹“\\192.168.0.2\it”，具体步骤如下。

单击“开始”→“运行”，打开“运行”对话框，在“打开”文本框中输入共享文件夹的路径“\\192.168.0.2\it”，如图 4-35 所示，最后单击【确定】按钮即可访问该共享文件夹。

方法三：将共享文件夹“\\192.168.0.2\it”映射到本地驱动器，驱动器号为“z:”，具体步骤如下。

（1）右键单击“开始”→“计算机”，在弹出的菜单中选择“映射网络驱动器”选项，打开“映射网络驱动器”对话框。在该对话框中指定驱动器号和共享文件夹路径，此处在“驱动器”下拉列表框中选择“z:”选项，在“文件夹”文本框中输入“\\192.168.0.2\it”，选中“登录时重新连接”复选项，表示每次用户登录时都映射网络驱动器，如图 4-36 所示。

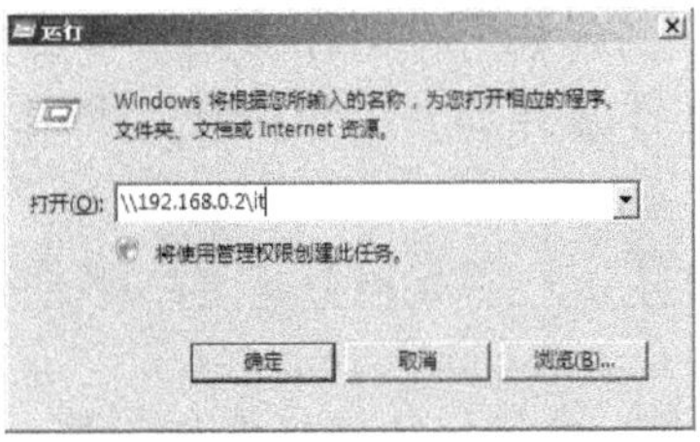

图 4-35　使用“运行”对话框访问网络中的共享资源

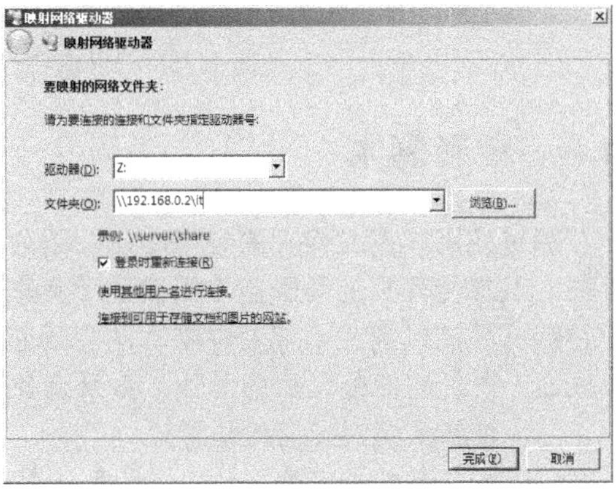

图 4-36　设置映射网络驱动器

（2）默认情况下将以 Administrator 用户身份连接共享文件夹，如果要使用其他用户连接共享文件夹，则单击“其他用户名”链接，打开“连接身份”对话框，在该对话框中输入用户名和密码，如图 4-37 所示，最后单击【确定】按钮即可完成网络驱动器的映射。

打开如图 4-38 所示的“计算机”管理器，从中可以看到将共享文件夹映射过来的网络驱动器是“it（\\192.168.0.2）（z：）”，此时用户只需要双击该驱动器即可访问共享文件夹了。

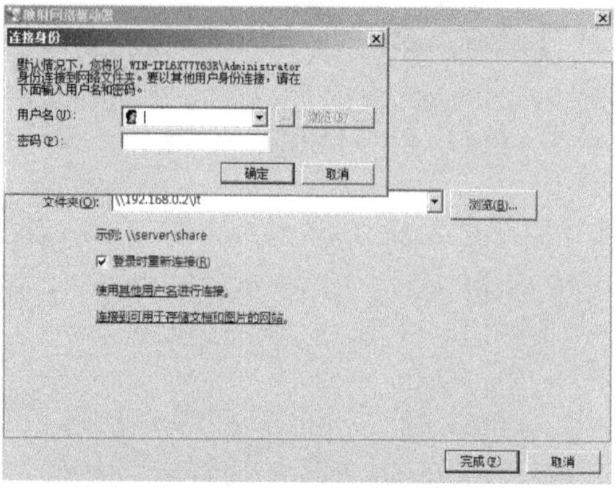

图 4-37　使用其他用户名连接网络驱动器

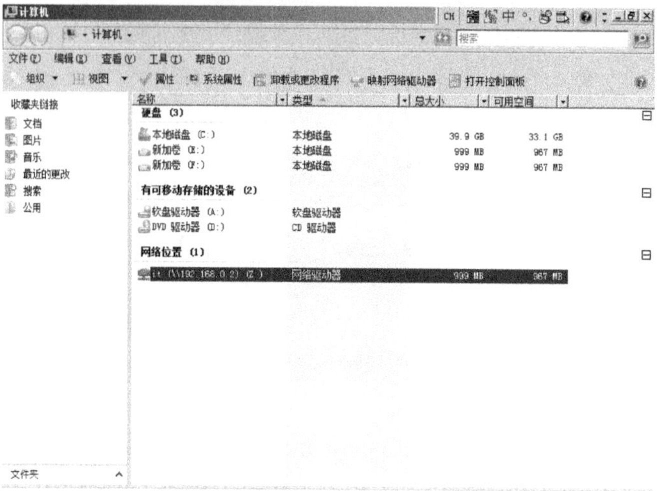

图 4-38　映射成功的驱动器在计算机中显示

4.6　卷影副本

通过使用共享文件夹的卷影副本，用户可以查看在过去某个时刻存在的共享文件和文件夹。共享文件夹的卷影副本提供位于共享资源（如文件服务器）上的实时文件副本。用户访问文件的以前版本或卷影副本的主要原因如下：

- ❑ 恢复被意外删除的文件。如果意外删除了某个文牛，则可以打开前一版本，然后将其复制到安全的位置。
- ❑ 恢复意外覆盖的文件。如果意外覆盖了某个文件，则可以恢复该文件的前一版本。
- ❑ 在处理文件的同时对文件版本进行比较。当检查一个文件的两个版本之间的不同时，需要使用以前的版本。

使用卷影副本时需要注意以下几点：

- ❑ 当恢复文件时，文件权限不会更改。权限在恢复前后没有变化。当恢复一个被意外删除的文件时，文件权限将被设为该目录的默认权限。

- 创建卷影副本不能替代创建常规备份。
- 当存储区域达到限制值后，将删除最早存储的卷影副本，从而留出空间以便创建新的卷影副本。删除卷影副本后，将无法检索该副本。

每个卷上最多可以存储 64 个卷影副本。达到该限制值后，将删除最早存储的卷影副本，因此无法检索该副本。卷影副本是只读的，不能编辑卷影副本的内容。只能针对每个卷启用共享文件夹的卷影副本，也就是说，不能在卷上选择要进行复制或不进行复制的特定共享文件夹和文件。

4.6.1 启用和配置“共享文件夹的卷影副本”

对计算机上的卷“E:”启用并配置卷影副本，使得用户可以在计算机“client”上还原以前的版本，具体步骤如下。

1．准备共享资源

在共享文件夹“E:\it”内创建文本文件“hello”，文件内容为“hello”。

2．启用卷影副本

（1）单击“开始”→“管理工具”→“计算机管理”，打开“计算机管理”控制台，展开“系统工具”节点，右键单击“共享文件夹”，在弹出的菜单中选择“所有任务”→“配置卷影副本”选项，如图 4-39 所示。

（2）在打开的“卷影副本”对话框中，可以看到当前没有启用任何卷影副本，该卷上有 1 个共享文件夹，如图 4-40 所示。

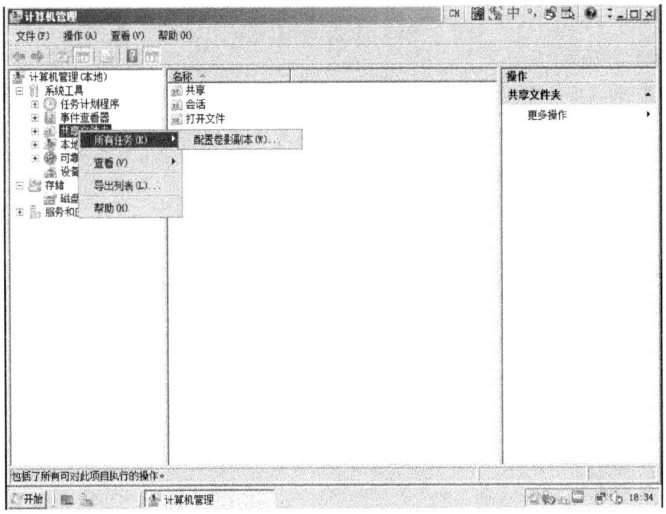

图 4-39　启用卷影副本

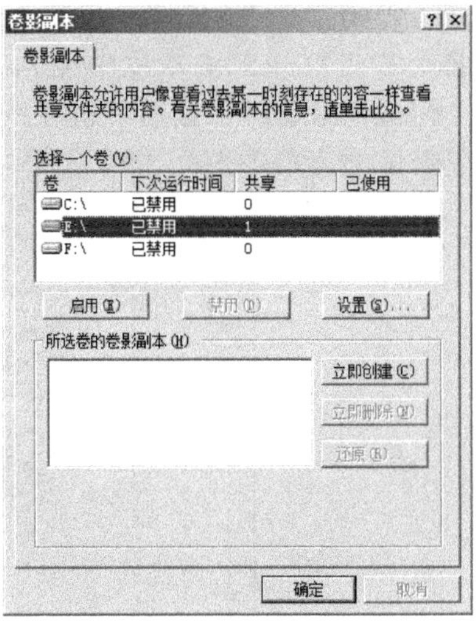

图 4-40　在卷影副本中查看已存在的共享资源

（3）单击【启用】按钮，弹出如图 4-41 所示的“启用卷影复制”对话框，显示的信息表示启用卷影复制后系统将使用默认的计划和设置，单击【是】按钮启用卷影复制。

（4）返回如图 4-42 所示的“卷影副本”对话框，可以看到已经创建了一个卷影副本，时间为 2012/5/1 18:36。

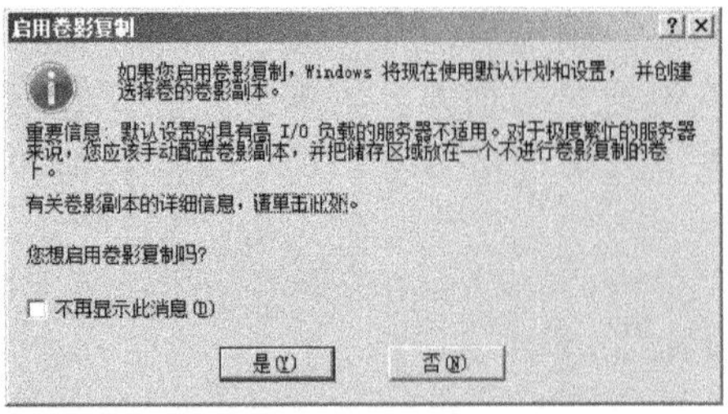

图 4-41　为存在的共享资源启用卷影复制

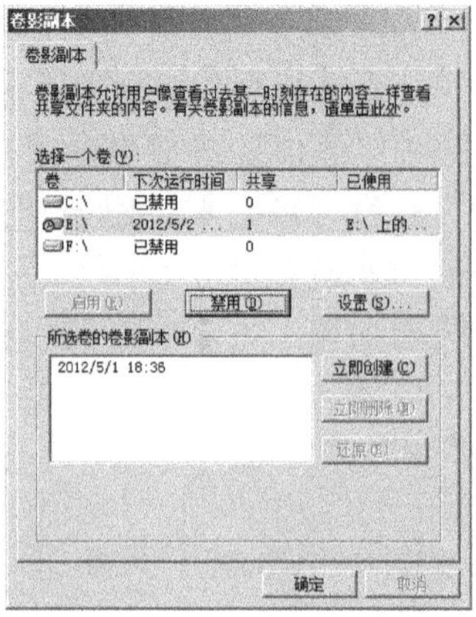

图 4-42　已创建的卷影副本

4.6.2　还原卷影副本

创建完卷影副本后，可以通过还原卷影副本的方式还原回此文件备份卷影副本时的状态，具体步骤如下。

（1）修改共享文件夹“it”内的文本文件“hello”，在该文件原有内容之外添加“world”，如图 4-43 所示，添加后将其保存。

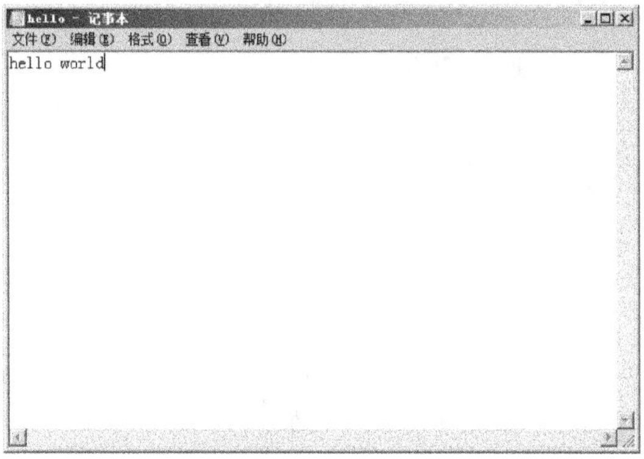

图 4-43　修改卷影副本上原文件的内容

（2）在客户端计算机“client”上，单击“开始”→“运行”，打开“运行”对话框，在“打开”文本框中输入 URL 路径“\\192.168.0.2”，然后单击【确定】按钮访问共享文件夹。右键单击共享文件夹“it”，在弹出的菜单中选择“还原以前的版本”选项，如图 4-44 所示。

图 4-44　在 client 上还原卷影副本

注意

要对文件夹还原以前的版本，用户必须对该共享文件夹有更改的共享权限。

（3）打开“it（\\192.168.0.2）属性”对话框，选择“以前的版本”选项卡，如图 4-45 所示，可以还原到“2012/5/1　18:36”这个时间点上。

（4）选择文件夹版本，单击【还原】按钮，弹出如图 4-46 所示的“以前的版本”对话框，该信息表示还原以前的版本后，将替换该文件夹的当前版本。

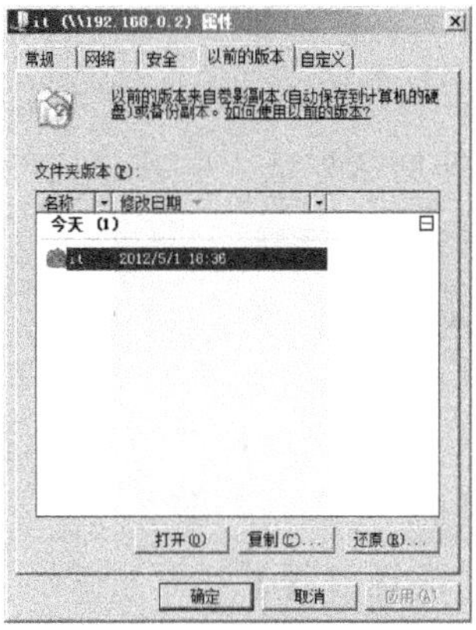

图 4-45　选择还原的卷影副本时间点

（5）单击【还原】按钮开始还原文件夹，还原完毕后弹出如图 4-47 所示的对话框，最后单击【确定】按钮即可。此时文件“hello”的内容是“hello”。

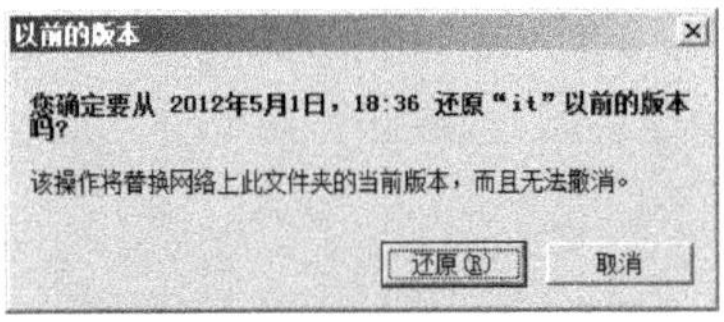

图 4-46　确定还原卷影副本

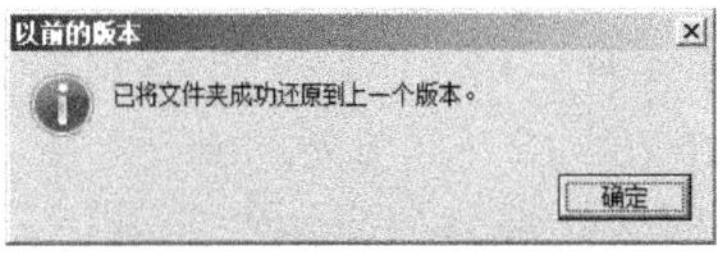

图 4-47　卷影副本还原成功

4.7　回到工作情景

【工作任务一】如何对不同部门的员工设置不同的访问权限？

（1）在 Windows Server 2008 系统中为不同部门建立不同的工作组。

（2）设置各工作组的访问权限。

（3）根据员工所在的部门建立员工用户并加入到相应的工作组中。

（4）设置工作组的继承权限，以实现对材料的访问。

【工作任务二】如何对敏感材料进行安全限制？

（1）使用 NTFS 文件系统加密敏感材料。

（2）对加密后的敏感材料设置访问权限。

【工作任务三】部门之间的材料共享如何实现？

（1）设置本地计算机公开材料的访问权限为所有人可见。

（2）在网络上共享公开材料所在的文件夹。

（3）设置共享文件夹的访问用户为所有用户。

4.8　项目实训－文件系统管理

【实训环境和条件】

（1）VMware Workstation 8.0 虚拟机软件。

（2）Windows Server 2008 系统虚拟机。

【实训目的】

通过上机练习，熟悉 Windows Server 2008 NTFS 文件系统管理；掌握 NTFS 权限设置、文件的加密与压缩、共享文件夹的创建与管理及卷影副本的使用。

【实训内容】

（1）NTFS 权限设置。

（2）NTFS 数据管理。

（3）共享文件夹的创建与管理。

（4）卷影副本的使用。

【实训过程】

（1）在 Windows Server 2008 系统中设置 NTFS 权限。

- 设置标准权限。
- 设置特殊权限。
- 继承权限的使用。

（2）NTFS 数据管理。

- 加密文件。
- 压缩文件。

（3）共享文件夹的创建与管理。

- 创建共享文件夹。
- 隐藏共享文件夹的设置。
- 管理本地共享。
- 访问共享文件。

（4）卷影副本的使用。

- 启用卷影副本。
- 还原卷影副本。

习　　题

简答题

1. 将 FAT32 文件系统转换为 NTFS 文件系统的方法有哪些？
2. 如何取消 NTFS 继承权限？
3. 对文件加密的过程是什么？
4. 访问共享文件夹的方法有哪些？
5. 为什么要使用卷影副本？

项目5 磁 盘 管 理

主要内容

- 什么是磁盘管理。
- 基本磁盘与动态磁盘，GPT 磁盘与 MBR 磁盘。
- 基本卷和动态卷的创建与管理。
- 磁盘配额管理。
- 备份和还原数据。

技术目标

- 了解基本磁盘与动态磁盘、GPT 磁盘与 MBR 磁盘的区别与适用范围。
- 掌握磁盘的初始化、类型转换、格式化等相关操作。
- 掌握基本卷的创建、更改驱动器号、压缩卷和扩展基本卷等操作。
- 掌握简单卷、跨区卷、带区卷、镜像卷、RAID-5 卷的创建。
- 练习使用磁盘配额。
- 练习使用 Windows Server Backup 备份还原数据。

5.1 真实情景引入

【真实情景】

C 公司是一家影像公司，公司因业务需求需要做视频采集，对磁盘速度有一定的要求，并且采集的视频要保存一定的时间，同时应对客户的不同需求，对磁盘的可靠性要求较高。随着业务量的增长，公司存储服务器的空间越来越紧张，而且由于以前的服务器没有容错能力，曾因磁盘故障导致客户数据丢失，因此对公司造成了极坏的影响。经理现决定升级服务器，并提出了几点非技术要求。

（1）在低预算的前提下尽量增大磁盘空间。

（2）提高视频采集速度和文件传输速度。

（3）对数据进行备份，保证数据不丢失。

【引入问题】

（1）如何添加新的磁盘？

（2）如何规划存储空间以提高读写能力，并具有容错能力？

5.2 磁盘管理简介

在 Windows Server 2008 系统中，通过磁盘管理器来实现对存储的管理，完成创建、格式化分区和卷等与磁盘相关的任务。

5.2.1 什么是磁盘管理

“磁盘管理”是控制面板“计算机管理”中的一个重要组件。利用磁盘管理工具可以清晰地列出计算机中所有磁盘的使用情况，实现对磁盘分区或卷的管理。Windows 系统的磁盘管理工具可以在不借助第三方工具的情况下完成大部分的磁盘管理操作。

在运行栏中输入“diskmgmt.msc”，打开磁盘管理器，也可以在“管理工具”的“计算机管理”中找到“磁盘管理”。磁盘管理器的主界面如图 5-1 所示。

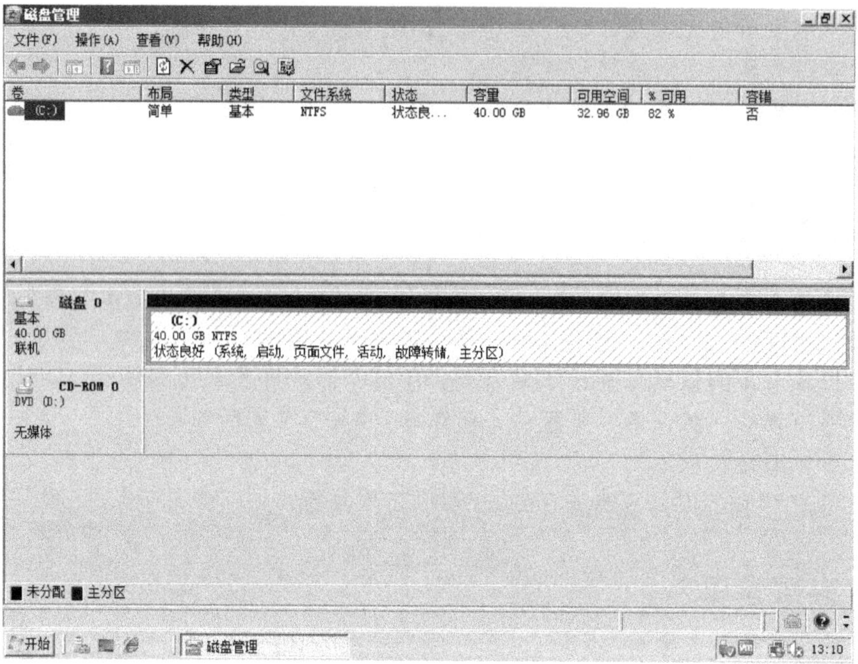

图 5-1　磁盘管理器主界面

磁盘管理器中最上面的列表信息区域罗列出了计算机中可使用的所有分区和卷的信息。下方是对应的图形显示，可以更加直观地看出一个磁盘的使用情况，列表区域不会列出的未分配的磁盘信息。在图 5-1 中（C:）的信息处，还标示了系统、启动、页面文件、活动、故障转储、主分区等信息。

如果将系统启动的过程分为两个阶段来看，那么系统卷内就是存储第一阶段所需要的启动文件，如 Bootmgr（启动管理器）、BCD（启动设置信息）等。计算机利用这些信息，就可以找到所需要的启动卷中的文件，从而进入第二阶段，即具体系统载入。启动卷是用来存储 Windows Server 2008 操作系统的磁盘分区。操作系统文件一般都是放在 Windows 文件夹内，此文件夹所在的磁盘分区一般是活动分区，如果计算机内安装了多个操作系统，那么系统卷内的程序也会显示操作系统列表来供用户选择。页面文件就是虚拟内存的位置。

图 5-1 左侧小矩形区域内，标示的是整个磁盘的基本概况，包括磁盘编号、磁盘类型、容量和联机状态等信息，更改整个磁盘的操作一般都在这里进行。

5.2.2 磁盘的分类及转换

磁盘管理器中，在磁盘编号处单击鼠标右键，根据磁盘类型的不同会出现“转换到动态磁盘”或“转换到基本磁盘”两种选项；根据磁盘分区方式的不同会出现“转换成 GPT 磁盘”或“转换成 MBR 磁盘”两种选项，如图 5-2 所示。

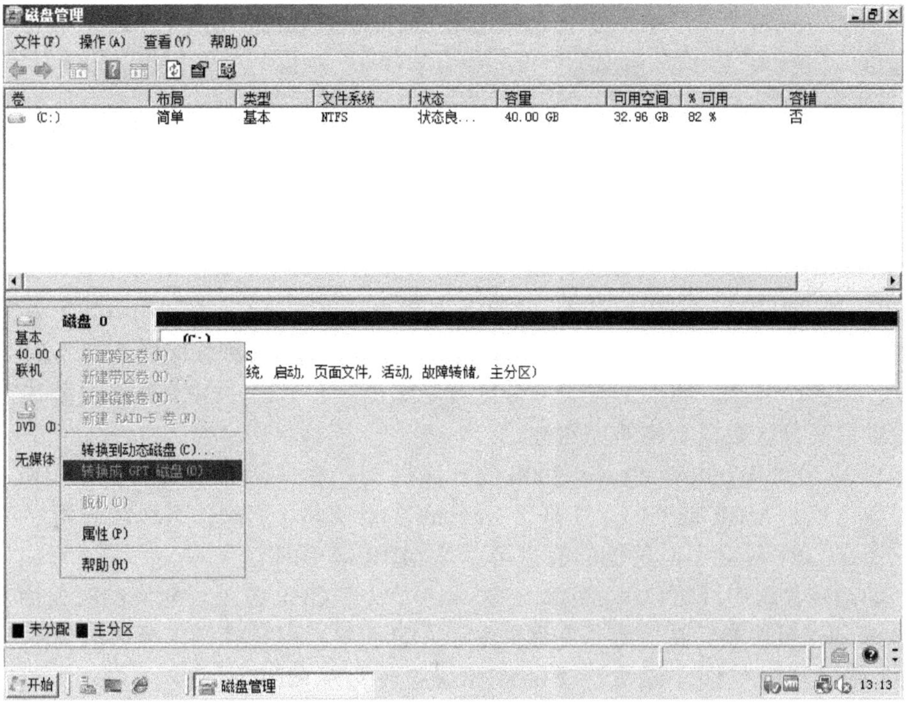

图 5-2　磁盘转换

1. 基本磁盘与动态磁盘

磁盘根据使用方式的不同可以分为两类，一类是基本磁盘，另一类是动态磁盘。

基本磁盘比较常见，平时使用的磁盘大都是基本磁盘。基本磁盘受 26 个英文字母的限制，盘符只能是 26 个英文字母中的一个。其中，A、B 已经被软驱占用，实际磁盘可用的盘符只有 C～Z，共 24 个。而且，在基本磁盘上最多只能建立 4 个主分区（注意是主分区，不是扩展分区）。另一种磁盘类型是动态磁盘。动态磁盘不受 26 个英文字母的限制，它是用“卷”来命名的，在一个磁盘上可以创建足够多的卷，并且允许将磁盘容量扩展到非邻近的磁盘空间。

基本磁盘转换为动态磁盘可以直接进行，但该过程是不可逆的，只有删除磁盘的所有分区后才能转回基本磁盘。动态磁盘相对于基本磁盘有很多优势，见表 5-1。

表 5-1　基本磁盘和动态磁盘的对比

磁盘的使用方式	基 本 磁 盘	动 态 磁 盘
卷集或分区的数量	最多 4 个主分区	无限制
磁盘空间的管理	必须是连续的空间	可不连续，甚至跨磁盘
磁盘容量大小的管理	无法更改容量大小	可以更改，不会破坏数据
磁盘配置信息的管理和容错	无容错能力	可组建 RAID，且具有容错能力
相互转换	可直接转换成动态磁盘	删除所有分区后，才能转换成基本磁盘

2. GPT 磁盘与 MBR 磁盘

GPT（Globally Unique Identifier Partition Table Format）是一种基于 Itanium 计算机中

的可扩展固件接口（EFI）使用的磁盘分区架构。与当前广泛使用的主启动记录（MBR）分区方法相比，GPT 具有更多的优点，见表 5-2。

表 5-2　GPT 磁盘和 MBR 磁盘的对比

分 区 方 法	MBR 磁盘	GPT 磁盘
卷或分区	最多 4 个主分区，最大卷 2TB	最多 128 个分区，最大卷 18EB
系统要求	系统分区必须是 MBR，其他不限	基于 Itanium 的系统分区必须是 GPT，其他不限
动态磁盘组	无限制	无限制
相互转换	只在未分区的情况下可以进行转换	只在未分区的情况下可以进行转换

MBR 磁盘支持的最大卷为 2TB，并且每个磁盘最多有 4 个主分区。GPT 磁盘支持的最大卷为 18EB，并且每个磁盘最多允许有 128 个分区。与 MBR 分区的磁盘不同，GPT 的分区数据位于各个分区，而不是位于非分区或隐藏扇区。另外，GPT 分区磁盘有冗余的分区表备份以提高分区数据结构的完整性。

在运行 32 位的 Windows Server 2008 的计算机上，操作系统必须驻留在 MBR 磁盘上，其他的磁盘可以是 MBR 或 GPT。在基于 Itanium 的计算机上，操作系统加载程序和启动分区必须驻留在 GPT 磁盘上，其他的磁盘可以是 MBR 或 GPT。

单个动态磁盘组中既可以有 MBR 磁盘，也可以有 GPT 磁盘。允许同时使用 MBR 和 GPT 磁盘来创建镜像卷、带区卷、跨区卷和 RAID-5 卷。但只有在未分区的情况下，才可以将 MBR 磁盘转换为 GPT 磁盘，或将 GPT 磁盘转换为 MBR 磁盘。

5.2.3　初始化磁盘

在虚拟机里添加 3 块虚拟磁盘，来实现所有磁盘操作。

（1）打开虚拟机的设置界面，如图 5-3 所示。在“硬件”选项卡中单击【添加】按钮，打开添加向导，默认的第一项就是“硬盘”，选择后单击【下一步】按钮，如图 5-4 所示。

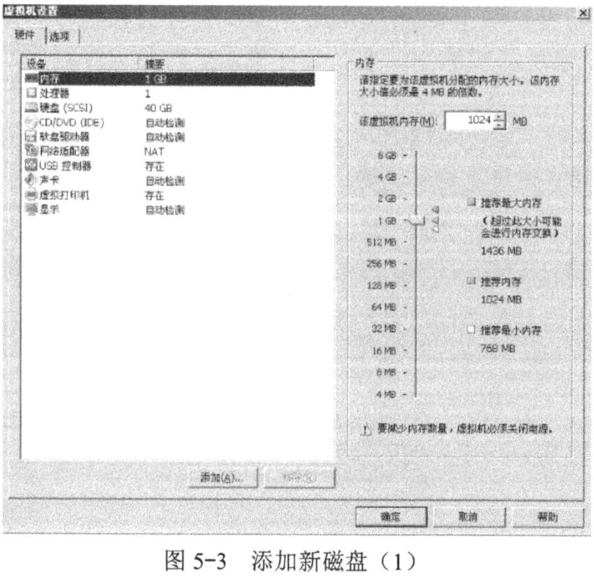

图 5-3　添加新磁盘（1）

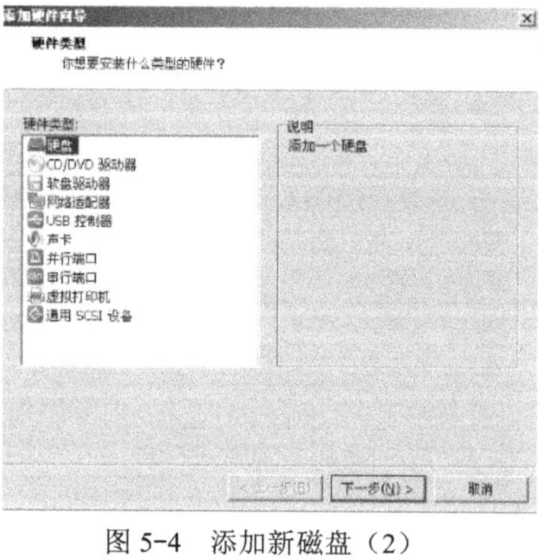

图 5-4　添加新磁盘（2）

（2）根据向导提示进行添加，这里添加一块 10GB 的 SCSI 磁盘，向导过程如图 5-5～图 5-8 所示，其中的设置根据提示进行操作即可。

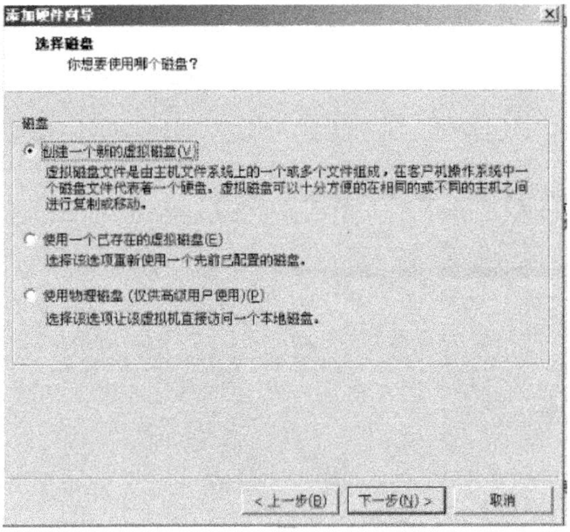

图 5-5　添加新磁盘向导（1）

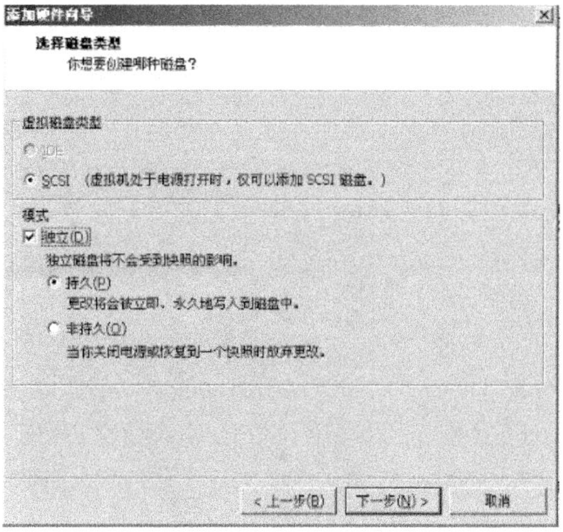

图 5-6　添加新磁盘向导（2）

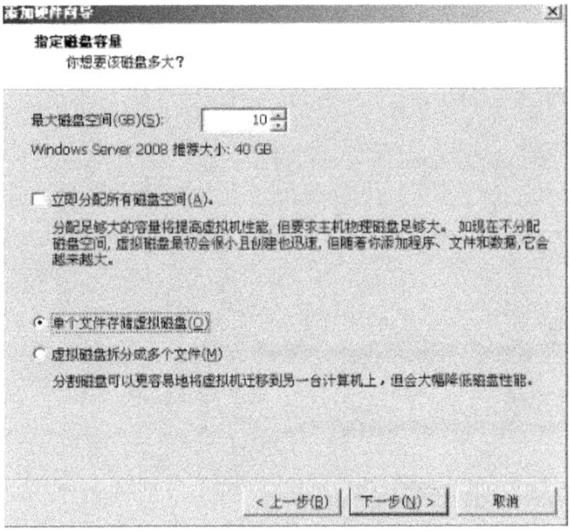

图 5-7　添加新磁盘向导（3）

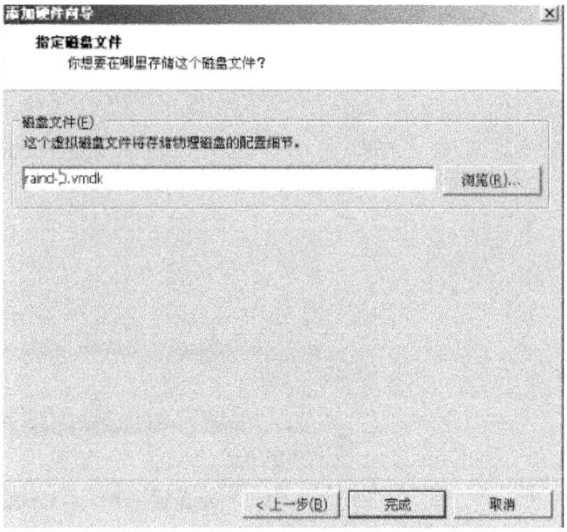

图 5-8　添加新磁盘向导（4）

（3）单击【完成】按钮后，在磁盘管理界面中，就出现了添加好的磁盘，编号显示为磁盘 1，类型未知，大小为 10GB，空间未分配，状态为脱机。如图 5-9 所示，未划分的磁盘不会出现在列表信息中。对于动态磁盘高级卷的操作，需要多块磁盘，按照上述方法，再添加两块磁盘。

（4）在开机情况下，可以直接添加 SCSI 磁盘。首次检测到共享总线上的磁盘时，它们都处于脱机状态，如果在关机的情况下添加，开机后添加好的磁盘就处于联机状态，进入磁盘管理器后会直接出现初始化磁盘的提示。如果磁盘处于脱机状态，则必须将其联机后才能获得读写访问或初始化的权限。对操作系统以外的磁盘，可以任意进行脱机和联机的转换。在左侧磁盘信息处单击鼠标右键，在弹出的菜单中选择“联机”选项即可，如图 5-10 所示。

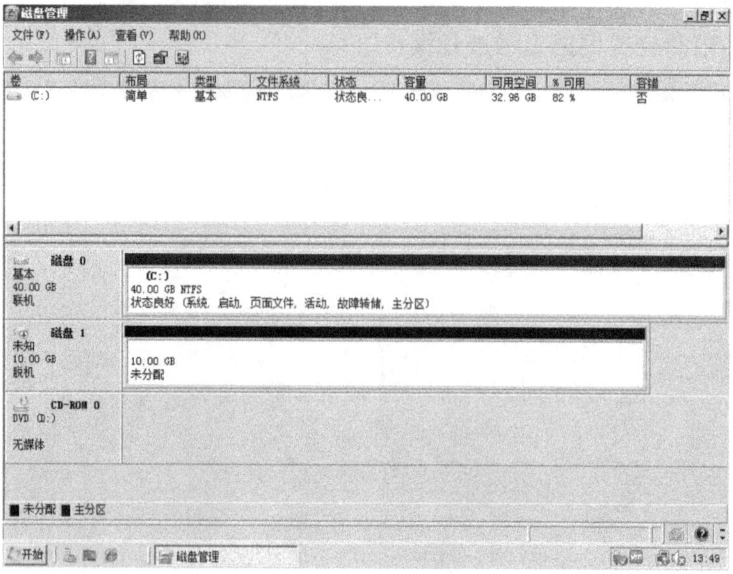

图 5-9 添加的磁盘

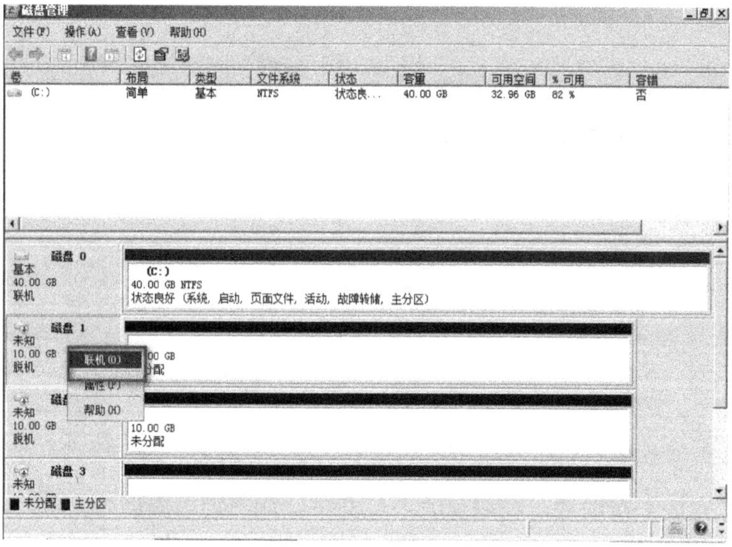

图 5-10 将新添加的磁盘联机

（5）在联机后的磁盘信息处单击鼠标右键，在弹出的菜单中选择“初始化磁盘”选项，即可出现如图 5-11 所示的“初始化磁盘”对话框。

（6）对于新添加的磁盘，有两种不同的分区方式可以选择。这里为了说明 MBR 和 GPT 的转换、共存关系，将磁盘 1、3 采用 MBR 的分区方式，将磁盘 2 采用 GPT 的分区方式。GPT 的分区方式会有少许的容量损失，如图 5-12 所示，MBR 的磁盘大小和未划分前一致，GPT 的分区方式因为要包含更多的信息，因此损失了一点容量。

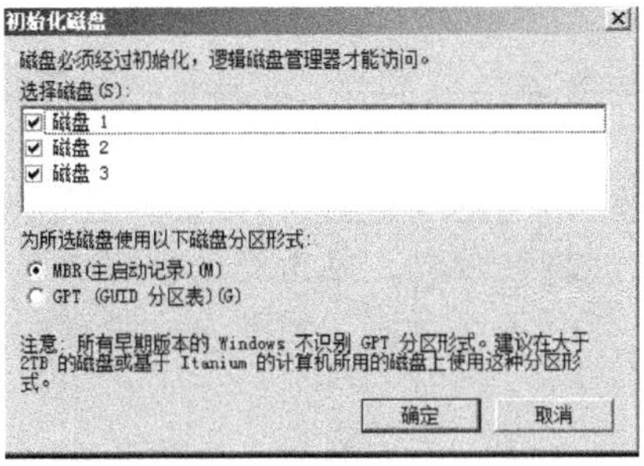

图 5-11 “初始化磁盘”对话框

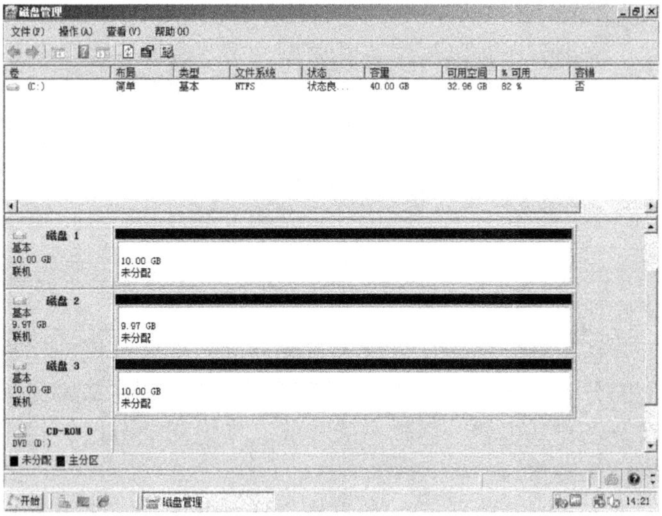

图 5-12 GPT 的可用容量比 MBR 磁盘略小

至此，就完成了磁盘的初始化操作。即使完成了初始化，但没有划分存储区域的磁盘仍然无法直接使用，信息也不会出现在列表中。

5.2.4 磁盘类型的相关操作

初始化磁盘后，磁盘 1 使用了 MBR 的分区方式，而磁盘 2 使用了 GPT 的分区方式，这两种方式是可以相互转换的。例如，在磁盘 1（MBR）信息处单击鼠标右键，在弹出的菜单中选择“转换成 GPT 磁盘”选项，如图 5-13 所示。

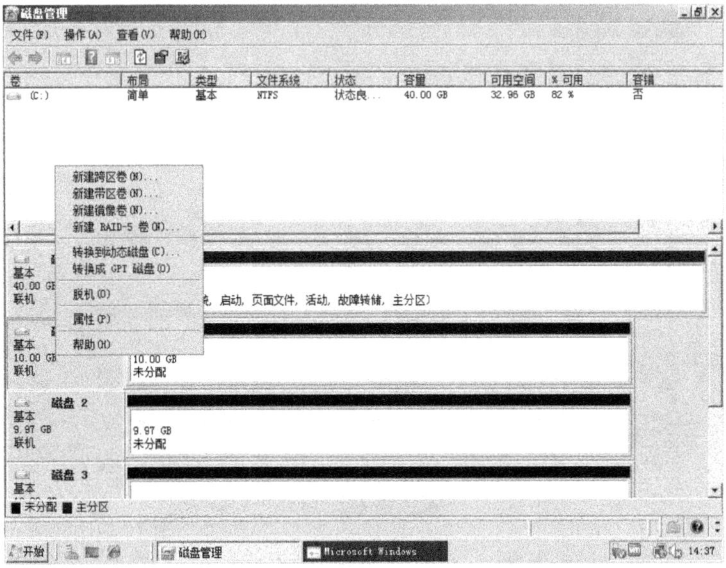

图 5-13 MBR 磁盘转换成 GPT 磁盘

注意

如果对磁盘进行了分区操作，那么就不能再进行格式转换了，有关转换的选项将无法选择，只有删除所有分区后，才可以再次进行转换。

5.3 任务 1—基本卷的管理

完成初始化后，磁盘还是无法存储数据的，要对磁盘进行分区或划卷，并且格式化后，才能使用磁盘的空间。

基本磁盘是一种包含主磁盘分区、扩展分区或逻辑驱动器的物理磁盘。传统基本磁盘上的分区和逻辑驱动器被称为基本卷，只能在基本磁盘上创建基本卷。基本卷的管理主要涉及创建基本卷、创建扩展分区、指定活动分区、格式化分区、加卷标、更改驱动器号和路径等操作。

Windows Server 2008 系统在传统基本磁盘的基础上，加入了一些新特性，允许不破坏现有数据就可更改分区的大小（压缩卷），具备了动态磁盘中简单卷的部分特点。但扩展基本卷必须在邻近区域进行，不像动态磁盘中的简单卷那样可以随意扩展。

5.3.1 创建基本卷

在完成初始化的磁盘上单击鼠标右键，在弹出的菜单中选择“新建简单卷向导”选项，出现“新建简单卷向导”对话框。在基本磁盘上创建的简单卷就是基本卷，如图 5-14 所示。

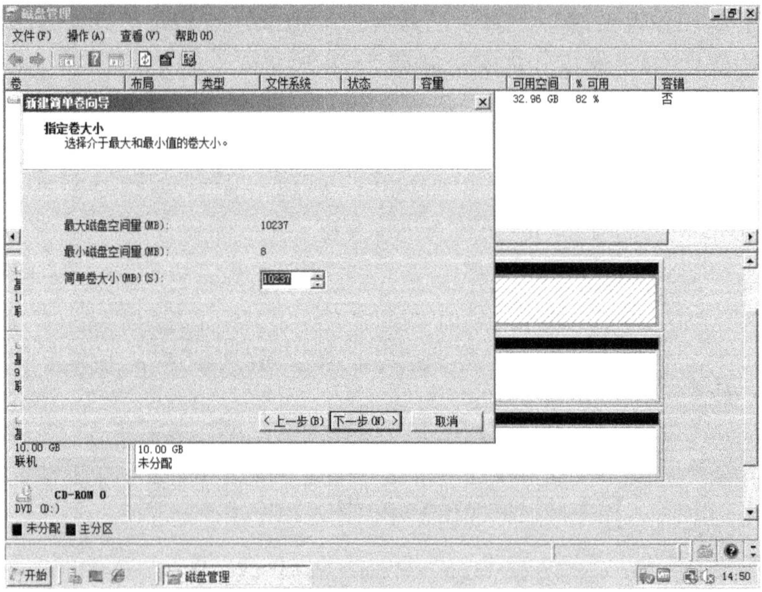

图 5-14 “新建简单卷向导”对话框

在向导中的“简单卷大小”处，输入适当的分区值，单击【下一步】按钮，出现“分配驱动器号和路径”对话框，如图 5-15 所示。默认选中“分配以下驱动器号”单选项，系统会自动对其分配一个盘符，一般不需更改。

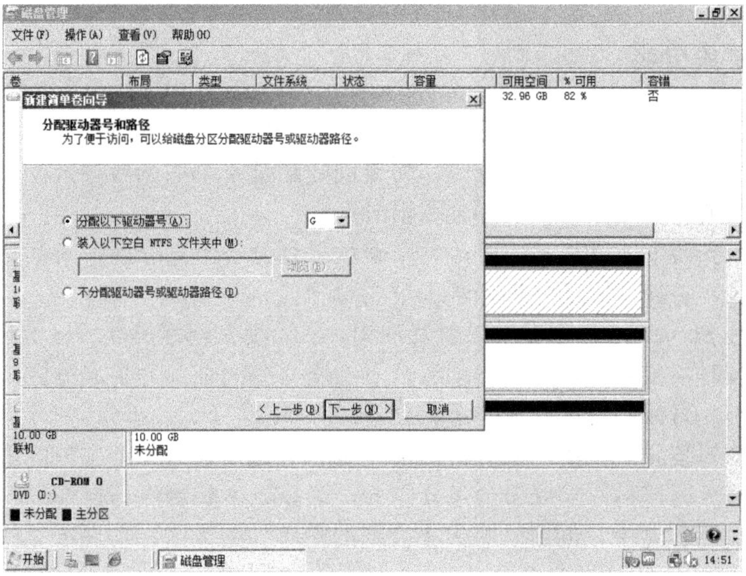

图 5-15 “分配驱动器号和路径”对话框

选中单选项“装入以下空白 NTFS 文件夹中”，可以将一个磁盘的路径不设置为一个盘符，而是某个分区（盘符）中的一个文件夹。但是只能在分配时新建文件夹，且不能选择已有的文件夹，也不能增大其他盘的实际存储空间。

单击【下一步】按钮，出现“格式化分区”对话框，如图 5-16 所示。“文件系统”默认为 NTFS，“分配单元大小”为默认值，“卷标”可以根据实际情况进行修改。对话框下方有两个复选项，默认情况下均没有勾选，推荐勾选“执行快速格式化”复选项，否则格式化的速度会很慢；勾选“启用文件和文件夹压缩”复选项可以节省一些磁盘空间，但对速度有一定的影响，所以一般建议不勾选。单击【下一步】按钮，待格式化完成后，即成功创建了简单卷（基本卷）。

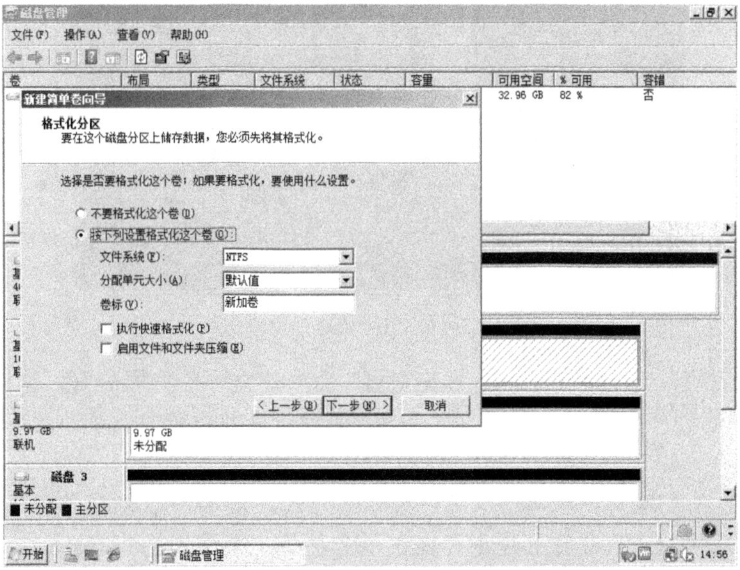

图 5-16 “格式化分区”对话框

5.3.2 创建扩展分区

在 MBR 磁盘分区格式中，分区表的信息存储在磁盘的主引导扇区（0 扇区），它的空间很小，最多只能记录 4 个主引导分区。如果创建超过 4 个主引导分区，那么就必须创建扩展分区，在扩展分区上，可以再划分逻辑分区。

习惯上，在安装个人操作系统时，一个磁盘只划分一个主分区，将其他的所有空间均划分为扩展分区，扩展分区上再划分若干个逻辑分区。

在 Windows Server 2008 系统的磁盘管理中，已经没有创建扩展分区的选项了。当创建超过 4 个主分区时，磁盘管理器会自动将余下的所有空间划分为扩展分区，然后根据用户创建的分区大小，直接创建出对应的逻辑分区。

如果仍旧希望按照个人操作系统的习惯，将一个磁盘划分一个主分区后，其他所有空间均设置为扩展分区，再对扩展分区进行划分，需按以下步骤进行操作。

（1）在磁盘管理器中，创建一个大小合适的简单卷主分区，如图 5-17 所示。

图 5-17 创建一个主分区

（2）进入 cmd 命令行，执行“diskpart”命令，进入“diskpart”界面。

（3）执行“list disk”命令，显示磁盘列表，查看磁盘信息，如图 5-18 所示。

（4）这里选择 3 号磁盘，执行“select disk 3”命令，选择将要进行分区的磁盘。

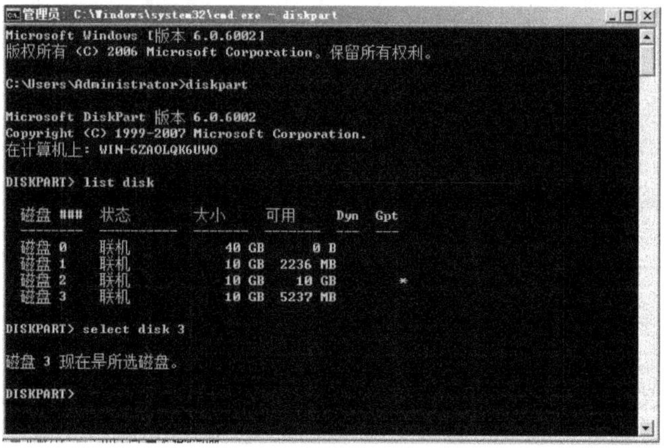

图 5-18 “list disk”命令

（5）选择后执行“create partition extended”命令建立一个扩展分区，这样就把磁盘 3 上所有未划分的空间划分成了扩展分区，然后进入磁盘管理器再建立其他逻辑分区，如图 5-19 所示。

（6）磁盘 2 在初始化时选择了 GPT 的分区方式，最多可以创建 128 个主分区，如图 5-20 所示。所以，在 GPT 磁盘上是不存在扩展分区的，无法使用“create partition extended”命令来创建逻辑和扩展分区，如图 5-21 所示。

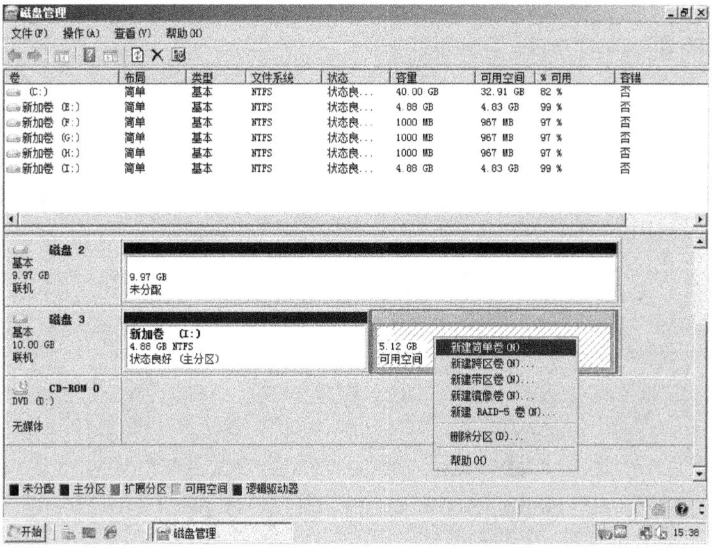

图 5-19　在扩展分区上创建逻辑分区

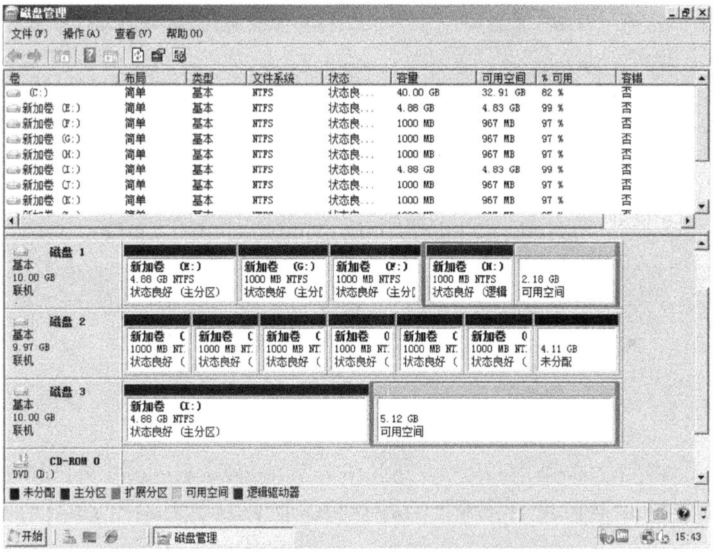

图 5-20　GPT 磁盘 2 上创建了很多主分区

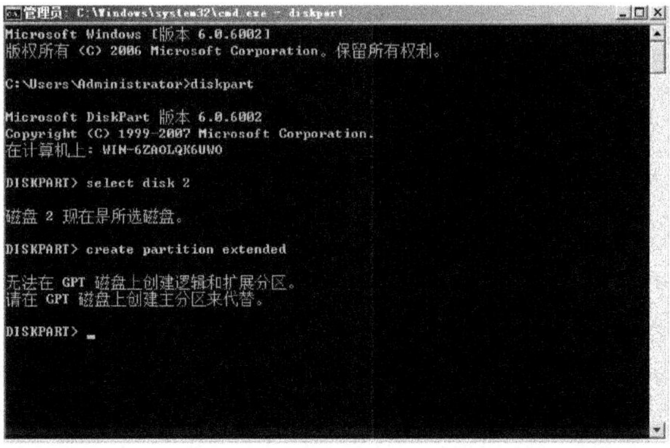

图 5-21　GTP 磁盘上无法创建逻辑和扩展分区

5.3.3 指定“活动（active）”分区

采用了 MBR 分区方式的磁盘，它的主引导记录由 4 部分组成，即主引导程序、出错信息数据区、分区表和结束标志字。其中，主引导程序负责从活动分区中装载并运行系统引导程序。所以，如果从指定的操作系统启动，则必须将系统所在的分区设置为活动分区。

活动分区是指用以启动操作系统的一个主分区。一块磁盘上只能有一个活动分区，随意更改活动分区会导致系统无法正常启动。右键单击一个 MBR 格式磁盘的主分区，在弹出的菜单中可以看到“将磁盘分区标为活动的”选项，如图 5-22 所示。选择该选项后，即可将所选定的分区设置为活动分区，前一个设置会自动消失。

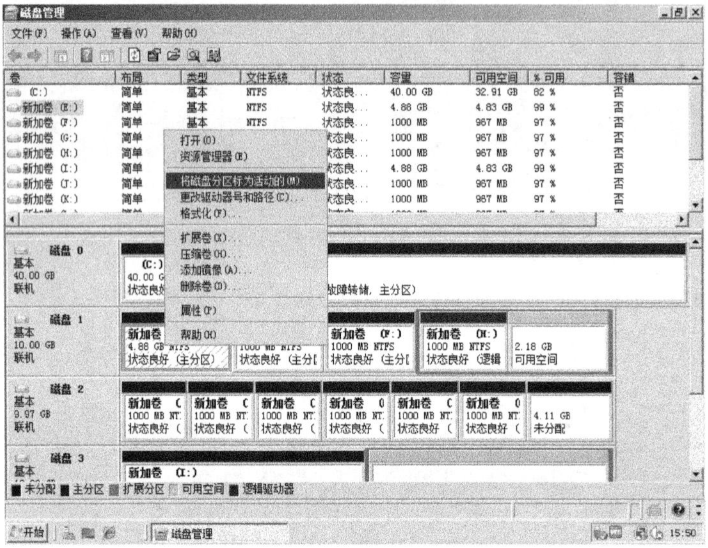

图 5-22　设置活动分区

注意

在 GPT 的分区磁盘上是不存在活动分区的，Windows Vista 和 Windows Server 2008 之后的所有 Windows 操作系统都可以使用 GPT 分区进行数据操作，但只有基于 EFI 主板的 64 位 Windows 系统支持从 GPT 分区上启动（早期必须基于 Itanium）。

5.3.4 格式化分区、加卷标、转换文件系统与删除

在新建简单卷的向导中，默认将所创建的分区进行 NTFS 类型的格式化，如果在创建时跳过了格式化的步骤，或者要迅速清空一个分区中的所有数据，应直接在磁盘管理器中对分区进行格式化。

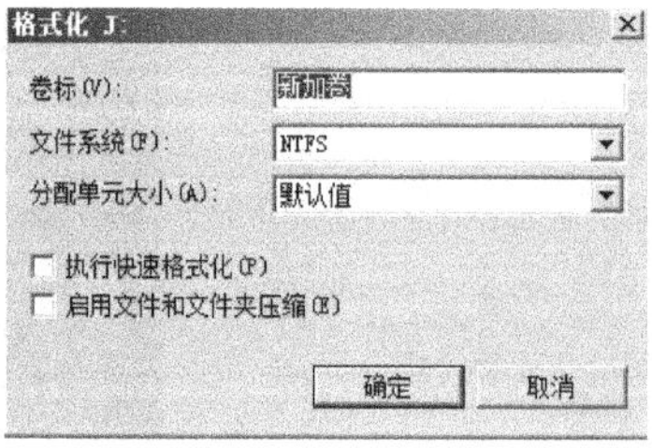

图 5-23　格式化窗口

在如图 5-23 所示的格式化窗口中，应根据实际情况更改要进行格式化的分区卷标，将其设置成更有意义的说明性文字；或在对应的分区上重命名，也可以更改卷标的名称。

文件系统可以选择要格式化分区的文件系统格式，默认为 NTFS，在服务器中也不建议

使用 FAT 或 FAT32 等早期的文件系统格式。对于后面的部分磁盘高级操作，前提也是必须使用 NTFS 格式。“分配单元大小”处可以选择最小分配单元的大小，分配单元越小越节省空间，分配单元越大越节省时间。一般使用默认值选项即可。

勾选“执行快速格式化”复选项，可以选择是执行普通格式化还是快速格式化。两者的区别在于，快速格式化仅仅是清掉文件分配表，使系统认为分区上没有文件了，并不真正格式化所选分区，快速格式化后可以通过工具恢复磁盘数据，基本上能恢复所有的数据，这也是快速格式化方式速度快的原因。不勾选该复选项，则会采用普通格式化模式。普通格式化程序会将磁盘上的所有磁道扫描一遍，清除磁盘上的所有内容，一般工具基本上不可恢复。普通格式化还可以检测出磁盘上的坏道，所以速度会慢一些。当然因为磁盘本身是磁性介质，对于写过的数据会保留一定的痕迹，即便是普通格式化后，专业的数据恢复工具还是能恢复出其中的内容。一般来说，选择快速格式化就可以了。如果怀疑磁盘有坏道，可以使用普通格式化。

如果磁盘上存在早期 FAT 或 FAT32 格式的分区，可以直接进行格式化，将其转化为 NTFS 分区；如果分区中有数据，可以使用“convert”命令进行转换，且不会破坏其中的数据。

如图 5-24 所示，E 盘为 FAT32 格式的分区，按照如下步骤将其转换成 NTFS 分区。

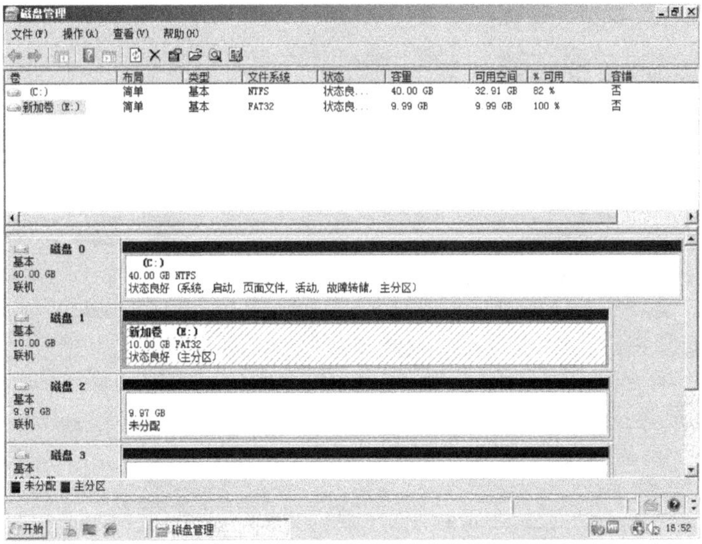

图 5-24 FAT32 格式的分区转换

（1）在 CMD 命令提示符中输入“convert e:/fs:ntfs”，按<Enter>键执行，如图 5-25 所示。

（2）显示出当前分区的文件类型，要求输入卷标，这里输入当前的卷标名“新加卷”。

（3）按<Enter>键提交后，显示各种磁盘信息并完成转换。注意，转换 NTFS 的过程是不可逆的，而且需要一定的磁盘空间，如果要转换的磁盘已经存满了数据，会出现空间不足的提示信息。

如果要删除一个分区，可以直接右键单击要删除的分区，在弹出的菜单中选择“删除卷”选项即可，被删除的卷将会变为未分配的空间，被删除卷中的

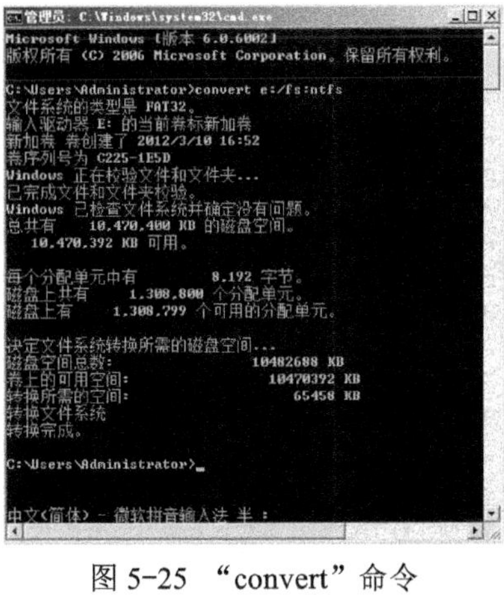

图 5-25 “convert”命令

所有数据都将被删除。

5.3.5 更改驱动器号和路径

在新的磁盘上安装操作系统，由于安装时一般只划分系统分区，安装完成后才对其他空间进行划分，因此会出现盘符错乱的问题，如C盘是系统盘，D盘是光驱，E盘又是其他的分区。通过磁盘管理器，可以对分区的驱动器号和路径选项进行更改。

打开磁盘管理器，在要更改的分区上单击鼠标右键，在弹出的菜单中选择“更改驱动器号和路径”选项，打开“更改E:（新加卷）的驱动器号和路径”对话框，单击【更改】按钮，如图5-26所示。选中“分配以下驱动器号”单选项可分配驱动器号（盘符），对于已经占用的驱动器号，将不会显示在菜单中。另外，也可以将驱动器号删除，删除掉驱动器号的分区或卷将无法访问，但是其中的数据并不会损坏，只要再分配一个驱动器号，就可以正常使用，这也是隐藏数据的一个小方法。

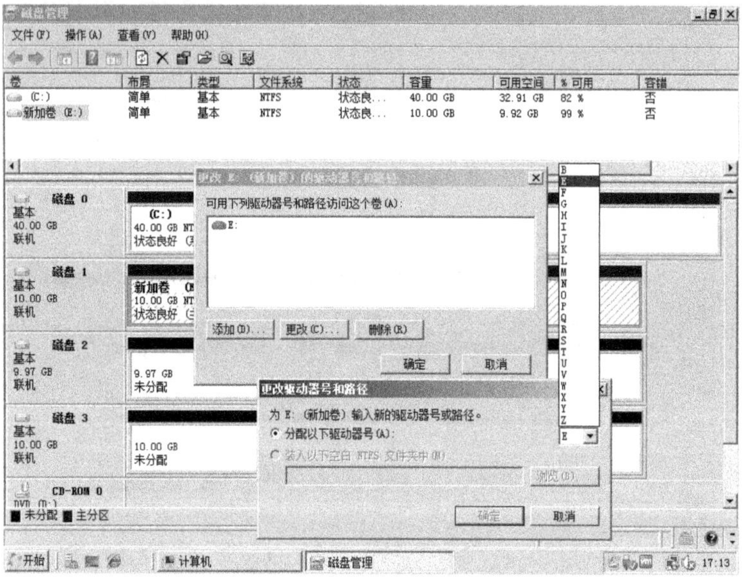

图5-26 更改驱动器号

5.3.6 压缩卷和扩展基本卷

在早期的操作系统中，如果基本磁盘没有升级为动态磁盘，那么一旦划分了分区的大小，要再进行调整是很困难的，必须要借助一些专业工具才能完成。但在Windows Server 2008系统环境下就能很容易地做到这一点，即向现有的主分区或逻辑分区添加更多的空间，将其扩展到邻近的未分配区域；也可以将现有分区中没有使用的区域转换成未分配空间。

1. 压缩卷

磁盘0上只有一个40GB大小的主分区（C盘），系统占用了很小的一部分，如图5-27所示，需要在这块磁盘上划分出一个其他分区。

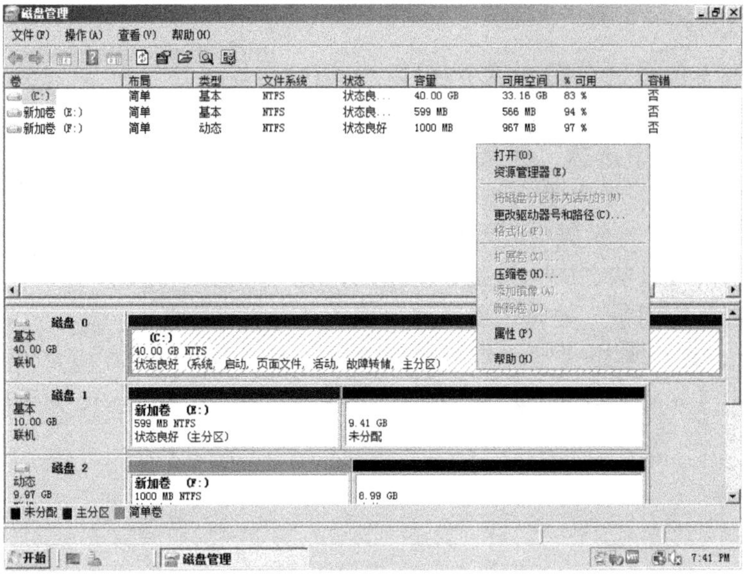

图 5-27　压缩卷（1）

在 C 盘对应的分区上单击鼠标右键，选择“压缩卷”选项，系统会根据当前分区的使用情况进行查询，以获取可用的压缩空间。等待查询结束后，打开“压缩 C:”对话框，如图 5-28 所示。

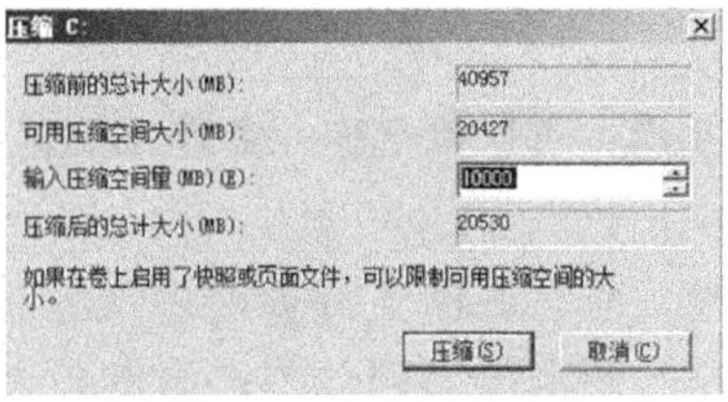

图 5-28　压缩卷（2）

在图 5-28 中选择要压缩出的空间，当前分区空间压缩前的总计大小为 40 957MB，可压缩空间大小为 20 427MB，在“输入压缩空间量”处输入要压缩的空间大小，这里以 10 000 为例。单击【压缩】按钮，被分割出来的磁盘空间容量就会自动显示在原始磁盘分区的后面，同时对应分区选项上还有“未分配”的提示字样，如图 5-29 所示。

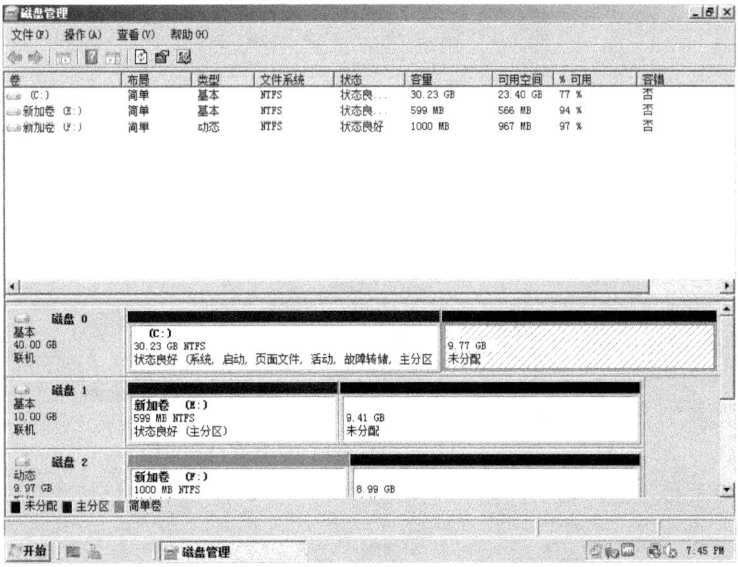

图 5-29　压缩卷（3）

2. 扩展基本卷

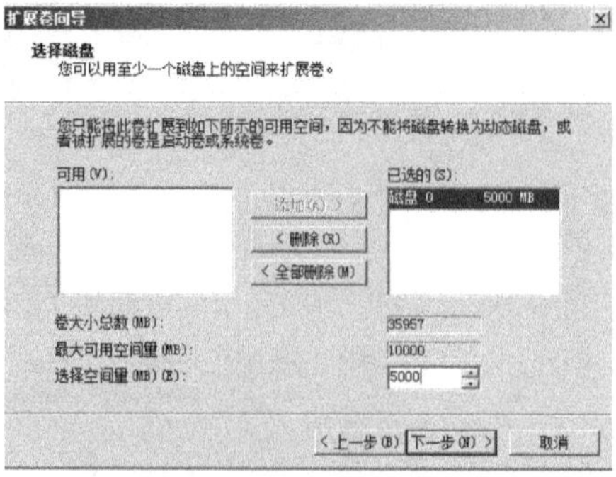

图 5-30 扩展基本卷

如果觉得现有的分区空间比较小，可以对其进行扩展。在要进行扩展的分区（C 盘）上单击鼠标右键，在弹出的菜单中选择“扩展卷”选项，便会出现“扩展卷向导”对话框。

根据提示，进入“选择磁盘”页面，如图 5-30 所示，基本卷的扩展只能在同一块磁盘的相邻位置上进行，在“选择空间量”处输入要扩展的值，这里输入“5000”，然后单击【下一步】按钮继续。设置完成后单击【完成】按钮。C 盘分区就自动添加了对应的大小。

注意

对于基本卷，如果在连续的空间内没有未分配的空间，是不可以进行扩展的。但动态磁盘则没有这样的限制。

5.4 任务 2–动态磁盘的创建与管理

动态磁盘支持多种特殊的卷，如跨区卷、带区卷、镜像卷和 RAID-5 卷，其中有的可以提高系统访问效率；有的可以提供容错能力；有的可以扩大磁盘的使用空间。在磁盘管理器中未分配的空间上单击鼠标右键，在弹出的菜单中可以看到上述功能卷的创建选项，如图 5-31 所示。

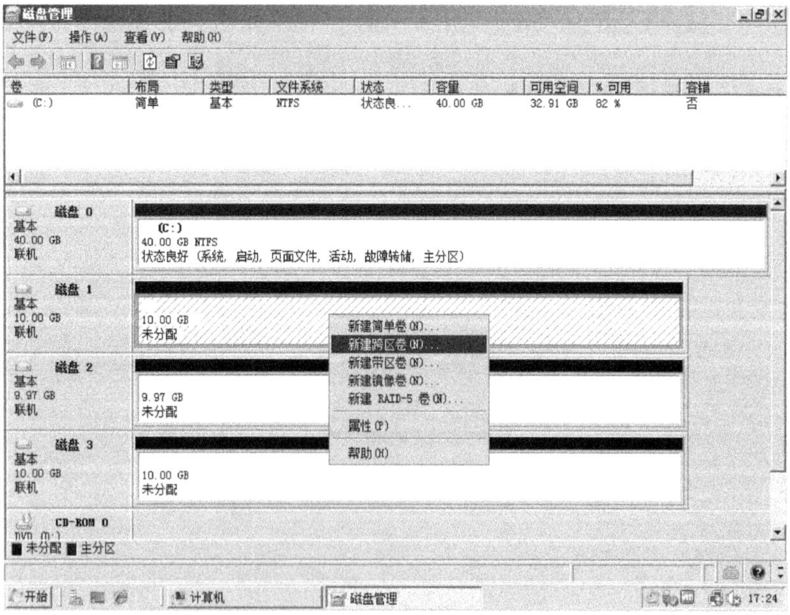

图 5-31 创建特殊卷的选项

5.4.1 将基本磁盘转换为动态磁盘

要建立特殊卷，首先需将基本磁盘转换为动态磁盘。在磁盘管理中右键单击要转换的基本磁盘，选择“转换到动态磁盘”选项，在“转换到动态磁盘”窗口中勾选要进行转换的磁盘，单击【确定】按钮即可完成转换。

当然，创建跨区卷、带区卷、镜像卷和 RAID-5 卷，在不主动转换为动态磁盘的情况下也是可以运行创建向导的，但是在向导最后会出现一个提示，要求将磁盘转换为动态磁盘，才能完成创建。

注意

安装操作系统的磁盘不建议进行转换，转换后将无法启动多系统。系统会给出警告提示，如图 5-32 所示。

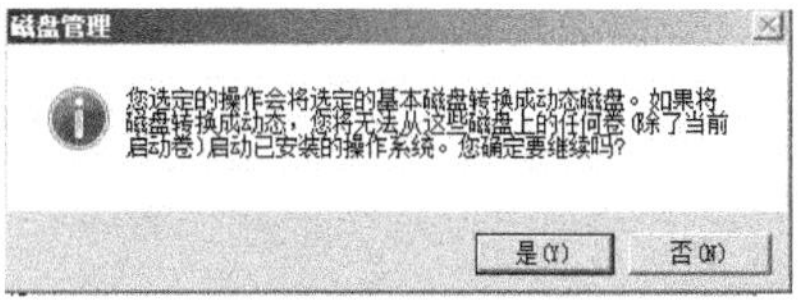

图 5-32　转换为动态磁盘的警告

5.4.2 创建简单卷

简单卷是动态磁盘中最基本的卷，它与基本磁盘的基本卷（简单卷）类似。但是，它没有空间或数量的限制。当简单卷的空间不够用时，可以通过扩展卷来扩充其空间，并且丝毫不会影响到其中的数据。也可以直接添加镜像卷，实现对数据的备份。

创建简单卷的方法如下：

（1）在磁盘管理器中，右键单击未分配的空间，在弹出的菜单中选择“新建简单卷”选项。

（2）出现新建简单卷向导，根据向导提示输入相关信息。

（3）创建完成后，即可看到新建的简单卷。动态磁盘的简单卷和基本磁盘的简单卷在颜色上有区别，如图 5-33 所示。

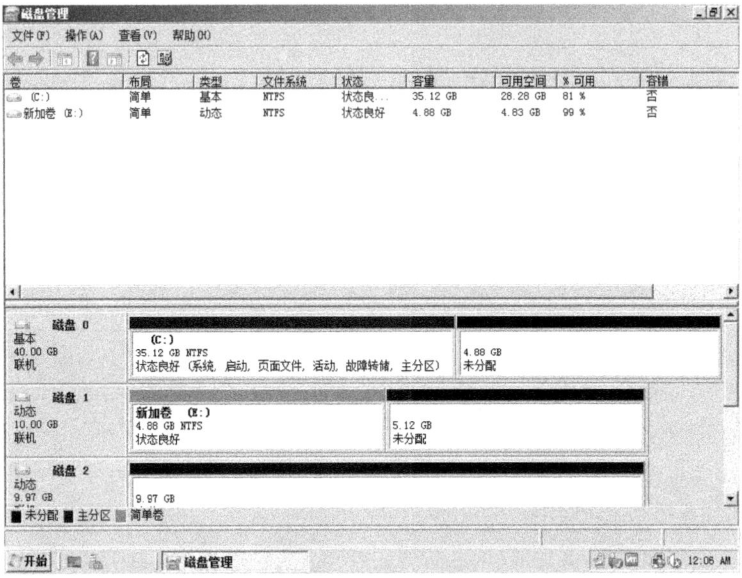

图 5-33　新建简单卷

扩展简单卷的方法如下：

（1）打开磁盘管理器，右键单击需要扩展的简单卷，选择“扩展卷”选项。

（2）根据扩展卷向导的指导输入相关信息，最后单击【完成】按钮即可。

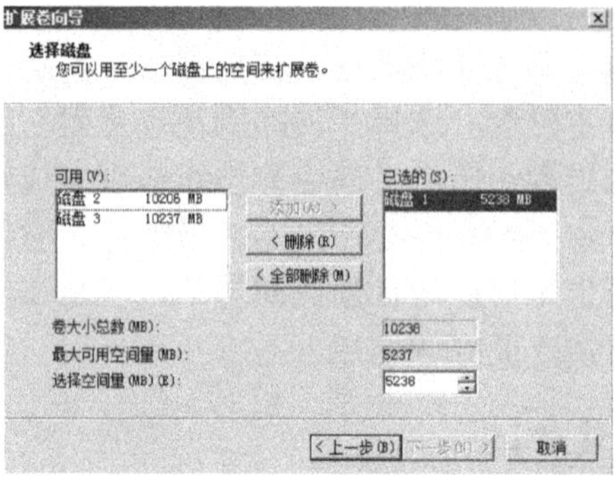

图 5-34　扩展简单卷

注意

扩展基本卷只能在同一磁盘的相邻未分配区域进行，而动态磁盘中的简单卷可以随意扩展，从图 5-34 中可以看出，它可以扩展到其他磁盘上的未分配空间，这种跨磁盘的划卷方式构成了跨区卷。

5.4.3　创建跨区卷

跨区卷是一种包含多块磁盘空间的卷（最多 32 块），向跨区卷中存储数据的顺序是先存满第一块磁盘再逐渐向后面的磁盘中存储。通过创建跨区卷，可以将多块物理磁盘中的空余空间分配成同一个卷，提高了资源利用率。但是，跨区卷并不能提高性能，也不具有容错能力。

创建跨区卷的方法如下：

（1）在磁盘管理器中，右键单击未分配的空间，在弹出的菜单中选择“新建跨区卷”选项。

（2）出现新建跨区卷向导，根据提示输入相关信息。选择要使用的磁盘，并输入从每块磁盘中要分配给该卷的空间，如图 5-35 所示，单击【下一步】按钮，然后根据提示完成创建。

根据图 5-35 中每个分区的大小，创建出的跨区卷“E:\”，如图 5-36 所示。跨区卷的总容量是各个磁盘所占空间容量之和。

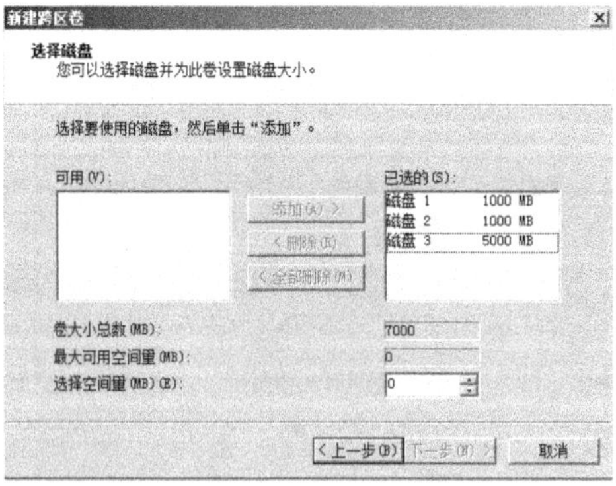

图 5-35　新建跨区卷向导

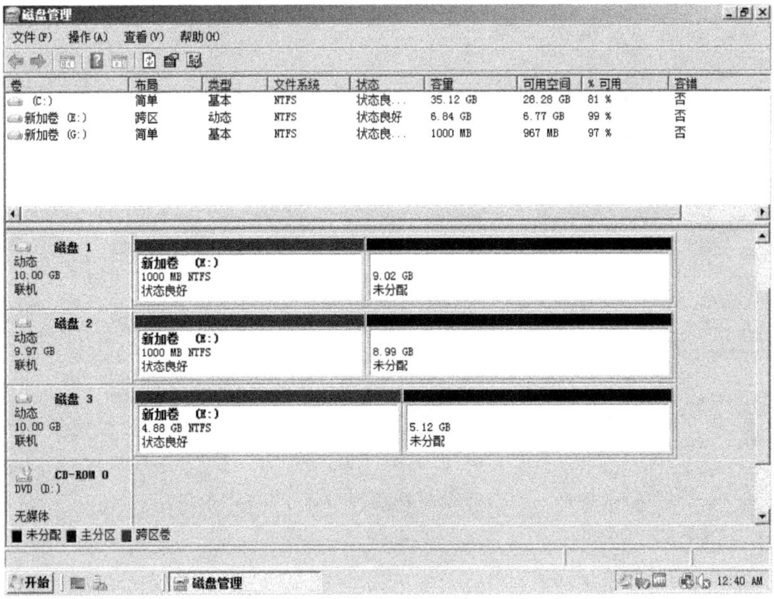

图 5-36 创建出的跨区卷

5.4.4 创建带区卷

带区卷是由两个或多个磁盘中的空余空间组成的卷（最多 32 块磁盘），在向带区卷中写入数据时，数据被分割成固定大小的数据块，然后向每一块磁盘同时写入不同的数据块。这个过程明显提高了磁盘的效率和性能，但是，带区卷没有容错性。

创建带区卷的方法如下：

（1）在磁盘管理器中，右键单击未分配的空间，在弹出的菜单中选择“新建带区卷”选项。

（2）出现新建带区卷向导，单击【下一步】按钮，选择要使用的磁盘并输入从每块磁盘中要分配给该卷的空间，每块磁盘所占用的空间大小都必须相等，如图 5-37 所示。单击【下一步】按钮，然后根据提示完成创建。

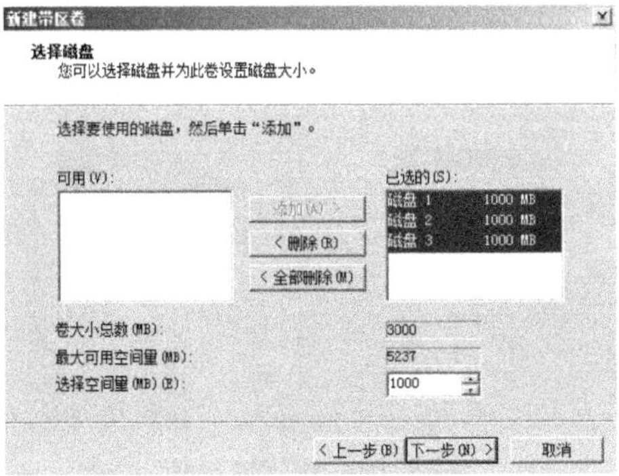

图 5-37 新建带区卷向导

根据图 5-37 中每个分区的大小，创建出的带区卷“F:\”，如图 5-38 所示。带区卷的总容量是各个磁盘所占空间容量之和。

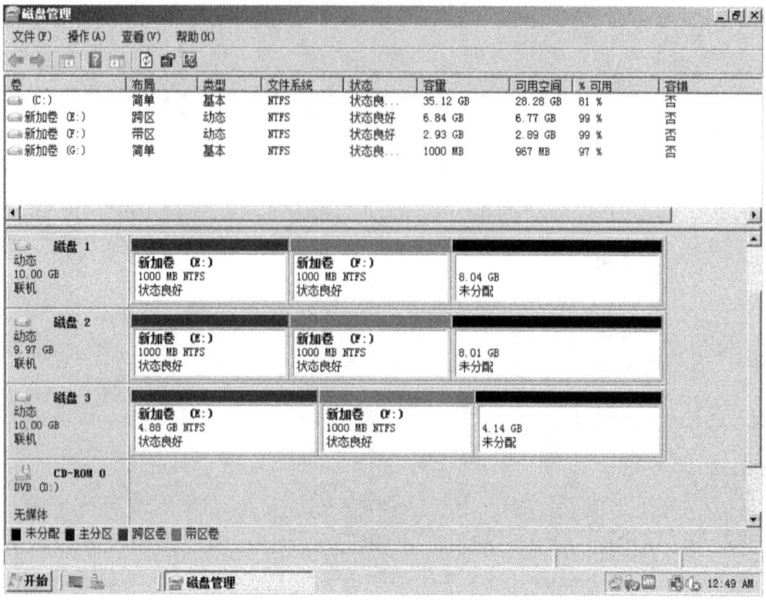

图 5-38 创建出的带区卷

5.4.5 创建镜像卷

镜像卷是带有一份完全相同副本的简单卷，它需要两块磁盘，一块存储运作中的数据，一块存储完全一样的副本。当一块磁盘出现问题时，另一块磁盘可以立即使用，避免数据丢失。镜像卷提供了容错性，但是它不提供性能的优化。

创建镜像卷的方法如下：

（1）确保计算机内含有两块磁盘，且其中一块为另一块的副本。

（2）在磁盘管理器中，右键单击未分配的空间，在弹出的菜单中选择“新建镜像卷”选项。根据提示，选择要使用的两块磁盘并输入分配给该卷的空间，如图 5-39 所示。单击【下一步】按钮，然后根据提示完成创建。

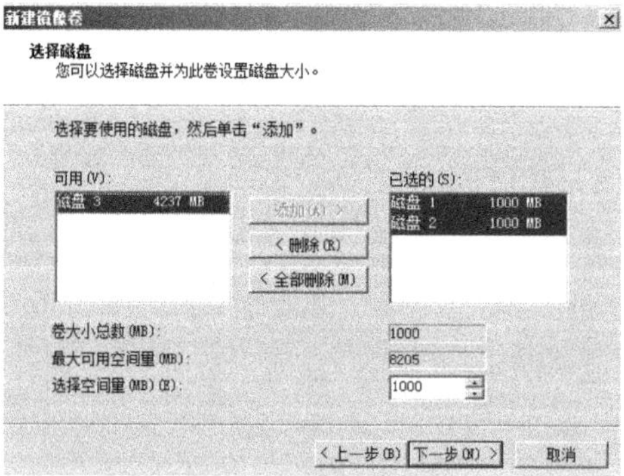

图 5-39 新建镜像卷

根据图 5-39 中每个分区的大小，创建出的镜像卷“H:\”，如图 5-40 所示。镜像卷的总容量只有单个磁盘所占空间容量的值。

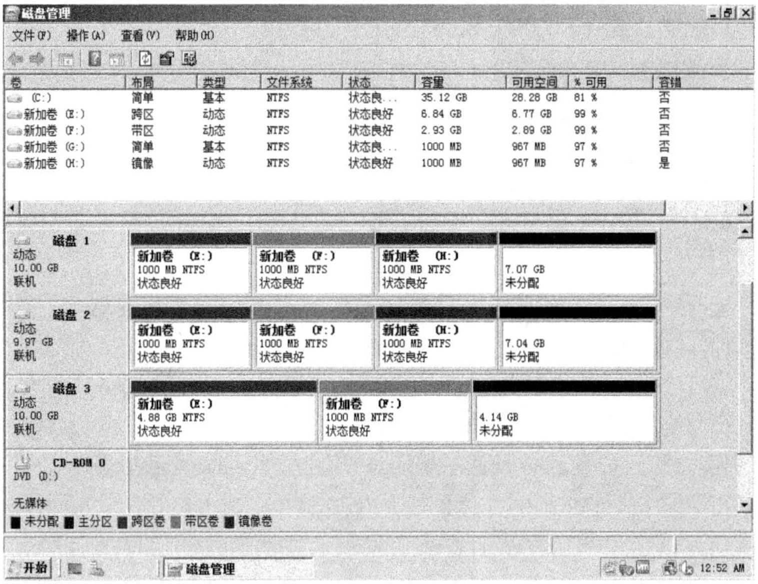

图 5-40　创建出的镜像卷

5.4.6　创建 RAID-5 卷

RAID-5 卷是含有奇偶校验值的带区卷，Windows Server 2008 系统为卷集中的每个磁盘均添加了一个奇偶校验值，这样在确保优越性能的同时，还提供了容错性。RAID-5 卷至少要包含 3 块磁盘，最多 32 块。当阵列中的任意一块磁盘出现问题时，都可以由另两块磁盘中的信息进行运算，将失败磁盘中的数据恢复。

创建 RAID-5 卷的方法如下：

（1）确保计算机中含有 3 块或 3 块以上磁盘。

（2）在磁盘管理器中，右键单击未分配的空间，在弹出的菜单中选择“新建 RAID-5 卷”选项。出现新建 RAID-5，选择要使用的 3 块磁盘并输入分配给该卷的空间大小，如图 5-41 所示。每块磁盘所占用的空间大小都必须相等，单击【下一步】按钮并根据提示完成创建。RAID-5 卷的创建速度会有点慢。

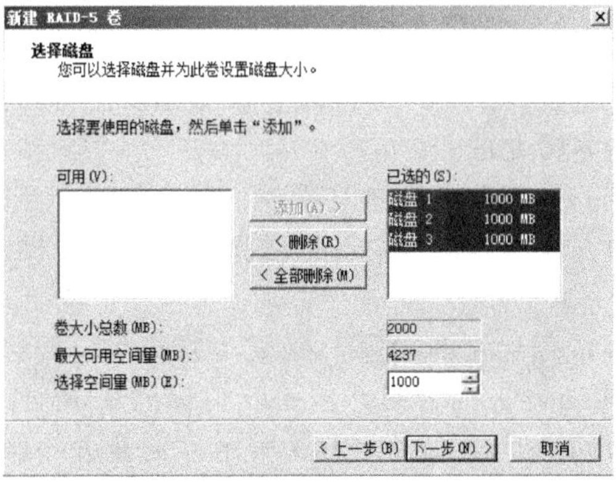

图 5-41　新建 RAID-5 卷向导

根据图 5-41 中每个分区的大小，创建出的 RAID-5 卷“I:\”，如图 5-42 所示。RAID-5

卷的总容量是：（磁盘个数-1）*单个磁盘所占空间容量。

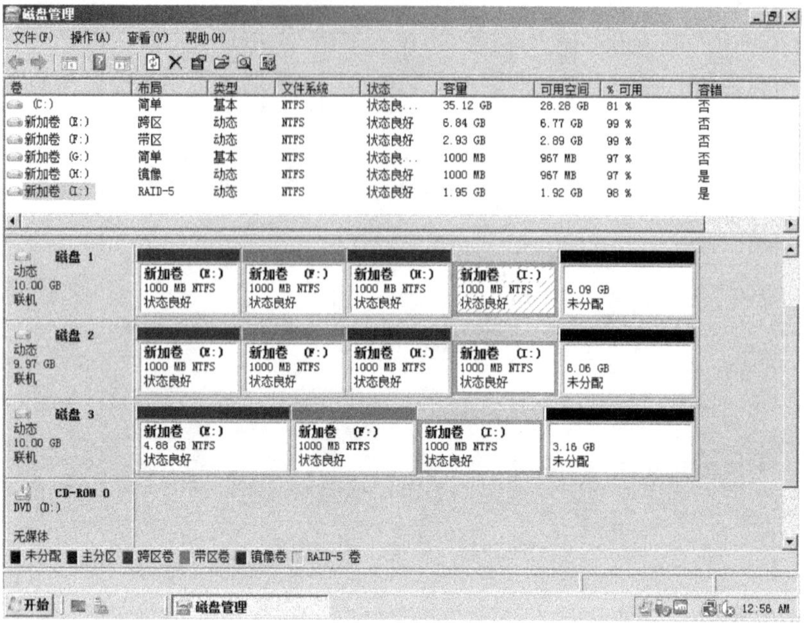

图 5-42 创建出的 RAID-5 卷

5.4.7 使用数据恢复功能

在图 5-42 中可以对比动态磁盘中的几种特殊卷，就容量而言，见表 5-3。

表 5-3 特殊卷的容量对比

卷 种 类	占用磁盘容量/MB	可用来存储的容量/MB	对 应 盘 符
跨区卷	6000	6000	E:\
带区卷	3000	3000	F:\
镜像卷	2000	1000	H:\
RAID-5 卷	3000	2000	I:\

跨区卷和带区卷的容量没有损失，而镜像卷和 RAID-5 卷的容量有一定程度的损失。损失的容量用来作数据的容错处理。

在 E、F、H、I 4 个分区中（对应 4 种功能卷）各自创建一个文本文档，在文本文档中随意保存一些内容。然后在磁盘管理器中，将磁盘 1 设置为脱机，来模拟一个磁盘坏掉的情况。

4 种卷在磁盘 1 上都占有一定的空间，磁盘 1 脱机后，跨区卷和带区卷直接失败，并且对应的盘符消失，无法再进行访问。但是在镜像卷和 RAID-5 卷中，虽然也出现了一些问题（显示“失败的重复”），如图 5-43 所示，但是并不影响对磁盘中文本文件的访问。

添加一块新的磁盘 4，完成初始化操作后，模拟镜像卷和 RAID-5 卷的恢复功能。

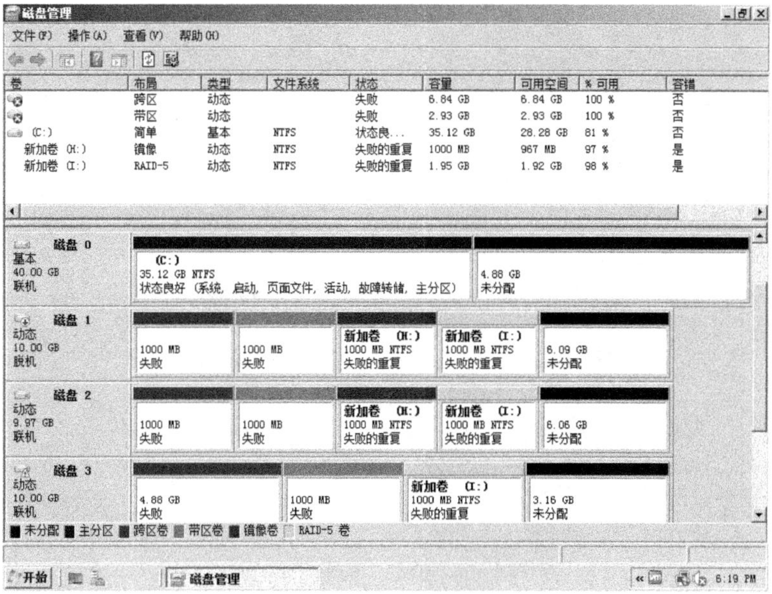

图 5-43　模拟磁盘损坏的情况

1．镜像卷的恢复

要恢复镜像卷首先要删除与其关联的镜像。在磁盘 1 上右键单击镜像卷，在弹出的菜单中选择“删除镜像”选项，弹出“删除镜像”对话框，如图 5-44 所示，选择“磁盘 1”，单击【删除镜像】按钮即可。取消管理的镜像卷会变成普通卷。

在普通卷上单击鼠标右键，在弹出的菜单中选择“添加镜像”选项，根据提示进行操作即可完成镜像卷的恢复。

2．RAID-5 卷的恢复

在 RAID-5 卷的磁盘上右键单击修复卷，弹出“修复 RAID-5 卷”对话框，如图 5-45 所示。

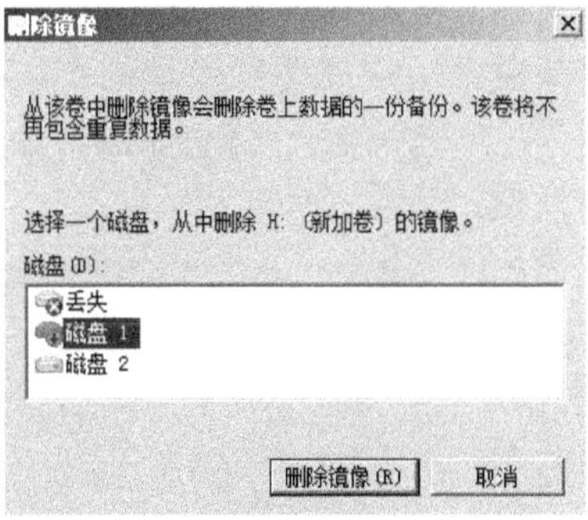

图 5-44　“删除镜像”对话框

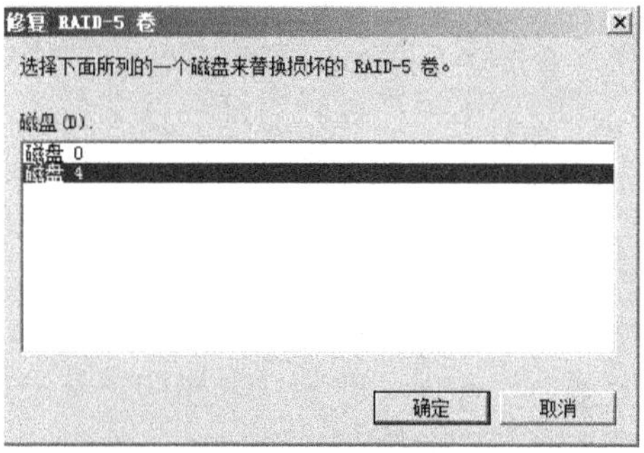

图 5-45　“修复 RAID-5 卷”对话框

这里选择新添加的磁盘 4，单击【确定】按钮即可。系统会将磁盘 2、3 中的数据同步备份到磁盘 4 的对应区域中，以完成磁盘的修复。但是如果建立 RAID-5 卷的 3 块磁盘同时坏掉了两块，那么是无法恢复的。

把磁盘 1 联机恢复。RAID-5 卷和镜像卷在磁盘 1 中占用的空间都已被清除掉，而跨区卷和带区卷对应的分区又可以正常运行，如图 5-46 所示。特殊功能卷的参数对比见表 5-4。

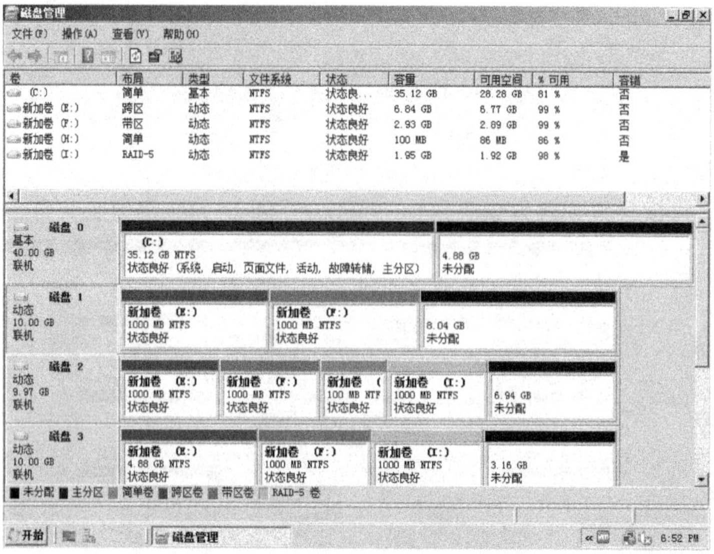

图 5-46　磁盘 1 的联机恢复

表 5-4　特殊功能卷的对比汇总

卷　种　类	磁盘数/个	可用来存储的容量	性　　能	故 障 恢 复
跨区卷	2～32	全部	不变	无
带区卷	2～32	全部	读写（↑↑↑）	无
镜像卷	2	一半	读写（↓）	有
RAID-5	3～32	（磁盘数-1）/磁盘数	读写（↑↑）	有

5.5　磁盘配额管理

在网络环境中，Windows Server 2008 系统可以用来部署文件服务器。为了防止用户过量占用服务器的磁盘空间，管理员可以使用磁盘配额，根据用户需要和管理的要求分配磁盘空间，同时控制用户可以用来存储文件的磁盘容量。

Windows Server 2008 系统的磁盘配额能够基于用户指定的配额限制，让每个用户都有不同的配额限制，无论用户把文件存储在哪个文件夹中，系统都能跟踪磁盘空间的使用情况。如有必要，也能基于文件夹（卷）来指定配额，这意味着整个文件夹（卷）将遵照同一个配额属性来跟踪并控制磁盘空间的使用。

5.5.1　基于用户的磁盘配额

（1）打开需要磁盘配额的卷的“属性”对话框，选择“配额”选项卡，如图 5-47 所示。勾选“启用配额管理”复选项，启用磁盘配额功能。

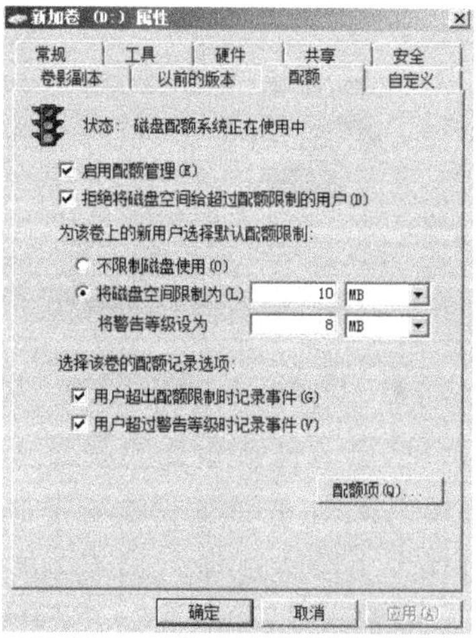

图 5-47　“配额”选项卡

注意

磁盘配额只适用于 NTFS 文件系统的分区。对于用 FAT、FAT32 文件系统格式的分区不能设置磁盘配额。磁盘配额是以文件的原始大小来计算的，不考虑文件压缩因素。每个磁盘的磁盘配额是独立计算的，系统管理员不会受到磁盘配额的限制。

（2）勾选“拒绝将磁盘空间给超过配额限制的用户”复选项，并对磁盘空间限制和警告等级进行设置，这个参数将对所有的用户（系统管理员除外）产生效果。如果不勾选该复选项，那么对于超过限制空间的用户，仍然能够继续上传数据。可以配合选项卡下方的两个记录事件来进行记录，对超过警告限额或超出配额的情况进行日志记录。

（3）确定启用配额项几分钟后，配置就生效了。此时所有用户（系统管理员除外）就不能不受节制地向磁盘上传送文件了。每个用户都受自己的配额项的限制，以防止服务器磁盘空间被充满。

（4）对单个用户强制执行磁盘配额。开启配额限制后，新建的用户都将受到磁盘配额的限制，但是如果要对某个用户予以不同的配额限制，可以通过配额项来进行修改。在配额标签页下方单击“配额项”按钮，打开“配额项”窗口，选择“新建配额项”选项，打开“选择用户”对话框，如图 5-48 所示。

（5）输入新添加的用户“test”，单击【确定】按钮后，即可打开“添加新配额项”对话框，如图 5-49 所示。根据具体的需要，输入相应的配额限制，然后单击【确定】按钮即可。

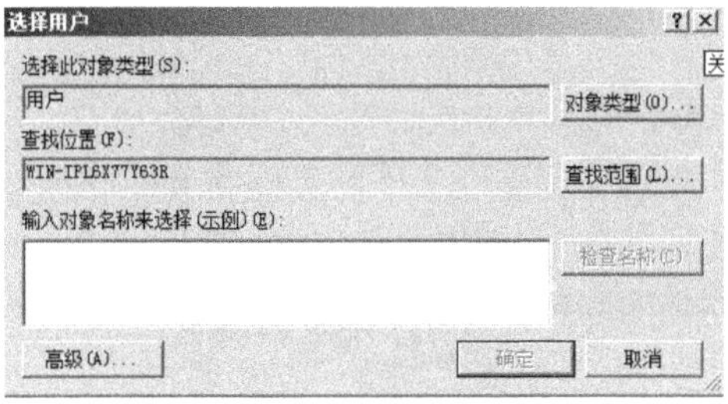

图 5-48 “选择用户”对话框

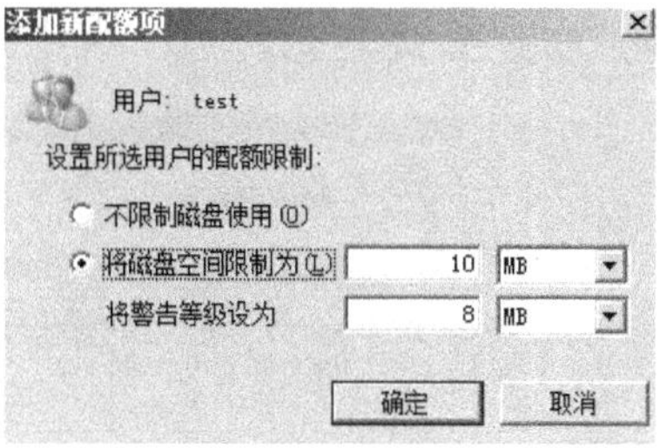

图 5-49 “添加新配额项”对话框

（6）确定磁盘配额的状态。通过检查磁盘“属性”对话框上的交通灯图标和阅读其右侧的状态消息，可以确定磁盘配额的状态，其所表示的含义如下。

- 红色交通灯：表明磁盘配额已被禁用。
- 黄色交通灯：表明系统正在重建磁盘配额信息。
- 绿色交通灯：表明磁盘配额系统已被激活。

5.5.2 基于文件夹的磁盘配额

基于文件夹的磁盘配额需要添加文件服务中的文件服务器资源管理器，文件服务器资源管理器（FRSM）中新的配额管理工具允许管理员按卷、文件夹或共享监视来管理磁盘空间。

文件服务器资源管理器中的配额管理是以卷或文件夹为单位的，不论用户是谁。如果一个文件夹分配了 100MB 的配额，用户 A 占用了 80MB 的空间，那么用户 B 最多只能使用余下的 20MB 空间，如果用户 B 试图在这个文件夹中放一个 30MB 的文件，那么就会被拒绝。配置步骤如下：

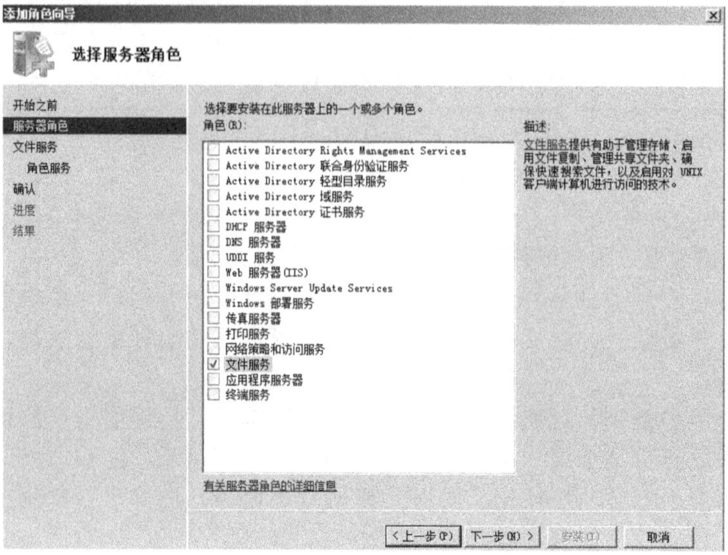

图 5-50 “服务器角色”对话框

（1）打开服务器管理器，运行添加角色向导，在“服务器角色”对话框中勾选“文件服务”复选项，如图 5-50 所示，在“角色服务”对话框中勾选“文件服务器资源管理器”复选项，如图 5-51 所示。

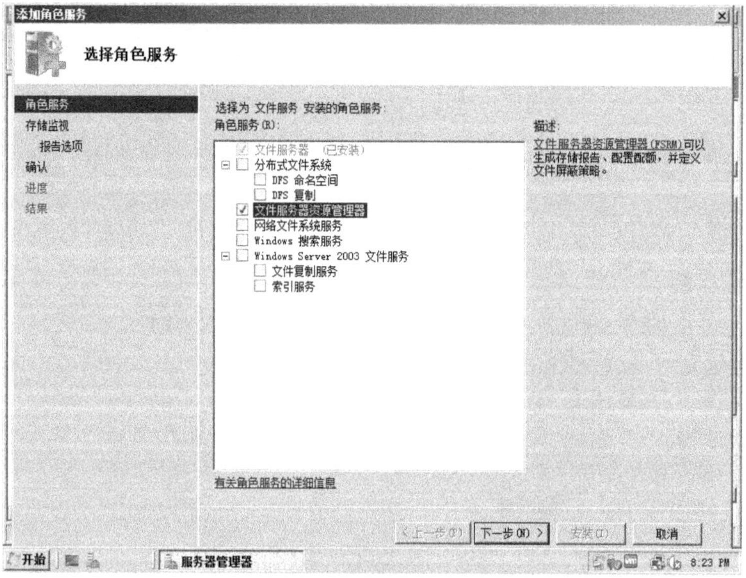

图 5-51 “角色服务”对话框

（2）在“配置存储使用情况监视”对话框中，选择要监控的卷，单击【选项】按钮可以定义每个卷使用的阈值并选择要生成的报告，如图 5-52 所示。最后，按照向导提示完成文件服务的安装。

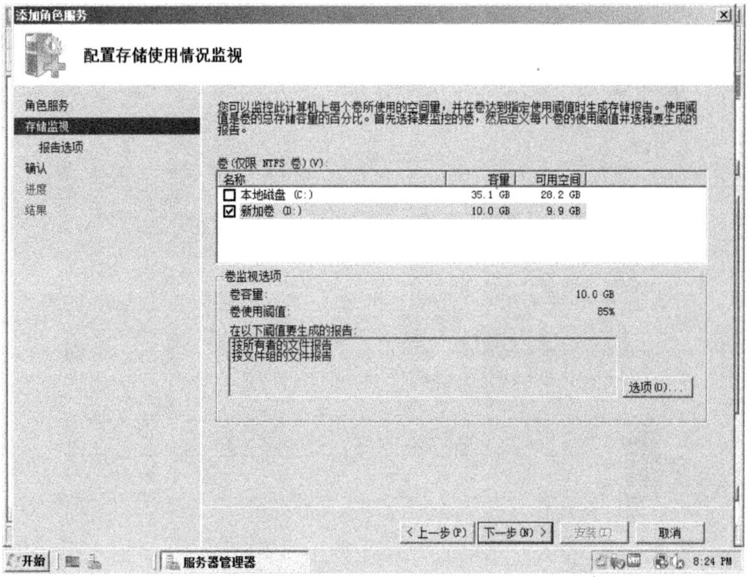

图 5-52 “配置存储使用情况监视”对话框

（3）在管理工具中打开“文件服务器资源管理器”对话框，如图 5-53 所示。在左侧“配额管理”的“配额”节点中可以看到，在安装向导时所添加的 D 盘配额项，由于没有设置对应选项，所以这条配额并没有任何实际作用。

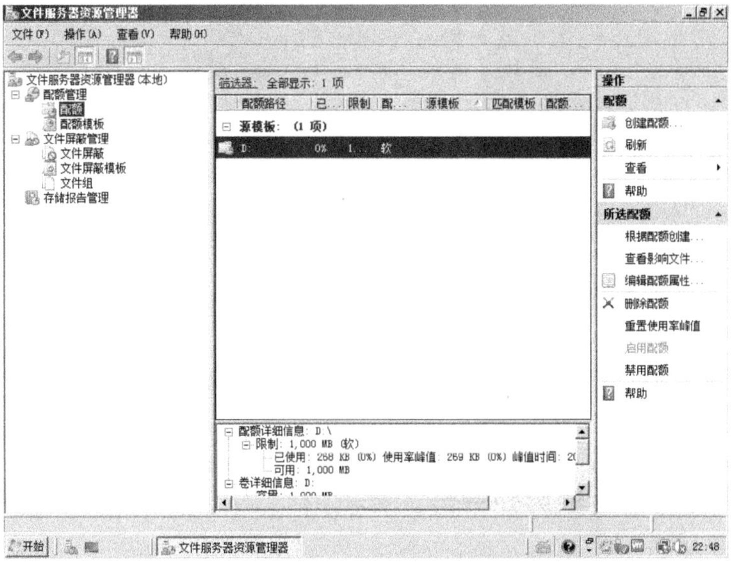

图 5-53 “文件服务器资源管理器”对话框

（4）“配额模版”节点中可以定义空间限制、配额类型（硬配额或软配额）以及在配额使用率达到已定义的阈值级别时自动生成的一组通知。系统默认提供一些现成的模板，打开名为“100MB 限制”的模板，如图 5-54 所示。其中，“硬配额”不允许用户超出限制，而“软配额”允许用户超出限制，超出限制时会生成系统日志文件。“通知阈值”可以定义不同的级别，当空间使用达到某一阈值时，可以发送电子邮件、记录日志、生成报告或者执行某些命令。当然，也可以根据实际需要创建配额模板。

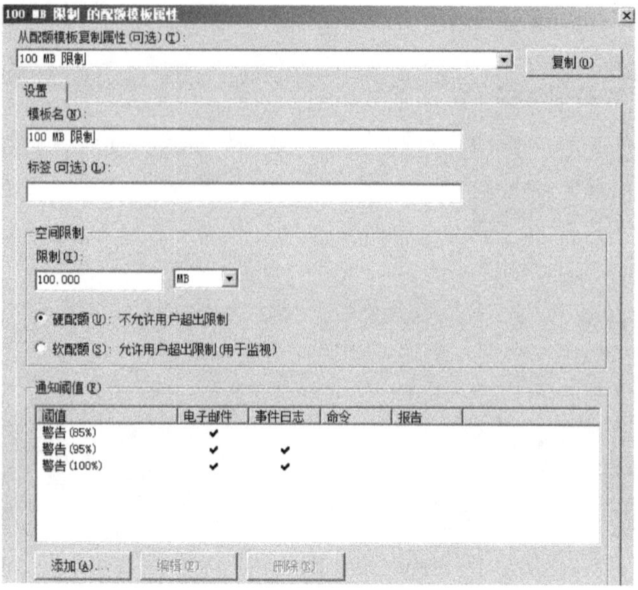

图 5-54 “100MB 限制”的模板

（5）在“配额”子节点下，单击“创建配额”选项，打开“创建配额”对话框，如图 5-55 所示。在“配额路径”处输入要使用配额的文件夹路径，可以根据需要选择只对当前路径生效或对路径下包含的子文件夹生效。这里输入“D:\新建文件夹 2”，并只对当前文件夹生效。在“配额属性“处，可以选择在“配额模板”中定义好的模板，也可自定义配额属性。这里选择系统自带的模板“100MB 限制”，单击【创建】按钮即可生成对 D 盘下新建文件夹 2 的磁盘配额。在该文件夹下最多存放 100MB 的文件，任何超出限制的文件都将无法存储。

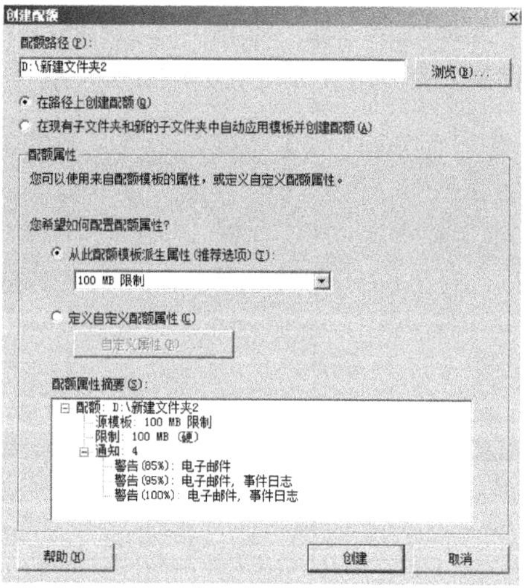

图 5-55 “创建配额”对话框

5.6 移动磁盘

5.6.1 将基本磁盘移动到另外一台计算机内

将基本磁盘移动到另外一台安装有 Windows Server 2008 系统的计算机后，正常情况下，系统会自动检测到这个磁盘，在磁盘管理器中执行联机操作后，系统会自动为其分配驱动器号，用户通过资源管理器即可访问其中的文件。

提示

如果在磁盘管理中找不到移动过来的磁盘，那么可以选择磁盘管理器中的操作，重新扫描磁盘。

5.6.2 将动态磁盘移动到另外一台计算机内

将动态磁盘移动到另外一台安装有 Windows Server 2008 系统的计算机后，需要执行联机操作。由于动态磁盘会被视为外部磁盘，因此需要右键单击磁盘，在弹出的菜单中选择“导入外部磁盘”选项，打开“导入外部磁盘”对话框，如图 5-56 所示，然后单击【确定】按钮即可。

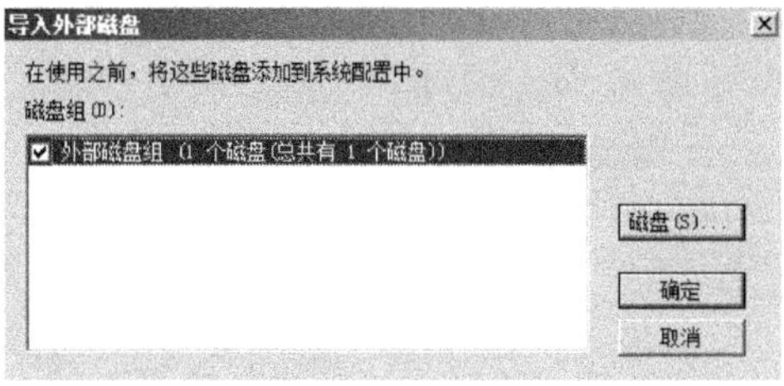

图 5-56 “导入外部磁盘”对话框

动态磁盘移动到另一台计算机后，会保留原来使用的驱动器号。如果驱动器号已经被占用，则会被分配到下一个可用的驱动器号。如果原来并没有分配到驱动器号，那么移动后仍然不会有驱动器号。

注意

要移动跨区卷、带区卷、镜像卷、RAID-5 卷的磁盘，必须将涉及的所有磁盘一起移动，否则移动后，在另一台计算机内无法访问这些卷内的数据。

5.7 任务 3–备份和还原数据

5.7.1 灾难恢复

灾难恢复是指在出现故障后，尽最大可能保护重要的数据和资源不受破坏，使损失降到最低并且不影响其他服务。存储在磁盘的数据可能会因为不可抗力、人为失误或设备故障等问题而丢失，但只要平时定期备份磁盘，并将其存放在安全的地方，之后即使发生上述意外，也能够利用这些备份来迅速还原数据，将损失降到最低。

Windows Server 2008 系统使用 Windows Server Backup 功能来备份磁盘，它支持两种备份方式。

- ❑ 完整服务器备份：备份所有卷内的数据，包含应用程序和系统状态，此备份方式可以将整台计算机还原，包括操作系统本身。
- ❑ 自定义备份：根据需要，备份系统保留卷和一般卷，可以选择备份某个磁盘内指定的文件，也可以选择备份系统状态；还可以选择裸机恢复备份，相当于完整服务器备份。

Windows Server Backup 提供两种选择来执行备份操作。

- 计划备份：根据计划，在指定的日期和时间到达时自动执行备份操作。存储备份数据的位置可以选择本地磁盘、外接可移动磁盘或网络共享文件夹。
- 一次性备份：手动立即执行单次备份操作。可存储备份的位置与计划备份的位置相同。如果计算机安装了 DVD 刻录机，也可以备份到 DVD 内。

5.7.2　添加 Windows Server Backup 功能

Windows Server 2008 系统默认没有安装 Windows Server Backup 功能，打开“服务器管理器”，单击“添加功能”选项，打开“添加功能向导”对话框，如图 5-57 所示，勾选“Windows Server Backup”复选项，进行安装即可。

提示

如果需要使用 Windows PowerShell 所提供的命令来编写脚本，通过脚本来执行备份操作，则需添加 Windows Server Backup 中的命令行工具。

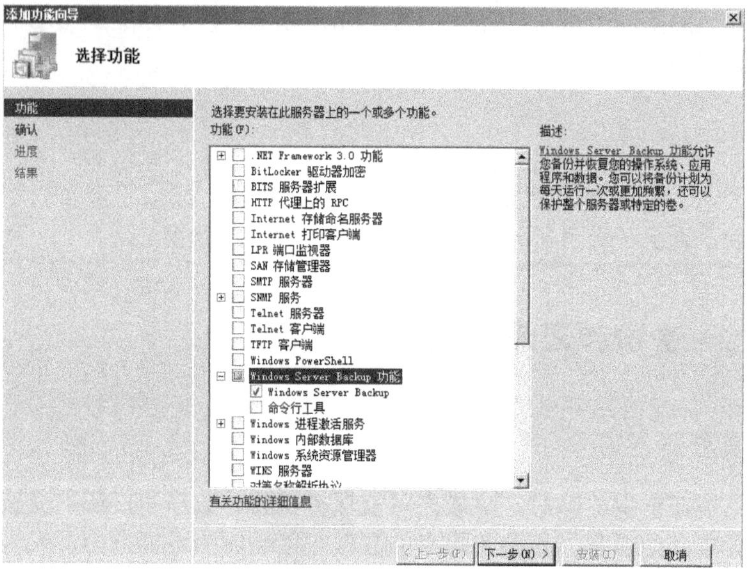

图 5-57　Windows Server Backup 添加功能向导

5.7.3　使用 Windows Server Backup 备份数据

1. 计划备份

（1）在管理工具中打开“Windows Server Backup”窗口，如图 5-58 所示。

（2）单击“备份计划”选项，打开“备份计划向导”对话框，根据向导提示单击【下一步】按钮进入“选择备份配置”对话框，根据需要选择备份的类型，整个服务器备份或自定义，这里选中“整个服务器”单选项，如图 5-59 所示。

（3）继续向导，选择备份时间，一般服务器的备份每日一次即可，但对于频繁提交更改数据的服务器，则需要频繁的备份。选中图 5-60 中的“每日多次”单选项，可以定义以半小时为单位的频繁备份，但要选择如“9:10”这样的非整点备份，则需要使用“wbadmin”命令。

图 5-58 “Windows Server Backup”窗口

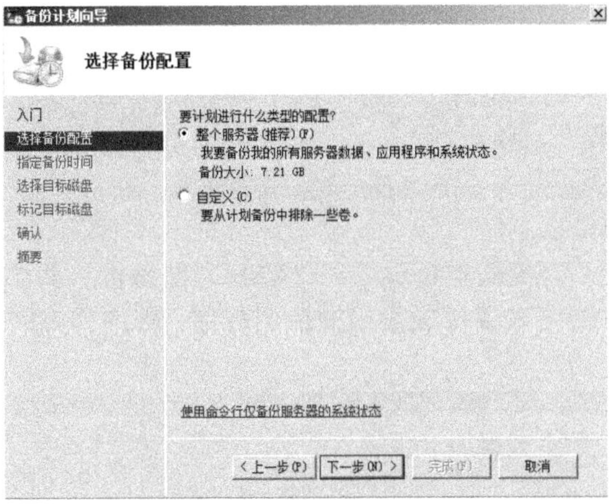

图 5-59 选择备份配置

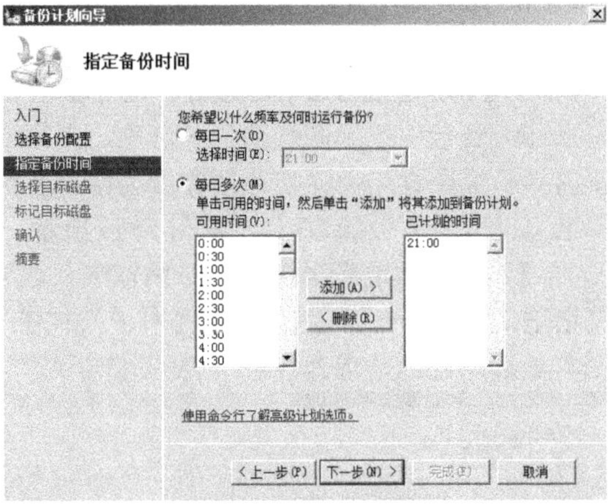

图 5-60 指定备份时间

（4）单击【下一步】按钮进入“选择目标磁盘”对话框，如图 5-61 所示。单击【显示所有可用磁盘】按钮来进行选择。注意，备份的目标磁盘会被格式化，其中现有数据都将被删除，因此目标磁盘不可以包含在要被备份的磁盘内。

（5）选择目标磁盘后单击【下一步】按钮，会出现警告对话框，如图 5-62 所示，提示目标磁盘会被格式化，所有数据都将被删除。此磁盘将用于存储备份，不会为其分配驱动器号，在系统资源管理器内将无法浏览。

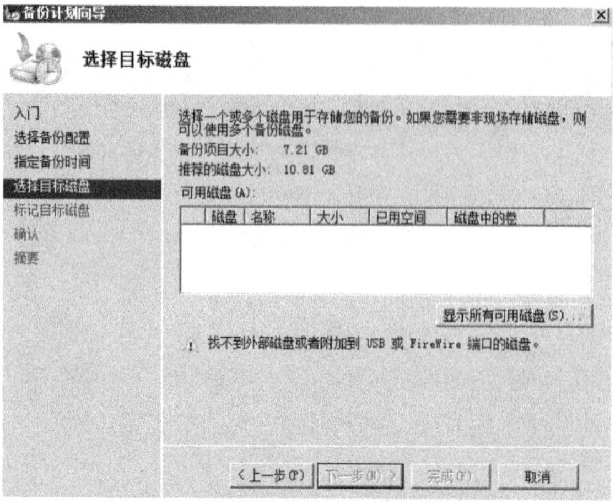

图 5-61 “选择目标磁盘”对话框

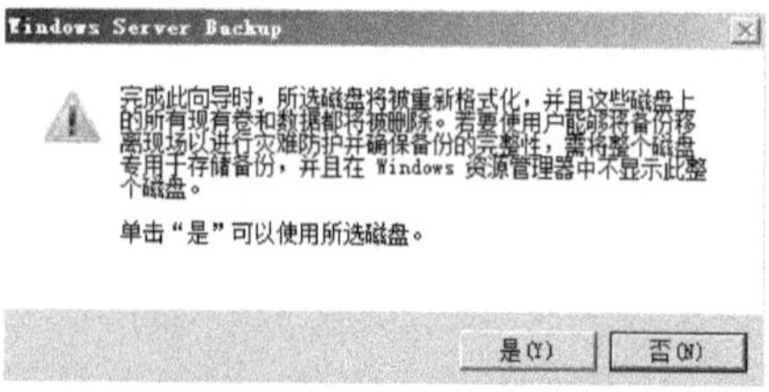

图 5-62 目标磁盘会被格式化的警告信息

（6）再次单击【确认】按钮后即可完成计划备份。

2. 一次性备份

在管理工具中打开“Windows Server Backup”窗口，单击“一次性备份”选项，打开“一次性备份向导”对话框，手动执行一次备份操作。

（1）在“备份选项”对话框，选择备份方式，如果之前曾执行过计划备份，可以选择和该计划备份相同的设置进行备份，如图 5-63 所示，这些设置包括完整服务器备份和自定义备份等。单击【下一步】→【确定】按钮后，就完成了一次备份操作。

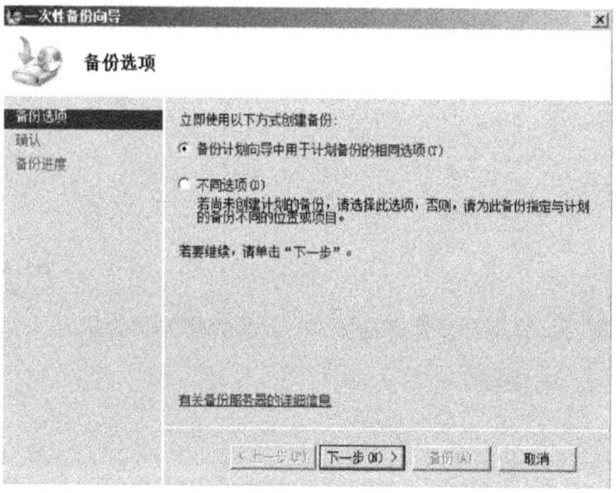

图 5-63 备份选项

（2）若选中“不同选项”单选项，则需要重新选择备份设置，步骤和计划备份类似，备份类型也可以选择备份到 DVD，如图 5-64 所示。

（3）在“指定高级选项”对话框中，包含“VSS 副本备份”和“VSS 完整备份”两个单选项，如图 5-65 所示。如果使用了其他备份软件来备份磁盘内的应用程序，则选择 VSS 副本备份；否则，选择 VSS 完整备份即可。

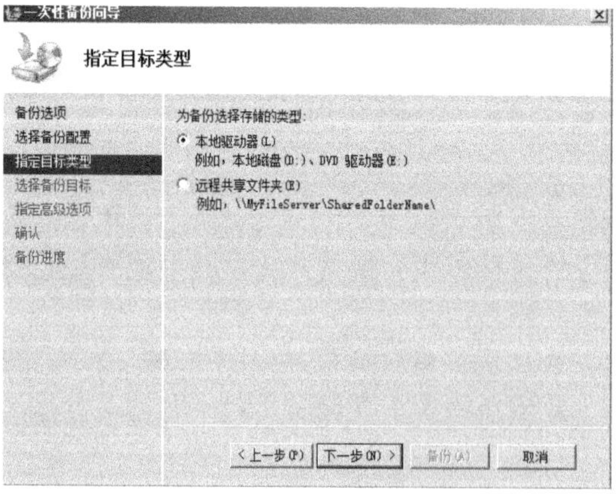

图 5-64 指定目标类型

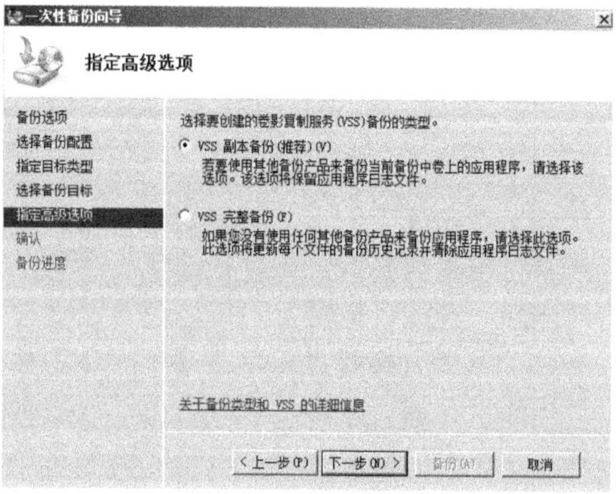

图 5-65 VSS 副本备份和 VSS 完整备份

5.7.4 使用 Windows Server Back 恢复数据

在管理工具中打开“Windows Server Backup”窗口，单击“恢复”选项，打开“恢复向导”对话框，可以通过创建的备份来恢复文件、文件夹、应用程序、卷、操作系统或整台计算机。

（1）在“入门”对话框选择备份数据的来源，这里选中“此服务器”单选项，如图 5-66 所示，单击【下一步】按钮。

（2）在“选择备份日期”对话框，如图 5-67 所示，通过日期和时间来选择之前的某一备份，然后单击【下一步】按钮继续。

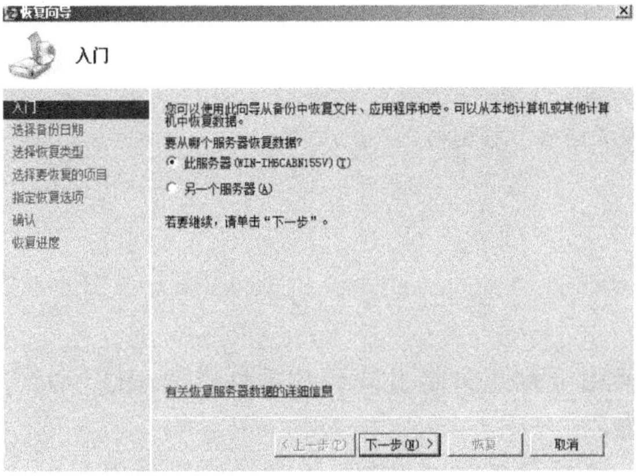

图 5-66 “入门”对话框

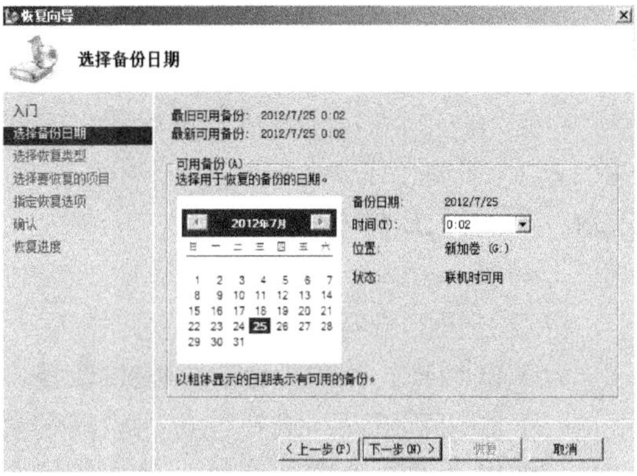

图 5-67 “选择备份日期”对话框

（3）如图 5-68 所示，在“选择恢复类型”对话框中选择“文件和文件夹”单选项，然后单击【下一步】按钮。如果要恢复应用程序及其数据，则该应用程序需要兼容 Windows Server Backup。

（4）如图 5-69 所示，在“选择要恢复的项目”对话框中，选择要恢复的文件或文件夹，然后单击【下一步】按钮。

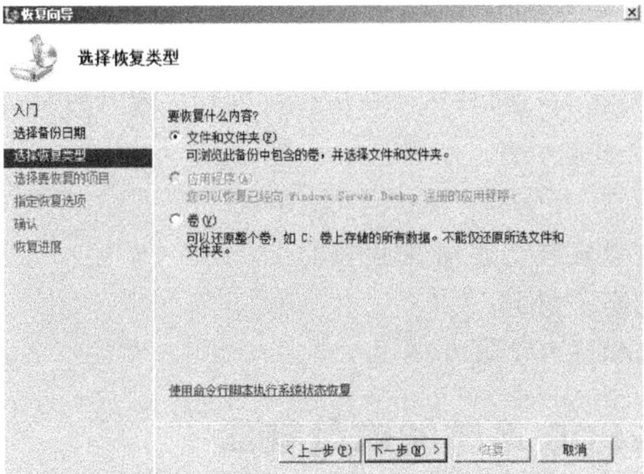

图 5-68 “选择恢复类型”对话框

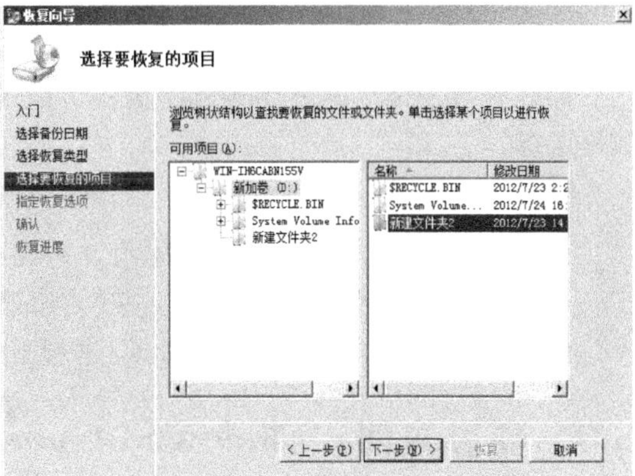

图 5-69 “选择要恢复的项目”对话框

（5）如图 5-70 所示，在“指定恢复选项”对话框中，选择恢复目标的位置、当目标已存在时的处理方式以及是否还原其原有的安全性设置（NTFS 权限）。

（6）继续向导，确认后单击【恢复】按钮，待恢复进度完成后，就完成了恢复操作。

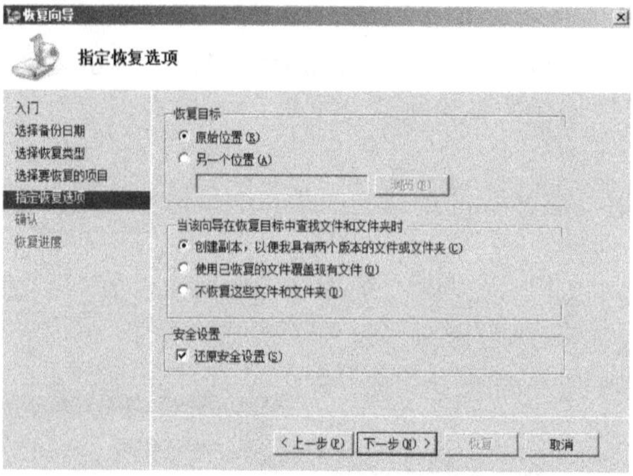

图 5-70 “指定恢复选项”对话框

5.8 回到工作情景

将 C 公司的升级方案进行汇总。

（1）低预算：减少新添加的磁盘数量，使用廉价冗余磁盘阵列代替硬件 RAID 卡。

（2）添加新磁盘：选择性价比较高的磁盘。

（3）提高读写速度：选择高转速的磁盘，使用带区卷或 RAID-5 卷组成磁盘阵列。

（4）增加容错能力：选择镜像卷或 RAID-5 卷。

提高读写速度并且增加容错能力，有两种解决方法。一是组建带区卷+镜像卷，二是使用 RAID-5 卷。带区卷+镜像卷至少需要添加 4 块磁盘，并且具有原磁盘 2 倍的容量，速度提升较大；RAID-5 卷至少添加 3 块磁盘，并且也具有原磁盘 2 倍的容量，速度提升比前者略小。在低预算的前提下应尽量少地添加磁盘，所以选择 RAID-5 卷。

综合考虑以上因素，应该在提高读写速度并具有容错能力的前提下，尽量减少预算，所以应该添加 3 块普通转速的磁盘组建廉价冗余磁盘阵列以实现存储升级。

硬件 RAID 卡的性能高于廉价冗余磁盘阵列，但因为价格较高，故不选择。

高速磁盘的读写速度比普通磁盘快，但价格较高，而且性能较磁盘阵列相比提升有限，故不选择。

实施方法：

（1）选购 3 块大小合适的新磁盘，并将磁盘安装、连接在服务器上。

（2）将磁盘联机，完成初始化并转换成动态磁盘。

（3）根据需要合理划分空间，创建若干 RAID-5 卷即可。

5.9 项目实训—Windows Server 2008 系统的磁盘管理

【实训环境和条件】

（1）VMware Workstation 8.0 虚拟机软件。

（2）Windows Server 2008 镜像文件。

【实训目的】

通过上机练习，熟悉 Windows Server 2008 系统的磁盘管理器；掌握基本卷和动态磁盘的管理方法；掌握磁盘配额管理和 Windows Server Backup 功能。

【实训内容】

（1）熟悉磁盘管理器。

（2）动态磁盘的创建与管理。

（3）磁盘配额管理。

（4）备份和还原数据。

【实训过程】

（1）熟悉磁盘管理器。

1）在 VMware Workstation 8.0 中添加 3 块磁盘，在磁盘管理器中完成 3 块磁盘的初始化操作。

2）创建基本卷和扩展分区，指定活动分区、格式化分区、更改驱动器号和路径。

3）使用压缩卷和扩展基本卷更改分区大小。

（2）动态磁盘的创建与管理。

1）创建简单卷、跨区卷、带区卷、镜像卷和 RAID-5 卷。

2）对比几种功能卷的特点。

3）测试镜像卷和 RAID-5 卷的灾难恢复。

（3）磁盘配额管理。

1）练习使用基于用户的磁盘配额。

2）通过服务器管理器添加文件服务中的文件服务器资源管理器。

3）练习使用基于文件夹的磁盘配额。

（4）备份和还原数据。

1）通过服务器管理器添加 Windows Server Backup 功能。

2）使用 Windows Server Backup 完成备份数据和恢复数据的操作。

习　　题

一、填空题

1. MBR 磁盘支持的最大卷容量为________，每个磁盘最多有______个主分区。

2. 在动态磁盘中，具有容错能力的是________和________，能够提高读写速度的是________和________。

3. 使用 N 个磁盘组成 RAID-5 卷，其容量为_________。

4. Windows Server 2008 能够基于________和_________指定配额限制。

二、简答题

1. 某企业办公室有几名员工共用一台计算机，每位员工都在计算机桌面上“我的文档”下建立了各自的文件夹保存自己的文件。有一天，办公室的员工在保存文件时，系统提示磁盘已满，不能保存。在保证不损坏现有用户文件且不改变用户习惯的情况下，请用最短的时间解决这一问题。

2. 学校机房安装了一台 FTP 服务器，用于学生提交作业使用。由于学生上传了大量的文件，FTP 服务器上的磁盘空间很快就用完了。作为机房的网络管理员，应该怎样解决这个问题？

3. 用户的计算机内安装了两块磁盘，每块 20GB，分成了 C、D、E3 个区，大小分别为：8GB、12GB、20GB。现在用户需要复制一个 25GB 的文件，现有的分区空间都不够，如何解决这个问题？

4. 在安装了 Windows Server 2008 系统的计算机上，用户连接了一个移动磁盘，计算机提示发现新硬件并且可以使用，屏幕右下角也出现了移动磁盘的标志，但在“我的电脑”里却没有盘符，无法使用移动磁盘上的文件。如何解决这一问题？

第二部分

服务器架设

项目6 Active Directory 域服务的配置与管理

主要内容

- Active Directory 与域。
- 创建 Active Directory 域。
- 将客户机加入域。
- 管理 Active Directory 内的组织单位和用户账户。
- 管理 Active Directory 中的组账户。

技术目标

- 理解域和工作组的区别，熟悉活动目录的相关概念。
- 掌握 Active Directory 域的创建条件、安装与配置方法。
- 掌握将客户机加入和登录域的方法，学会使用活动目录中的资源。
- 掌握 Active Directory 内的组织单位的创建和管理方法以及用户账户的创建和管理方法。
- 理解域内组账户的类型和作用域，掌握 Active Directory 内的组账户的创建和管理方法。

6.1 真实情景引入

【真实情景】

Contoso 是一家 IT 公司，随着该公司规模的不断壮大，不仅部门增多，个人计算机和服务器的数量也越来越多。作为网络管理员的小明需要面对各种各样的管理问题。例如，因为几百台计算机要供上千人使用，还要保证安全，所以就要给每个人在每台机器上都设置用户名和密码，来了新同事，要在每台机器上开设新账号，员工离职后，还要从每台机器中删除该账号，这无疑是一个令人疯狂的工作。但是，小明想到了域控制器和活动目录。假设该公司的域名是 contoso.com。

【引入问题】

（1）如何创建 Active Directory？创建时对服务器有哪些要求？创建完成后如何管理？

（2）一台客户机如何添加到域中？如何使用 Active Directory 中的资源？
（3）组织单位是什么？如何创建和管理？
（4）域用户账户和本地用户账户有何区别？如何创建和管理域用户账户？
（5）域组账户和本地组账户有何区别？如何创建和管理域组账户？

6.2 Active Directory 与域

6.2.1 工作组

工作组（Work Group）就是将不同的计算机按功能分别列入不同的组中，以方便管理。例如，在一个网络内可能有成百上千台工作计算机，如果不对这些计算机进行分组，都列在“网上邻居”内，那么可想而知会有多乱，恐怕“网上邻居”也会显示“下一页”。为了解决这一问题，Windows 系统引用了“工作组”这个概念。例如，一家公司会分为财务部、人事部等，然后财务部的计算机全都列入财务部工作组中，人事部的计算机全部列入人事部工作组中等。如果要访问某个部门的资源，就在“网上邻居”中找到那个部门的工作组名，双击后就可以看到那个部门的计算机了。工作组是个“自由”的组合，可以随便地加入和退出，不需要经过验证和批准。

那么怎么样才能加入到工作组中呢？方法很简单，以 Windows XP 为例，只需右键单击桌面上的“我的计算机”，在弹出的菜单中选择“属性”选项，在“系统属性”对话框的“计算机名”选项卡中单击【更改】按钮，如图 6-1 所示。在弹出对话框的“工作组”处直接填写要加入的工作组名称即可，如图 6-2 所示。如果输入的工作组名称是一个不存在的工作组，那么就相当于新建了一个工作组，此时只有本台计算机在此工作组中。注意，计算机名和工作组的长度都不能超过 15 个英文字符，可以输入汉字，但是不能超过 7 个汉字。单击【确定】按钮后系统会要求重新启动。重启后，进入“网上邻居”，就可以看到本台计算机所在工作组的成员了。

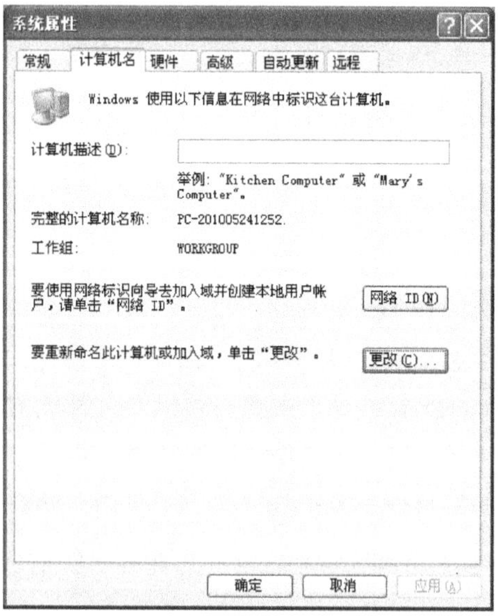

图 6-1 “系统属性”对话框

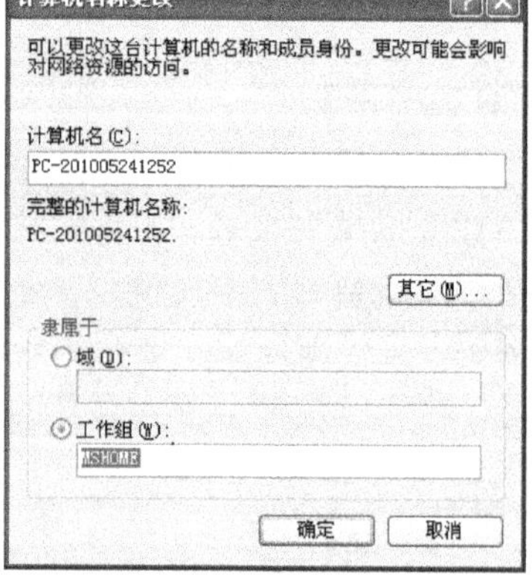

图 6-2 工作组名称

相对而言，处在同一个工作组内部的成员相互交换信息的频率最高，所以进入“网上邻居”，首先看到的是用户所在工作组的成员。如果要访问其他工作组的成员，需要双击“整个网络”，才会看到网络上其他的工作组，双击其他工作组的名称，才可看到里面的成员，并与之实现资源交换。

除此之外，退出某个工作组的方法也很简单，只要将工作组名称改变一下即可。不过这样仍可以访问本地用户的共享资源，只不过换了一个工作组而已，也就是说，用户可以随便加入同一网络上的任何工作组，也可以随时离开一个工作组。“工作组”就像一个自由加入和退出的俱乐部一样。它本身的作用仅仅是提供一个“房间”，以方便网络上的计算机共享资源。

6.2.2 域

“域”是一个网络，在“域”中的计算机的标志就是主机名+域名，new.163.com 和 mail.163.com 同属于 163.com 域。

域（Domain）是一个比工作组更严格的单位，但它可以包含若干个工作组。例如，如果工作组是“免费旅店”，那么域就是“星级宾馆”；工作组可以随便地进出，而域则需要严格控制。“域”的真正含义是服务器控制网络上的计算机能否加入的计算机组合。一提到组合，势必需要严格的控制。实行严格的管理对网络安全是非常必要的，在对等网模式下，任何一台计算机只要接入网络，其他机器就都可以访问共享资源，如共享文件等。尽管对等网络上的共享文件可以加访问密码，但是很容易被破解，因此共享网络上的数据传输是非常不安全的。

在“域”模式下，至少有一台计算机负责每台连入网络的计算机和用户的验证工作，相当于一个单位的门卫，称为“域控制器（Domain Controller，DC）”。域控制器中包含域的账户、密码，甚至包含该域其他计算机的软硬件信息等构成的数据库，该数据库也称为活动目录（Active Directory，AD）。当计算机连入网络时，域控制器首先要鉴别这台计算机是否属于该域、用户使用的登录账号是否存在、密码是否正确等。如果以上信息有一样不正确，那么域控制器就会拒绝这个用户从这台计算机登录。不能登录，用户就不能访问服务器上有权限保护的资源，只能以对等网用户的方式访问系统共享资源，这样在一定程度上保护了网络上的资源。域控制器的作用很多，总的来说是为了方便网络的管理。在公司网络中，特别是在单域网络中，域控制器是网络运作中心，所起到的网络控制作用是非常重要的。

要把一台计算机加入域，仅仅使它和服务器在“网上邻居”中能够相互“看到”是远远不够的，必须要由网络管理员对其进行相应的设置，把这台计算机加入到域中，这样才能实现文件或资源的共享。

那么是否一定要设置域控制器呢？这要根据公司网络规模的大小，以及是否需要对网络共享资源进行分配控制。如果只是简单共享服务器硬盘空间，可以不使用域控制器。

6.2.3 域和工作组的区别

工作组可以随时、自由地进出，没有什么限制，但域是有严格控制权限的，没有正确的域用户权限是无法登录到域的，也无法访问域所控制的资源。

在工作组中，所有的计算机都是对等的，没有计算机可以控制另一台计算机。每台计算机都有一组用户账户。若要登录到工作组中的任何计算机，则必须要有该计算机上的账户和密码。通常情况下，工作组中计算机的数量较少，在管理上属于“各自为政”，但所有的计算机必须在同一本地网络或子网中。

在域中，至少有一台服务器负责每台连入“域”的计算机和用户的验证工作，这台服务器就是管理者——域控制器，它包含了这个网络中的所有信息的数据库。如果本台计算机没加入域，在本机上设置一个用户名和密码，每次登录时，密码和用户名的验证是在本机上进行的；但是当加入了一个域以后，用户名和密码就可以在其他的计算机上登录了。因为在“域”模式下，大大简化了网络资源的管理工作，它可以为全部的计算机设置同样的软件配置，也可以为某些计算机设置与其他计算机完全不同的软件配置。它可以在域控制器上完成绝大部分的管理工作，只要用户使用域用户账户登录到网络，就可以访问域中所有有权访问的资源。

当然，域控制器的作用不仅仅在于账户的管理，还包括域中计算机软件的安装和使用、更改本机配置的权限、组策略管理以及脚本的分发等，这些功能组合在一起，用处是非常强大的。

6.2.4　域树和域林

域树由多个域组成，这些域共享公共的架构、配置和全局编录能力，形成一个连续的名称空间，域树中的域通过相互信任连接起来。活动目录可以包含一个或多个域树，也可以从名称空间来解释域树的结构关系。域树中的第一个域称为根域，其他域是根域中的子域，直接在一个域上层的域称为子域的父域。域树中的域根据子域和父域形成的层次结构来命名，其命名关系如下。根域为：abc.cn；直接下层子域为：d.abc.cn；再下一层为：e.d.abc.cn。在域树中任何两个域之间都是双向可传递的信任关系。

一个或多个域树可以组成林，同一个林中的域可以共享相同类的架构、站点复制以及全局目录能力，但林中的域树之间并不形成连续的名称空间。在新林中创建的第一个域是该林的根域，林范围的管理组都位于该域中。为了方便管理，新创建的域最好位于林根域或子域。同一个林内的域按双向可传输的信任关系进行链接，而两个林之间的信任关系，可以形成两个林内所有域间的信任关系，林信任只能在每个林内的林根域之间创建。林信任也是可以传递的，可以单向或双向传递，但都需要管理员手动建立林信任。

图 6-3 为域，图 6-4 为域树，图 6-5 为域林。

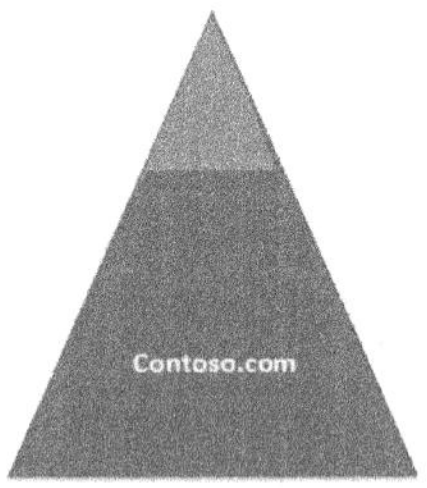

图 6-3　域

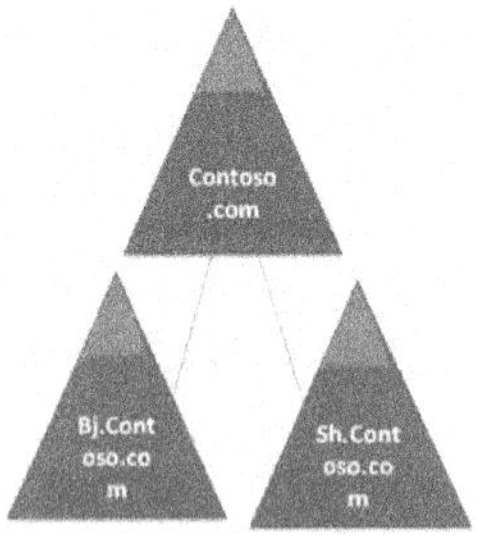

图 6-4　域树

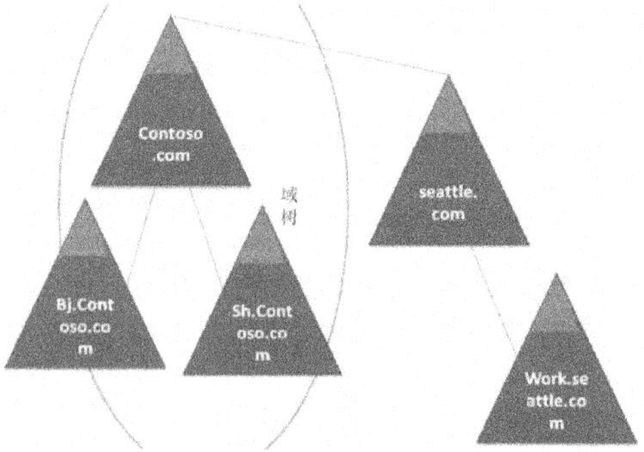

图 6-5　域林

6.2.5　活动目录及其结构

活动目录（Active Directory）是 Windows Server 2008 系统中提供的目录服务，用于存储网络上各种对象的相关信息，以便于管理员查找和使用。活动目录是企业 IT 管理的重要组成部分，掌握活动目录对提高 Windows Server 2008 系统的管理技能有非常重要的意义。

活动目录是 Windows Server 2008 操作系统提供的一种新的目录服务。目录服务提供了一种按层次结构组织信息，然后按名称关联检索信息的服务方式。这种服务提供了一个存储在目录中的各种资源的统一管理视图，从而减轻了企业的管理负担。另外，它还为用户和应用程序提供了对其所包含信息的安全访问。活动目录作为用户、计算机和网络服务相关信息的中心，支持现有的行业标准 LDAP（Lightweight Directory Access Protocal，轻量目录访问协议）第 8 版，使任何兼容 LDAP 的客户端都能与之相互协作，可访问存储在活动目录中的信息，如 Linux、Novell 系统等。

目录是一个用于存储用户感兴趣的对象信息的信息库，目录服务就是结构化的网络资源信息库，如计算机、用户、打印机、服务器等。

活动目录是用于 Windows Server 2008 系统的目录服务。它存储着本网络上各种对象的相关信息，并使用一种易于用户查找及使用的结构化的数据存储方法来组织和保存数据。在整个目录中，通过登录验证以及目录中对象的访问控制，将安全性集成到活动目录中。

目录服务可以实现以下功能：

- 提高管理者定义的安全性，从而保证信息不受入侵者的破坏。
- 将目录分布在一个网络中的多台计算机上，提高了整个网络系统的可靠性。
- 复制目录可以使更多的用户获得它，并且减少使用和管理开销，提高效率。
- 分配一个目录于多个存储介质中，使其可以存储规模非常大的对象。

6.2.6 域中的计算机分类

在域结构的网络中，每台计算机是不平等的，存在着以下 4 种类型。

1．域控制器

域控制器类似于网络“门卫”，用于管理所有的网络访问，包括登录服务器、访问共享目录和资源。域控制器存储了所有的域范围内的账户和策略信息，包括安全策略、ghost、用户身份验证信息和账户信息。在网络中，可以有多台计算机被配置为域控制器，以分担用户的登录和访问。多个域控制器可以一起工作，自动备份用户账户和活动目录数据，即使部分域控制器发生瘫痪，网络访问仍然不受影响，这样就提高了网络的安全性和稳定性。

2．成员服务器

成员服务器是指安装了 Windows Server 2008 操作系统并加入了域的计算机。这些服务器提供网络资源，也被称为现有域中的附加域控制器。成员服务器通常具有以下类型服务器的功能：文件服务器、应用服务器、数据库服务器、Web 服务器、证书服务器、防火墙、远程访问服务器、打印服务器等。

3．独立服务器

独立服务器和域没有什么关系。如果服务器不加入到域中也不安装活动目录，那么就称为独立服务器。独立服务器可以创建工作组，和网络上的其他计算机共享资源，但不能获得活动目录提供的任何服务。

4. 域中的客户端

域中的客户端是指安装了 Windows XP、Windows 2003、Windows 2008 等操作系统并加入了域的计算机。用户利用这些计算机和域中的账户就可以登录到域，成为域中的客户端。域用户账号通过域的安全验证后，即可访问网络中的各种资源。

6.3 任务 1—安装 Windows Server 2008 域控制器

6.3.1 建立第一台域控制器

活动目录（以下简称 AD）的起点是从安装第一台域控制器（以下简称 DC）开始的。但是，可能很少有人会意识到在安装第一台 DC 时，实际上是在部署 AD 的第一个域——根域，第一棵域树，乃至是实现一个单域的域林。只不过这个林中只有一棵域树，这棵域树中只有一个域，而且域中就只有这一台计算机——第一个 DC。

由此可见，在企业中即使是在部署安装第一台 DC 之前，所要考虑的并不仅仅是怎样去安装一台域控制器，而是要考虑好整个域林、域树的规划以及相关的服务，如 DNS 服务等的规划、部署。并且要考虑清楚，每一个服务实现的位置，每一个步骤实现的方法。只有这样，所部属的 AD 才能更大程度地满足现在和以后的需要。

对于将要安装成为 DC 的服务器来讲，其系统配置以及基本的磁盘规划在此就不赘述了，但是关键的网络连接属性是必须要注意的。可以通过打开本地连接的属性来配置 IP 属性。作为服务器 DC 的 IP 地址一定要是静态的 IP 地址，虽然不一定需要配置默认网关，但是 DNS 服务器的指向一定要配置正确，因为 AD 的工作是紧密依赖于 DNS 服务的。下面例子中的整个网络环境都是从头开始建设的，让第一台 DC 同时充当企业网络中的 DNS 服务器，所以需要将其首选 DNS 服务器地址配置为本台计算机的 IP 地址，如图 6-6 所示。

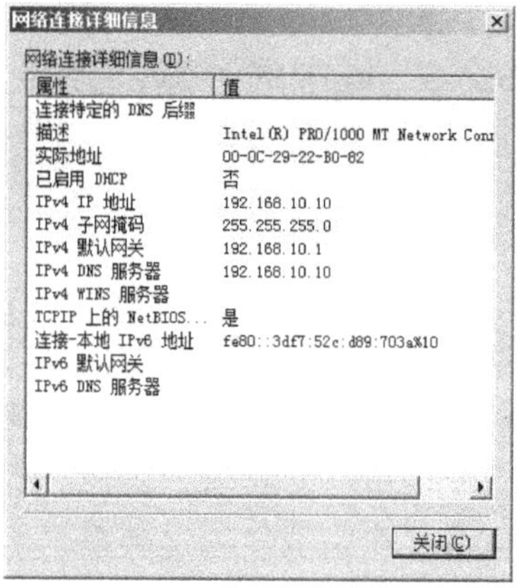

图 6-6 IP 及 DNS 地址设置

由于 Windows Server 2008 系统默认防火墙配置是根据连接的网络类型来实施过滤的，所以，最好在“网络和共享中心”（见图 6-7）中，单击“自定义”链接，在弹出的“设置网络位置”对话框中选中“专用”单选项，单击【下一步】按钮后，其网络类型会由默认的“公用网络”改为“专用网络”，如图 6-8 所示。

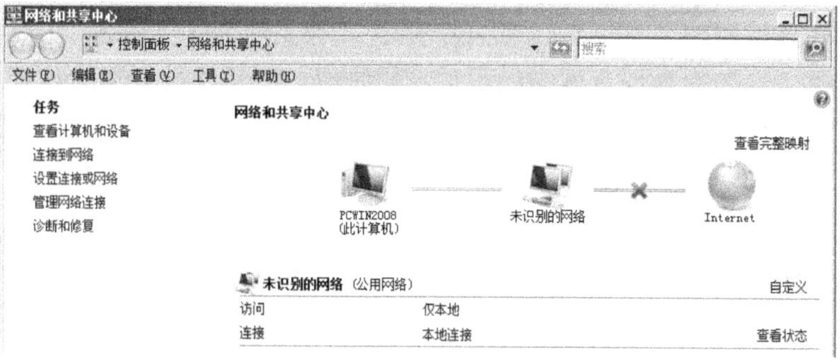

图 6-7 网络和共享中心

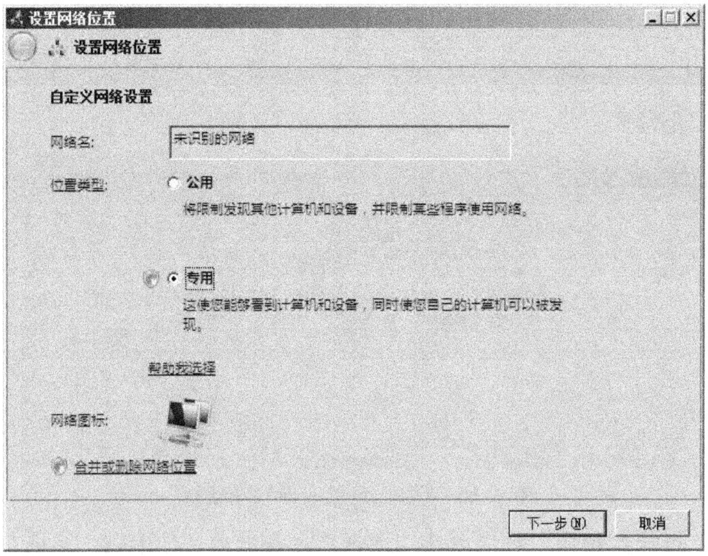

图 6-8　设置网络位置

除此之外，当前计算机的 NetBIOS 名，也就是计算机名需要设置好，因为安装完 DC 后，再去进行修改操作是不明智的。

1．域控制器的安装

（1）安装好 Windows Server 2008 系统，启动后会弹出“初始配置任务”窗口，如图 6-9 所示。

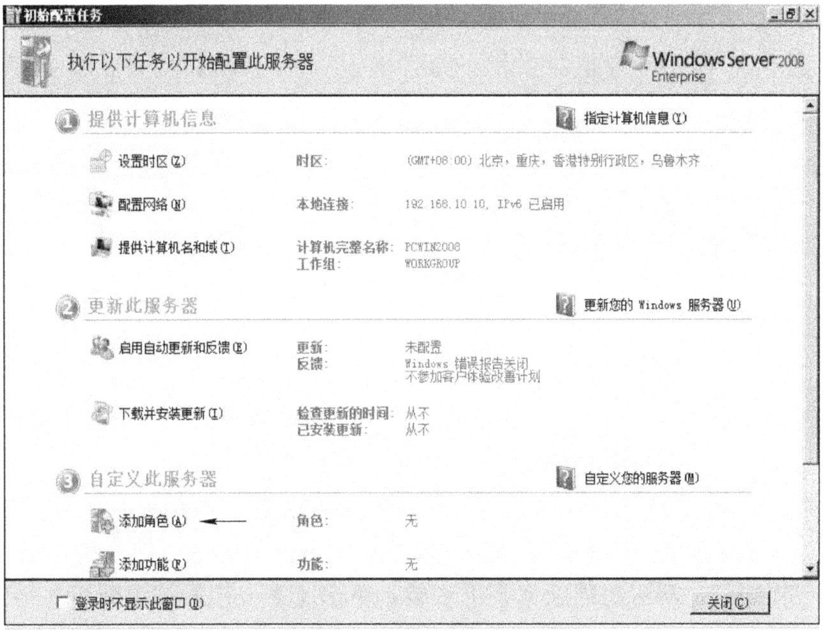

图 6-9　“初始配置任务”窗口

（2）单击“自定义此服务器”区域中的【添加角色】选项，弹出“添加角色向导”对话框，如图 6-10 所示。在开始前首先要验证管理员是否具有强密码，是否已配置静态 IP 地址，是否已安装最新的安全更新，如果以上内容未完成，那么在后续的步骤中将会出现警告信息或错误，严重的会导致域控制器无法安装。

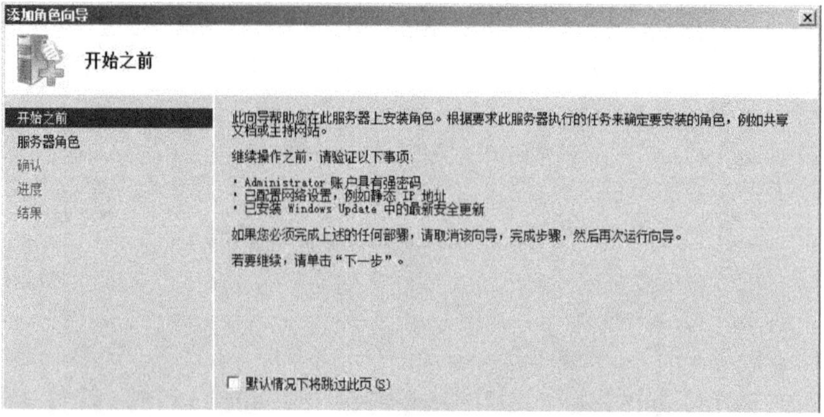

图 6-10 “添加角色向导”对话框

（3）在“选择服务器角色”对话框中，选择“服务器角色”选项，勾选“Active Directory 域服务”复选项，如图 6-11 所示。

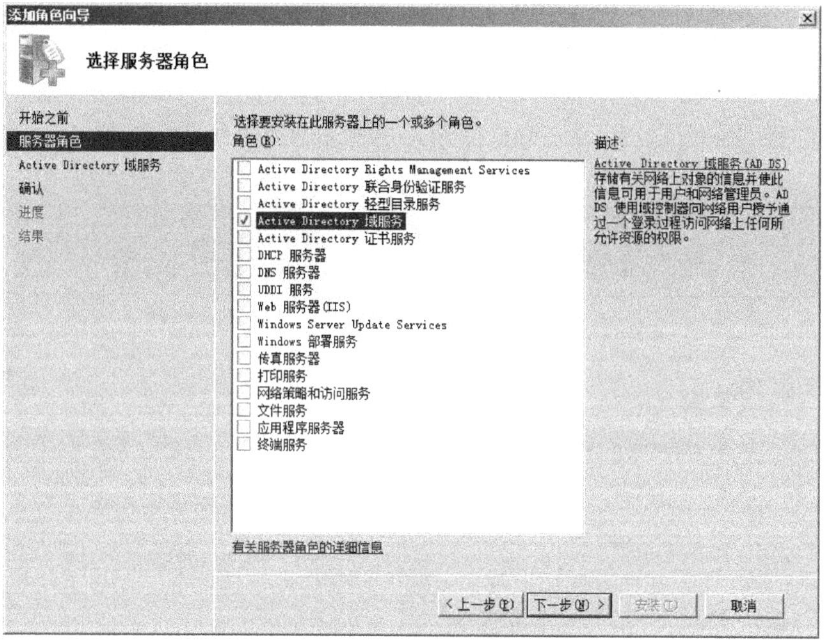

图 6-11 选择服务器角色

（4）注意，AD 在某些版本的 Windows Server 2008 系统上必须要有“.NET Framework”功能的支持，所以在这一步后有时要求安装“.NET Framework 3.5.1”功能，此时只需按照提示多执行一步即可。演示用的版本不需安装，单击【下一步】按钮即可。

（5）在“Active Directory 域服务”对话框中，给出 4 点注意事项，如图 6-12 所示。根据这些注意事项可以了解到在安装 AD 前后，应该执行的任务和 AD 需要的服务，然后单击【下一步】按钮继续。单击【安装】按钮继续，如图 6-13 所示，最终达到如图 6-14 所示的安装结果。

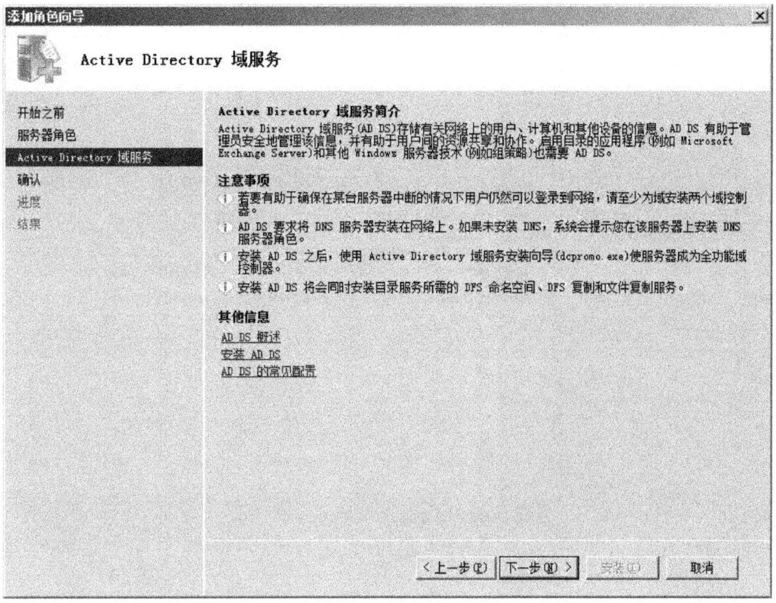

图 6-12　Active Directory 域服务

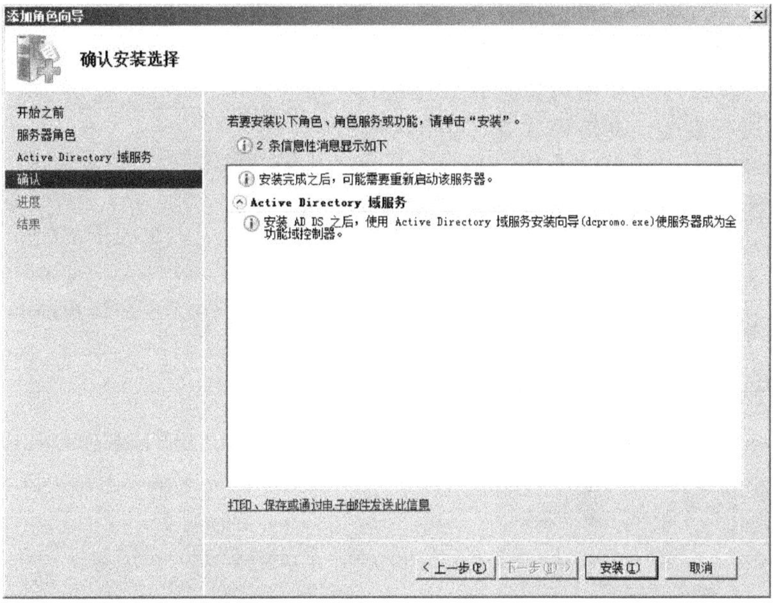

图 6-13　确认安装活动目录域服务

（6）当出现“安装结果”对话框时，如果没有错误，只有如图 6-14 所示的没有开启自动更新的警告信息，则可以直接忽略，此时 AD 的安装准备已经完成。但是由于该计算机还不能完全、正常地运行 DC，所以，提示需要启用 AD 安装向导（dcpromo.exe）来完成安装。选择“关闭该向导并启动 Active Directory 域服务安装向导（dcpromo.exe）”选项或者直接单击【关闭】按钮，然后在“运行”对话框中的“打开”文本框中输入“dcpromo”命令，如图 6-15 所示。

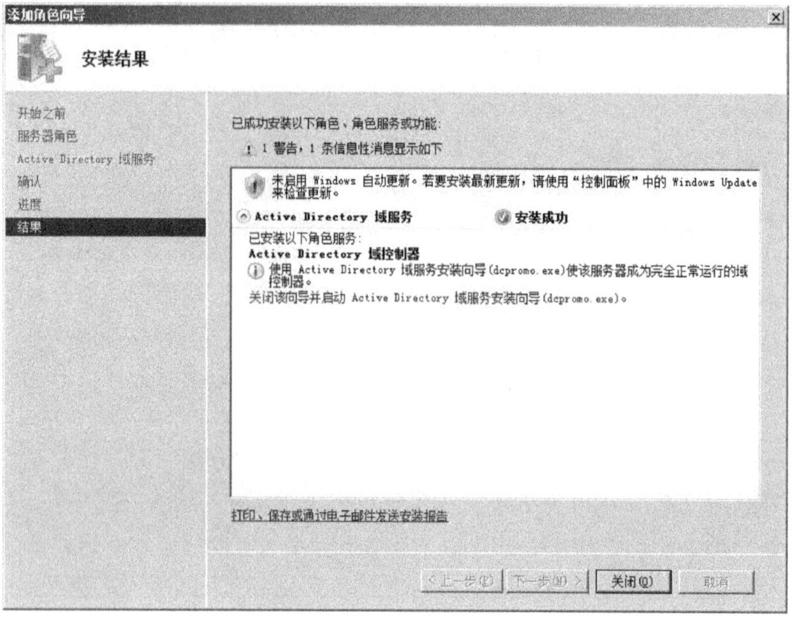

图 6-14　安装结果

（7）确定后经过系统自动检测，将出现“Active Directory 域服务安装向导”对话框，如图 6-16 所示。在该对话框中可以选择使用标准或高级模式来进行安装。高级模式是提供给有经验的用户，该模式对安装过程有更多的控制。此外，还可直接在命令提示符下运行带有/adv 开关的 dcpromo 命令（dcpromo/adv）来启动高级向导。这里暂不选择高级模式。单击【下一步】按钮继续安装，如图 6-17 所示。

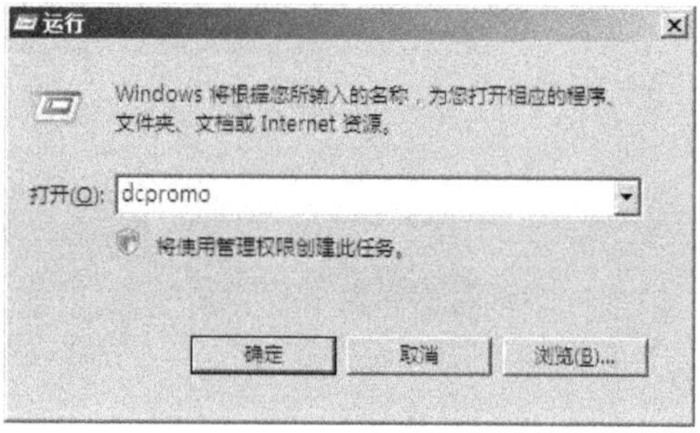

图 6-15　运行 dcpromo 命令

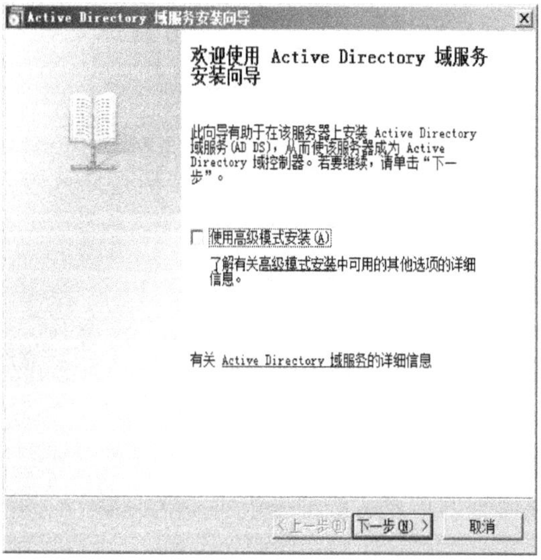

图 6-16　“Active Directory 域服务安装向导”对话框

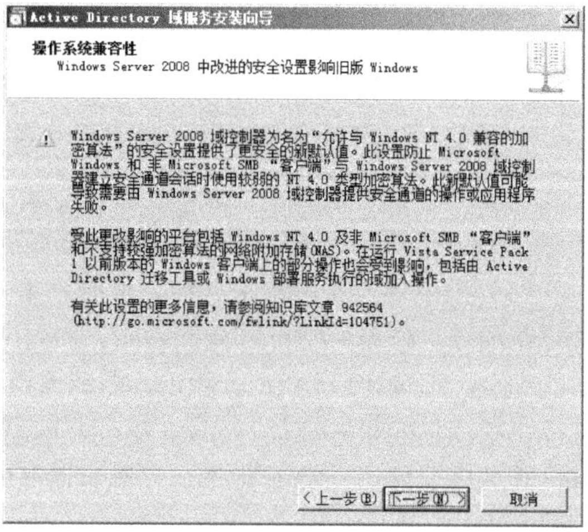

图 6-17　操作系统兼容性

（8）由于目的是部属企业中的第一个 DC，所以在此应选中“在新林中新建域”单选项。因为创建新林需要管理员权限，所以必须是正在其上安装 AD 的服务器本地管理员组的成员。单击【下一步】按钮继续，如图 6-18 所示。

（9）对域林的根域进行命名，如图 6-19 所示。需要在前期对 DNS 基础结构有一个完整的计划，必须了解该林的完整 DNS 名称。可以在安装 AD 之前先安装 DNS 服务器服务，或者在下面的安装过程中直接选择让 AD 安装向导安装 DNS 服务器服务。

在文本框中输入规划的域名，这里只用两级域名，如 contoso.com，如图 6-19 所示。注意，如果该服务器已经接入了 Internet，则不能使用在互联网上已注册过的域名，如 sohu.com、163.com 等。

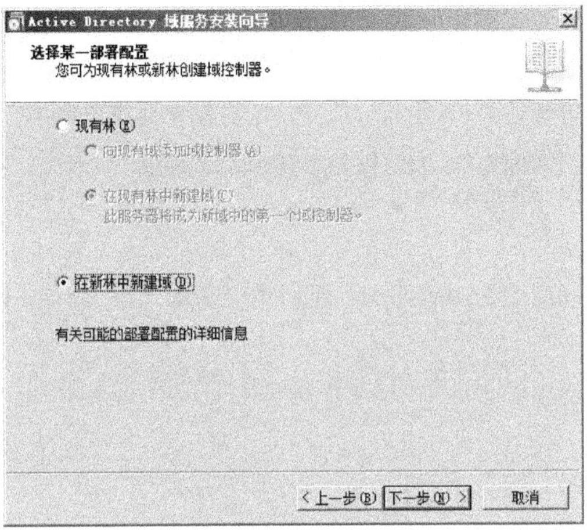

图 6-18　选择部署配置

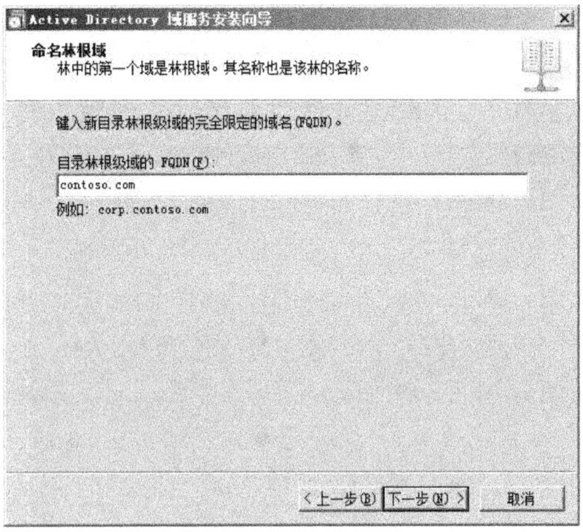

图 6-19　设置域名

2．设置林功能级别

创建新域或新林时，建议将域和林的功能级别设置为当前环境可以支持的最高值，这样可以充分发挥 AD 的功能。如果肯定不会将运行 Windows Server 2008 系统或任何更早版本的操作系统的域控制器添加到域或林，可以选择“Windows Server 2008”功能级别。另外，如果可能会保留或添加运行 Windows Server 2008 系统或更早版本的域控制器，则在安装期间应选择“Windows Server 2008”功能级别。若确定不会添加这类域控制器或这类域控制器不再使用，则安装后可以提升功能级别。需要注意的是，不能将域功能级别设置为低于林功能级别的值。例如，将林功能级别设置为“Windows Server 2003”，则只能将域功能级别设置为“Windows Server 2003”或“Windows Server 2008”。Windows 2000 和 Windows Server 2003 域功能级别值在“设置域功能级别”向导页中将不可选择。因此，若选择林功能级别为“Windows Server 2008”，那么，向导将不会出现“设置域功能级别”步骤，默认情况下，向林添加的所有域都将为“Windows Server 2008”域功能级别。

特别需要注意的是，将域功能级别设置为某个特定值后，将无法回滚或降低域功能级别，但以下情况例外：将域功能级别提升至“Windows Server 2008”，并且林功能级别为“Windows Server 2003”或更低时，可以将域功能级别回滚到“Windows Server 2003”，且只能将其从“Windows Server 2008”降到“Windows Server 2003”，不能将其直接回滚到“Windows Server 2000”。

由于选择“Windows Server 2000”时，某些高级功能在该域控制器上不可用，因此建议选择“Windows Server 2008”，但此时只能向该林中添加运行 Windows Server 2008 或更高版本的域控制器。以下是“林功能级别”选择“Windows Server 2008”时，域控制器的安装步骤。

（1）选择“林功能级别”，如图 6-20 所示。

（2）单击【下一步】按钮，安装 DNS 服务器，如图 6-21 所示。

（3）单击【下一步】按钮会弹出如图 6-22 所示的警告信息，单击【是】按钮。这个对话框的出现是因为在配置其他服务器时，勾选了“DNS 服务器”复选项，而当前计算机又未找到指定域的权威父域 Windows DNS 服务器，从而无法确定是否对指定域进行了委派导致的。

（4）确定 AD 数据库、日志文件和 SYSVOL 放置的位置，如图 6-23 所示。数据库主要存储有关用户、计算机和网络中其他对象的信息、日志文件记录、与 AD 有关的活动以及 SYSVOL 存储组策略对象和脚本，默认其是位于 C:\Windows 目录中的操作系统文件中。

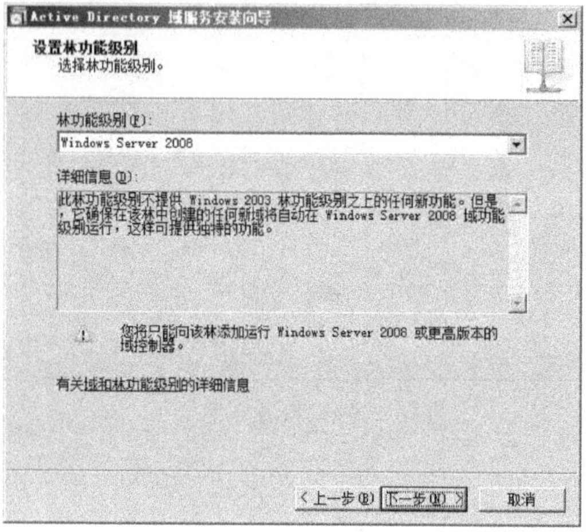

图 6-20　选择林功能级别

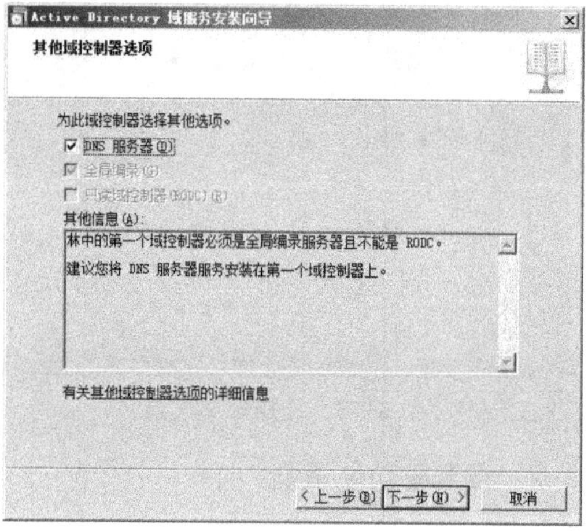

图 6-21　安装 DNS 服务器

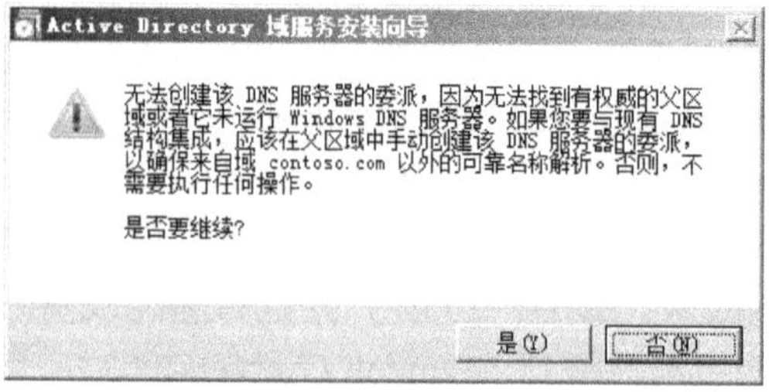

图 6-22　警告信息

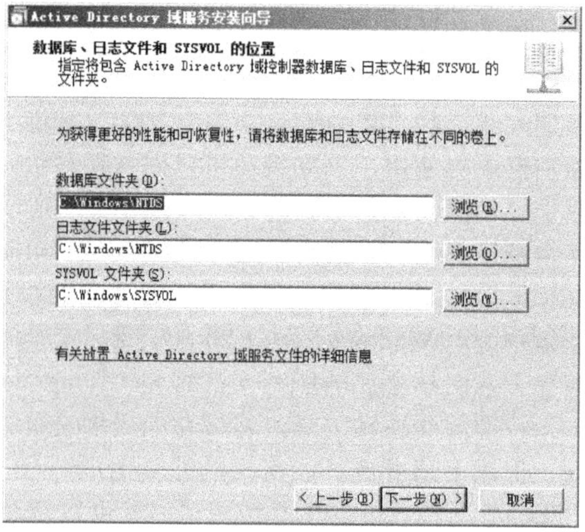

图 6-23　设置存储位置

在决定 AD 文件的存储位置时，可以从以下两个因素来考虑。

1）备份和恢复。对于只有一个硬盘的服务器来讲，只需接受 AD 安装向导的默认安装设置即可。但是，必须至少在该硬盘上创建两个卷。其中一个卷用于存储关键卷数据，另一个卷用于存储备份。在使用 Windows Server Backup 或 Wbadmin.exe 命令行工具备份 DC 时，必须至少备份系统状态数据，以便使用备份恢复服务器。用于存储备份的卷不能与承载系统状态数据的卷相同。构成系统状态数据的系统组件由安装在计算机上的服务器角色来决定。系统状态数据至少要包括以下数据：注册表、COM +类注册数据库、引导文件、Active Directory 证书服务（ADCS）数据库、SYSVOL 目录、Windows 资源保护下的系统文件等。

2）性能。对于更加复杂的安装，可能需要配置硬盘存储以优化 AD 的性能。由于数据库和日志文件利用磁盘存储空间的方式不同，因此可以通过将每种内容分配到不同的硬盘分区来提高 AD 的性能。

（5）这里存储位置不改变，单击【下一步】按钮，向导要求输入目录还原模式的 Administrator 密码，如图 6-24 所示。

在 AD 未运行时，目录服务还原模式（DSRM）密码是登录域控制器所必需的，并且 DSRM 密码与域管理员账户的密码不同。当创建林中第一台 DC 时，AD 安装向导会将本地服务器上生效的密码策略强制作用于此。对于所有其他 DC 的安装，AD 安装向导都将现有 DC 上生效的密码策略强制作用于此。这意味着，指定的 DSRM 密码必须符合包含现有 DC 所在域的最小密码长度、历史记录和复杂性的要求。在默认情况下，密码必须是包含大写和小写字母组合、数字和符号的强密码。

（6）单击【下一步】按钮，显示安装摘要，如图 6-25 所示。可以单击【导出设置】按钮将在此向导中指定的设置保存到一个应答文件中。然后，可以使用应答文件自动执行 AD 的后续安装。

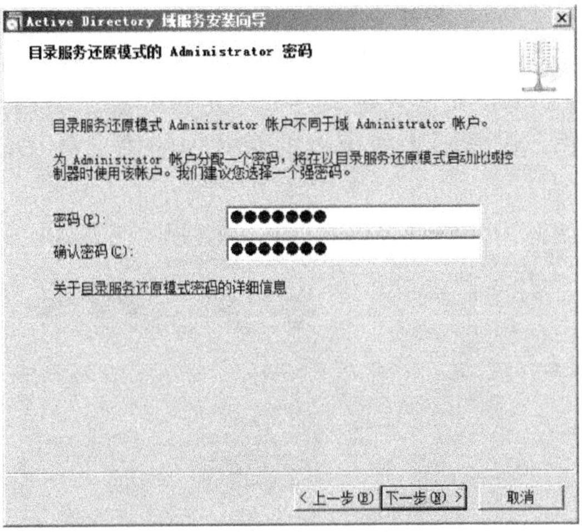

图 6-24　输入目录还原模式的 Administrator 密码

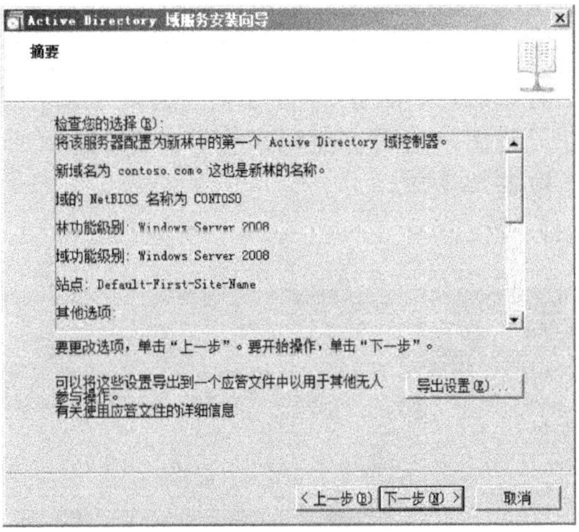

图 6-25　安装摘要

应答文件是包含[DCInstall]标题的纯文本文件。它提供了 AD 安装向导所需配置的设置值。使用应答文件时，管理员无需与该向导进行交互，向导会向该应答文件中添加文本，以说明如何使用该文件。例如，说明如何使用 dcpromo 命令来调用该文件以及必须更新哪些设置才能使用该文件等。若要使用应答文件来安装 AD，可在命令提示符下输入“dcpromo/

answer[:filename]”，其中 filename 为应答文件的名称。

（7）单击【下一步】按钮，安装向导执行安装操作，如图 6-26 所示。如果没有勾选“完成后重新启动”复选项，则执行完毕后，AD 安装向导将出现完成安装页，如图 6-27 所示。

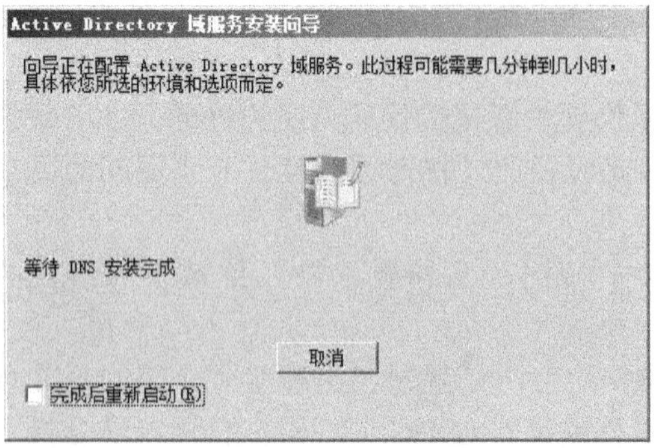

图 6-26　安装操作

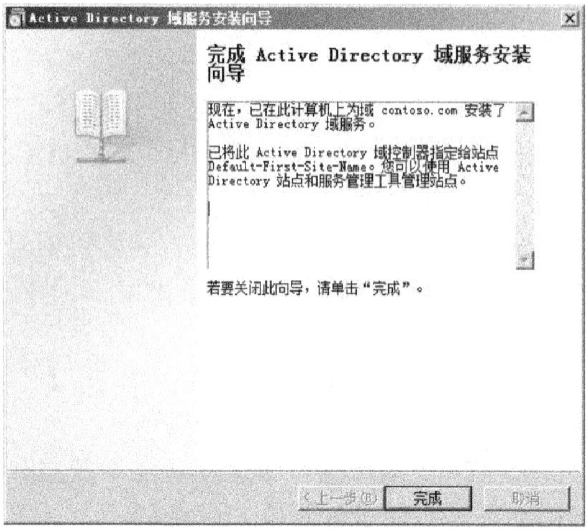

图 6-27　完成安装

（8）单击【完成】按钮。系统会提示，需要重新启动计算机，配置才能生效，如图 6-28 所示。单击【立即重新启动】按钮完成 DC 的安装操作。

图 6-28　重启提示

（9）重启后验证一下域控制器是否安装成功。首先看一下 AD 数据文件是否产生，打开本地磁盘 C:\Windows\NTDS 文件夹，如果有 ntds.dit 文件，则说明 AD 数据文件正常，如图 6-29 所示。

（10）看 DNS 服务是否工作正常，以及与域相关的资源记录，特别是 SRV 记录是否正确写入，如图 6-30 所示。另外还要看一下 SYSVOL 文件夹是否存在、是否能正常访问，以及日志中是否有错误事件等。若这些均无问题，则表明当前部署的企业中的第一台 DC 工作基本正常。

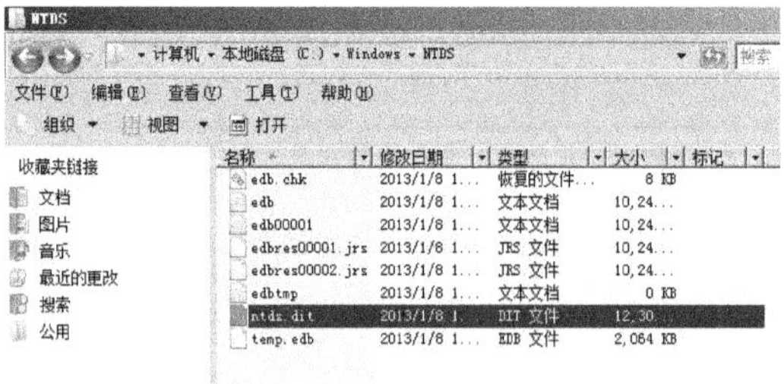

图 6-29　ntds.dit 文件存在

图 6-30　DNS 服务正常

6.3.2　在域中创建新用户

安装好 DC 后，就可以在其上创建域账户了。与本地账户不同，域账户是一个网络账户，每次用域账户登录都要到域控制器上进行验证，而不是像本地账户一样在本机上进行验证。建立域账户是为了对域中的资源进行权限管理，用什么权限的账户登录到域可以使用什么样的资源，都可以用域的组策略来控制，可以说域账户和本地的客户计算机没有什么关系。在域环境下，本地账户只能访问本机的资源，不能访问域上的资源，域账户受域的权限管理，当然也可以访问本机的资源。域账户可以在域内任何一台计算机上登录，而本地系统账户就不行。这就是为什么要创建域账户的原因。

（1）在建立域用户账户前，先来看看当 Windows Server 2008 系统成为域控制器后，在用户账户方面有了哪些变化。先说明一下，域控制器上已经不存在本地用户和组了。单击“开始”→“管理工具”→“Active Directory 用户和计算机”，打开 Users 文件夹，如图 6-31 所示。可以看到最常用的 3 个用户是 Administrator、Domain Admins 和 Domain users。

图 6-31　域用户

（2）新建域账户，直接在左侧的 Users 文件夹上单击鼠标右键，在弹出的菜单中选择“新建”→“用户”选项，建立名为 zhangming 的账户，如图 6-32 所示。

（3）单击【下一步】按钮，输入并确认密码，如图 6-33 所示。

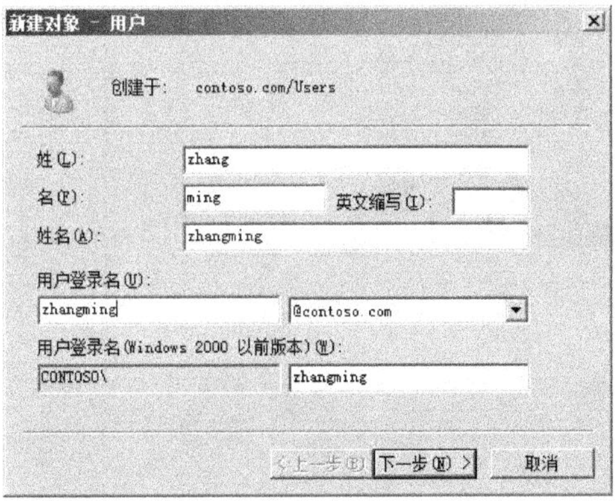

图 6-32　新建用户

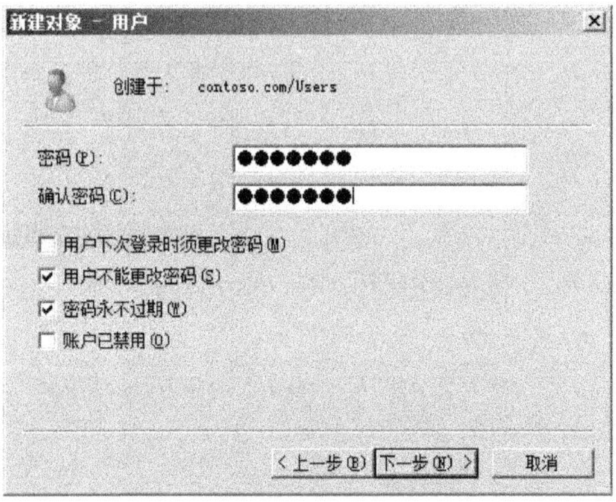

图 6-33　设置密码和密码策略

（4）单击【下一步】按钮完成创建，如图 6-34 所示。若此时弹出错误提示，则一般是因为用户密码的复杂度不够。

（5）用户创建完成后，出现名为 zhangming 的账户，如图 6-35 所示。

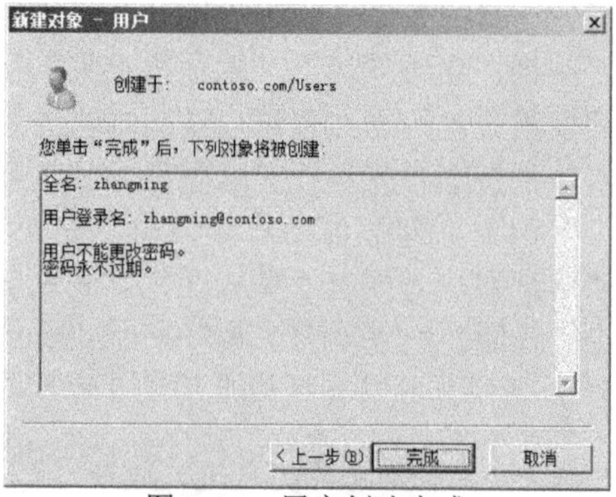

图 6-34 用户创建完成

下面将用户账户和计算机账户分类，这里的分类涉及两个概念，一个是组，另一个是组织单位。组用以将具有相同权限的用户组织在一起，便于统一分配权限；组织单位则是对具有同一类管理特点的账户（用户或计算机）进行分类的场所，分类后使用组策略进行管理操作。一般的做法是把组放入 Users 文件夹下，组织单位自成一个系统。最好将用户和计算机分为不同的组织单位进行管理，这种方式形成的组策略读起来感觉比较清楚，这些原则都是为了在系统日渐庞大时来保证环境的清晰可读，并非硬性要求。

下面进行组织单位的建立，具体操作如图 6-36～图 6-38 所示。建立完成后，就可以把域内的计算机添加进去了。找到计算机 CHARRY，右键单击，在弹出的菜单中选择"移动"选项，把它移动到企划部的二级组织单元 test3 中，如图 6-39 所示。移动完公司所有的计算机后，就可以开始进行组策略的设置了。组策略将在项目 8 中详细讲解。

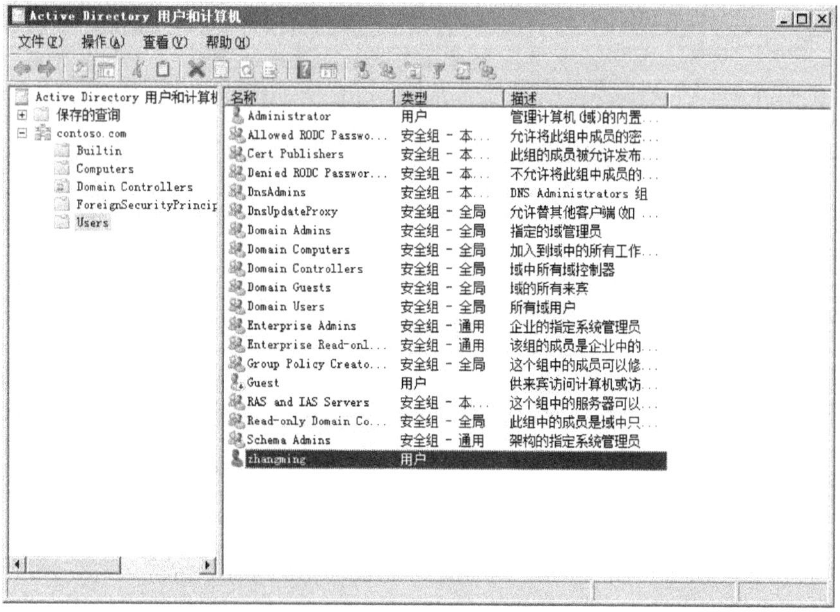

图 6-35 新账户出现

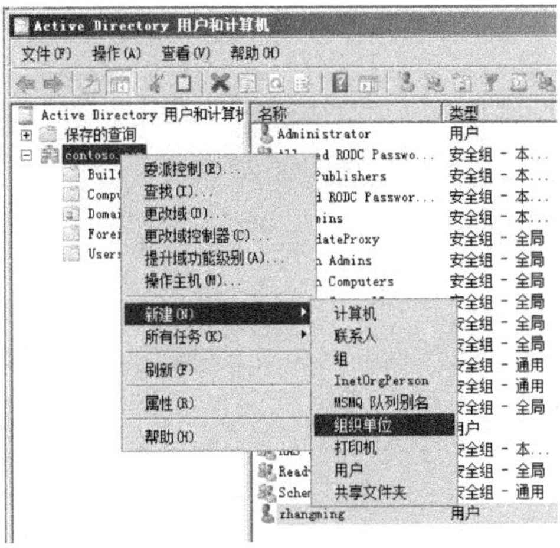

图 6-36　建立组织单位

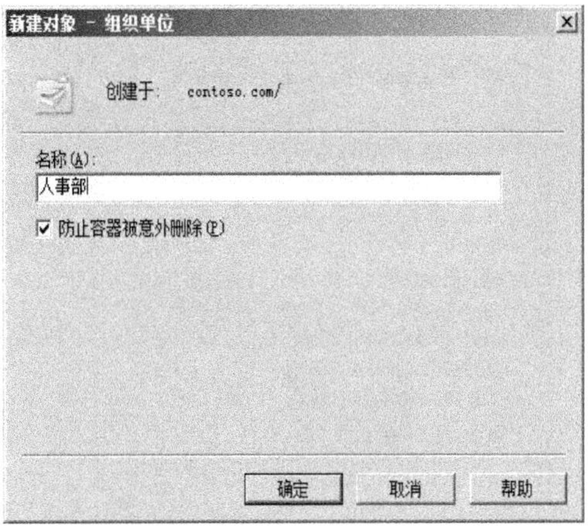

图 6-37　建立组织单元“人事部”

图 6-38　建立二级组织单元 test

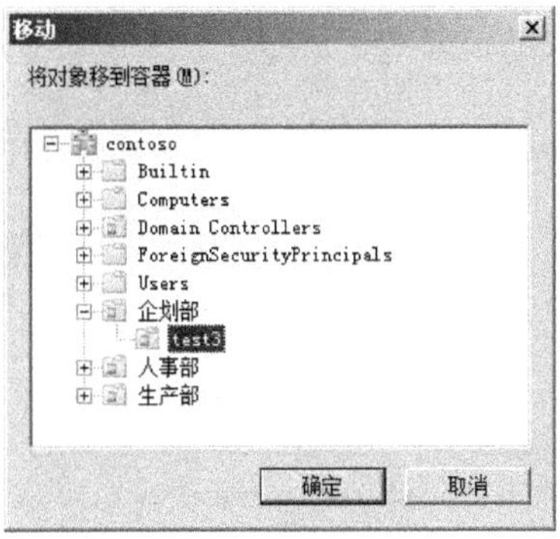

图 6-39　移动主机到 test3

6.3.3　客户机登录到域

（1）客户机要登录到域，首先需要跟域控制器连通。以 Windows XP 为例，设置客户机的地址如图 6-40 所示。设置完成后可在命令行界面使用 ping 命令测试两台计算机是否能通信。

（2）如果能够连通，则右键单击“我的电脑”，在弹出的菜单中选择“属性”选项，在打开的“系统属性”对话框中选择“计算机名”选项卡，单击【更改】按钮，弹出“计算机名称更改”对话框，填写域名 contoso.com，如图 6-41 所示。

（3）单击【确定】按钮，请输入有加入该域权限的账户的名称和密码，此时既可以使用域控制器的账户和密码，也可回到域控制器，在上面新建一组所需权限的账户和密码，输入即可。这里使用 DC 原有的账户 administrator、密码 123，如图 6-42 所示。

（4）单击【确定】按钮，加入 contoso.com 域成功，要求重启计算机生效，如图 6-43 所示。

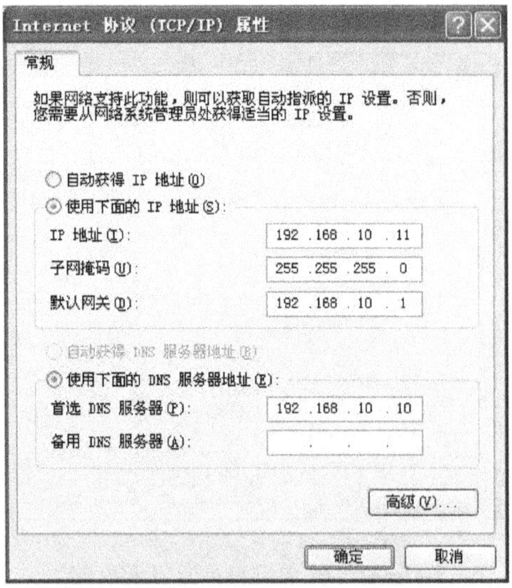

图 6-40　填写 IP 地址

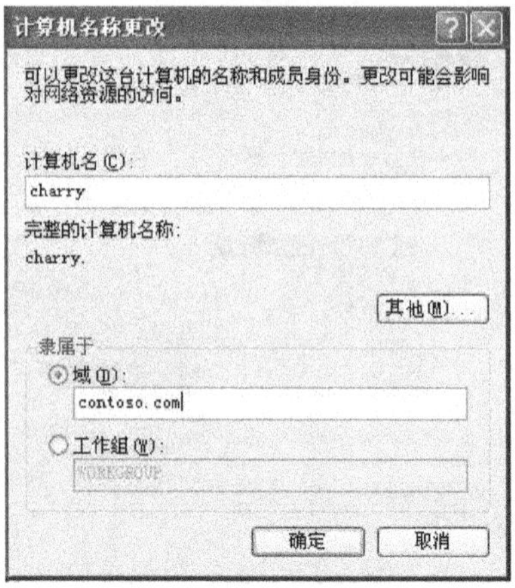

图 6-41　填写域名

图 6-42　输入 DC 中的账户和密码

图 6-43　加入域成功

（5）重启后就可以用 administrator 和密码 123 的域账户登录了。登录后会发现系统是一个全新的环境了。登录时选择登录到 CONTOSO，输入密码后即可以域用户的身份进行登录，如图 6-44 所示。

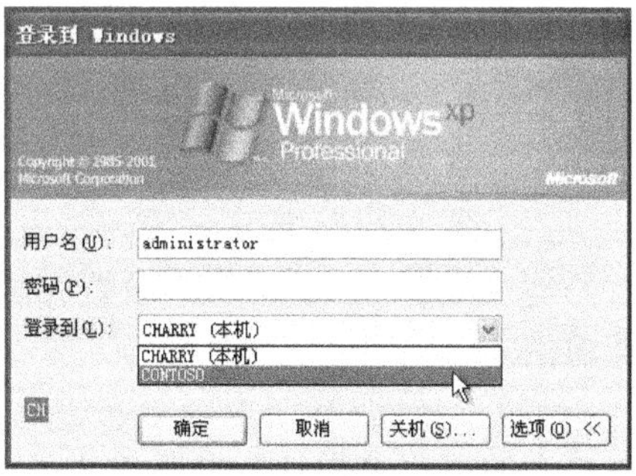

图 6-44　登录到域

计算机加入域后，会对本机用户组自动进行如下设置：将域管理员组（Domain Admins）放入本机管理员组（Administrators），将域普通用户组（Domain Users）放入本机普通用户组（Users）。这样相应的域账户在客户机上就有了对应的权限。

（6）在域控制器中，单击“开始”→“管理工具”→“Active Directory 用户和计算机”，可以看到，计算机“CHARRY”已经在 DC 中了，如图 6-45 所示。

如果在 DC 上对域用户的权限加以限制，就可以达到让用户不能随便更改计算机配置的目的，而且只要告知用户一个域账户的用户名和密码，用户便可将计算机加入到该域中，无论有多少台机器、多少个员工，只要在 DC 上设置相应的账户和密码，用户就可以在所有机器上登录了。

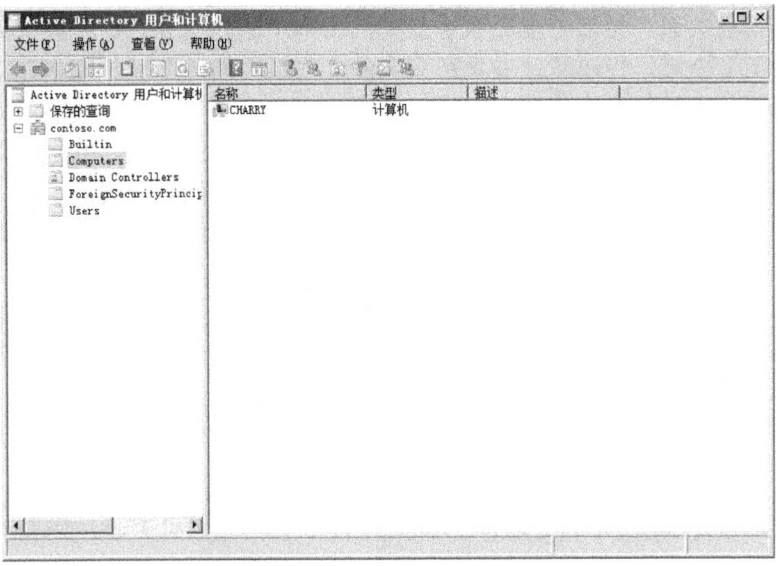

图 6-45　客户机已加入到域中

6.4　任务 2-Windows Server 2008 活动目录的管理

6.4.1　活动目录用户和计算机

活动目录用户和计算机管理的具体操作步骤如下。

（1）单击“开始”→“管理工具”→“Active Directory 用户和计算机”，打开“Active Directory 用户和计算机”窗口，如图 6-31 所示。

（2）在图 6-31 所示窗口的左侧，单击“Computers”，可以显示当前域中的计算机，即成员服务器和工作站，这里是新建的域，所以无服务器和工作站。

（3）在图 6-31 所示窗口的左侧，单击“Domain Controllers”，可以显示当前域中的域控制器。

（4）在图 6-31 所示窗口的左侧，单击“Users”或者“Builtin”，可以显示域中的用户或组的情况。

（5）组织单元是把对象组织成逻辑管理组的容器，其中包括一个或多个对象，如用户账户、组、计算机、打印机、应用、文件共享或其他组织单元等。

6.4.2　活动目录域和信任关系

一般来说，在任何一个网络中都可能存在两台甚至多台域控制器，对于企业网络而言更是如此。因此，域和域之间的访问安全就成了主要问题。Windows Server 2008 系统的 Active Directory 为用户提供了信任关系的功能，可以很好地解决这些问题。

域信任关系是一种建立在域间的关系，它使得一个域中的用户可以由另一个域中的域控制器进行验证。在所有域关系中只有两种域，即信任关系域和被信任关系域。在 Windows Server 2008 系统中可以建立如下信任关系。

（1）传递信任关系。传递信任关系不受关系中两个域的约束，而是经父域向上传递给域目录树中的下一个域。传递信任关系是双向的，关系中的两个域相互信任。在默认情况下，域目录树或林中的所有信任关系都是传递的。

（2）不传递信任关系。不传递信任关系受关系中两个域的约束，并且不经父域向上传递给目录树中的下一个域。在默认情况下，不传递信任关系是单向的。

（3）单向信任关系。单向信任关系是单独的委托关系，所有单向信任关系都是不传递的。在默认情况下，所有不传递信任关系都是单向的。

（4）双向信任关系。双向信任关系也是一对单独的委托关系，即域 A 信任域 B，且域 B 也信任域 A，所有传递信任关系都是双向的。为使不传递信任关系成为双向，必须在域间创建两个单向信任关系。

6.4.3 活动目录站点复制服务

活动目录站点复制服务，就是将同一 Active Directory 站点的数据内容保存在网络中的不同位置，以便所有用户能快速调用，同时还可以起到备份的作用。Active Directory 站点复制服务使用的是多主机复制模型，允许在任何域控制器上更改目录，而不只是在委派的主域控制 器上更改目录。Active Directory 依靠站点概念来保持复制的效率，并依靠知识一致性检查器（KCC）来自动确定网络的最佳复制拓扑。Active Directory 站点复制可以分为站点间复制、站点内复制和管理复制。

1．站点间复制

站点间复制主要是指发生在不同地理位置上的主机之间的 Active Directory 站点复制，专业站点之间的目录更新可根据配置的日程安排自动进行。在站点之间复制的目录更新将被压缩以节省带宽。

Active Directory 站点复制服务，使用户提供的关于站点连接的信息可以自动建立最有效的站点间复制拓扑。每个站点被指派一个域控制器（称为站点间拓扑生成程序），以建立该拓扑，使用最低开销跨越树算法，以消除站点之间的冗余复制路径。站点间复制拓扑将定期更新，以响应网络中发生的任何更改。

Active Directory 站点复制服务，通过最小化复制的频率，以及允许安排站点复制链接的可用性，来节省站点之间的带宽。在默认情况下，跨越每个站点链接的站点，每 180 分钟复制一次，可以通过调整该频率来满足不同的需求。要注意的是，提高此频率将增加复制所用的带宽。此外，还可以安排复制所用的站点链接的可用性，可以将复制限制在每周的特定日子和每天的具体时间。

2．站点内复制

站点内复制可实现速度优化，站点内的目录更新根据更改通知自动进行。在站点内复制的目录更新不进行压缩。

每个域控制器上的知识一致性检查器（KCC），使用双向环式设计，自动建立站内复制的最有效复制拓扑。这种双向环式拓扑至少为每个域控制器创建两个连接（用于容错），任意两个域控制器之间不多于 3 个跃点（以减少复制滞后时间）。为了避免出现多于 3 个跃点的连接，此拓扑可以包括跨环快捷连接。

KCC 定期更新复制拓扑，站点内的复制会根据更改通知自动进行。当在某个域控制器上执行目录更新时，站内复制就开始了。在默认情况下，源域控制器等待 15 秒，然后将更新通知发送给最近的复制伙伴。如果源域控制器有多个复制伙伴，在默认情况下，将以 3 秒为间隔，向每个伙伴相继发出通知。当接收到更改通知后，伙伴域控制器将向源域控制器发送目录更新请求，源域控制器会复制操作以响应该请求。3 秒的通知间隔可避免来自复制伙伴的更新请求同时到达，而使源域控制器应接不暇。

对于站点内的某些目录更新，复制会立即发生。立即复制称为紧急复制，用于重要的目录更新，包括账户锁定的指派以及账户锁定策略、域密码策略或域控制器账户上密码的更改。

3. 管理复制

Active Directory 依靠站点配置信息来管理和优化复制过程。在某些情况下，Active Directory 可自动配置这些设置。此外，用户可以使用“Active Directory 站点和服务”为自己的网络配置与站点相关的信息，包括站点链接、站点链接桥、桥头服务器的设置等。

6.5 回到工作情景

【工作过程一】安装 Active Directory 域服务器

（1）规划与安装操作系统。

（2）利用“添加角色向导”安装 Active Directory 域服务。

（3）运行 Active Directory 域服务安装向导。

（4）检查 DNS 服务器内 SRV 记录的完整性。

【工作过程二】将客户机加入域

（1）在客户机上，配置 TCP/IP 属性，指定 DNS 服务器的地址。

（2）打开“系统属性”对话框，选中“域”单选项，输入要加入的域的名称。

（3）输入加入到域权限的账户和密码。

（4）重新启动客户机，登录到域。

【工作过程三】创建组织单位

创建符合 Contoso 公司组织架构的组织单位。

【工作过程四】创建域用户账户

（1）制订 Contoso 公司用户账户的命名规则和密码要求。

（2）为 Contoso 公司的所有员工创建一个域账号。

【工作过程五】创建域组账户

（1）对 Contoso 公司用户使用网络资源的情况进行分类，规划用户组。

（2）创建各种用户组。

（3）设置组的属性，向组中添加域用户账号。

6.6 项目实训–活动目录的安装与管理

【实训环境和条件】

（1）网络环境或 VMware Workstation 6.0 虚拟机软件。

（2）安装有 Windows Server 2008 系统的物理计算机或虚拟机（充当域控制器）。

（3）安装有 Windows XP、Windows Vista、Windows 7 的物理计算机或虚拟机（充当域客户端）。

【实训目的】

通过项目实训，学会通过安装 Active Directory 来创建 Windows 域，并通过“Active Directory 用户和计算机”窗口来组织和管理域对象。

【实训内容】

（1）Active Directory 域控制器的安装与配置。

（2）将客户机加入并登录到域中，使用活动目录中的资源。

（3）创建和管理组织单位。

（4）创建和管理域用户账户。

（5）创建和管理域组账户。

【实训过程】

（1）将 Windows Server 2008 系统作为 DNS 服务器，建立站点 www.computer.com。

（2）安装活动目录的根域。

1）单击“开始”→“运行”，输入 dcpromo 后按<Enter>键执行。

2）首先选择域控制器的类型。类型有两种，一是新域的域控制器，二是现有域的额外域控制器（类似 NT 4.0 中的 BDC，起到与其他域控制器同步、容错的作用）。选好后，单击【下一步】按钮。

3）选择创建域目录树或子域。

4）创建或加入目录林。

5）下面以在网络中安装的第一台 Windows Server 2008 域控制器为例，说明活动目录的安装过程。

具体选项的设置如下：

- ❑ 第一项域控制器的类型应选：新域的域目录树。
- ❑ 第二项创建域目录树或子树应选：创建一个新的域目录树。
- ❑ 第三项创建或加入目录林应选：创建新的目录林。

6）设置完成后单击【下一步】按钮，输入新的域名。这个域名不同于原 NT 的 NETBIOS 域名，如 domain。这个域名必须输入 DNS 全名，类似于 tech.com。

7）单击【下一步】按钮，输入域名 NETBIOS。

8）单击【下一步】按钮，选择活动目录数据库和日志文件的位置，这一位置必须在 NTFS 分区上，具有 250MB 的自由空间，一般默认为“\Winnt\NTDS”。

9）单击【下一步】按钮，输入共享的系统卷的文件夹位置，这个位置必须在 NTFS 5.0 分区上，sysvol 文件夹有新域的公用文件夹副本，其中的内容会被复制到域中的其他服务器上，这个文件夹的默认位置是：\Winnt\SYSVOL。所以强烈推荐用户在装 Windows Server 2008 系统时，把系统格式化为 NTFS 分区，这样会省去很多麻烦。

10）单击【下一步】按钮，如果事先未准备好符合安装活动目录要求的 DNS 服务器，此时就会出现配置 DNS 的向导页。

11）单击【下一步】按钮，出现权限向导页，页面中有两个选项。

- 与 Windows Server 2008 系统之前的版本相兼容的权限。例如，网络中有一台 Windows NT 4.0 的服务器作为 RAS 服务器，当 RAS 服务器对登录用户进行身份认证时要访问 Windows Server 2000 域控制器。如有这种情况，那么应该选此项。否则，将出现无法读取活动目录数据库的情况。
- 只与 Windows Server 2008 系统相兼容的权限。如果仅在 Windows Server 2008 系统上运行服务器程序，该服务器又是 Windows Server 2008 域的成员，就可选择此项。

12）单击【下一步】按钮，向导提示输入目录服务恢复模式的管理员密码。当在 Windows Server 2008 系统启动时按下<F8>键，并选择用目录恢复模式启动，就要输入此密码，这主要是为了活动目录的安全。

13）单击【下一步】按钮，向导就开始创建活动目录了。建立活动目录大约需要 10 分钟左右的时间。

14）建立完成后，会提示需要重新启动计算机。

15）打开 DNS，观察新建域和 DNS 中所建域的名称有何区别？

（3）安装活动目录的其他域。

1）用同样的方法在第二台计算机上建立 tech.com 域的一个子域 sales.tech.com。思考一下在上面的步骤中如何选择？

2）用同样的方法在第三台计算机上建立另一个域树 abc.com，这两个新建的域都要在同一个目录林中。思考一下在上面的步骤中又如何选择？

3）所有工作完成后，验证活动目录的域林是否创建起来。打开 tech.com 域的域控制器上的 DNS 服务器，观察 DNS 区域，有何发现？

4）在第四台计算机上建立另一台 tech.com 域的域控制器（提示：在第（2）步中选择“现有域的额外域控制器”）。安装完成后，域中将有两台平等的域控制器。

习　　题

一．填空题

1. 活动目录存放在______中。
2. 域树中的子域和父域的信任关系是______、______。
3. Windows Server 2008 系统的 3 种角色是______、______、______。
4. 独立服务器上安装了______就可升级为域控制器。
5. 域控制器包含域的______和______以及属于这个域的计算机等信息构成的数据库。
6. 活动目录中的逻辑单元包括______、______、域林和组织单元。

二．简答题

1. 为什么需要域？
2. 域与域之间创建信任关系的目的是什么？
3. 为什么在域中需要 DNS 服务器？
4. 活动目录中存放了哪种信息？

项目7 组策略管理与安全设置

主要内容

- 组策略概述。
- 组策略的应用范围。
- 组策略的基本设置。

技术目标

- 了解 Windows 系统的注册表和组策略的异同。
- 了解组策略的应用范围和组策略编辑器的基本结构。
- 掌握组策略的设置方法和基本设置选项。
- 结合域的知识，学会在域中设置组策略。
- 练习使用组策略。

7.1 工作情景引入

【真实情景】

S 公司是一家软件研发销售企业，重点部门是研发部和销售部，不同的部门有着不同的制度要求。研发部为保护企业软件产权只能访问几个特定的网站，不允许使用 IM 软件，要使用内部 OA 进行业务交流。销售部为了树立良好的企业形象，要求统一桌面、IE 主页、常用软件等。

【引入问题】

如何通过技术手段实现上述不同部门的限制。

7.2 组策略概述

7.2.1 注册表

注册表是 Windows 系统中的一个重要的数据库，用于存储系统和应用程序的设置信息。它是 Windows 系统开发人员建造的一个复杂的信息数据库，是多层次式的。不同的复杂数据会在不同的层次上结合，从而产生出一个绝对唯一的注册表。

当操作系统需要使用硬件设备调用驱动程序时，它需要知道从哪里找到这些设备驱动程序，没有注册表对设备的记录，它们就不能被调用。当一个用户准备运行一个应用程序时，注册表会提供应用程序的信息给操作系统，这样应用程序才可以被找到，程序中正确数据文件的位置才能被读取。而且注册表中还保存了应用程序的安装信息（如日期）、安装软件的用户信息、软件的版本号和序列号等。根据安装软件的不同，它包括的信息也不同。

因此，注册表的重要性可见一斑。

系统中的大部分设置都可以在注册表中找到相对应的表项。可以在运行栏中输入“regedit”来打开注册表编辑器，查看注册表中的信息。

注册表编辑器如图 7-1 所示，注册表中有很多的表项，有的表项可以从名称判断其对应的基本功能，但有的表项则是完全不知道其含义的数字字母组合。

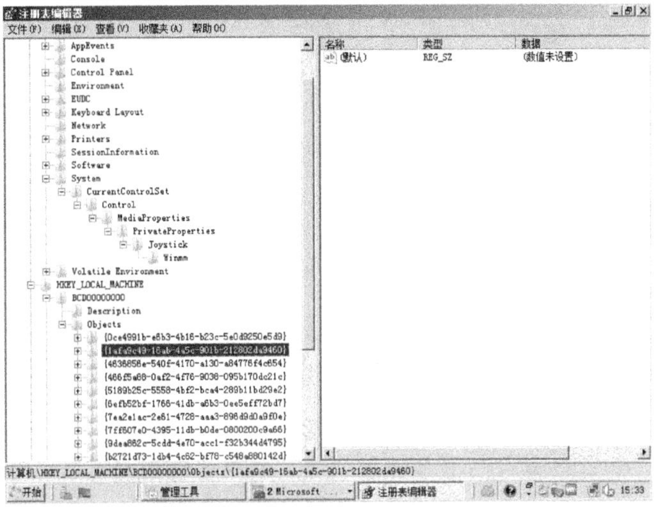

图 7-1　注册表编辑器

随着系统功能越来越丰富，注册表里的设置项目也越来越多。很多设置都是可以自定义设置的，但这些设置分布在注册表的各个角落，如果是手工修改设置，可想而知会是多么的困难和繁杂，因此就产生了组策略。组策略将系统重要的配置功能汇集成各个配置模块，供管理人员直接使用，从而达到方便管理的目的。

7.2.2　组策略

组策略是以组划分的策略，修改组策略的管理模板相当于修改注册表中的表项。当然，组策略使用更完善的组织方式，对系统的各种设置内容、权限进行管理，比手工修改注册表要方便灵活得多，功能也更加强大。随着 Windows 系统的不断发展，组策略也有了更多的管理模板和功能。

组策略根据应用区域的不同，使用方法也不同，组策略的分类见表 7-1。

表 7-1　组策略的分类

环　境	名　称	应用区域
单机	本地计算机策略	在客户机上配置的策略（主要包含本地安全策略）
域	域组策略	作用于整个域的策略
	域控制器组策略	作用于同一域内所有 DC 的策略
	站点组策略	作用于整个域的所有站点的策略
	OU 组策略	作用于 OU 的组策略

无论计算机处于工作组、域还是非网络环境，都存在本地计算机策略。本地安全策略是本地计算机策略的一部分，在开机后就会被执行，它隶属于“计算机配置”下的“Windows 设置”中的“安全设置”，如图 7-2 所示。本地安全策略也可以在“控制面板”中的“管理

工具”里找到。

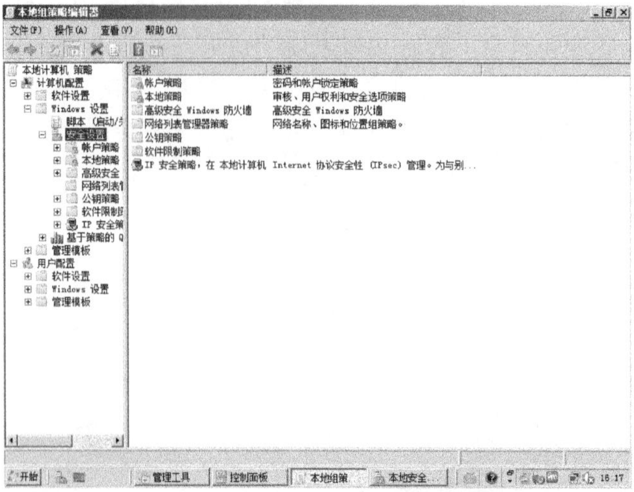

图 7-2　本地安全策略在本地组策略编辑器中的位置

本地计算机策略的设置更改后，只能针对当前计算机生效，对于其他计算机则没有任何作用。如果想把一个策略应用在很多计算机上，则需要在每台计算机上都做相同的设置，这明显是低效且不安全的。

在域的环境中，可以在 DC 上添加不同的组策略对象（GPO），然后把不同的组策略对象按照需要链接到对应的域、站点或组织单位上。那么，当隶属于对应域、站点、组织单位的计算机在登录后，就会自动地应用所链接的组策略了。可以把本地计算机策略看成是一个单机的，而在域环境下的几种组策略则是一个中控的网络版。

具体来说，OU 组策略针对的是组织单元，站点组策略针对的是具体站点，域组策略在整个域内有效。域控制器组策略只对域内的所有 DC（域控制器）起作用。特别要说明的是，域组策略和域控制器组策略的作用范围不一样，因为有的企业有多个主域，所以有时会用到域控制器策略。但对于单个域的企业来说，只用域策略就可以了。所有这些组策略的设置方法基本相同，只是所要链接的组策略对象不同，应针对不同的需求设置不同的策略。

以上的策略是累加的，客户机上策略应用的顺序是：本地计算机策略→站点组策略→域组策略（如果在一个 OU 内，还要应用组织单元组策略）；DC 上策略应用的顺序是：域组策略→域控制器组策略。

在默认情况下，后应用的策略具有更高的优先级（在特殊情况下可以强制调整），当出现冲突时，优先级高的会覆盖优先级低的设置项，优先级从高到低的顺序是：OU 组策略>域控制器组策略>域组策略>站点组策略>本地计算机策略。注意，对于没有冲突的设置项，则会按照有设置的组策略进行设置。例如，在本地计算机策略中设置了桌面选项，而 OU 组策略中没有设置，这里并不会因为 OU 的优先级大于本地计算机而覆盖掉这条策略，而是按照本地计算机中的策略进行设置。

7.3　任务 1—本地计算机策略的设置

无论计算机是在域环境、工作组环境还是非网络环境中，都存在本地计算机策略，它一般存储在“%SystemRoot%\System32\GroupPolicy”目录下，在运行栏中输入“gpedit.msc”打开本地组策略编辑器，也可以通过 MMC 管理单元，添加“组策略对象编辑器”来打开。图 7-3 为本地组策略编辑器。

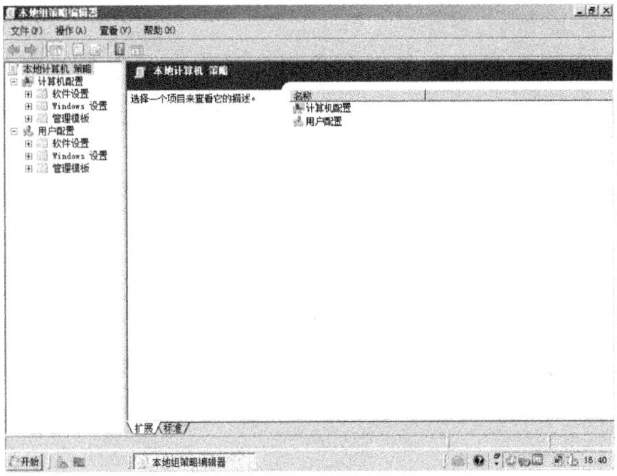

图 7-3 本地组策略编辑器

本地组策略编辑器使用层次结构显示可设置的选项，并且所有的设置会按照“计算机配置”和“用户配置”分开列出。从开机到用户登录前的过程中，计算机配置首先生效，在输入账号密码到开机完成的过程中，用户配置生效。在域环境中，计算机配置是针对登录到某台计算机上的所有用户起作用，而用户配置是不论登录到哪台计算机，都运用用户配置中的策略。

在“计算机配置”和“用户配置”节点下，可以看到几个具有层次结构的文件夹，其中包含了上千条的不同设置，下面对不同的大类别的设置进行简要介绍。

1. “软件设置”节点

“软件设置”节点只包含“软件安装扩展”。“软件安装扩展”可以提供指定组织中应用程序的安装和维护，同时还允许独立软件提供商添加自己的设置。使用组策略部署软件的详细方法可以参考 7.5.4 节。

2. “Windows 设置”节点

“Windows 设置”节点包含“脚本”“安全设置”和“基于策略的 QoS”。“脚本”可供指定两种类型的脚本，一是启动/关机脚本（在“计算机配置”下），二是登录/注销脚本（在“用户配置”下）。这些脚本可以使用任何 ActiveX 脚本语言进行编写，如 MicrosoftVisualBasic、VBScript、Perl 和批处理等。“安全设置”提供了可确保计算机系统安全的设置。“基于策略的 QoS”定义了用于管理网络通信的策略。它可以让某些程序具有更高的网络使用优先级。

另外，“用户配置”节点下的“Windows 设置”节点内还包含“远程安装服务”“文件夹重定向”和“Internet Explorer 维护”。“远程安装服务”策略决定了远程操作系统使用该服务进行安装时的行为；“文件夹重定向”则将用户数据等文件夹（如 AppData、Desktop、Documents 等）从默认的位置重定向到网络上的其他位置，以便于集中管理。“Internet Explorer 维护”可用于管理和定制 Microsoft Internet Explorer。

3. “管理模板”节点

在“计算机配置”和“用户配置”节点下，还有“管理模板”节点，其中包含了上千条基于注册表的组策略设置，可用于配置用户和计算机环境。作为管理员，可能需要花费一定的时间来配置这些设置。

为了便于调整设置，“管理模板”中每条策略都有详细的说明可供参考，其中包括策略支持的系统版本要求和策略的注意事项。

双击一条策略，即可打开对应策略的属性对话框，如图 7-4 所示。该策略的设置有 3 种状态，即未配置、已启用和已禁用。在第一次配置组策略时，大多策略的设置都是“未配置”或默认状态。一条策略处于“未配置”状态时不会影响用户或计算机修改原有的配置。而当处于“已启用”或“已禁用”状态时，应用策略的用户或计算机的配置就会产生相应的变动。

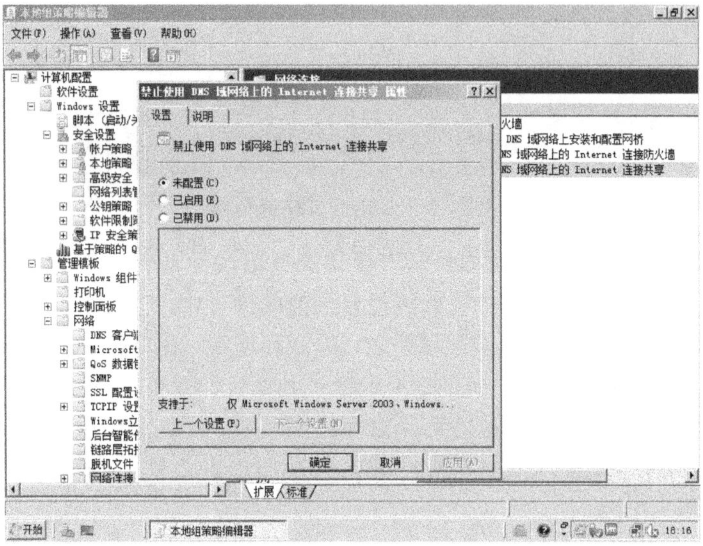

图 7-4　管理模板策略的配置

在域环境中，OU 策略的优先级是高于本地策略的，如果两者发生冲突，则最后的 OU 策略生效。例如，本地策略启用了一个桌面策略，而在 OU 中这条策略是未配置的状态，那么 OU 策略就不会和本地策略发生冲突，最终按照本地策略的结果执行；而如果 OU 策略禁用了这条策略，那么其结果和本地策略就发生了冲突，最终这条策略将被禁用。

7.3.1　计算机配置实战演练

当 Windows Server 2008 系统关机时，会调用关闭事件跟踪程序强制进行日志记录，以便在处理服务器问题时可以查询到相关日志，如图 7-5 所示。

在日常学习时，可能需要频繁的重启服务器，每次都进行日志记录相当麻烦，所以这里选择关闭该选项。

打开本地组策略编辑器，单击“计算机配置”→“管理模板”→“系统”，找到“显示‘关闭事件跟踪程序’”，修改其属性，选择“已禁用”选项，单击【确定】按钮即可禁止日志记录，如图 7-6 所示。

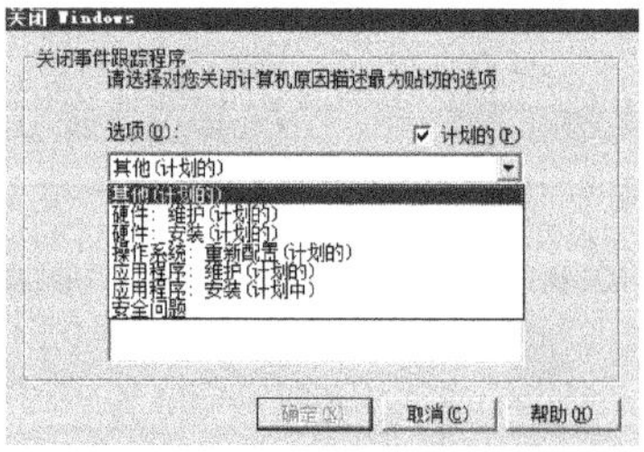

图 7-5　关机强制日志记录

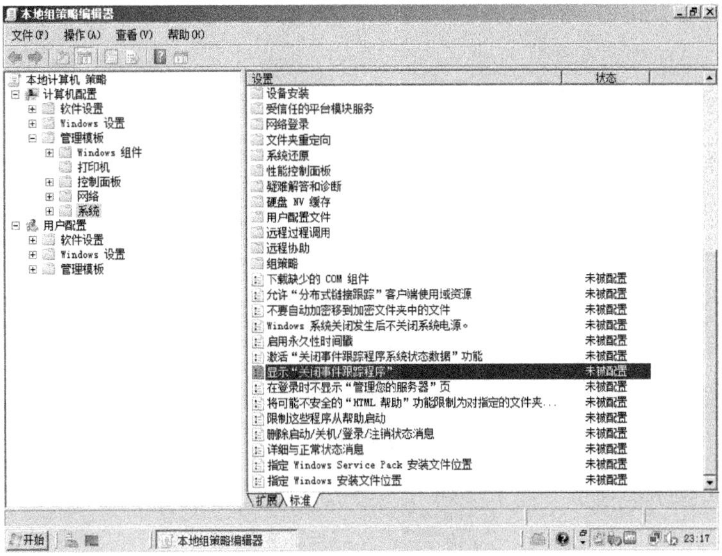

图 7-6 禁用“关闭事件跟踪程序”

注意

计算机设置中的设置项会影响系统的正常运行，因此不要随意改动。

7.3.2 用户配置实战演练

1. 禁止修改 IE 首页

常见的木马经常会修改 IE 浏览器的首页，使用户访问到错误的网站，通过组策略来锁定首页，使其无法修改，以达到保护系统安全的目的。在组策略编辑器中，单击“用户配置”→“管理模板”→“Windows 组件”→“Internet Explorer”中的“禁用更改主页设置”选项，启用即可，如图 7-7 所示。

图 7-7 禁用更改主页设置

注意

这里的组策略是“禁用更改主页设置”，如果启用，则用户无法修改 IE 主页；如果禁用，则用户可以修改 IE 主页。一定要注意组策略设置中的双重否定。

2. 禁止访问控制面板

Windows 系统中的控制面板涉及了系统的诸多设置，对于不熟悉系统的用户来说，随意修改控制面板中的内容会造成意想不到的后果。通过组策略来禁止对控制面板的访问，可以保证低级用户无法进入控制面板。单击“用户配置”→“管理模板”→“控制面板”中的“禁止访问，‘控制面板’，”选项，启用即可，如图 7-8 所示。

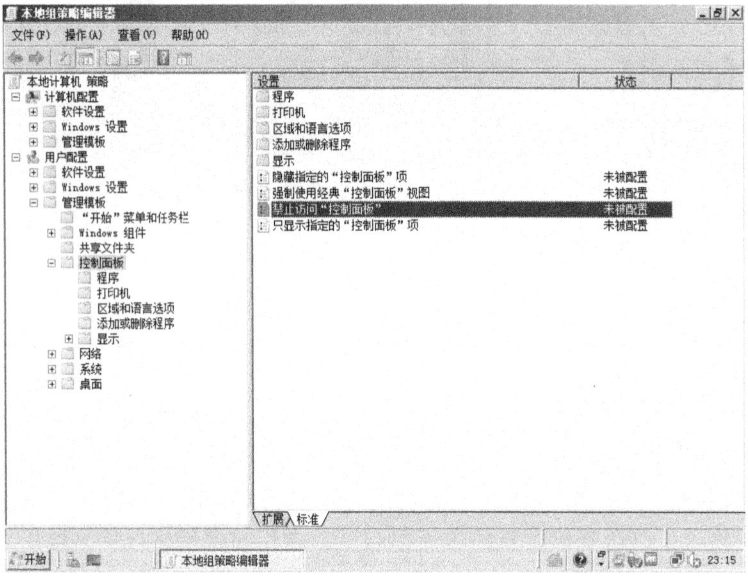

图 7-8 “禁止访问‘控制面板’”选项

3. Ctrl+Alt+Del 选项

在 Windows Server 2008 系统中使用<Ctrl+Alt+Delete>组合键，不会像在 Windows XP 系统中那样直接出现任务管理器，而是出现多选择界面，如图 7-9 所示。

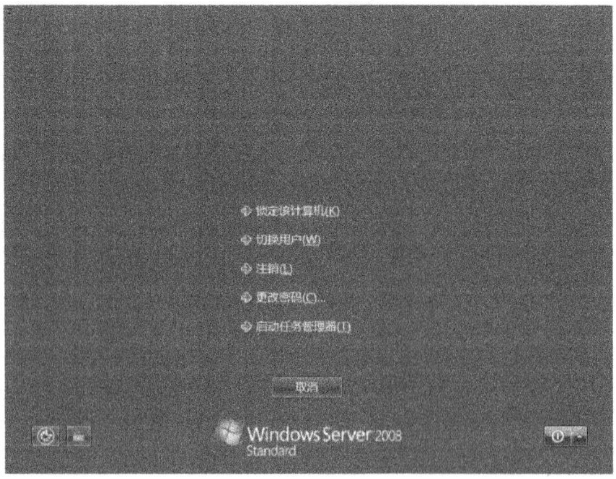

图 7-9 多选择界面

在此界面中包含“更改密码”“注销”等选项，这是不安全的。在组策略中单击“用户配置”→“管理模板”→“系统”→“Ctrl+Alt+Del 选项”中的“删除‘注销’”选项，启动即可，让“注销”选项消失，如图 7-10 所示。

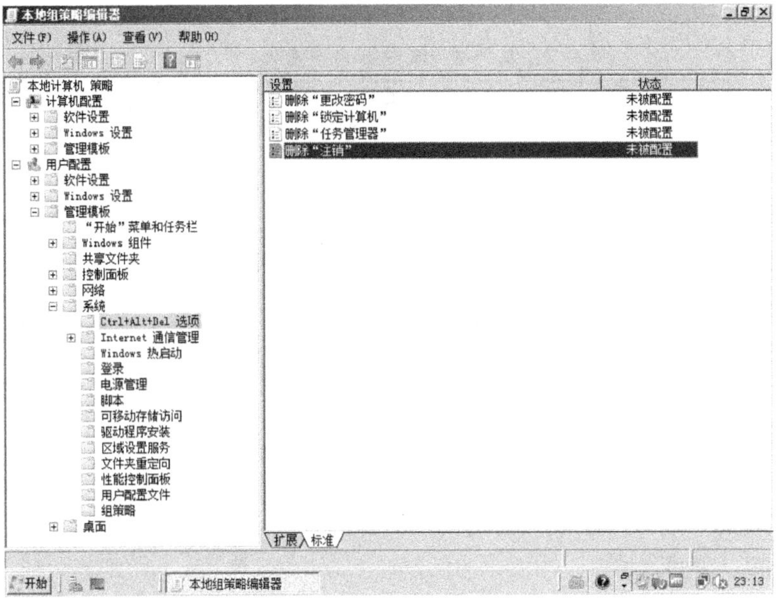

图 7-10　删除“注销”

7.4　任务 2—安全设置

安全策略用来确保计算机的安全，这些设置包括公钥策略、账户策略与本地策略等。可以在本地组策略编辑器中单击“计算机配置”→“Windows 设置”，在“安全设置”中可以找到，如图 7-11 所示。在本节中将详细介绍“安全设置”中的主要节点。

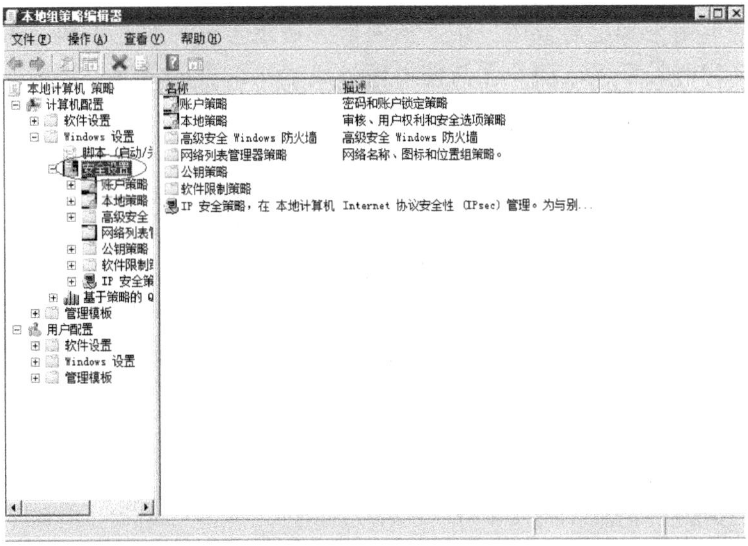

图 7-11　安全设置

7.4.1 账户策略的配置

账户策略中包含密码策略和账户锁定策略两个子节点，每个子节点下，都有若干个设置项，具体见表 7-2。

表 7-2 账户策略设置项

账户策略	密码策略	密码必须符合复杂性要求 密码长度最小值 密码最短使用期限 密码最长使用期限 强制密码历史 可用还原的加密来存储密码
	账户锁定策略	复位账户锁定计数器 账户锁定时间 账户锁定阈值

1. 密码策略

密码策略用于修改密码的相关设置，如强制执行和有效期限。规定密码的复杂性和长度要求等策略，可以有效地降低密码被字典穷举破解的可能性。

“强制密码历史”使管理员能够通过确保旧密码不被连续重新使用来增强安全性。若要维护密码历史的有效性，还要同时启用密码最短使用期限安全策略设置，不允许在密码更改之后立即再次修改密码。

注意

保证安全的最佳操作是将密码设置为 30～90 天后过期，具体多少天取决于所在的环境。这样，攻击者用来破解用户密码以及访问网络资源的时间将受到限制。同时开启强制密码策略，使管理员能够通过确保旧密码不被连续重新使用来增强安全性。

2. 账户锁定策略

管理员可以通过账户锁定策略来设置账户的锁定方式。

账户锁定阈值用来确定导致用户账户被锁定的登录尝试失败的次数。在管理员重置锁定账户或账户锁定时间期满之前，无法使用该锁定账户。可以将登录尝试失败次数设置为 0～999，如果将值设置为 0，则永远不会锁定账户。

账户锁定时间用来确定锁定账户在自动解锁之前保持锁定的分钟数。如果将账户锁定时间设置为 0，则账户将一直被锁定直到管理员明确解除对它的锁定。如果定义了账户锁定阈值，则账户锁定时间必须大于或等于重置时间。只有在指定了账户锁定阈值时，此策略设置才有意义。

复位账户锁定计数器用来确定在某次登录尝试失败之后，将错误尝试计数器重置为 0 次所需要的时间。如果定义了账户锁定阈值，则此重置时间必须小于或等于账户锁定时间。此设置也必须设置账户锁定阈值才有效。

7.4.2 本地策略

1. 审核策略

审核策略可以配置系统对不同类型的活动进行审核，其主要作用是以日志的形式来记录用户对应的活动，便于以后的维护和特殊处理。如果不启用，则服务器无法审核这些活动，具体策略见表 7-3。

表 7-3　审核策略

审 核 策 略	说　　明	DC 默认设置
审核账户管理	此安全设置确定是否审核计算机上的每个账户管理事件：创建、更改或删除用户账户；重命名、禁用或启用用户账户；设置或更改密码	成功的账户管理活动会被审核
审核账户登录事件	此安全设置确定是否审核用户登录或注销另一台计算机（用于验证账户）的每个实例	成功和失败的账户登录都会被审核
审账系统事件	此安全设置确定在用户重新启动或关闭计算机时，或者在发生影响系统安全或安全日志的事件时，是否进行审核	成功和失败的系统事件会被审核
审核权限使用	此安全设置确定是否审核执行用户权限的用户的每个实例	不审核
审核目录服务访问	此安全设置确定系统是否对访问 Active Directory 对象的用户尝试进行审核。仅当对象已指定了系统访问控制列表(SACL)，并且请求的访问类型（读取、写入或修改）和发出请求的账户与 SACL 中的设置相匹配时才生成审核	成功的目录服务访问会被审核
审核进程跟踪	此安全设置确定是否审核事件的详细跟踪信息，如程序激活、进程退出、句柄复制以及间接对象访问	成功的进程跟踪事件会被审核
审核对象访问	此安全设置确定系统是否对访问非 Active Directory 对象的用户尝试进行审核	成功的对象访问事件会被审核
审核登录事件	此安全设置确定是否审核用户登录或注销计算机的每个实例	成功和失败的登录都会被审核
审核策略更改	此安全设置确定是否审核用户权限分配策略、审核策略或信任策略的每一个更改事件	成功的策略更改会被审核

要配置审核策略，只需打开对应的策略，在复选框中勾选审核成功事件、失败事件或全部审核。

在域环境下，大部分的审核策略都被启用了。因此用户创建、密码更改、登录到域和获得用户目录的事件都会被记录。

2．用户权限分配

用户权限分配可以用来设置用户和组的权限。可供设置的项目很多，涉及登录、网络访问、设置更改等权限，如图 7-12 所示。

图 7-12　用户权限分配

右侧区域包含了可供选择的策略，分为两列，第一列为对应的策略名称，第二列为分配了对应策略的用户或用户组名。打开任意一个策略，如图 7-13 所示。

可以通过添加或删除用户和组来更改策略应用的对象。例如，在 DC 上，一般是不允许除管理员以外的一般用户进行登录的。在“允许在本地登录”策略中，可以删除除管理员以外的其他用户和组，以达到对 DC 的保护。

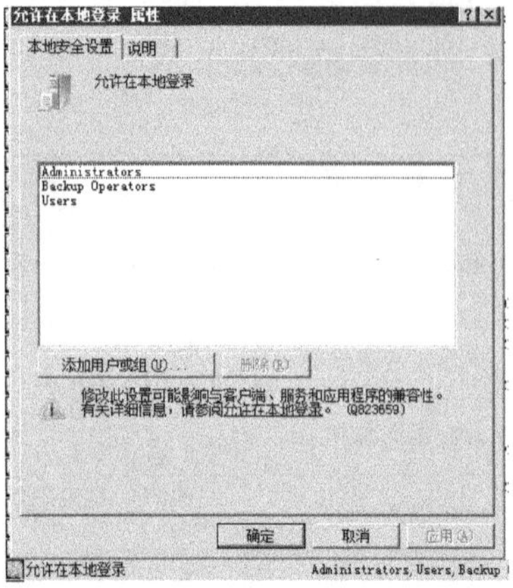

图 7-13 “允许在本地登录”策略

3. 安全选项

安全选项中有很多关于账户安全的设置，如图 7-14 所示，下面对常用的选项进行具体说明。

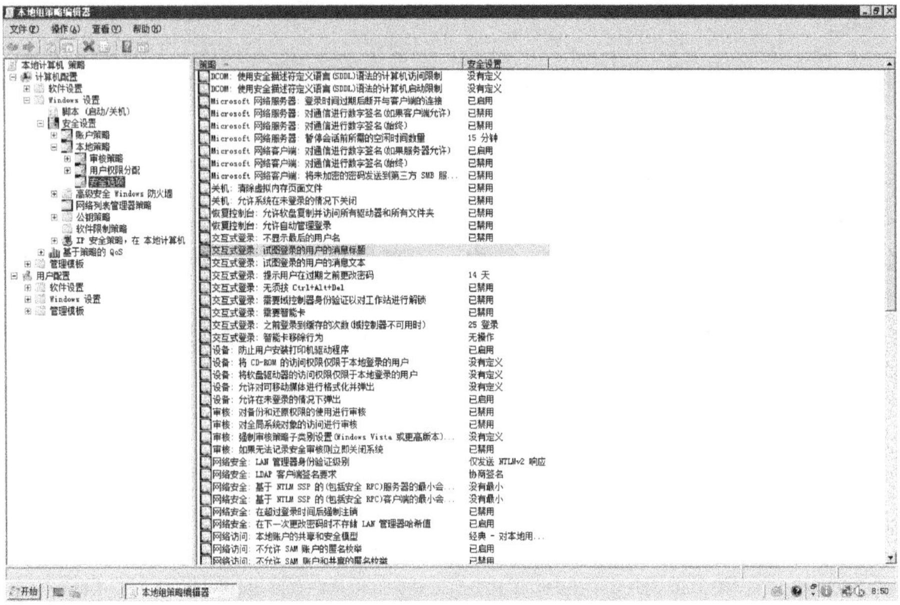

图 7-14 本地策略的安全选项

- 交互式登录：无须按<Ctrl+Alt+Delete>组合键。

在 Windows Server 2008 唤醒时，需要按<Ctrl+Alt+Delete>组合键才能出现登录界面，可以通过启用该策略，减少开机操作。

- 交互式登录：不显示最后的用户名。

在 Windows Server 2008 系统上登录时，默认已经记录了上一次成功登录的用户名，只需要输入对应的密码即可登录。如果启用该策略，则用户名自动清空，必须同时输入正确的用户名和密码才能正常登录。启用该策略可以有效地提高系统的安全性。

- 账户：使用空白密码的本地账户只允许进行控制台登录。

此策略默认为启用，如果设置了共享文件夹并启用了空密码的用户访问，使用户可以访问该文件夹，则必须禁用此策略。

- 账户：管理员账户状态。

此策略确定是否禁用本地管理员账户。

7.4.3 软件限制策略

软件限制策略可以限制一些位置或特定程序的执行，以保护系统的关键位置不被修改，阻止病毒程序的破坏，降低浏览器等网络程序的权限，使其即使被恶意代码感染，也无法破坏系统。正确、合理地设置软件限制策略，可以很好地保护系统的安全性。

在默认情况下，软件限制策略是没有被定义的，如图 7-15 所示。右键单击“软件限制策略”选项，在弹出的菜单中选择“创建软件限制策略”选项即可。

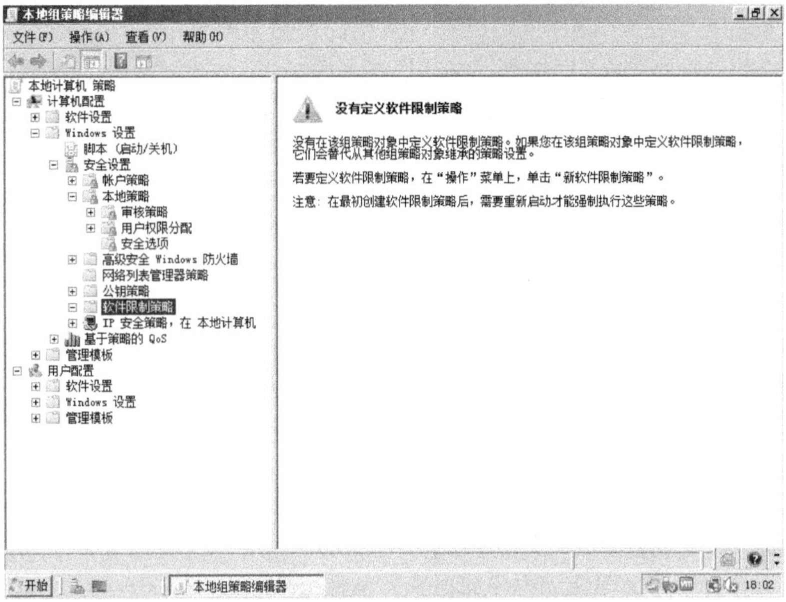

图 7-15　未定义的软件限制策略

创建软件限制策略后，会自动生成两个节点，第一个节点为“安全级别”，第二个节点为“其他规则”。

在“安全级别”节点中，Windows Server 2008 系统默认规定了 3 种不同的级别，即不受限的、不允许的和基本用户，这 3 种级别的访问权限各有不同，见表 7-4。

表 7-4　3 种安全级别访问权限的区别

名　称	访问权限的区别
不受限的	软件访问权由用户的访问权来决定，一般不受限制
不允许的	无论用户的访问权如何，软件都不会运行
基本用户	允许程序访问一般用户可以访问的资源，但没有管理员的访问权

在“其他规则”节点中，可以根据具体需要添加不同的限制策略。在节点右侧的空白区域内单击鼠标右键，在弹出的菜单中添加需要的规则即可。

这里可以添加的规则有证书规则、散列规则、Internet 区域规则和路径规则。软件限制策略在规则设置上是十分简单的，但却可以组合出非常强大的功能。

1. 路径规则

添加一条路径规则，如图 7-16 所示。在“路径”文本框中，输入要进行限制的路径，这里输入“F:\”，“安全级别”选择“不允许的”。添加完成后，会在列表中生成对应的条目。

这条策略会禁用 F 盘内的所有程序，如果试图运行 F 盘内的程序则会出现提示，具体如图 7-17 所示。但是如果把程序复制到其他路径，如 E 盘，则可以正常运行。

在“路径”文本框内也可以输入程序进程的名称，如“flash.exe”，则进程名为 flash.exe 的程序将受到限制。这种设置方式是不受文件位置影响的，无论程序在什么地方运行，都会出现受限提示。

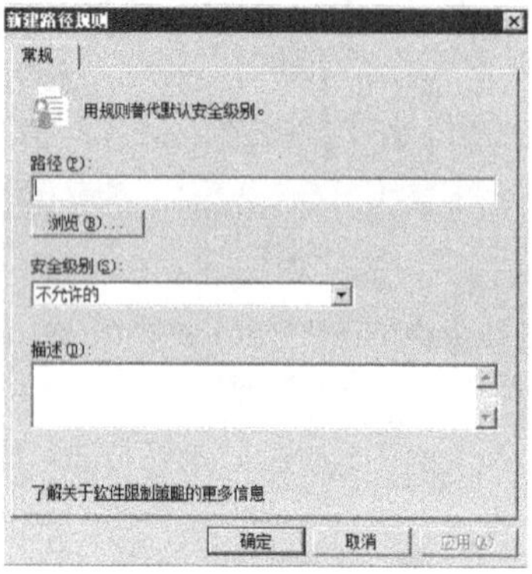

图 7-16　新建路径规则

图 7-17　受限制程序的提示

2. 哈希规则

路径规则的使用简单、灵活，结合文件名的输入就可以限制很多程序的运行。但是，一般的程序只需简单地重命名，即可改变自己在进程中的名称，那么仅通过路径规则中的名称限制将毫无作用。此时需要使用哈希规则，哈希是唯一标识软件程序或可执行文件（即使该程序或可执行文件已被移动或重命名）的指印。这样，管理员就可以使用哈希来跟踪不希望用户运行的特定版本的可执行文件或程序。

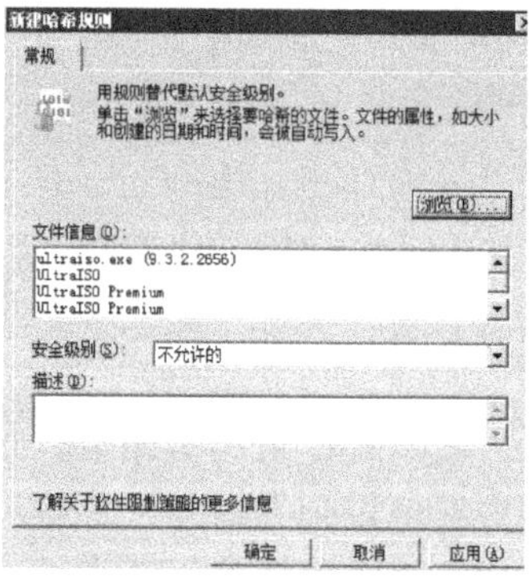

图 7-18　“新建哈希规则”对话框

新建哈希规则，在打开的“新建哈希规则”对话框中，单击【浏览】按钮，选择需要添加的具体程序，然后单击【确定】按钮，就会在文件信息窗口中显示出对应程序的哈希规则了，如图 7-18 所示。这里选择“不允许的”安全级别来验证。

单击【确定】按钮后，无论程序放在什么位置，无论程序在进程中是什么名称，只要打开经过哈希校验的程序，就会出现程序被组策略阻止的警告窗口。

注意

哈希规则的匹配是非常精确的，但是现在的软件更新快、版本多，只在哈希规则中禁用某个版本的软件，是无法限制用户使用其他版本的软件的。

3. 基本用户规则

有时不需要完全禁用程序，而是允许程序执行，但禁止程序对系统的关键位置进行修改，此时就要用到基本用户规则。

使用基本用户规则后，受规则限制的程序只具有 USER 组的权限，无法对系统目录等重要位置进行修改。这里对 D 盘的 soft 文件夹设置一个基本用户规则，如图 7-19 所示。

soft 文件夹中包含一个搜狗拼音的输入法安装程序和一个记事本程序。只有管理员组的用户才具有安装程序的权限，USER 组用户是没有的，尝试运行搜狗拼音的安装程序，会出现如图 7-20 所示的提示。

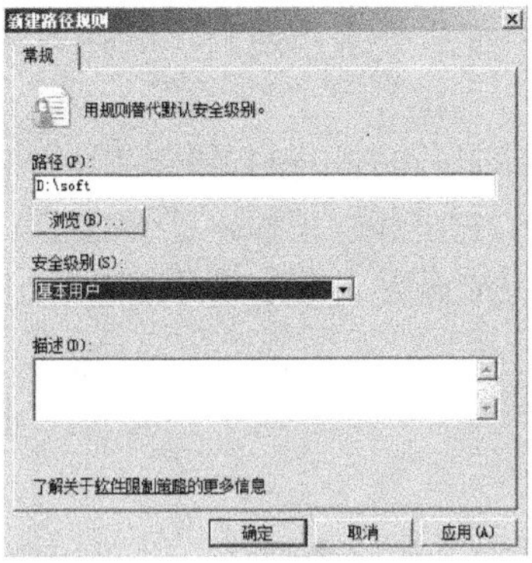

图 7-19　添加基本用户规则

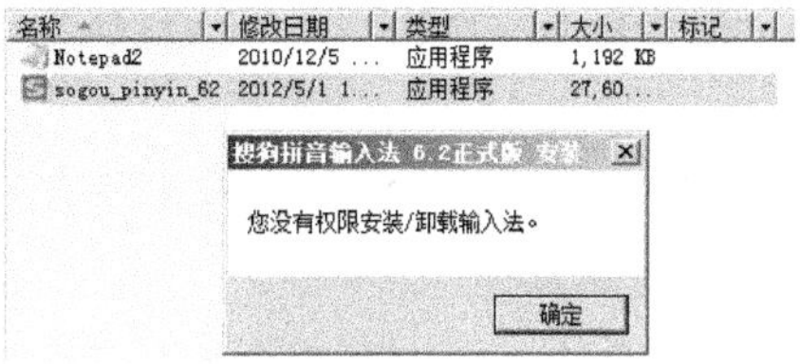

图 7-20　基本用户规则的应用 1

对于记事本程序，运行是不受影响的，可以正常打开或保存文本文档。但是，如果试图将文件写入到系统的关键位置，如写入到“C:\Windows\”目录中，就会出现权限不够的提示，如图 7-21 所示。

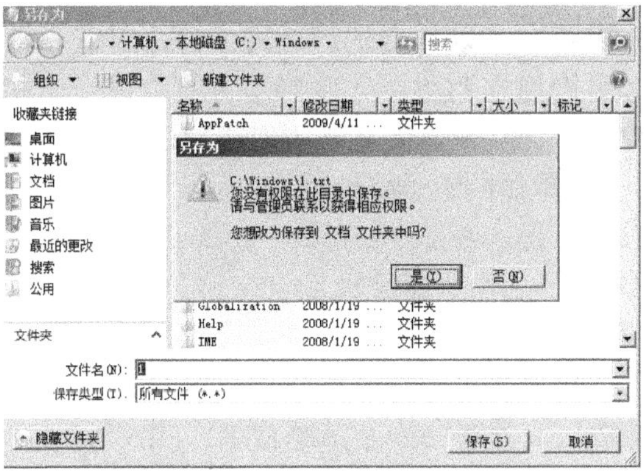

图 7-21　基本用户规则的应用 2

通过设置基本用户规则，可以降低 IE 浏览器、IE 缓存目录等的权限，使其无法执行恶意代码。

4. 通配符和规则优先级

使用通配符可以增加限制匹配的灵活性，在软件限制策略中可以使用两种通配符，见表 7-5。

表 7-5　软件限制策略的通配符

通配符	可匹配的字符数
*	匹配任意一个字符（包括 0 个），但不包括斜杠
?	1 个或 0 个字符

例如，“*\Windows”可匹配 C:\Windows、D:\Windows、E:\Windows 以及每个目录下的所有子文件夹；“C:\win*”可匹配 C:\winnt、C:\windows、C:\windir 以及每个目录下的所有子文件夹；“*.vbs”可匹配系统中具有此扩展名的所有脚本程序；“C:\ApplicationFiles*.*”可匹配该目录中的应用程序文件，但不包括 ApplicationFiles 的子目录。

另外需要注意的是，在软件限制策略规则配置的过程中，可能会添加重合的限制规则，那么具体哪条规则起作用，就要看优先级的高低了。总体原则是：规则越匹配越优先，绝对路径的优先级高于通配符路径，文件名规则的优先级高于路径规则，散列规则比任何路径规则的优先级都高。

软件限制策略功能非常强大，结合管理员的经验，可以组合出很多特别的功能。例如，将 QQ 程序设置为基本用户的权限，在其广告目录中调整 NTFS 权限，去掉该目录 USER 组的创建、写入权限，同时去掉 IE 目录的 USER 组权限，使 QQ 无法调用，从而实现去除广告的目的。

7.4.4 IP 安全策略

1. IP 安全策略简介

IP 安全策略通过使用加密安全服务来确保 IP 网络上的安全通信，并可以建立从源 IP 地址到目标 IP 地址的信任和安全。它是一个基于通信分析的策略，将通信内容与设定好的规则进行比较，以判断通信是否与所配置的策略相吻合，然后决定是允许还是拒绝通信的传输，从而实现更仔细、更精确的 TCP/IP 安全策略。

2. 在本地计算机创建和分配 IP 安全策略

Windows 系统的 3389 端口可以开启远程连接服务，对于远程管理服务器是非常方便的，但方便的同时也很容易被黑客利用，入侵到服务器中进行一些破坏活动。下面通过在本地计算机上创建并分配一个 IP 安全策略，实现服务器的 3389 端口只对某一个具体的 IP 地址开放，而其他的 IP 地址无法访问。

（1）选中“IP 安全策略，在本地计算机”，在右侧空白位置上单击鼠标右键，在弹出的菜单中选择“创建 IP 安全策略”选项，弹出“IP 安全策略向导”。在向导中单击【下一步】按钮，为新的安全策略命名为“3389”，单击【下一步】按钮，则显示“安全通信请求”对话框，“激活默认相应规则”复选项不用勾选，单击【下一步】按钮，显示“正在完成 IP 安全策略向导”对话框，默认勾选“编辑属性”复选项，单击【完成】按钮就创建了一个新的 IP 安全策略，同时打开该策略的属性编辑对话框，如图 7-22 所示。

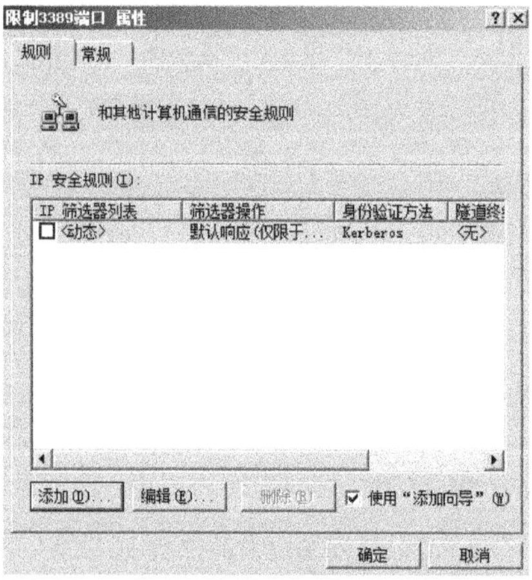

图 7-22 “限制 3389 端口 属性”对话框

提示

默认响应规则用来确保计算机可响应安全通信请求。如果活动策略未为请求安全通信的计算机定义规则，则会应用默认响应规则并协商安全性。例如，计算机 A 与计算机 B 安全通信，计算机 B 未为计算机 A 定义入站筛选器，则使用默认响应规则。

（2）在打开的属性对话框中，取消勾选“使用‘添加向导’”复选项，然后单击【添加】按钮添加新的规则，然后弹出新规则的属性对话框。在对话框中单击【添加】按钮，弹出“IP 筛选器属性”对话框，在“源地址”下拉列表中，同样把“使用‘添加向导’”复选项左边的钩取消，然后再单击右边的【添加】按钮添加新的筛选器，如图 7-23 所示。

（3）进入“IP 筛选器　属性”对话框，在“地址”选项卡的“源地址”下拉列表框中选择“任何 IP 地址”选项，“目标地址”选择“我的 IP 地址”选项。单击“协议”选项卡，在“选择协议类型”下拉列表框中选择“TCP”选项，然后在“到此端口”下的文本框中输入“3389”，如图 7-24 所示，单击【确定】按钮，这样就添加了一个 TCP3389 端口的筛选器。

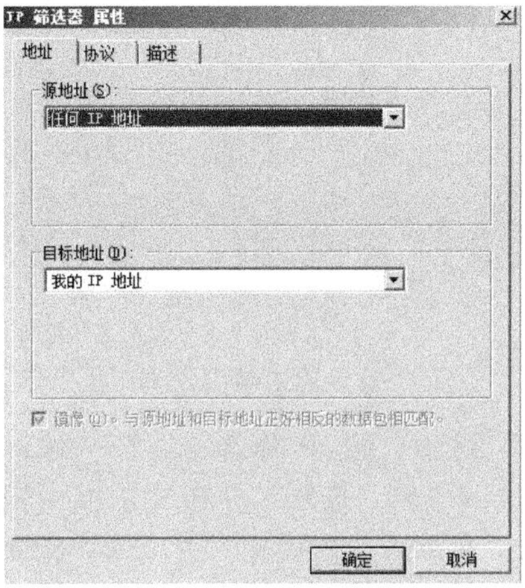

图 7-23　添加新的筛选器

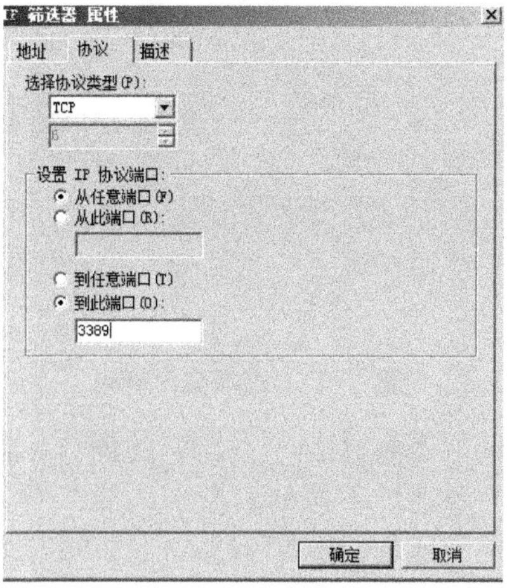

图 7-24　“协议”选项卡

（4）单击【确定】按钮后返回“IP 筛选器列表”对话框，可以看到已经添加了一条策略，如图 7-25 所示，在“名称”文本框中输入策略名称“禁用 3389”，单击【确定】按钮。

（5）在“新规则　属性”对话框中，选择“禁用 3389”，然后单击其左边的圆圈，如图 7-26 所示，表示已经激活。

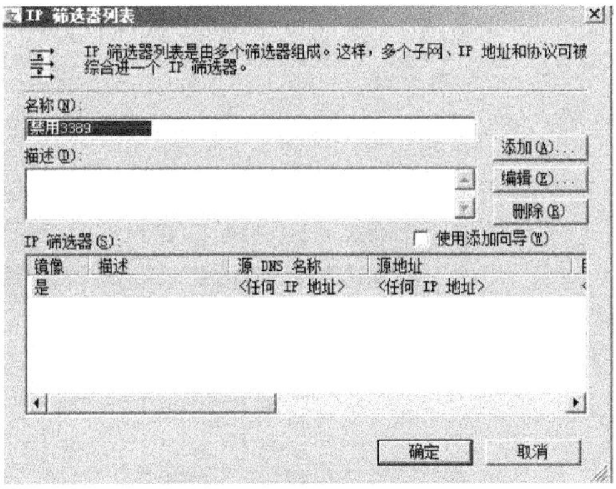

图 7-25　添加“禁用 3389”筛选器

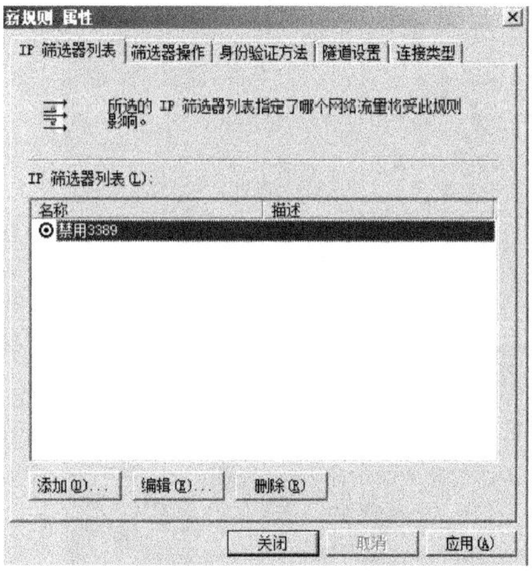

图 7-26　激活“禁用 3389”筛选器

（6）单击“筛选器操作”选项卡。在“筛选器操作”选项卡中，取消勾选“使用‘添加向导’”复选项，单击【添加】按钮，添加“阻止”操作。在“新筛选器操作 属性”对话框的“安全方法”选项卡中，选中“阻止”单选项，在“常规”选项卡中将名称改为“阻止操作”，然后单击【确定】按钮，如图 7-27 所示。

（7）进入“新规则　属性”对话框，单击“阻止操作”，其左边的圆圈内会出现一个点，表示已经激活，如图 7-28 所示。单击【关闭】按钮，关闭对话框。

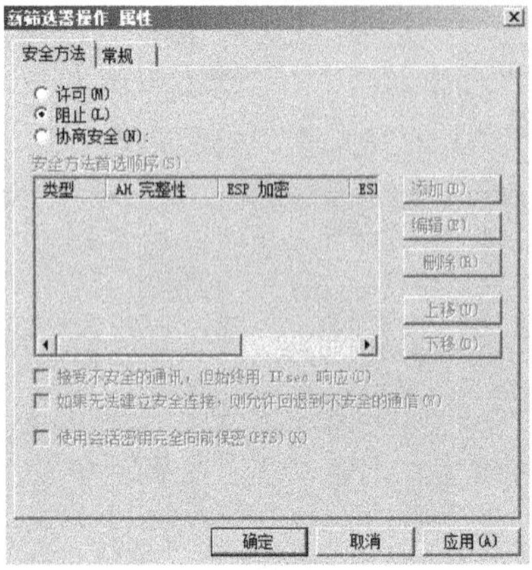

图 7-27　添加禁用规则

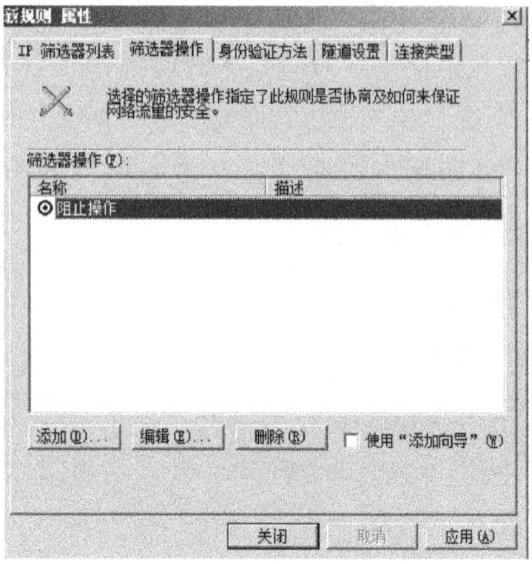

图 7-28　选中禁用规则

（8）重复（2）～（7）的操作，添加一个“启用 3389”的 IP 筛选器，在“地址”选项卡的源地址下拉列表框中选择“一个特定的 IP 地址或子网”选项，并在文本框中输入一个特定的地址，如“192.168.112.50”，如图 7-29 所示。在“筛选器操作”选项卡中添加“许可操作”，并将新添加的 IP 筛选器和对应的筛选器操作选中。

（9）返回“3389 端口策略　属性”对话框，勾选“禁用 3389”和“启用 3389”两个复选项，单击【确定】按钮关闭对话框，如图 7-30 所示。

（10）在“IP 安全策略”窗口，用鼠标右击新添加的 IP 安全策略，选择“指派”，分配 3389 端口就按照规则受限了，只有 IP 地址为“192.168.112.50”的机器可以正常访问。同一时间，只有一个 IP 安全策略可以被指派生效。

IP 安全策略是非常灵活且强大的，可以根据需要自由组合，完成许多防火墙无法做到的精确拦截。

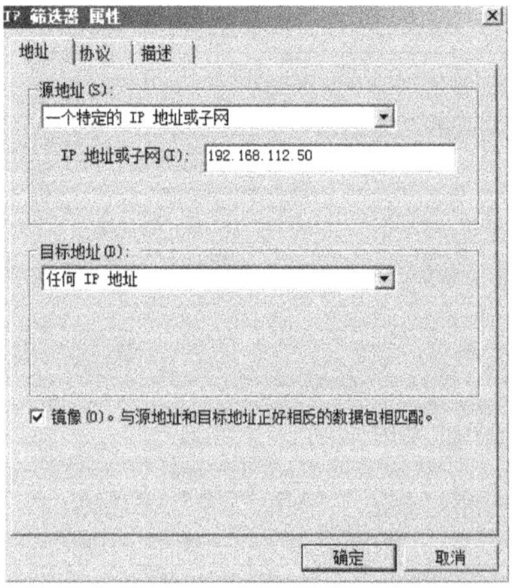

图 7-29　添加一个允许访问 3389 的特定地址

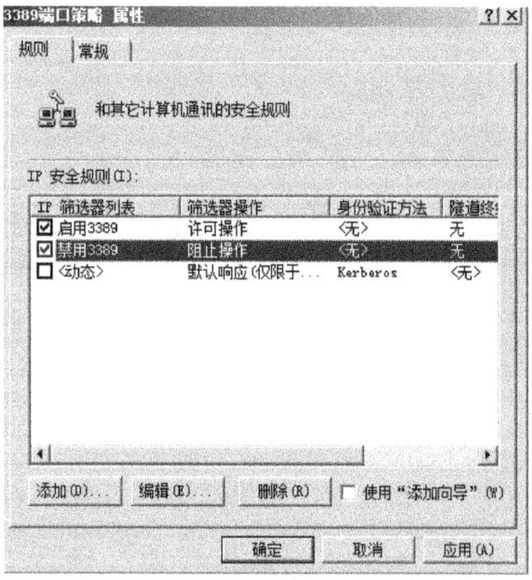

图 7-30　“端口 3389 的策略　属性”对话框

7.5 域组策略配置

7.5.1 域组策略的基本概念

安装了域服务后，在管理工具中就有了“组策略管理”控制台，如图 7-31 所示。

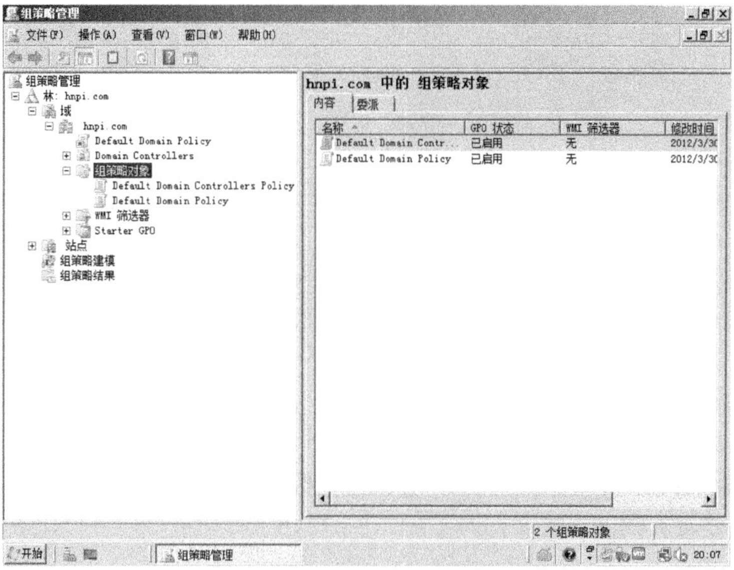

图 7-31 “组策略管理”控制台

在组策略管理控制台中，可以根据需要建立不同的组策略对象（GPO），将其应用到域、域控制器或不同的站点、组织单元上，只要计算机或用户登录域，就会自动应用对应的策略。

7.5.2 组策略的配置

在组策略管理中，策略设置需要在组策略对象中定义和保存。GPO 是一种对象，其中包含一条或多条策略设置，并可以将一条或多条设置应用给用户或计算机。

基于域的 GPO 需要在活动目录中创建，并且保存在域控制器上。在安装 ADDS 时，系统会默认创建两个 GPO，即 Default Domain Policy 和 Default Domain Controllers Policy。

- “Default Domain Policy”：该 GPO 会被链接给域，并影响域中所有的用户和计算机。该 GPO 包含的策略设置可用于指定密码、账户锁定等，以满足域内密码和账户锁定策略方面的要求。但不推荐使用该 GPO 应用其他不相关的设置，如果需要配置其他策略，并希望在整个域内应用，可以创建额外的 GPO 并将其链接到域。
- “Default Domain Controllers Policy”：该 GPO 会被链接到 Domain Controllers OU，它只包含域控制器的计算机用户，其他计算机用户应放到其他 OU 中。因此该 GPO 实际上只能影响域控制器。

1. GPO 的创建

在“组策略对象”上单击鼠标右键，在弹出的菜单中选择“新建”选项，如图 7-32 所示。在弹出的“新建 GPO”对话框中输入名称“soft”，便创建了一个名为“soft”的 GPO。

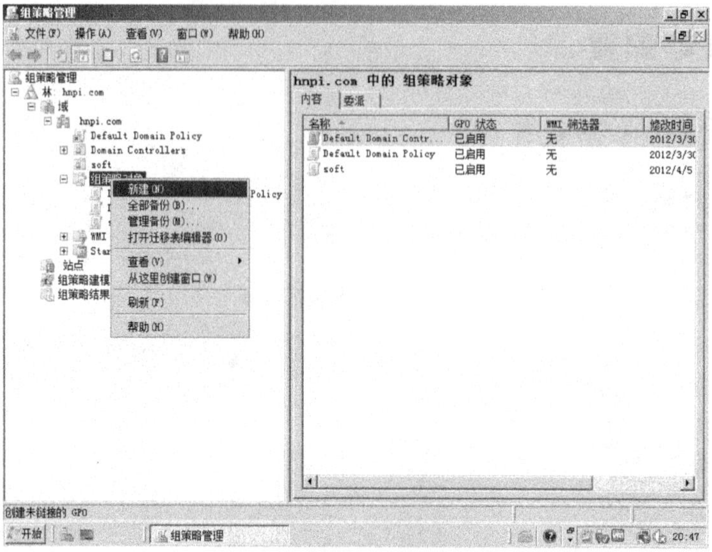

图 7-32　新建 GPO

2. GPO 的编辑

在创建的 GPO 上单击鼠标右键，在弹出的菜单中选择“编辑”选项，即可打开组策略管理编辑器，这里面的设置和前面的本地计算机策略配置基本类似（多了首选项），如图 7-33 所示，根据需要进行对应的策略设置即可。

注意

在单机环境下，无论配置了计算机策略还是用户策略，最终都是应用在本机上，只是应用的时间顺序不同。但在域环境中，组策略中的计算机配置和用户配置是完全区分开的，可以把站点、OU 看成一个容器，而 GPO 是应用在具体的容器上，用户和计算机都可以看成是独立的单位加入到容器中。计算机配置策略只对容器中的计算机生效，而用户配置只对容器中的用户生效。

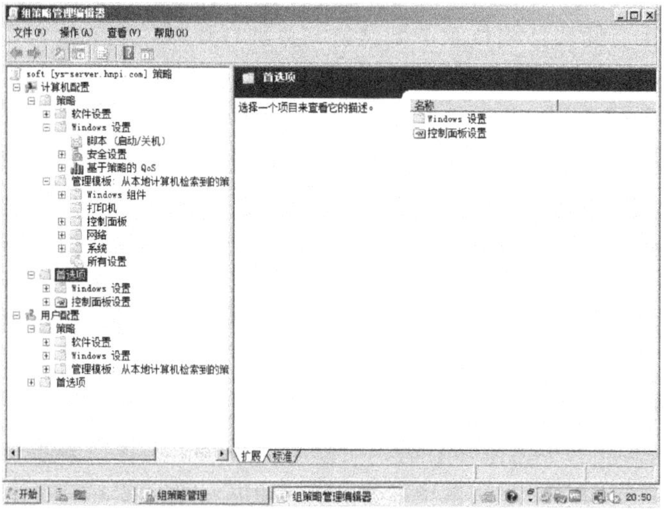

图 7-33　组策略管理编辑器

3. GPO 的链接

设置好的 GPO 要放在域或 OU 等容器上才能生效。这里在“soft”的 OU 上需要链接名为“soft”的 GPO。在“soft”的 OU 上单击鼠标右键，在弹出的菜单中选择“链接现有 GPO”选项，在弹出的“选择 GPO”对话框中，选择名为“soft”的 GPO，如图 7-34 所示，单击【确定】按钮即可。

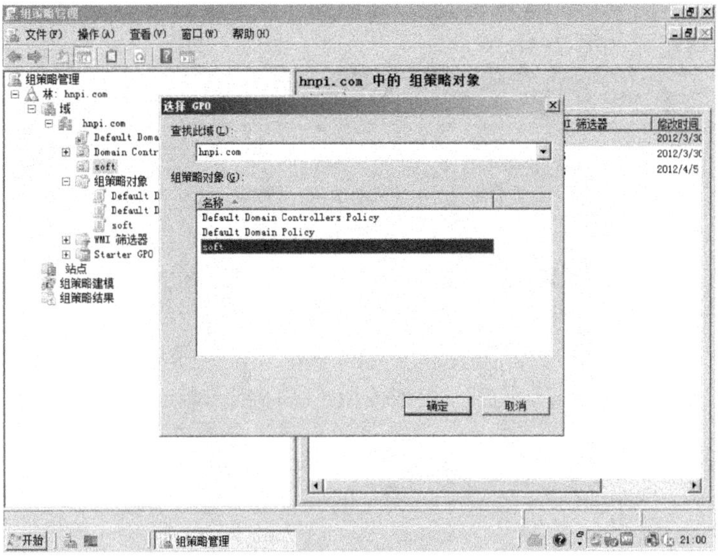

图 7-34 链接 GPO

注意

创建、修改、链接 GPO 都需要有对应的权限，在“委派”选项卡中，可以看到拥有对应权限的用户组，根据需要可以添加和删除用户，如图 7-35 所示。

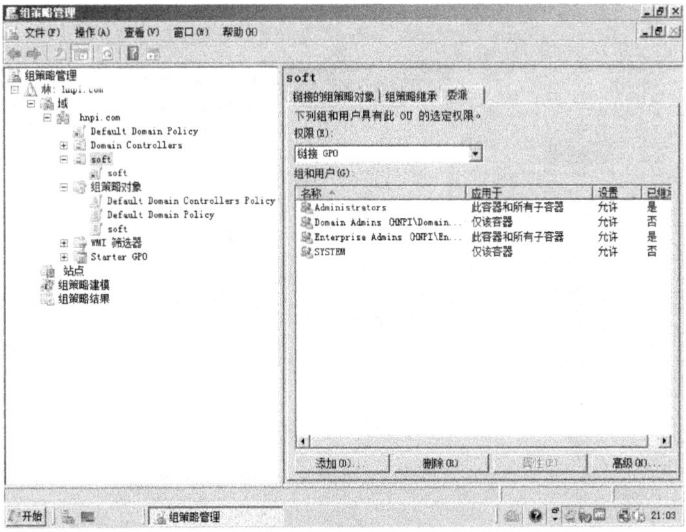

图 7-35 修改委派

7.5.3 组策略的筛选和刷新

旧版本 Windows 系统中组策略编辑工具的一个不足是无法搜索特定的策略设置。由于有上千条策略可供使用，因此很难找到具体需要的某条设置。而 Windows Server 2008 系统中新的组策略编辑器针对模板设置解决了这一问题，即创建筛选器找到特定的组策略。

创建筛选器，右键单击“管理模板”，并选择“筛选器选项”选项。根据实际的需求，查找相关的策略模板，如图 7-36 所示。

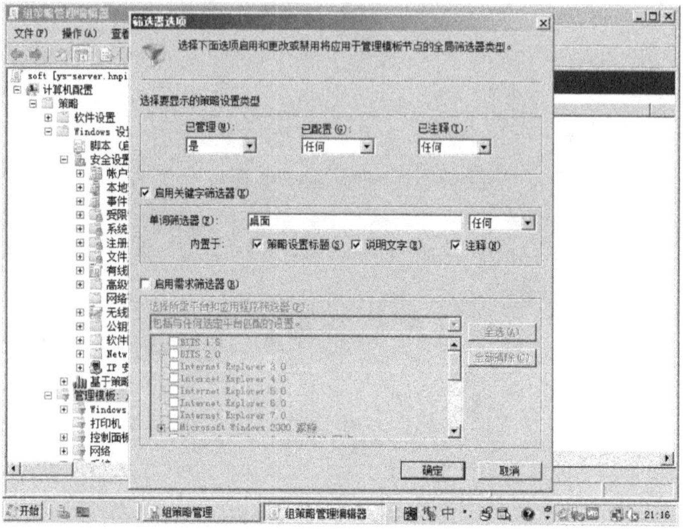

图 7-36 组策略的筛选

例如，在单词筛选器的文本框中输入“桌面”，查找与桌面相关的策略模板。单击【确定】按钮后，所有包含桌面的内容就出现在了右侧区域，如图 7-37 所示。在“管理模板”上单击鼠标右键，去除打开筛选器，则会取消筛选，然后显示出所有的可设置模板。

图 7-37 筛选与桌面相关的策略模板

在域中创建或修改后的组策略，不会立即应用到域中的所有机器上。在默认情况下，非域控制器的计算机每 90 分钟刷新一次，其中含有随机的 30 分钟时间偏移量，时间偏移量保证了多个计算机不会同时连接到同一个域控制器上。域控制器每 5 分钟刷新一次，保证了紧急更新的组策略设置（安全性设置）能够及时执行，可以在“域控制器组策略重新刷新时间间隔”里更改。

如果使用组策略做实验，或者对组策略进行排错，会希望发起手动的组策略刷新，这样就不用等待下一次后台进行刷新。此时可使用 gpupdate.exe 命令发起组策略刷新。默认情况下，在后台刷新时，只有更新过的 GPO 才会被应用，而“/force”参数会让用户或计算机作用域内所有 GPO 中的所有设置强制刷新。对于必须注销或重启才能生效的策略，可以使用“/logoff”和“/boot”参数。

7.5.4 软件部署

在运行维护时，管理员通常要给客户端机器进行软件安装、升级、维护、删除等操作，工作量非常庞大，而且由此产生的安全问题也一直都是管理员头疼的问题。对于加入域的计算机，通过域组策略中的软件部署，可以轻松地实现软件的分发。

打开名为“soft”的组策略编辑器，在“计算配置”和“用户配置”中，右键单击“软件安装”，如图 7-38 所示。在弹出的菜单中选择“新建”→“数据包”选项，打开一个网络共享位置（一般放在文件服务器上）的 MSI 安装程序。这里只支持 MSI 格式的程序，如果要部署其他类型的程序，可以通过制作 MSI 安装包来实现。

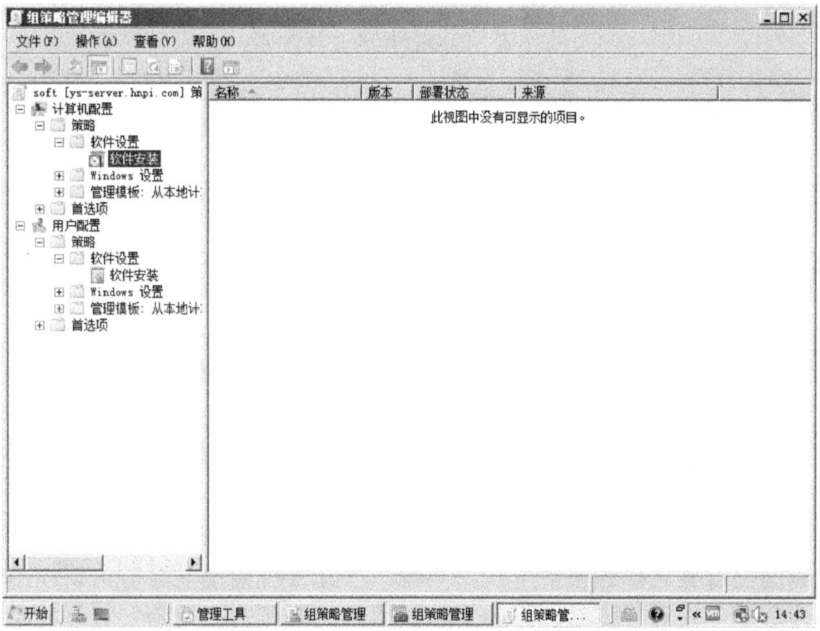

图 7-38 软件部署

打开网络位置的 MSI 安装程序后，会弹出“部署软件”对话框，如图 7-39 所示。在“选择部署方法”中有“已分配”和“已发布”两个单选项（在“计算机配置”中，“已发布”为灰色。“高级”单选项是对“已分配”和“已发布”选项的配置）。

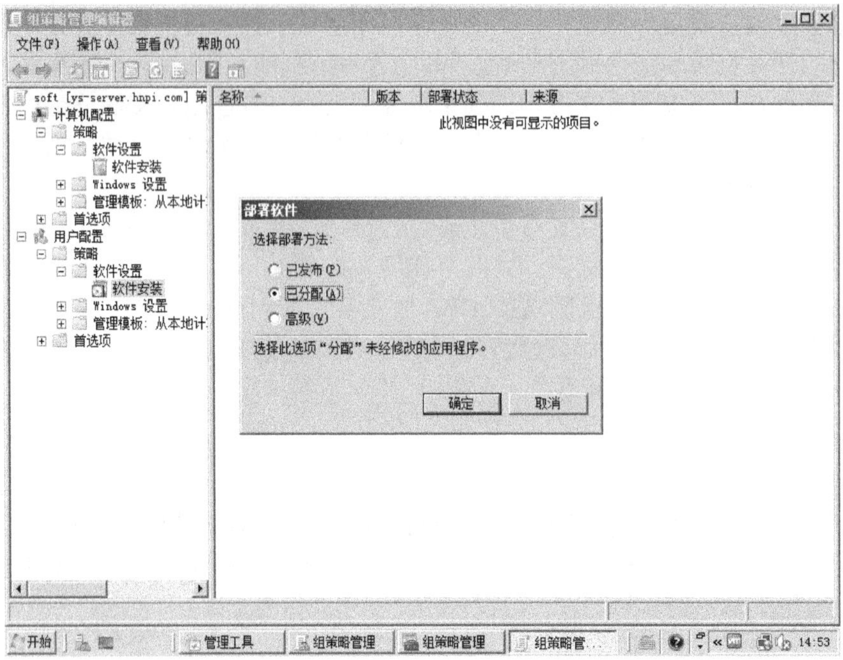

图 7-39 “部署软件”对话框

这里有 3 种部署软件的方法：发布给用户、分配给用户、分配给计算机，3 种方法的区别见表 7-6。

表 7-6 部署软件的 3 种方法

执 行 方 式	发布给用户	分配给用户	分配给计算机
生效时间	下次登录域	下次登录域	下次启动计算机
完整的软件触发时机	用户从“添加与删除程序”安装	第一次单击快捷方式	计算机启动自动安装
是否出现快捷方式	否	是	是
以何种身份删除软件	用户	用户	系统管理员

第一种是发布给用户。选择这种方式时，软件只会出现在控制面板的“添加或删除程序”对话框内。用户可以根据自己的需要进行安装，安装后，也可以随时删除软件。删除后仍可在控制面板的“添加或删除程序”中找到，但不会有任何要求安装软件的提示。当用登录到域的用户账户查看添加或删除程序时，会自动出现部署的软件安装，如图 7-40 所示。

第二种是分配给用户。选择这种方式时，用户在任何一台计算机登录域，都可以在“开始”菜单或桌面上看到软件的快捷方式。同时，在计算机中也会注册该软件的相关信息，如关联的文件等。但软件并没有真正的安装，用户只要单击“开始”菜单或桌面上的快捷方式，计算机就会自动下载并安装此软件。但与发布给用户不同的是，用户可以删除此软件。但是，下次登录时，它还是会出现，除非管理员删除了它或者用户安装了它。

第三种是分配给计算机。选择这种方式时，用户不用手动执行，计算机会在启动时，自动下载并安装此软件。用户不能删除此软件，只有管理员有此特权。

图 7-40　发布给用户后会在“添加或删除程序”中显示

对于已发布或分配的程序，也可以进行删除和更改操作，如图 7-41 所示。删除软件会出现选择删除方法的提示：立刻从用户和计算机中卸载软件，或者允许用户继续使用软件，但阻止新的安装。管理员根据实际需要进行选择即可。

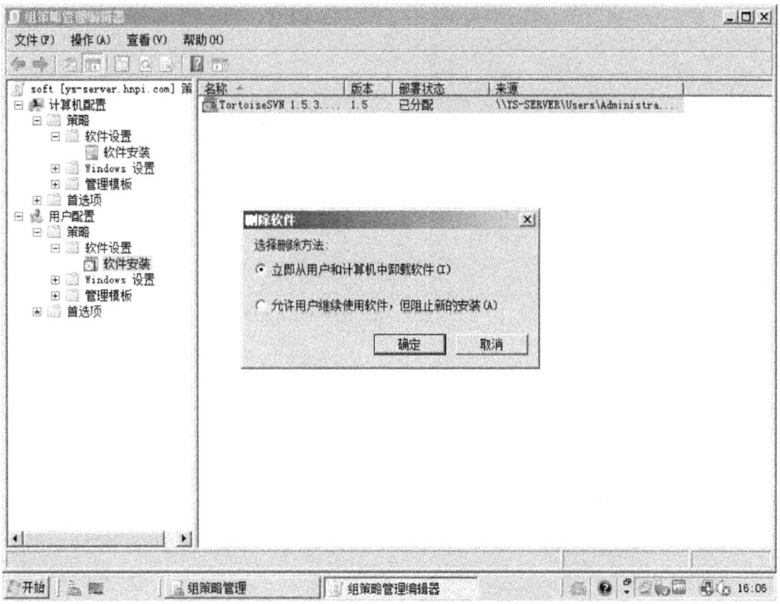

图 7-41　删除部署的软件

7.5.5　备份和还原

在配置完域组策略后，要及时地进行备份操作，避免劳动成果的丢失。在组策略对象上单击鼠标右键，在弹出的菜单中选择“全部备份”选项。出现“备份组策略对象”对话框，选择备份的位置，并对备份作适当的文字说明，如图 7-42 所示，最后单击【备份】按钮即可。

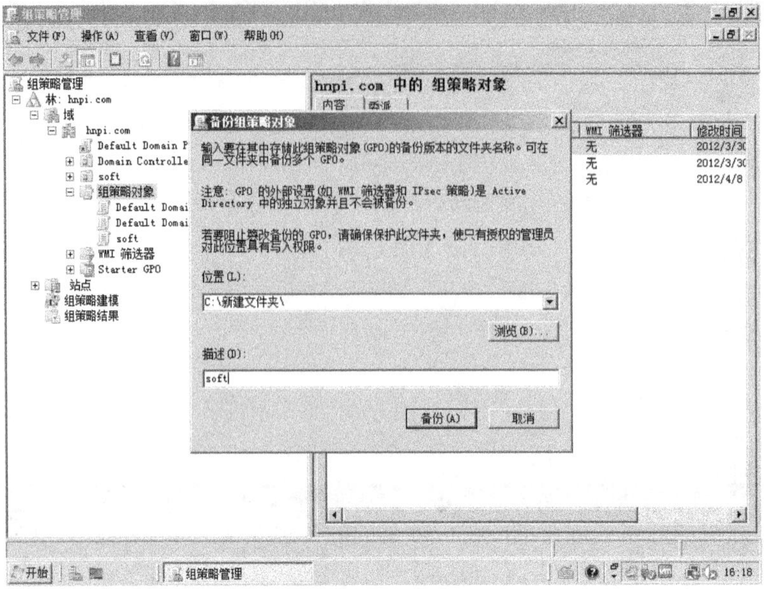

图 7-42　备份组策略

若要删除 soft 中的 GPO，可以使用恢复功能对其进行恢复。右键单击组策略对象，在弹出的菜单中选择“管理备份”选项。然后选中要恢复的 soft，单击【还原】按钮即可，如图 7-43 所示。

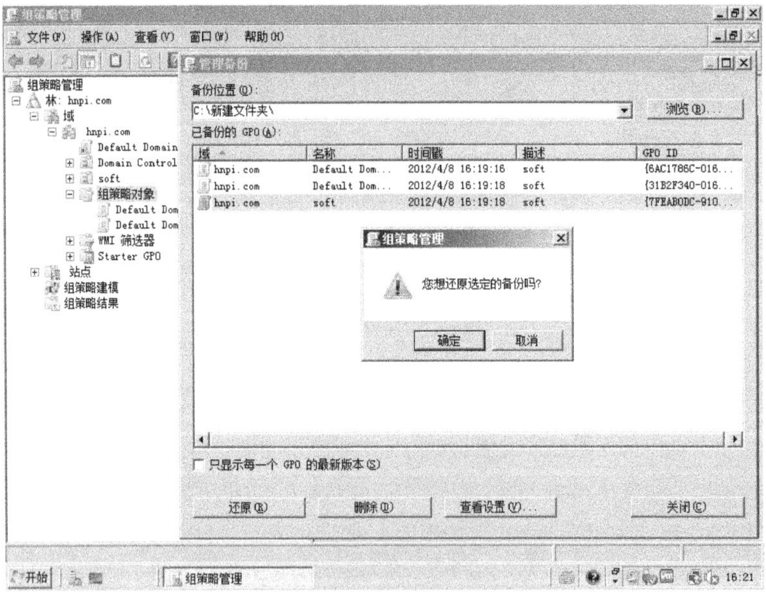

图 7-43　恢复组策略

7.5.6　策略结果集 RSoP

完成组策略的设置后，如果某项设置出现了问题，就需要对其进行排错，但是组策略的设置很多，很多时候无法快速定位到对应的策略上，此时可以使用策略结果集（RSoP）。

策略结果集是组策略的一个附加程序，它使得策略的实施和疑难解答变得更容易。RSoP 是一个查询引擎，它可以轮询现有的策略和已计划的策略，然后报告查询结果。它根据站点、域、域控制器以及组织单位轮询现有的策略。在“运行”中输入 rsop.msc 即可打开本地的策略结果集，其中显示了本地计算机上配置的所有策略，如图 7-44 所示。

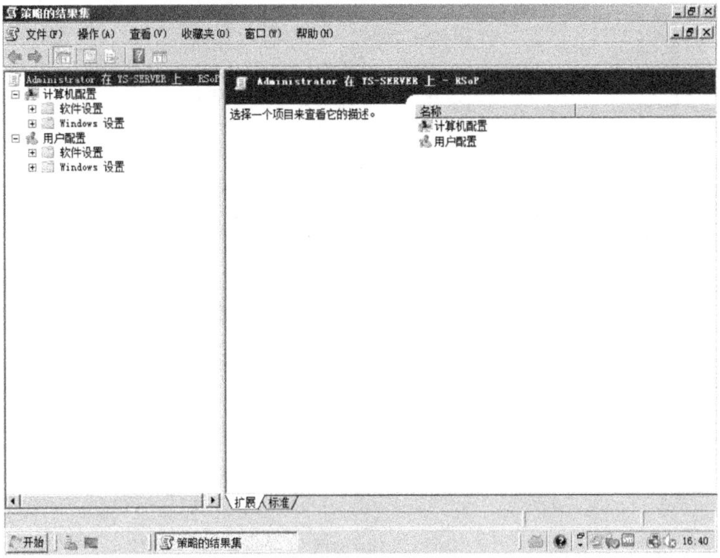

图 7-44　策略结果集

查看域组策略中的策略结果集，需要打开 ActiveDirectory 用户和计算机，在要查看策略结果集的域、OU 或站点上单击鼠标右键，在弹出的菜单中选择“所有任务”→“策略的结果集（正在计划）”选项，如图 7-45 所示。打开策略结果集向导，根据向导提示进行操作，即可完成对应的策略结果集的显示，如图 7-46 所示。

图 7-45　查看组策略结果集

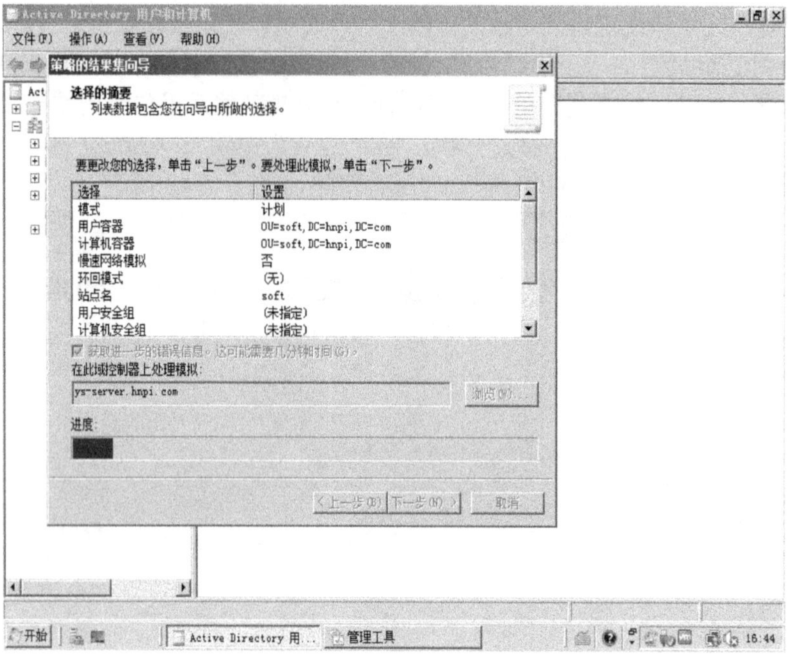

图 7-46　策略结果集向导

7.6　首选项

在域的环境下，“计算机配置”和“用户配置”节点下还有一个“首选项”节点，这是 Windows Server 2008 系统中新增的功能，可管理大量额外的设置。

组策略首选项包括 20 多个新的组策略扩展，扩大了组策略对象（GPO）中可配置设置的范围。这些新的扩展位于组策略管理控制台的“组策略管理编辑器”窗口中的“新首选项”下。新组策略首选项扩展的示例包括文件夹选项、映射驱动器、打印机、计划任务、服务以及“开始”菜单的设置。注意，只有在域的组策略中才有首选项功能，本地计算机策略中无此功能。

使用组策略首选项，可以在无需学习脚本语言的情况下，管理驱动器映射、注册表设置、本地用户和组、服务、文件和文件夹。可以减少脚本编辑和所需的自定义系统映像数，实现标准化管理，帮助保护网络的安全。使用首选项级别的目标，可以通过减少所需的组策略对象数量来简化桌面管理。

首选项是非强制的，客户端可以自行更改设置值，所以首选项适合用来当默认值。相对的策略设置是强制性设置，客户端应用这些设置后，就无法更改。

定位组策略首选项的步骤：

（1）打开“管理工具”的“组策略管理”。

（2）在组策略管理控制台树中，展开要编辑的 GPO。

（3）右键单击要编辑的 GPO，在弹出的菜单中选择“编辑”选项。

（4）在控制台树中，先展开“计算机配置”或“用户配置”，再展开“首选项”，然后再单击所需的项目。在控制台树中单击某个项目，即可在详细信息窗格中查看相关设置，如图 7-47 所示。

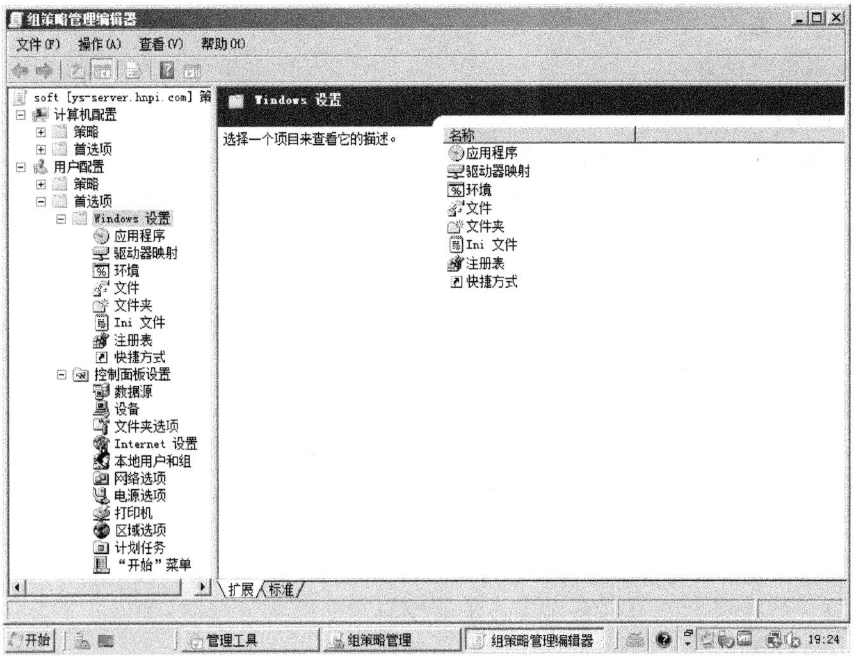

图 7-47　首选项

7.7　回到工作情景

研发部和销售部有着各自的制度要求，建立两个 OU，将研发部和销售部的计算机、用户放入对应的 OU 中，建立两个对应的 GPO，应用到 OU 上即可。

- 研发部 GPO：网络访问限制、禁用 IM 软件，可以通过远程路由访问进行限制，也可以在组策略的 IP 安全策略中进行限制，但对于局域网内的聊天软件，如飞鸽传书，就只能在 IP 安全策略中进行限制。
- 销售部 GPO：统一桌面、IE 首页可以在管理模板中进行限制，常用软件可以通过软件部署进行统一。

7.8　项目实训—Windows Server 2008 组策略管理

【实训环境和条件】

（1）VMware Workstation 8.0 虚拟机软件。

（2）Windows Server 2008 系统镜像文件，Windows XP 系统镜像文件。

【实训目的】

通过上机练习，熟悉组策略和注册表的异同；掌握本地计算机策略的设置；掌握安全设置中的相关内容；学会在域的环境上应用组策略。

【实训内容】

（1）熟悉组策略和注册表的异同。

（2）本地计算机策略的设置。

（3）安全设置。

（4）域组策略设置。

【实训过程】

（1）熟悉组策略和注册表的异同。

1）打开组策略编辑器和注册表编辑器，了解编辑器的基本结构和修改方法。

2）通过 RegSnap 软件，监控修改组策略项对注册表的影响。

（2）本地计算机策略的设置。

1）在本地计算机策略中，查看“Windows 设置”节点、“管理模板”节点下的策略项。

2）修改“计算机配置”和“用户配置”中的具体策略项，并验证修改结果。

（3）安全设置。

1）查看“安全设置”中“账户策略”和“本地策略”中的策略项。

2）练习使用软件限制策略。

3）练习使用 IP 安全策略。

（4）域组策略设置。

1）结合单机环境下的组策略设置，了解域组策略的设置方法。

2）创建组策略对象，修改其中的策略项并应用到 OU 上。

3）练习使用软件部署。

4）备份和还原组策略

5）查看组策略结果集。

习　题

问答题

1. 组策略作用的对象有哪些？
2. 利用组策略管理计算机有哪些优点？
3. 什么是安全模板？它有什么作用？
4. 部署软件有什么作用？
5. 怎样删除网络中部署的软件？
6. 在组策略编辑器中，在“计算机配置”和“用户配置”中部署软件有什么不同？
7. 应用组策略的方法有哪几种？它们有什么不同？
8. 怎样对用户采取密码策略？

项目 8 DHCP 服务器架设

主要内容

- DHCP 服务器的作用和适用场合。
- DHCP 服务器的工作原理。
- DHCP 服务器的架设方法。
- DHCP 服务器的测试。

技术目标

- 了解 DHCP 服务器的作用及适用场合。
- 熟悉 DHCP 服务器的工作原理。
- 掌握 DHCP 服务器的相关概念。
- 掌握 DHCP 服务器的架设方法。

8.1 真实情景引入

【真实情景】

Contoso 公司的网络是一个基于活动目录的域结构网络，IP 地址由手动分配改为自动分配，IP 地址范围是 192.168.1.1～192.168.1.254，其中 192.168.1.1～192.168.1.5 已分配，销售部某用户要求有相对固定的 IP 地址（如 192.168.1.4）。

【引入问题】

（1）如何在 Windows Server 2008 系统中安装 DHCP 服务器角色？安装前有哪些准备工作？

（2）如何在域环境中为 DHCP 服务器授权？

（3）如何为 DHCP 服务器创建 IP 地址作用域？如何指定客户端的地址范围、网关和 DNS 等参数？

（4）如何为某台指定的计算机分配相对固定的 IP 地址？

（5）如何配置 DHCP 客户机？如何测试？

（6）如果旧的 DHCP 服务器性能不足，需要更换 DHCP 服务器，应该如何迁移 DHCP 服务器？

8.2 DHCP 概述

在 TCP/IP 网络中的每台设备，如客户端计算机和各种网络设备，都必须有合法的独一无二的 IP 地址和配置数据。TCP/IP 配置数据包括 IP 地址、子网掩码和附加的 IP 数据，如路由器信息、DNS 服务器地址和 WINS 服务器地址等。

网络管理员可以手工配置和维护网络中客户端的 IP 配置数据，也可以使用 DHCP 为网络中的各种设备自动分配、配置和维护 TCP/IP 配置数据。

8.2.1 DHCP 的概述

DHCP（Dynamic Host Configuration Protocol，动态主机配置协议）是一个 TCP/IP 标准，用于减少网络客户机 IP 地址配置的复杂度和管理开销。Windows Server 2008 系统提供 DHCP 服务，该服务允许一台计算机作为 DHCP 服务器并配置用户网络中启用 DHCP 的客户计算机。DHCP 在服务器上运行，能够自动、集中地管理 IP 地址和用户网络中客户计算机所配置的其他 TCP/IP 设置。

DHCP 可以对网络中的 IP 地址进行集中管理，这样就避免了地址冲突并减少了管理员的工作量。DHCP 服务器拥有一个 IP 地址池，当任何启用 DHCP 的客户机登录网络时，均可从它那里租借一个 IP 地址。因为该 IP 地址是动态的而不是静态的永久分配，不使用的 IP 地址就自动返回地址池，等待下一次分配。

8.2.2 IP 地址的配置

1. 自定义的 TCP/IP 配置方式

对于 TCP/IP 网络，必须要进行 IP 数据的配置，包括 IP 地址、子网掩码和默认网关等。可以使用两种方式进行自定义的 TCP/IP 配置。

（1）手动 TCP/IP 配置。可以通过手动输入的方式为网络上的每个设备设置 IP 配置数据，其操作界面如图 8-1 所示。

手工输入可能会产生输入错误，这些错误也许会导致通信无法正常进行或 IP 地址冲突。而且在某些情况下，网络中的计算机（如笔记本电脑）会经常性地变换其所处的网段，手工输入方式不适用于较大的网络，因为管理负担太过繁重。

（2）自动 TCP/IP 配置。自动 TCP/IP 配置的操作界面如图 8-2 所示。

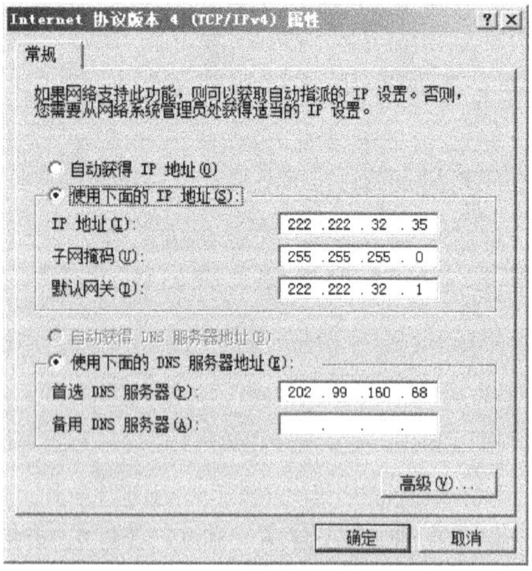

图 8-1　手动设置地址

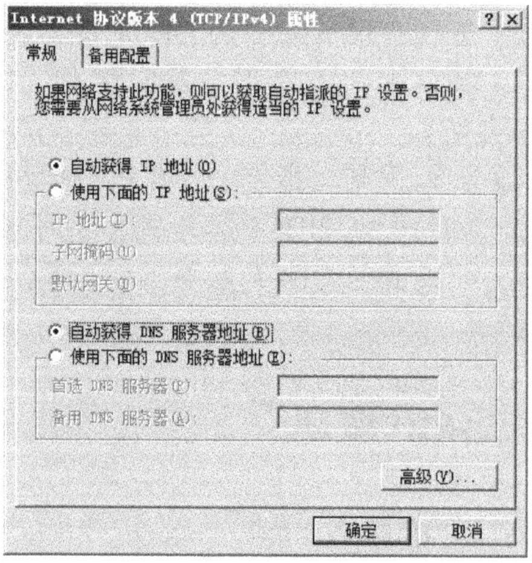

图 8-2　自动 TCP/IP 配置

使用 DHCP 进行自动化 IP 分配配置，当在网络中部署了 DHCP 服务器时，DHCP 服务器会自动将相关的配置信息提供给 DHCP 客户端。

自动 TCP/IP 配置方式可以保证网络中的客户端得到正确的配置。而且，如果需要对某些客户端的 IP 配置数据作出调整，只需在 DHCP 服务器上一次完成，DHCP 服务器将自动更新这些客户端上的配置信息以使这些调整生效。

2. DHCP 地址租约

DHCP 服务器集中管理网络中客户的 IP 地址设置。DHCP 既可以给被配置为单一子网中的计算机分配 IP 地址，也可以给被配置为多个子网的计算机分配 IP 地址。DHCP 服务器会自动将 IP 地址配置数据分配给 DHCP 客户端。

租约（Lease）是由 DHCP 服务器指定的、客户端计算机可使用指派的 IP 地址的时间期限。在租约过期之前，客户端需要续租或从 DHCP 服务器得到新的租约。

通过向客户端提供 IP 地址配置租约，DHCP 管理着 IP 地址配置数据的分配和释放。租约决定了在将得到的 IP 配置信息返还给 DHCP 服务器并更新其配置信息之前，客户端可以使用它的持续时间。分配 IP 地址配置信息的过程称为 DHCP 租约生成过程，更新 IP 地址配置信息的过程称为 DHCP 租约更新过程。

当一个 DHCP 客户端首次加入网络时，它将向 DHCP 服务器发出一个要求得到 IP 地址配置信息的请求。当 DHCP 服务器接收到这个请求后，将从网络管理员已经设定的作用域的 IP 地址池中选择一个，并将该 IP 地址配置信息提交给 DHCP 客户端。

一旦 DHCP 客户端接受了 DHCP 服务器为其分配的 IP 地址配置信息，DHCP 服务器将会把该 IP 地址配置信息以租约的方式提供给客户端。然后，客户端就可以使用这个 IP 地址配置信息来访问网络了。

8.2.3 DHCP 的工作原理

DHCP 客户端会在以下几种情况下，从 DHCP 服务器获取一个新的 IP 地址。

（1）该客户端计算机是第一次从 DHCP 服务器获取 IP 地址。

（2）该客户端计算机原先所租用的 IP 地址已经被 DHCP 服务器收回，而且该 IP 地址已经租给其他计算机了，因此该客户端需要重新从 DHCP 服务器租用一个新的 IP 地址。

（3）该客户端自己释放了原先租用的 IP 地址，并要求租用一个新的 IP 地址。

（4）客户端计算机更换了网卡。

（5）客户端计算机转移到了另一个网段。

在以上几种情况下，DHCP 客户端与 DHCP 服务器之间会通过以下 4 个包来相互通信，其过程如图 8-3 所示。

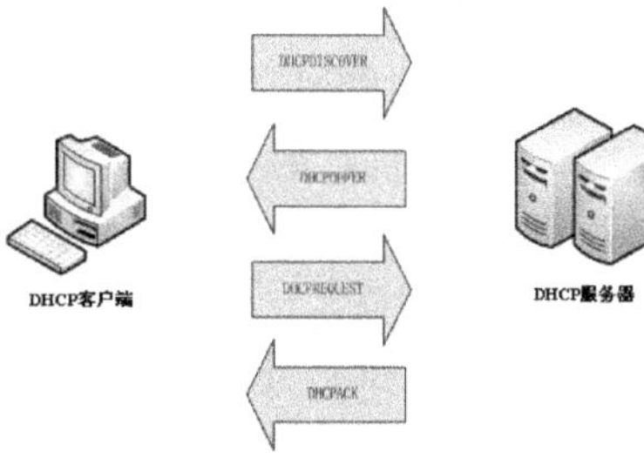

图 8-3 DHCP 客户端请求地址过程

1）DHCPDISCOVER。DHCP 客户端会选送出 DHCPDISCOVER 的广播信息到网络，以便寻找一台能够提供 IP 地址的 DHCP 服务器。

2）DHCPOFFER。当网络中的 DHCP 服务器收到 DHCP 客户端的 DHCPDISCOVER 信息后，就会从 IP 地址池中，挑选一个尚未出租的 IP 地址，然后利用广播的方式传送给 DHCP 客户端。之所以使用广播方式，是因为此时 DHCP 客户端还没有 IP 地址。未与 DHCP 客户端完成租用 IP 地址的程序前，这个 IP 地址会被暂时保留起来，以避免再分配给其他的 DHCP 客户端。

如果网络中有多台 DHCP 服务器同时收到 DHCP 客户端的 DHCPDISCOVER 信息，并且也都响应给 DHCP 客户端（表示它们都可以提供 IP 地址给此客户端），则 DHCP 客户端会从中挑选第一个收到的 DHCPOFFER 信息。

3）DHCPREQUEST。当 DHCP 客户端挑选好第一个收到的 DHCPOFFER 信息后，它就会利用广播的方式，响应一个 DHCPREQUEST 信息给 DHCP 服务器。之所以利用广播方式，是因为它不但要通知所挑选到的 DHCP 服务器，还必须通知没有被选上的其他 DHCP 服务器，以便这些 DHCP 服务器能够将其原本欲分配给此 DHCP 客户端的 IP 地址释放出来，供其他 DHCP 客户端使用。

DHCP 客户端在收到 DHCPOFFER 信息后，会先检查包含在 DHCPOFFER 包内的 IP 地址，以确定此地址是否已被其他计算机使用。检查时，它会发送出一个 ARP 请求信息，如果发现此地址已经被其他计算机使用，则 DHCP 客户端会送出一个 DHCPDECLINE 信息给 DHCP 服务器，然后重新发送 DHCPDISCOVER 信息，以便获取一个新的 IP 地址。

4）DHCPACK。DHCP 服务器收到 DHCP 客户端要求 IP 地址的 DHCPREQUEST 信息后，就会利用广播的方式送出 DHCPACK 确认信息给 DHCP 客户端。之所以利用广播的方式，是因为此时 DHCP 客户端还没有 IP 地址，此信息包含着 DHCP 客户端需要的 TCP/IP 配置信息，如 IP 地址、子网掩码、默认网关、DNS 服务器等。

DHCP 客户端在收到 DHCPACK 信息后，就完成了获取 IP 地址的过程，然后就可以开始利用这个 IP 地址来与网络中的其他计算机通信了。

如果 DHCP 客户端想要延长其 IP 地址使用期限，则 DHCP 客户端必须更新（renew）其 IP 租约。更新租约时，DHCP 客户端会将 DHCPREQUEST 信息发送给 DHCP 服务器，如图 8-4 所示。

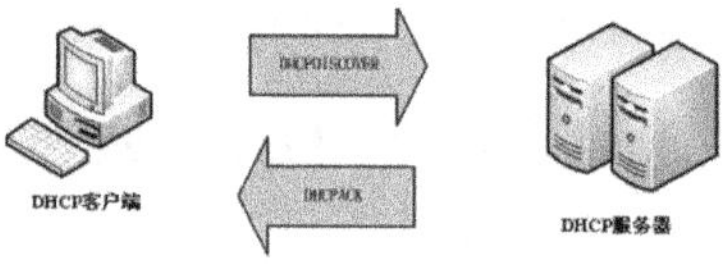

图 8-4　DHCP 客户端更新租约

DHCP 客户端会在以下情况下，自动向 DHCP 服务器更新租约。

- DHCP 客户端计算机重新启动时。每一次客户端计算机重新启动时，都会自动将 DHCPREQUEST 信息发送给 DHCP 服务器，以便要求继续租用原来使用的 IP 地址。

若租约无法更新，客户端会尝试与默认网关通信，若通信成功且租约未到期，则客户端仍然可以继续使用原来的 IP 地址，并且等待下一次更新时间到的时候再更新。但是若无法与默认网关通信，则客户端会放弃目前使用的 IP 地址，改用 169.254.0.1～169.254.255.254 之间的 IP 地址，然后每隔 5 分钟再尝试更新租约。

- IP 租约期过一半时。DHCP 客户端会在租约过半时，自动发送 DHCPREQUEST 信息给出租此 IP 地址的 DHCP 服务器。

如果租约过半时无法成功地更新租约，客户端仍然可以继续使用原来的 IP 地址，因为租约尚未到期。客户端会在租约期过 87.5%时，再利用 DHCPREQUEST 信息向任意一台 DHCP 服务器更新租约。如果仍然无法更新，则此客户端会立刻放弃其正在使用的 IP 地址，然后重新向 DHCP 服务器申请一个新的 IP 地址。

只要 DHCP 客户端能够成功地更新租约，DHCP 服务器就会响应一个 DHCPACK 信息给它，因此客户端就可以继续使用原来的 IP 地址，且会重新得到一个租约，其新的租约期限视当时 DHCP 服务器上的配置而定。

在更新租约时，如果这个 IP 地址已无法再给 DHCP 客户端使用时，如此地址已无效或这个地址已经被其他的计算机使用，则 DHCP 服务器会发送一个 DHCPNAK 信息给客户端。

第一种方式：手工更新租约与释放地址。

DHCP 客户端可以利用 ipconfig/renew 命令来更新 IP 地址租约。客户端也可以利用 ipconfig /release 命令自行将 IP 地址释放，此时客户端会发送给 DHCP 服务器一个 DHCPRELEASE 信息。释放后，DHCP 客户端会每隔 5 分钟自动去找 DHCP 服务器以租用新的 IP 地址，或利用 ipconfig /renew 命令更新 IP 租约。

第二种方式：自动分配私有 IP 地址。

如果 DHCP 客户端的计算机是 Windows 98、Windows 2000、Windows XP、Windows 2003、Windows 7 等操作系统，则当这些计算机无法从 DHCP 服务器租到 IP 地址时，这些计算机会自动产生一个网络号为 169.254.0.0 的 IP 地址，如图 8-5 所示。然后使用这个 IP 地址来与其他计算机通信。

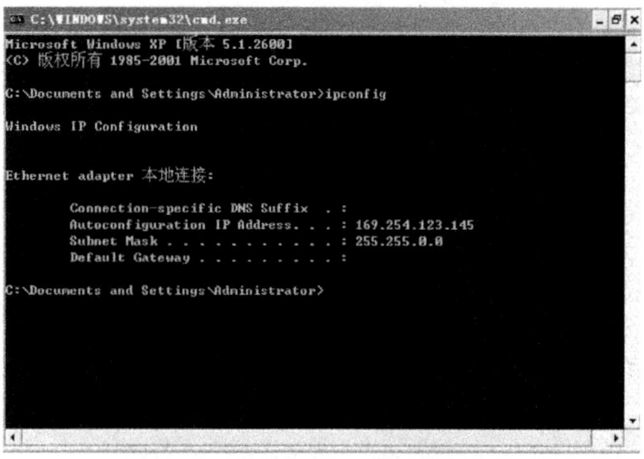

图 8-5 DHCP 失效时的地址

在客户端计算机开始使用这个 IP 地址之前，它会先发送一个广播信息给网络上的其他计算机，以便检查是否有其他的计算机使用这个 IP 地址。若没有其他的计算机响应此信息，那么客户端计算机就将此 IP 地址分配给自己使用，否则就继续尝试其他的 IP 地址。之后，客户端计算机仍然会每 5 分钟去寻找一次 DHCP 服务器，以便向 DHCP 服务器租用一个有效的 IP 地址，在没有租到有效的 IP 地址之前，客户端计算机仍然使用这个 private IP。

以上的操作就是所谓的“自动分配私有地址”（Automatic Private IP Addressing，APIPA），它让客户端计算机在尚未向 DHCP 服务器租到有效的 IP 地址之前，仍然有一个临时的 IP 地址可用，利用它可以与同一个网络内也是使用 169.254.x.x IP 地址的计算机通信。

第三种方式：DHCP 对 IPv6 的支持。

Windows Server 2008 系统支持无状态和有状态的 DHCPv6 服务器功能。DHCPv6 无状态模式下的客户端使用 DHCPv6 获取 IPv6 地址之外的网络配置参数，如 DNS 服务器地址。客户端通过基于非 DHCPv6 的机制配置 IPv6 地址。

在 DHCPv6 启用模式下，客户端通过 DHCPv6 获取 IPv6 地址和其他网络配置参数。

8.2.4 DHCP 的优缺点

安全、可靠地配置 DHCP 可以把由手工配置 IP 地址所导致的错误降到最低程度，如输入错误或把当前已分配的 IP 地址再分配给另一台计算机所造成的地址冲突等。

TCP/IP 配置是集中化和自动化的。网络管理员能集中定义全局和特定子网的 TCP/IP 配置。使用 DHCP 选项可以自动为客户机分配所有的附加 TCP/IP 配置值，满足移动客户机的配置需要。例如，远程访问客户机经常要到处移动，使用 DHCP，便于它在新的地点重新启动时，高效而又自动地进行配置。

例如，在一个中型网络中，需要设置 200 台计算机的 IP 配置信息。如果没有 DHCP，需要一台接一台地手工设置。设置完成后，还需要牢记这 200 个设置。如果要对这些计算机的 IP 配置进行调整，则需要再做一遍以上的工作。

有了 DHCP，只需为服务器添加一个 DHCP 服务器角色就可以支持这 200 个网络客户端了。当需要对 IP 设置进行调整时，只需在 DHCP 服务器上一次完成，每个 TCP/IP 网络上的主机将会自动更新其 DHCP 客户端配置。

8.3 任务 1—配置 DHCP 服务器

8.3.1 配置 DHCP 服务器

（1）在 Windows Server 2008 系统安装完成后，设置其 IP 地址。

（2）以管理员身份登录，打开服务器管理器。

（3）如图 8-6 所示，在左侧树中单击“角色”节点，在右侧的窗口中单击【添加角色】按钮。

（4）在“开始之前”对话框中单击【下一步】按钮。

（5）如图 8-7 所示，在“选择服务器角色”对话框中，勾选“DHCP 服务器”复选项，单击【下一步】按钮。

图 8-6 添加角色

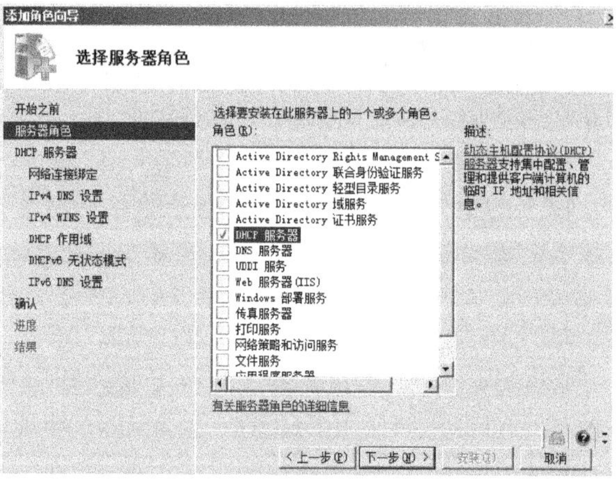

图 8-7 “选择服务器角色”对话框

（6）在“DHCP 服务器”对话框中单击【下一步】按钮。在“选择网络连接绑定”对话框中保持默认设置，单击【下一步】按钮。

（7）在“指定 IPv4 DNS 服务器设置”对话框中保持默认设置，单击【下一步】按钮。在“指定 IPv4 WINS 服务器设置”对话框中保持默认设置，单击【下一步】按钮。

（8）如图 8-8 所示，在“添加或编辑 DHCP 作用域”对话框中单击【添加】按钮。如图 8-9 所示，在弹出的“添加作用域”对话框中输入作用域的名称、起止 IP 地址、子网掩码、默认网关等信息，然后单击【确定】按钮。

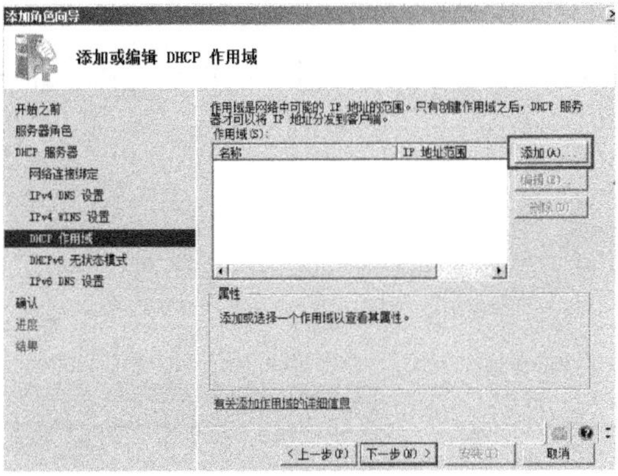

图 8-8 “添加或编辑 DHCP 作用域”对话框

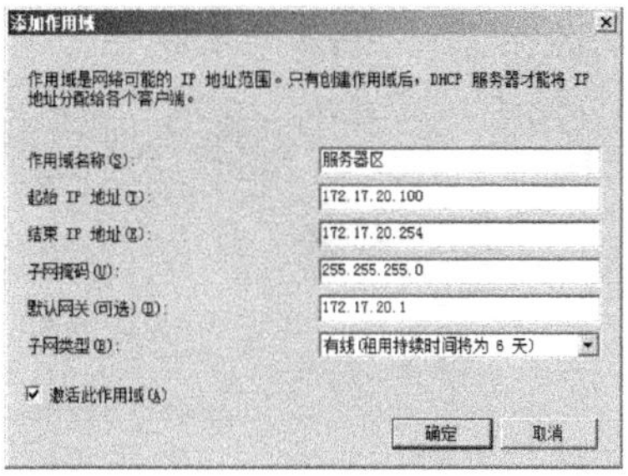

图 8-9 “添加作用域”对话框

（9）返回“添加或编辑 DHCP 作用域”对话框，单击【下一步】按钮。在“配置 DHCPv6 无状态模式”对话框中，选中“对此服务器禁用 DHCPv6 无状态模式”单选项，单击【下一步】按钮。

（10）在“确认安装选择”对话框中单击【安装】按钮。在“安装进度”对话框中可以看到安装进度。

（11）完成 DHCP 服务安装后，单击【关闭】按钮。

8.3.2 添加排除

如果网络中的移动计算机较多，而 DHCP 中的作用域的地址范围较小，则需要减少 IP 地址的租约时间，这样 DHCP 服务器就可以将超过租期的地址分配给其他计算机。

另外，如果网络中有一些服务器已经占用了位于作用域中的固定的 IP 地址，则必须在作用域中排除这些地址，以防 DHCP 服务器将这些地址给客户机。为作用域添加排除的步骤如下。

（1）单击“开始”→“程序”→“管理工具”→“DHCP”命令。如图 8-10 所示，依次展开“Server”→“IPv4”节点，右键单击“作用域【172.17.20.0】服务器区”，在弹出的菜单中选择“属性”选项。

（2）如图 8-11 所示，在“作用域【172.17.20.0】服务器区 属性”对话框的“常规”选项卡中，可以更改作用域名称、起始 IP 地址、结束 IP 地址以及租约期限。

图 8-10 查看属性

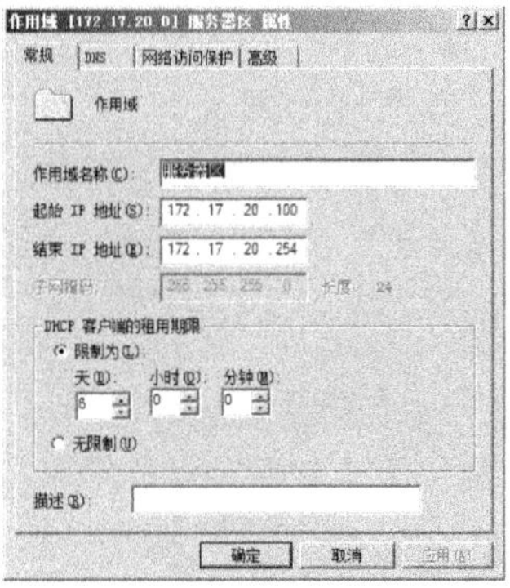

图 8-11 更改属性

（3）单击【确定】按钮，关闭“作用域【172.17.20.0】服务器区 属性”对话框。右键单击“作用域”下的“地址池”，在弹出的菜单中选择“新建排除范围”选项，如图 8-12 所示。

（4）如图 8-13 所示，在“添加排除”对话框中，输入要排除的地址范围，单击【添加】按钮即可。

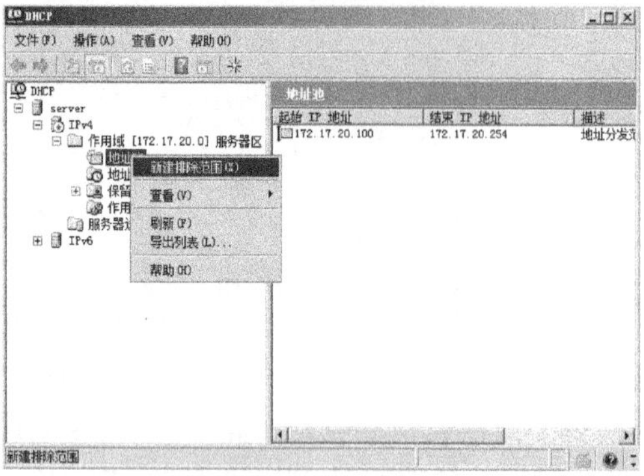

图 8-12　新建排除

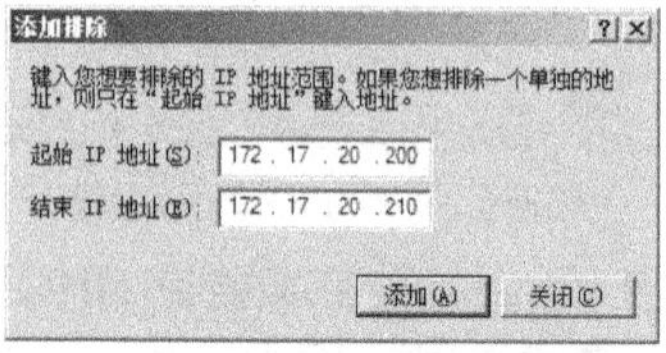

图 8-13　排除范围

8.3.3　配置 DHCP 选项

DHCP 选项是 DHCP 服务在向客户端分配 IP 地址时一并提供的配置参数值。DHCP 选项可以扩展网络的功能。在租约产生的过程中，向 DHCP 客户端提供了 IP 地址和子网掩码。DHCP 选项允许设置 DHCP 客户端上的其他 IP 配置参数。

常用的可被配置的 DHCP 选项见表 8-1。

表 8-1　常见的可被配置的 DHCP 选项

代　码	名　称	注　释
3	路由器	默认网关或路由器的地址
6	DNS 服务器	DNS 服务器的地址
15	DNS 域名	DNS 域名定义了客户端计算机所属的域
44	WINS 服务器	WINS 服务器的地址
46	WINS/NetBIOS 点类型	设置 NetBIOS 结点类型
47	NetBIOS 作用域 ID	TCP/IP 上的 NetBIOS 作用域 ID

配置 DHCP 选项的步骤如下：

（1）如图 8-14 所示，右键单击“作用域选项”，在弹出的菜单中选择“配置选项”选项。

（2）如图 8-15 所示，在“作用域 选项”对话框中，勾选“003 路由器”复选项，可以更改该作用域的网关。

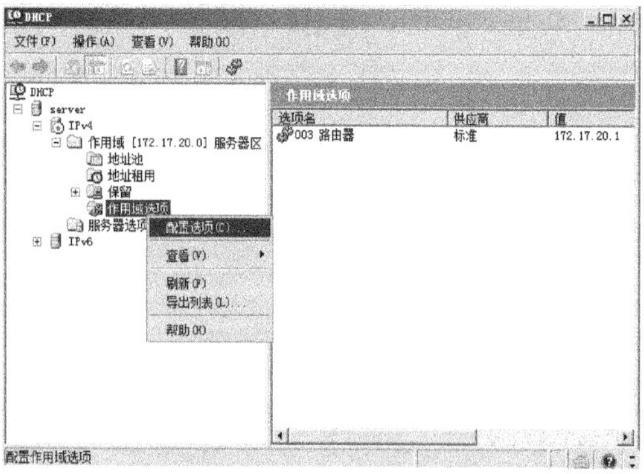

图 8-14　配置选项

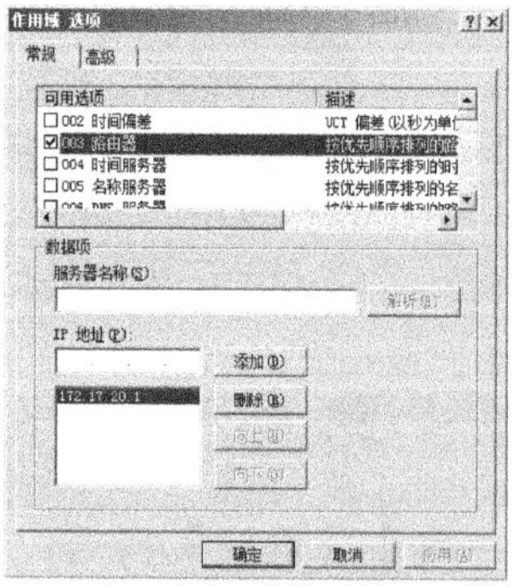

图 8-15　003 路由器

（3）如图 8-16 所示，勾选“006 DNS 服务器”复选项，在“IP 地址”处输入 DNS 服务器地址，单击【添加】按钮，为该作用域添加 DNS 服务器地址。

（4）如图 8-17 所示，勾选“015 DNS 域名”复选项，可以更改客户端计算机本地连接所属的域。

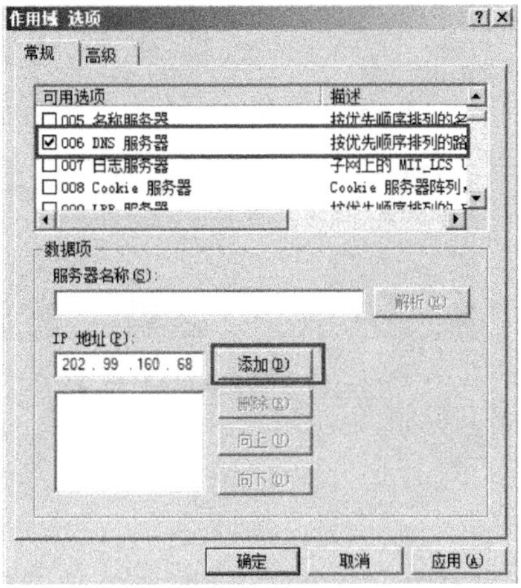

图 8-16　006 DNS 服务器

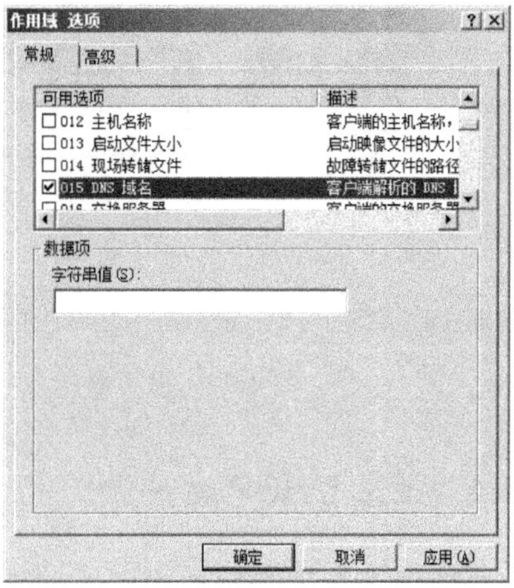

图 8-17　015 DNS 域名

（5）单击【确定】按钮完成作用域选项的配置。

在 Windows Server 2008 系统中，为了更合理地应用选项，选项被分成了不同的级别，各级别选项的优先级是不同的，可以在不同的位置配置不同等级的 DHCP 选项。

- 服务器选项。服务器选项的配置会自动被所有的作用域继承，换句话说，它适用于此服务器内的所有作用域，也就是 DHCP 客户端无论从哪一个作用域内租用到 IP 地址，DHCP 服务器选项都会替客户端配置这些选项。服务器选项的配置方法如图 8-18 所示。
- 作用域选项。作用域选项的配置只适用于该作用域，只有当 DHCP 客户端从这个作用域内租用 IP 地址时，DHCP 服务器才会替 DHCP 客户端配置这些选项。

保留针对某个保留 IP 地址所配置的选项，只有当 DHCP 客户端租用到这个保留的 IP 地址时，DHCP 服务器才会替 DHCP 客户端配置这些选项。

- 类别选项。可以在服务器、作用域、保留区内，针对某些特定类别的计算机配置选项。

当服务器选项、作用域选项、保留选项与类别选项内的配置有冲突时，其优先级为服务器选项（最低）—— 作用域选项—— 保留选项—— 类别选项（最高）。例如，服务器选项内配置的默认网关的 IP 地址为 172.17.20.100，而在作用域选项内配置的默认网关的 IP 地址为 172.17.20.1，则以作用域选项的配置为先，若 DHCP 客户端租用到这个作用域内的 IP 地址，则其默认网关的 IP 地址为 172.17.20.1，但是其他作用域的默认网关的 IP 地址为 172.17.20.100。

如果 DHCP 客户端的用户自行在其计算机上作了不同的配置（如图 8-19 所示的 DNS 服务器 IP 地址），则用户的配置优先于 DHCP 服务器内的配置。

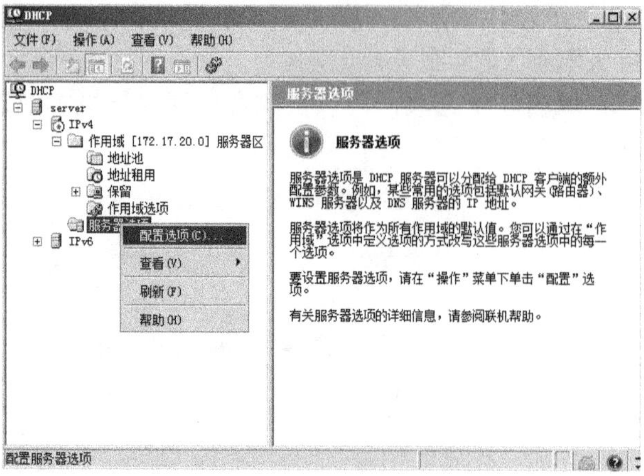

图 8-18　服务器选项

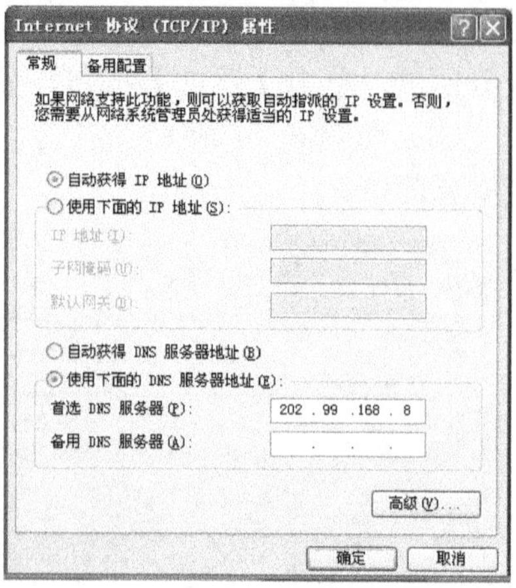

图 8-19　客户端自行配置

8.3.4　配置 DHCP 客户端

DHCP 服务器配置完成后，就可以配置客户端通过 DHCP 方式来自动获取 IP 地址了。在客户端的配置步骤如下。

（1）将 RemotePC 接入 DHCPServer。

（2）如图 8-20 所示，打开 RemotePC 的“Internet 协议（TCP/IP）属性”对话框，选中“自动获得 IP 地址”单选项和“自动获得 DNS 服务器地址”单选项，单击【确定】按钮。

（3）如图 8-21 所示，在“本地连接状态”对话框的“支持”选项卡中，单击【详细信息】按钮。

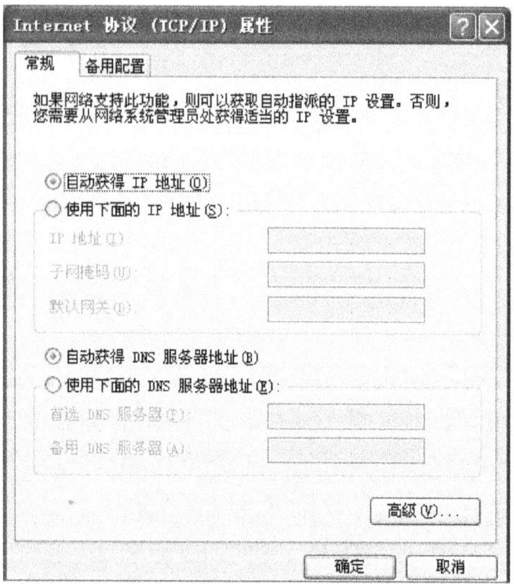

图 8-20　自动获得

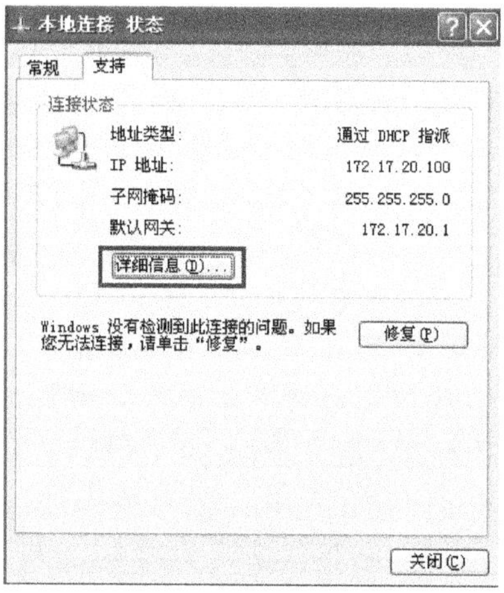

图 8-21　查看详细信息

（4）如图 8-22 所示，可以看到从 DHCP 服务器获得的 IP 地址相关信息。

（5）如图 8-23 所示，打开命令行窗口，在命令提示符下输入 ipconfig /all 命令，也可以看到分配的 IP 地址、子网掩码、网关和租约时间等信息。

图 8-22　查看获得的 IP 地址相关信息

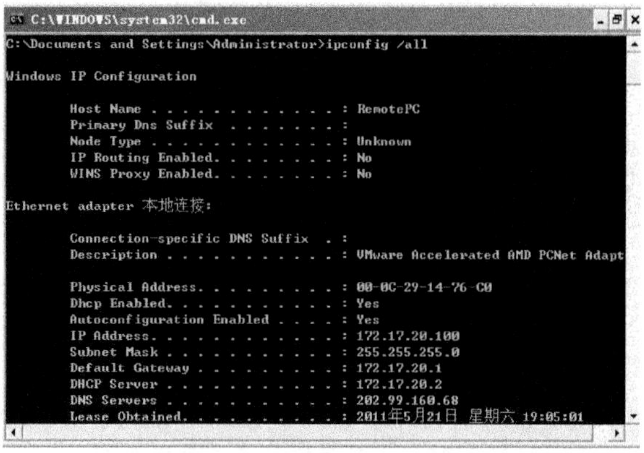

图 8-23　使用命令查看相关信息

（6）如图 8-24 所示，在命令提示符下输入 ipconfig /release 命令，可以释放租约。

（7）如图 8-25 所示，在命令提示符下输入 ipconfig /renew 命令，可以重新申请地址。

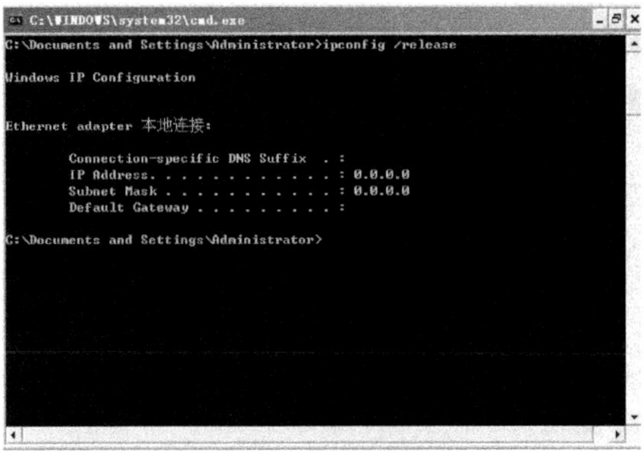

图 8-24　释放租约

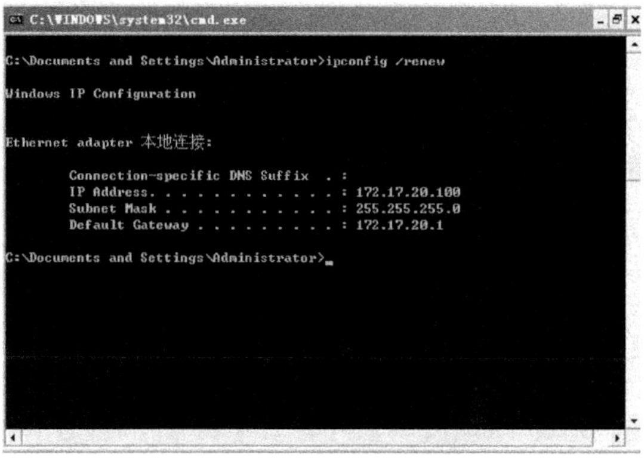

图 8-25　重新申请地址

（8）如图 8-26 所示，在 DHCPServer 计算机上，打开“DHCP 管理工具”下的“地址租用”，可以在右侧的窗口中看到客户端请求的 IP 地址情况。

8.3.5　配置备用 IP 地址

如果笔记本电脑在家上网使用静态地址，而在工作单位则使用自动获得 IP 地址，那么可以设置当没有 DHCP 服务器分配地址时使用的地址。如果在家上网使用的是 192.168.1.0～255.255.255.0 网段，网关是 192.168.1.1，DNS 服务器使用的是 202.99.160.68，则可以使用备用配置来配置计算机。

备用配置的配置方法如图 8-27 所示。注意，当计算机使用静态地址时，“备用配置”不可用。

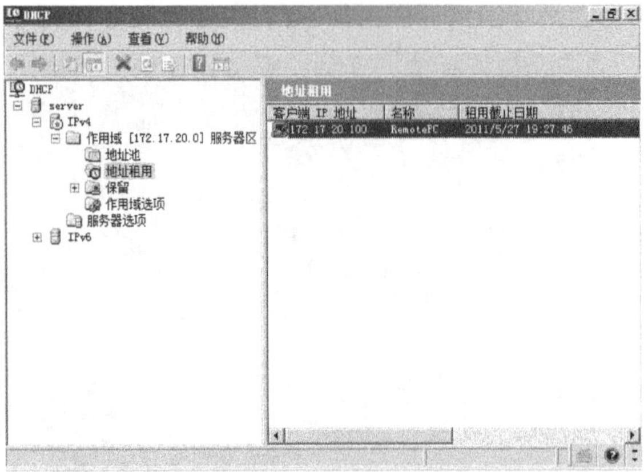

图 8-26 查看客户端请求的 IP 地址情况

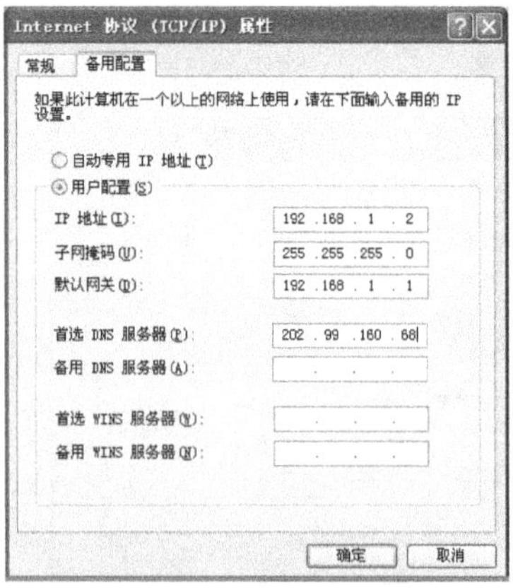

图 8-27 配置备用配置

8.3.6 配置 DHCP 保留

一些有特殊需求的客户机，可能需要某些特定的 IP 配置信息。例如，希望文件服务器使用 10.7.1.4 这个 IP 地址，但并不想这个地址被 DHCP 服务器分配给其他的 DHCP 客户端，则在 DHCP 服务器中，可以通过“保留”地址来实现。

使用“保留”功能可以保留一个特定的 IP 地址供 DHCP 客户端永久使用，可以满足需要固定 IP 地址且支持 DHCP 的设备的需求，如文件服务器、打印服务器以及其他类型的应用程序。

下面演示在 DHCP 服务器上为 RemotePC 计算机设置“保留”地址。

（1）如图 8-28 所示，在 RemotePC 上打开命令行窗口，在命令提示符下输入 ipconfig /all 命令，可以显示 RemotePC 的 MAC 地址。

（2）如图 8-29 所示，在 DHCPServer 计算机上打开 DHCP 管理工具，右键单击“保留”，在弹出的菜单中选择“新建保留”选项。

（3）如图 8-30 所示，在“新建保留”对话框中输入保留名称、IP 地址以及 RemotePC 的 MAC 地址，单击【添加】按钮。然后单击【关闭】按钮关闭“新建保留”对话框。

（4）如图 8-31 所示，在 RemotePC 计算机上的命令提示符下输入 ipconfig /renew 命令，可以看到新的 IP 地址。

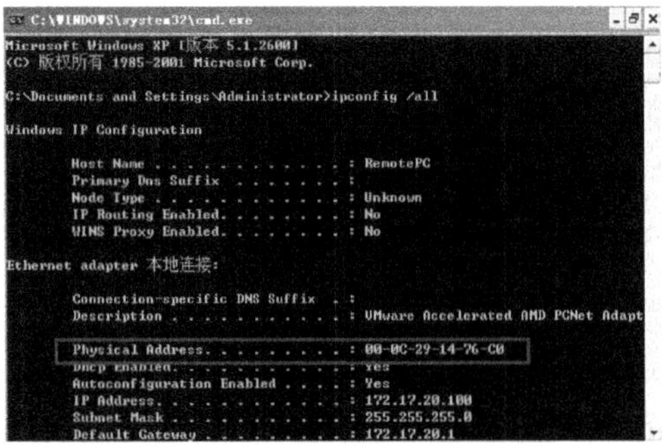

图 8-28 查看 MAC 地址

图 8-29 新建保留

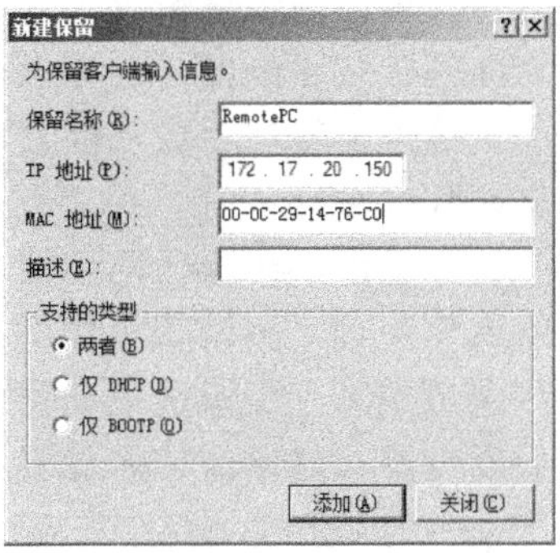

图 8-30　新建的保留

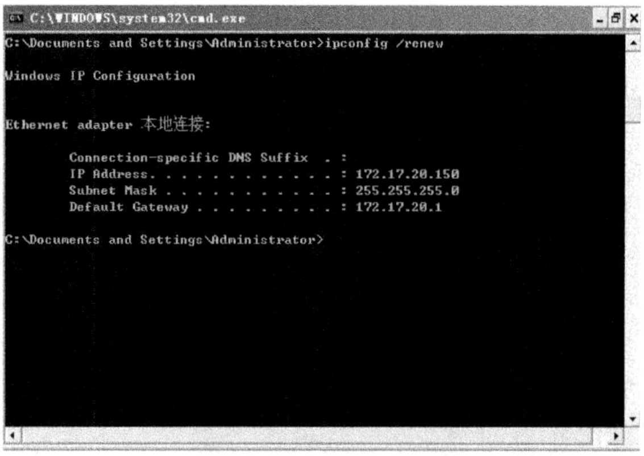

图 8-31　查看保留

8.3.7　安装多台 DHCP 服务器

可以在网络中安装多台 DHCP 服务器，以便提供容错功能，也就是，如果其中一台 DHCP 服务器出现故障，其他的 DHCP 服务器还可以提供服务。必须注意，在这些 DHCP 服务器内建立的 IP 作用域不可以同时提供相同的 IP 地址给 DHCP 客户端，否则会发生不同的客户端分别向不同的 DHCP 服务器租用 IP，却同时租用到相同的 IP 地址的情况。

一般在建立作用域时，建议采用 80/20 原则。如图 8-32 所示，在 DHCP Server1 上内建立了一个范围为 10.7.1.10～10.7.1.254 的作用域，但是将其中的 10.7.1.206～10.7.1.254 排除，也就是 Server1 可租给客户端的 IP 地址占此作用域的 80%，而在 DHCP Server2 内也建立了一个范围为 10.7.1.10～10.7.1.254 的作用域，但是将其中的 10.7.1.10～10.7.1.205 排除，也就是 Server2 可租给客户端的 IP 地址只占此作用域的 20%。

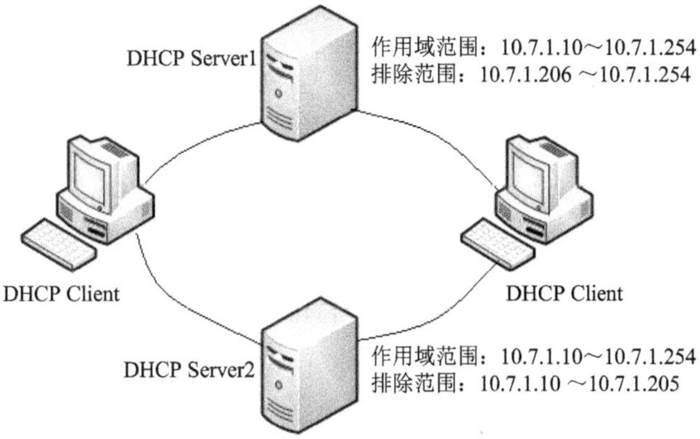

图 8-32　DHCP 容错

8.4　任务 2—DHCP 数据库的维护

8.4.1　DHCP 数据库备份和还原的路径

通过维护动态主机配置协议（DHCP）数据库的备份，可以防止在 DHCP 数据库丢失

（如硬盘故障）或损坏时数据丢失。DHCP 服务器服务支持两种备份方法：

（1）自动执行的同步备份。默认的备份间隔时间是 60 分钟。可以通过编辑以下注册表项来更改备份间隔时间：HKEY_LOCAL_MACHINE、SYSTEM、CurrentControlSet、Services、DHCPServer、Parameters、BackupInterval。注意，不正确地编辑注册表可能会对系统造成严重损坏。在更改注册表前，应对计算机上的所有重要数据进行备份。

（2）使用 DHCP 控制台中的 backup 命令执行的异步（手动）备份。在执行同步或异步备份时，将保存整个 DHCP 数据库，其中包括以下内容：所有作用域（包括超级作用域和多播作用域）、保留、租约、所有选项（包括服务器选项、作用域选项、保留选项和类别选项）、所有注册表项和在 DHCP 服务器属性中设置的其他配置设置（如审核日志设置和文件夹位置设置）。这些设置存储在以下注册表子项中： HKEY_LOCAL_MACHINE、SYSTEM、CurrentControlSet、Services、DHCPServer、Parameters。

注意，DHCP 服务器在 DN 中注册 DHCP 客户端计算机时使用的域名系统 （DNS）动态更新凭据（用户名、域和密码），无法使用任何方法进行备份。

假设 DHCP 数据库及其备份目录位于默认的驱动器和路径位置。默认的 DHCP 数据库备份路径是%systemroot%\System32\Dhcp\Backup。可以通过以下两种方法更改数据库备份文件夹：在手动备份期间选择不同的本地文件夹；在 DHCP 服务器属性中更改文件夹位置。

8.4.2 备份和还原 DHCP 数据库

规划备份策略时，需要考虑以下事项：

- 在 DHCP 服务运行的同时执行同步备份。同样，在执行异步（手动）备份时，除非要将数据库移动到新的服务器，否则不需要停止 DHCP 服务。
- DHCP 数据库备份文件夹的位置必须是本地路径。不要将 DHCP 服务器备份存储在安装有 DHCP 服务的硬盘上，并确保备份文件夹的访问控制列表（ACL）只包含管理员组和 DHCP 管理员组的成员。除了执行手动备份外，还应该备份到其他位置（如磁带驱动器），并确保未授权人员无法访问备份副本。可以使用系统备份实现这一目的。
- 具有 DHCP 服务器上的管理员组或 DHCP 管理员组中的成员身份是完成此过程所需的最低要求。

1．备份 DHCP 数据库

（1）打开 DHCP Microsoft 管理控制台（MMC）管理单元。在控制台树中，单击要配置的 DHCP 服务器。

（2）在“操作”菜单中，右键单击“pcwin 2008.contoso.com”，选择“备份”选项。在弹出的“浏览文件夹”对话框中，选择用于存储 DHCP 数据库备份的文件夹，然后单击【确定】按钮。

在还原 DHCP 数据库后，可以为服务器配置凭据，还可以设置服务器的状态。

2．还原 DHCP 数据库

（1）打开 DHCP 管理单元。

（2）在控制台树中，单击要配置的 DHCP 服务器。

（3）在“操作”菜单上，右键单击“pcwin 2008.contoso.com”，选择“还原”选项。

（4）在“浏览文件夹”对话框中，选择包含备份 DHCP 数据库的文件夹，然后单击【确定】按钮。

若要还原 DHCP 数据库，则应暂时停止 DHCP 服务。停止 DHCP 服务后，DHCP 客户端将无法联系 DHCP 服务器并获取 IP 地址。只能还原相同语言版本的 DHCP 数据库。例如，不能将运行英文版操作系统的 DHCP 服务器上的 DHCP 数据库还原到运行日语版操作系统的 DHCP 服务器。还可以使用此过程将 DHCP 数据库从一台服务器计算机（源服务器）移动到另一台服务器计算机（目标服务器）。

8.4.3 迁移 DHCP 服务器

具有源和目标 DHCP 服务器上的管理员组或 DHCP 管理员组中的成员身份是完成此过程所需的最低要求。

将 DHCP 数据库及其配置从运行 Windows Server 2003 系统的服务器移动到运行 Windows Server 2008 系统的服务器的步骤如下：

（1）登录到 2003 DHCP 服务器。依次单击“开始”→“运行”，在“运行”框中输入 cmd，进入“命令行”界面。

（2）在“命令行”界面上，输入 netsh dhcp server export C:\dhcp.txt all，然后按<Enter>键。

（3）将导出的 dhcp.txt 复制到 2008 DHCP 服务器，如 c:\dhcp.txt。

（4）在 2008 DHCP 服务器上安装 DHCP 角色，然后从服务管理器中停止 DHCP 服务，从 c:\windows\system32\dhcp 文件夹中删除 dhcp.mdb，然后启动 DHCP 服务。

（5）在 2008 的“命令行”界面运行以下命令：Netsh dhcp server import c:\dhcp.txt all，然后重启 DHCP 服务，重新“授权”并确认 DHCP 服务配置已成功导入。

8.5 回到工作情景

【工作过程一】安装 DHCP 服务器

（1）规划与安装操作系统，规划服务器的空间划分。

（2）通过添加角色向导，安装 DHCP 服务器角色。

【工作过程二】授权 DHCP 服务器

（1）打开 DHCP 窗口，右键单击 DHCP 服务器图标，在弹出的菜单中选择“授权”选项。

（2）按照系统提示，输入域管理员的用户名和密码。

【工作过程三】创建 DHCP 作用域

（1）打开新建作用域向导。

（2）在“作用域名”对话框中输入作用域的名称。

（3）在“IP 地址范围”对话框中设置起始 IP 地址、结束 IP 地址和子网掩码。

（4）在“添加排除”对话框中定义服务器不分配的 IP 地址。

（5）在“路由器（默认网关）”对话框中配置作用域的网关（或路由器）IP 地址。

（6）在“域名称和 DNS 服务器”对话框中指定父域的名称和 DNS 服务器的 IP 地址。

【工作过程四】测试 DHCP 客户端

（1）配置 DHCP 客户端的 Internet 协议（TCP/IP）属性。
（2）执行 ipconfig/all 命令，查看客户端的 IP 地址租约情况。

【工作过程五】新建地址保留

（1）利用 ipconfig/all 命令，取得需要分配固定 IP 地址的计算机网卡的 MAC 地址。
（2）打开“新建保留”对话框，输入保留名称、IP 地址和网卡的 MAC 地址等。
（3）在客户端依次执行 ipconfig /release、ipconfig /renew 和 ipconfig /all 命令，查看获取的 IP 地址是否是保留地址。

8.6 项目实训–DHCP 的配置与管理

【实训环境和条件】

（1）网络环境或 VMware Workstation 6.0 虚拟机软件。
（2）两台安装有 Windows Server 2008 系统的物理计算机或虚拟机（分别充当域控制器和 DHCP 服务器）。
（3）安装有 Windows XP、Windows Vista、Windows 7 的物理计算机或虚拟机（充当域客户端）。

【实训目的】

熟悉 DHCP 的工作原理；掌握 DHCP 服务器的安装方法；掌握 DHCP 作用域的创建过程和 DHCP 客户端的配置方法；理解 DHCP 服务器的配置选项等级及配置方法；了解 DHCP 数据库的备份、还原及 DHCP 的迁移方法。

【实训内容】

（1）安装 DHCP 服务器角色。
（2）在 ADDS 中为 DHCP 服务器授权。
（3）创建 DHCP 作用域。
（4）配置和管理 DHCP 客户端。
（5）保留特定 IP 地址给客户端。
（6）迁移 DHCP 服务器。

【实训过程】

1．安装 DHCP 服务器

（1）单击“开始”→“设置”→“控制面板”→“添加/删除程序”，打开“添加/删除程序”对话框。
（2）单击【添加/删除 Windows 组件】按钮，打开“Windows 组件向导”对话框，在“组件”下拉列表框中选择“网络服务”选项，单击【详细信息】按钮，打开“网络服务”对话框，并在“网络服务的子组件”下拉列表框中选择“动态主机配置协议（DHCP）”选项，单击【确定】按钮。然后单击【下一步】按钮，配置组件。在执行完向导后，单击【完成】按钮。

2. 管理服务器

当安装完 DHCP 服务器后，即可简单地管理服务器，如服务器的连接、启动、停止、断开等。

（1）单击“开始”→“程序”→“管理工具”→“DHCP”，打开 DHCP 控制台，如图 8-33 所示。

（2）单击“操作”→“添加服务器”，打开“添加服务器”对话框，选中“此服务器”单选项，并在相应的文本框中输入服务器名，如图 8-34 和图 8-35 所示。

（3）单击【确定】按钮，关闭“添加服务器”对话框。此时服务器将添加到 DHCP 控制台中单击“操作”→“所有任务”，可以启动、停止、中断服务等。

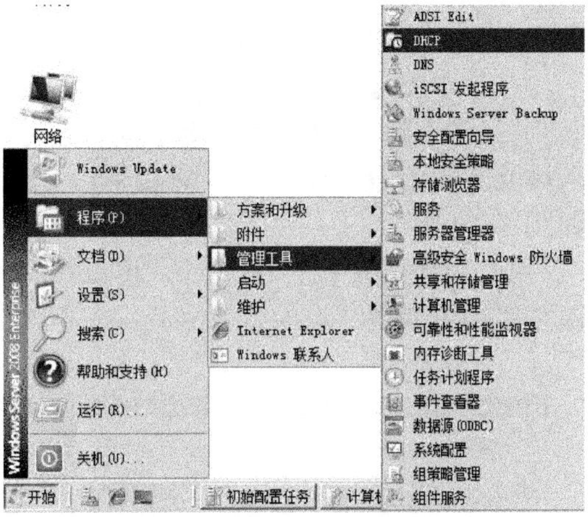

图 8-33　打开 DHCP 控制台

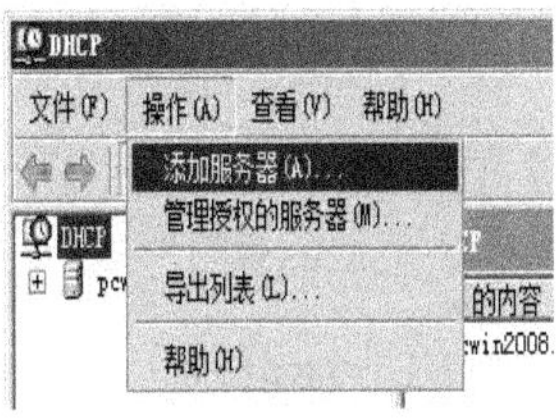

图 8-34　添加服务器

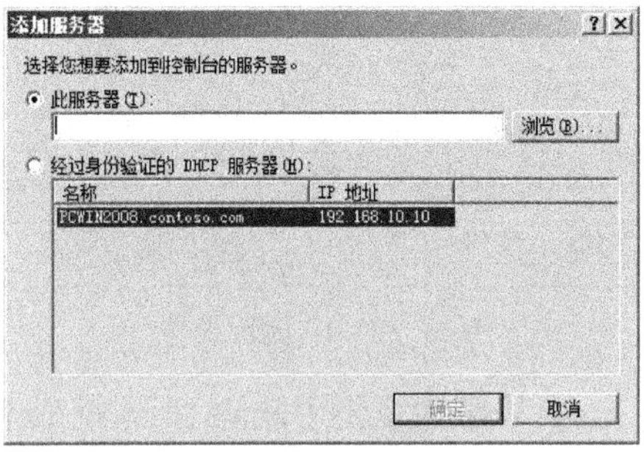

图 8-35　此服务器

3. 定义 DHCP 作用域

（1）打开 DHCP 控制台，在 DHCP 控制台树中，单击需要创建作用域的 DHCP 服务器。单击“操作”→“新建作用域”，启动“新建作用域向导”对话框，如图 8-36 所示。单击【下一步】按钮，在弹出的对话框中输入新建作用域的名称和描述，如图 8-37 所示。

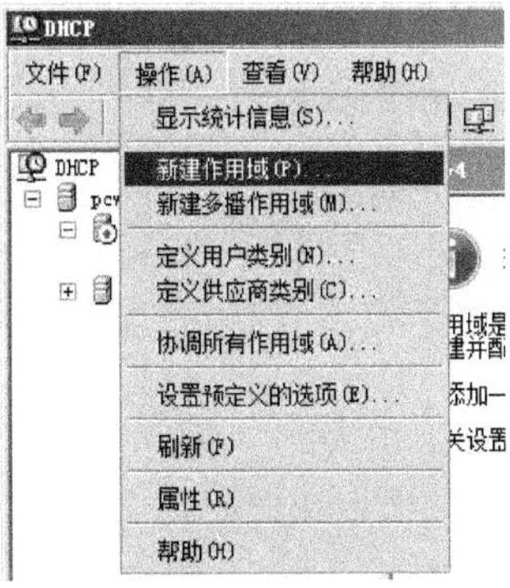

图 8-36　新建作用域

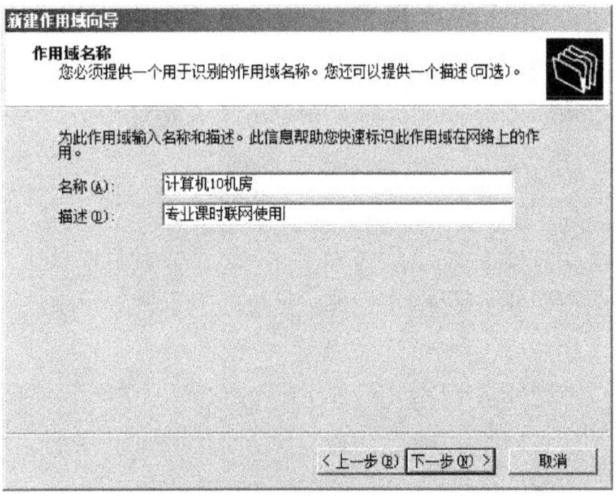

图 8-37　作用域名称

（2）单击【下一步】按钮，在弹出的对话框中定义 IP 地址的范围。在“起始地址”和“结束地址”框中输入 IP 地址范围的起始值和结束值。在“子网掩码”框中，可以使用长度或 IP 地址类指定子网掩码，如图 8-38 所示。

（3）单击【下一步】按钮，在弹出的对话框中定义 IP 地址的范围。

1）在“起始 IP 地址”框中输入排除范围的 IP 起始地址，在“结束 IP 地址”框中输入排除范围的 IP 结束地址，然后单击【添加】按钮，添加到“排除的地址范围”列表框中，如图 8-39 所示。

2）若要排除单个 IP 地址，可以在“起始 IP 地址”框中输入该 IP 地址，而“结束 IP 地址”框中为空。

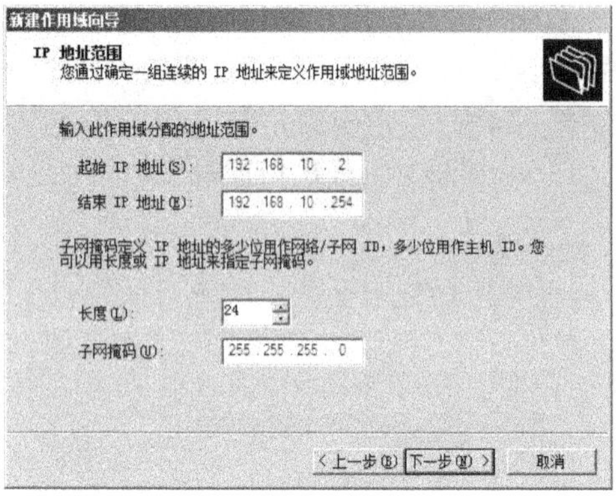

图 8-38　IP 地址设置

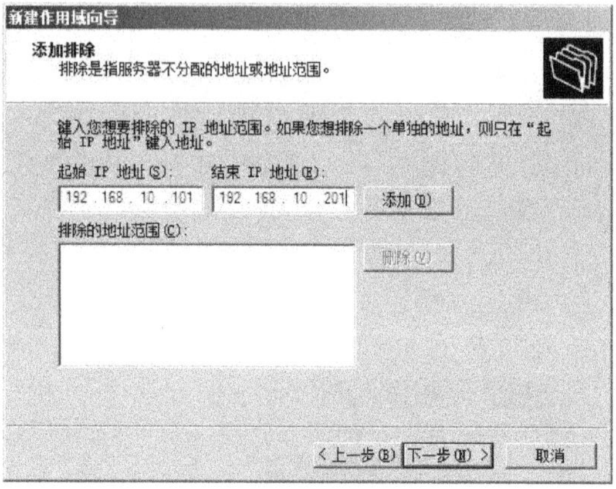

图 8-39　排除 IP 地址的设置

3）要从排除范围中删除 IP 地址或 IP 地址范围，可以在“排除的地址范围”列表框中单击该地址，然后单击【删除】按钮即可。

（4）单击【下一步】按钮，在弹出的对话框中指定作用域中 IP 地址的租用时间。单击【下一步】按钮，询问是否配置 DHCP 选项，只有配置了常用的 DHCP 选项后，客户才可使用作用域，选中“是，我想现在配置这些选项”单选项，单击【下一步】按钮，如图 8-40 所示。

（5）定义作用域想要分配的路由器（默认网关）。这里可以不进行设置，单击【下一步】按钮，如图 8-41 所示。

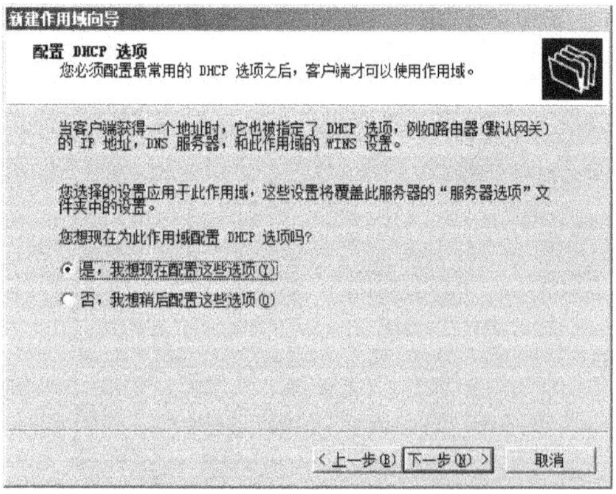

图 8-40　立即配置 DHCP 选项

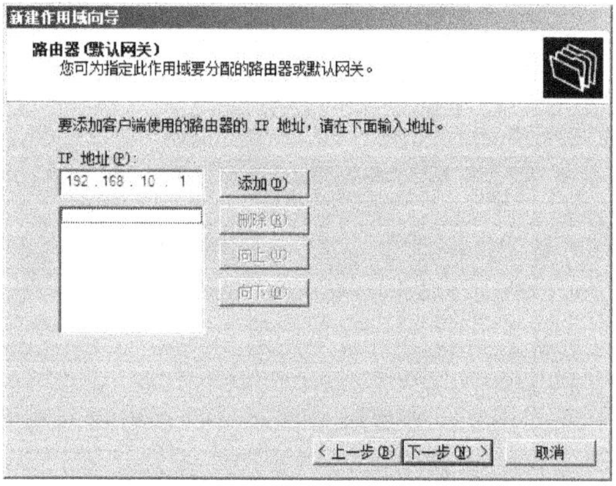

图 8-41　配置路由器（默认网关）

（6）设置域名称和 DNS 服务器。在“父域”框中输入网络上的计算机以设置进行 DNS 名称解析时使用的父域名，在“服务器名称”框中输入 DNS 服务器名，在“IP 地址”框中输入服务器的 IP 地址，如图 8-42 所示。

（7）单击【下一步】按钮，在弹出的对话框中设置 WINS 服务器。在“服务器名称”框中输入 WINS 服务器的名称，在“IP 地址”框中输入服务器的 IP 地址，如图 8-43 所示。

（8）单击【下一步】按钮，选中“是，我想现在激活此作用域”单选项，如图 8-44 所示。继续单击【下一步】按钮，弹出“正在完成新建作用域向导”对话框，单击【完成】按钮，即可完成作用域的创建。当创建完作用域后，在 DHCP 控制台中将显示创建的作用域的名称和地址池中可以使用的地址范围等信息，如图 8-45 所示。

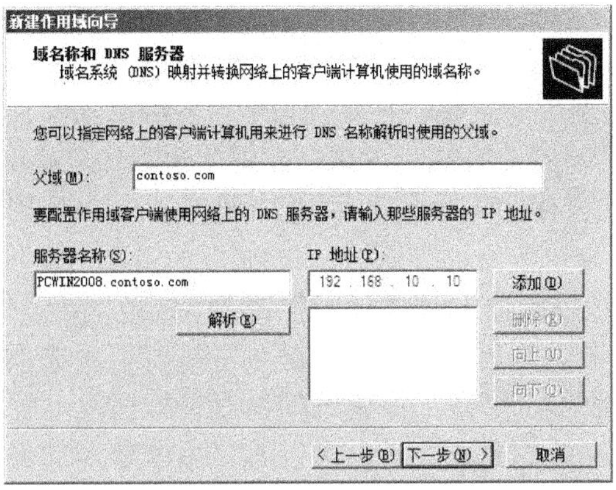

图 8-42　配置域名和 DNS 服务器

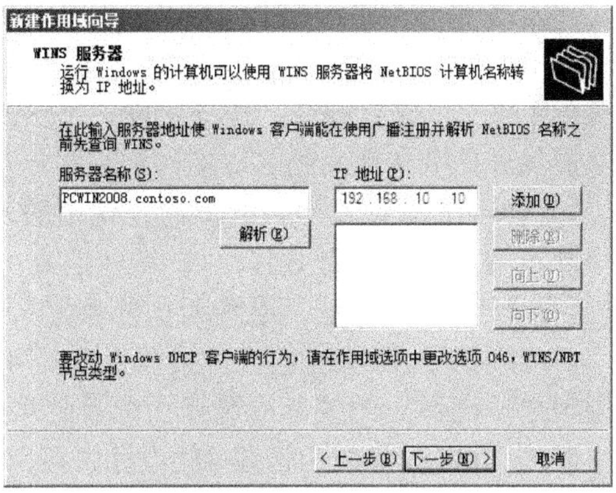

图 8-43　配置 WINS 服务器

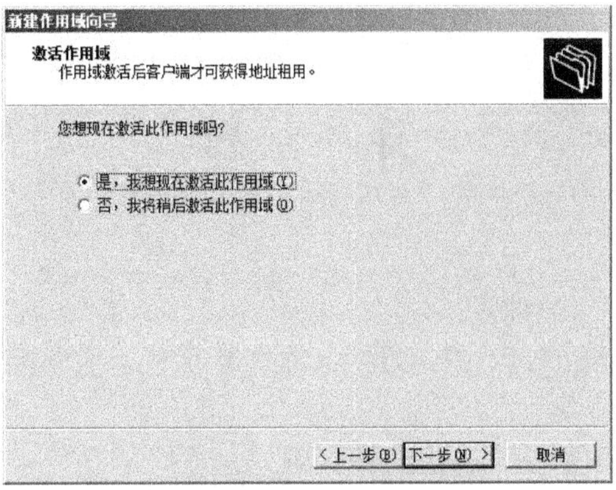

图 8-44　激活作用域

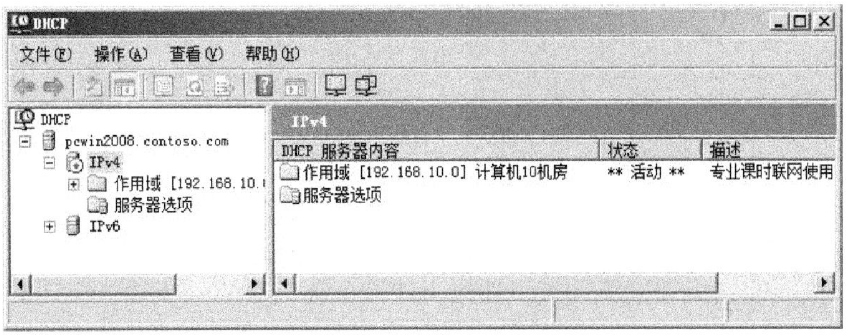

图 8-45　完成后的信息显示

4. 管理 DHCP 客户机

（1）管理客户机租约。通过 DHCP 服务器，可以查看 DHCP 客户机的租约信息或删除 DHCP 客户租约。

1）打开 DHCP 控制台，在控制台树中单击“地址租用”，此时在详细信息窗口中将显示客户机的租约信息。

2）若要删除客户租约，可在详细信息窗口中，右键单击需要删除的客户的 IP 地址，从弹出的菜单中选择“删除”选项即可。

若要强制具有现有租约的客户放弃 IP 地址，可在该客户机上执行 ipconfig /release 命令；如果需要为客户提供一个新的 IP 地址，可在客户机上执行 ipconfig /renew 命令。

（2）管理客户机保留。

1）打开 DHCP 控制台，在控制台树中单击“作用域”，然后右键单击“保留”，在弹出的菜单中选择“新建保留”选项，打开“新建保留”对话框，在“保留名称”中输入要保留的客户的计算机名称，此名称用作标识客户身份，不会影响为该客户配置的实际计算机名。

2）在“IP 地址”中输入当前未使用的、来自作用域地址池中的 IP 地址，可以使用不在排除范围内的任一有效作用域 IP 地址。

3）在“MAC 地址”中输入指派该客户网络适配器的媒体访问控制 MAC 地址。

4）如果要为保留的客户机指派选项，可在详细信息窗口中，右键单击需要指派选项的保留客户，在弹出的菜单中选择“配置选项”选项，打开“保留选项”对话框。

5）若要更改客户的保留 IP 地址，可在详细信息窗口中选择要更改的 IP 地址的保留客户，然后选择“操作”→“删除”选项，删除当前的保留，在使用客户的新 IP 地址的 DHCP 中添加新的保留地址。

习　题

一．填空题

1. DHCP 是采用________模式。

2. DHCP 的前身是 BOOTP，BOOTP 也称自举协议，它使用________来使一个工作站自动获取配置信息。

3. DHCP 允许有 3 种类型的地址分配，即________、________、________。

4. DHCP 客户端在________租借时间过去后，每隔一段时间就开始请求 DHCP 服务器更新当前租借，如果 DHCP 服务器应答则租用延期。

二．简答题

1. 什么是 DHCP？引入 DHCP 有什么好处？

2. 如何进行 DHCP 数据库的备份和迁移？

3. 如何配置 DHCP 选项，使其可以自动设置客户端环境？

4. 如何实现 IP 地址与 MAC 地址的绑定？

项目9 DNS 服务器架设

主要内容

- DNS 基本概念和原理。
- DNS 查询工作原理。
- 利用 Windows Server 2008 系统构建 DNS 服务器。

技术目标

- 了解 DNS 基本概念和原理。
- 熟悉 DNS 查询工作原理。
- 掌握 Windows Server 2008 系统配置与管理 DNS 服务器的方法。
- 能够使用 Windows Server 2008 系统创建正向和正主要区域。
- 掌握 DNS 客户端的配置方法。
- 熟悉虚拟机技术的工作原理。
- 能够熟练使用各种命令测试 DNS 是否配置正确。
- 能够对 DNS 服务器进行设置以满足各种高级应用需求。
- 能够对 DNS 服务器进行一般的管理和监视。

9.1 真实情景引入

【真实情景】

A 集团公司是一家跨行业、跨地区经营的大型多元化全球企业集团，在国内有多家子公司，在国外有一家子公司。该集团公司由于发展需要须构建全面、完善的现代化信息服务体系。根据需要要完成如下配置：

（1）在承载活动目录服务的主域控制器和辅助域控制器上承载 DNS 域名服务。

（2）实现域名到 IP 地址的映射和 IP 地址到域名的解析。

【引入问题】

（1）如何在 Windows Server 2008 系统中安装 DNS 服务器？

（2）如何配置与管理 DNS 服务器？

9.2 DNS 基本概念和原理

DNS 是域名系统（Domain Name System）的缩写，是一种组织成域层次结构的计算机和网络服务命名系统。该系统用于命名组织到域层次结构中的计算机和网络服务。在 Internet 上，域名与 IP 地址是一一对应的。域名虽然便于记忆，但机器之间只能互相认识 IP 地址，它们之间的转换工作称为域名解析，域名解析需要由专门的域名解析服务器来完成，DNS 就是进行域名解析的服务器。

DNS 命名用于 TCP/IP 网络中，通过用户友好的名称来查找计算机和服务。当用户在应用程序中输入 DNS 名称时，DNS 服务可以将此名称解析为与之相关的其他信息，如 IP 地址。因为，在上网时输入的网址，是通过域名解析找到相对应的 IP 地址，这样才能上网。域名的最终指向是 IP。

DNS 是 Internet 和 TCP/IP 网络中广泛使用的、用于提供名字登记和名字到地址转换的一组协议和服务。DNS 服务免去了用户记忆枯燥的 IP 地址的烦恼，可以使用具有层次结构的“友好”的名字来定位本地 TCP/IP 网络和 Internet 上的主机及其他资源。

下面介绍有关 DNS 的几个基本概念。

- 域名空间：指 Internet 上所有主机的唯一的和比较友好的主机名所组成的空间。
- DNS 服务器：运行 DNS 服务器程序的计算机，其上有关于 DNS 域树结构的 DNS 数据库信息。
- DNS 客户端：也称为解析程序，是使用 DNS 从服务器查询信息的程序。
- 资源记录：DNS 数据库中的信息集，可用于处理客户机的查询。
- 区域：服务器是其授权的 DNS 名字空间的连续部分。
- 区域文件：包含区域资源记录的文件。

Internet 各级域中，都有相应的 DNS 服务器记录着域中计算机的域名和 IP 地址。如果要想通过域名访问某台计算机，则访问者的计算机必须通过查询域中的 DNS 服务器，得知被访问计算机的 IP 地址才可进行访问。此时，对于 DNS 服务器而言，访问者的计算机称为 DNS 客户端。

DNS 客户端向指定的 DNS 服务器查询网际网路上某台主机的名称，当 DNS 服务器在该资料记录中找不到用户所指定的名称时，会转向该服务器的快取缓存区寻找是否有该资料。当快取缓存区也找不到时，会向最近的名称服务器去寻求帮忙以寻找该名称的 IP 地址。在另一台服务器上也有相同动作的查询，查询到以后会回复要求查询的服务器。该 DNS 服务器在接收到另一台 DNS 服务器查询的结果后，先将所查询到的主机名称及对应的 IP 地址记录到快取缓存区中，最后再将查询到的结果回复给客户端。

9.2.1 DNS 域名空间及解析

DNS 包括命名的方式和对名字的管理。DNS 的命名系统是一种叫域名空间（Domain Name Space）的分布式、层次性的逻辑树形结构，其犹如一颗倒立的树，树根在最上面。根的名字用空标签（“”）表示，称为根域（root domain）。根域的下一级是顶级域。域名空间的根由 Internet 域名管理机构 InterNIC 负责管理。InterNIC 负责划分数据库的名字信息，使用名字服务器（DNS 服务器）来管理域名，每个 DNS 服务器中都有一个数据库文件，其中包含了域名树中某个区域的记录信息。

顶级域有两种划分方法：

（1）地理域：为世界上每个国家或地区设置的，由 ISO-3166 定义，如中国是 cn，美国是 us。

（2）通用域：按照机构类别设置的顶级域。Internet 中最初规定的一级域名有 7 个，其中 com 代表商业机构，edu 代表教育机构，mil 代表军事机构，gov 代表政府部门，net 代表提供网络服务的部门，org 代表非商业机构，xx 代表国家或者地区。另外，随着互联网的不断发展，新的通用顶级域名也根据实际需要不断被扩充到现有的域名体系中，ICANN 在 2000 年新增了

7 个域名，这 7 个新增域名的后缀分别是：.info（提供信息服务的单位）、.biz（公司）、.name（个人）、.pro（专业人士）、.museum（博物馆）、.coop（商业合作机构）和.aero（航空业）。在顶级域名下，还可以根据需要再定义次一级的域名。例如，在我国的顶级域名 cn 下又设立了 com、net、org、gov、edu、ac；我国各个行政区划的字母代表，如 bj 代表北京，sh 代表上海等。

提示

一般情况下，域名可以向提供域名注册服务的网站进行在线申请。例如，可以在中国互联网络信息中心（CNNIC）的网站 http://www.cnnic.net.cn 查看并注册域名。

Internet 将所有联网主机的名字空间划分为许多不同的域。树根（root）下是最高一级的域，再往下是二级、三级域，最高一级的域名叫做顶级（或称一级）域名。例如，域名 www.south.contoso.com 中，com 是一级域名，contoso 是二级域名，south 是三级域名，也称为子域域名，而 www 是主机名。各级域名的层次结构关系如图 9-1 所示。

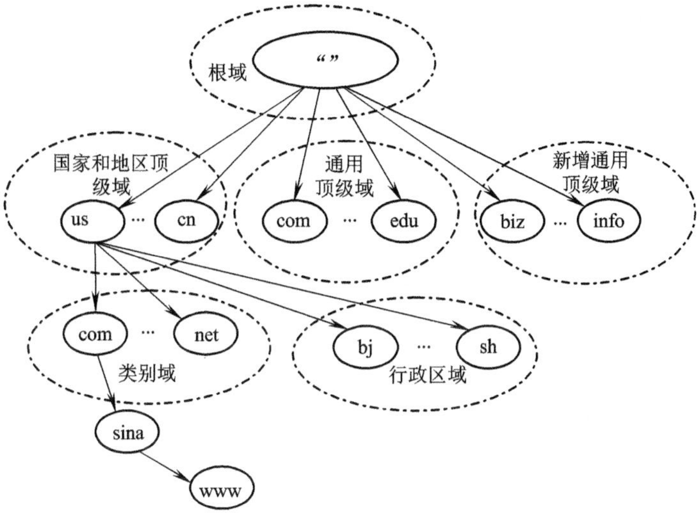

图 9-1　DNS 域名系统

DNS 是 Internet 上计算机命名的规范。DNS 服务器则把计算机的名字（主机名）与其 IP 地址相对应。而 DNS 客户则可以通过 DNS 服务器，由计算机的主机名查询到其 IP 地址，或者相反地，由其 IP 地址查询到其主机名。DNS 服务器提供的这种服务称为域名解析服务。DNS 通过分布式名字数据库系统，为管理大规模网络中的主机名和相关信息提供了一种稳健的方法。

DNS 客户端向 DNS 服务器提出查询，DNS 服务器作出响应的过程称为域名解析，详细的解析过程如图 9-2 所示。CN 域名解析的工作原理和过程如下。

（1）用户提出域名解析请求，并将该请求发送给本地的域名服务器。

（2）当本地的域名服务器收到请求后，先查询本地的缓存，如果有该记录项，则本地的域名服务器直接把查询的结果返回。

（3）如果本地的缓存中没有该记录，则本地域名服务器就直接把请求发送给根域名服务器，然后根域名服务器再返回给本地域名服务器一个所查询域（根的子域，如 cn）的主域名服务器的地址。

（4）本地服务器再向上一步骤中所返回的域名服务器发送请求，然后收到该请求的服务器查询其缓存，返回与此请求所对应的记录或相关的下级的域名服务器的地址。本地域名服务器将返回的结果保存到缓存中。

（5）重复（4），直到找到正确的记录。

（6）本地域名服务器把返回的结果保存到缓存中，以备下一次使用，同时还将结果返回给客户机。

域名解析分为正向解析和反向解析两种。当 DNS 客户端向 DNS 服务器提交域名查询 IP 地址，或 DNS 服务器向另一台 DNS 服务器（提出查询的 DNS 服务器，也是 DNS 客户端）提交域名查询 IP 地址时，DNS 服务器作出响应的过程称为正向解析。反过来，如果 DNS 客户端向 DNS 服务器提交 IP 地址而查询域名，DNS 服务器作出响应的过程则称为反向解析。图 9-2 为域名解析过程的示意图。

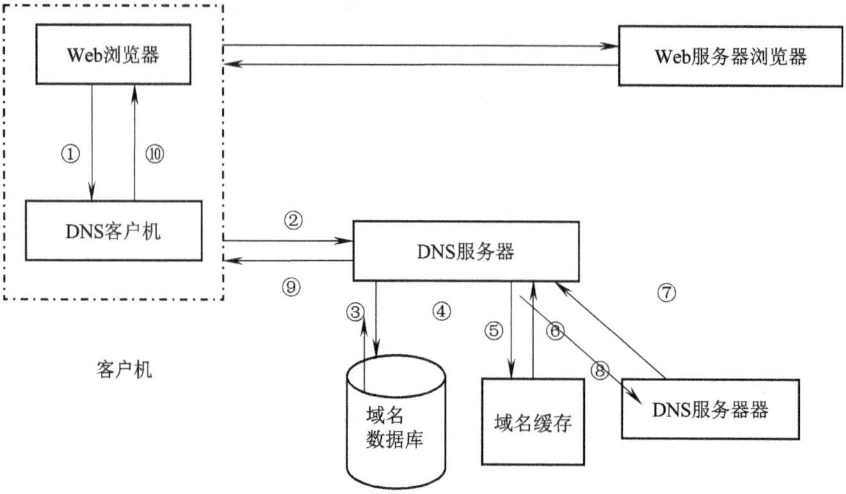

图 9-2　域名解析过程

9.2.2　DNS 服务器

域名的解析过程是域名解析服务器完成的，采用的是客户机/服务器模式。在域名服务器上运行一个服务进程（在 UNIX 系统中一般为 named 进程），该进程进行名字对 IP 地址的解析。域名服务器中存储了一个区或多个区的主机信息。

通常在一个区内设置多台服务器，这样做的目的主要是为了提高域名解析系统的可靠性，即当其中一台域名服务器出现故障时，所有的域名请求能够转发给其他的域名服务器。另外，可以将域名请求平均地分担到多台服务器上，以提高整个系统域名解析的能力和效率，并且可以根据需要将多台域名服务器放置到不同的地方，这样，可以为用户提供就近解析。

域名服务器包括主域名服务器和辅域名服务器，当一个区内有多台域名服务器时，主域名服务器直接从本地的区数据文件（zonefile）中加载本区的信息，区数据文件中包含了服务器所在区内的主机的主机名和相应的 IP 地址；而辅域名服务器则在启动时与负责本区的主域名服务器进行联系，复制主服务器的数据库。此后，将周期性地查询主域名服务器的数据是否被修改，以保持自己数据库中的数据是最新版本的。

运行 DNS 服务器程序的计算机，其上有关于 DNS 域树结构的 DNS 数据库信息。DNS 服务器上有两部分资料：

（1）域名数据库：存储的是由本机解析的域名。

（2）域名缓存：存储的是从其他 DNS 服务器解析的历史记录。

9.2.3 DNS 查询工作原理

DNS 域名解析的方法主要有递归查询、迭代查询和反向查询。

（1）递归查询。最简单的 DNS 查询类型是递归查询。在一个递归查询中，服务器或返回客户请求的信息或返回一个指出该信息不存在的错误消息。DNS 服务器不会尝试联系其他的服务器以获取信息。

（2）迭代查询。在迭代查询中，名字服务器返回其具有的最好的信息。虽然一个 DNS 服务器可能不知道某个友好的名字的 IP 地址，它可能知道具有要找的 IP 地址的名字服务器的 IP 地址，所以它将信息发回。

迭代查询的步骤：

1）本地名字服务器（DNS 服务器）从一个客户系统接收到要对一个友好的名字（如 www.contoso.com）进行域名解析的请求。

2）本地名字服务器检查自己的记录。如果找到地址，则返回给客户；如果没有找到，则本地名字服务器继续下面的步骤。

3）本地名字服务器向根（.com 中的“.”）名字服务器发送一个迭代请求。

4）根名字服务器为本地服务器提供顶级名字服务器（.com、.net 等）的地址。

5）本地服务器向顶级名字服务器发送一个迭代查询。

6）顶级名字服务器向本地域名服务器回复管理友好名字的域（如 contoso.com）的域名服务器的 IP 地址。

7）本地名字服务器向友好名字的域的名字服务器发送一个迭代查询。

8）友好名字的名字服务器提供查找的友好名字（如 www.contoso.com）的 IP 地址。本地名字服务器将这个 IP 地址发送给客户。

（3）反向查询。

反向查询是依据 DNS 客户端提供的 IP 地址，来查询该 IP 地址对应的主机域名。实现反向查询必须在 DNS 服务器内创建一个反向型查询的区域。当创建反向型查询区域时，系统就会自动为其创建一个反向型查询区域文件。在 DNS 服务器中，该区域名称的最后部分为 in-addr.arpa。但由于这种查询会占用大量的系统资源，因此通常不提供。

9.3 任务 1—添加 DNS 服务器

9.3.1 架设 DNS 服务器的需求和环境

在配置 DNS 服务器时，首先需要确定计算机是否满足 DNS 服务器的最低需求。然后安装 DNS 服务器角色，测试 DNS 服务器，配置根 DNS 服务器（根据需要）和 DNS 转发。最后，在 DNS 服务器上配置区域存储资源记录。

DNS 服务器角色占用资源较小，任何一台能够运行 Windows Server 2008 系统的计算机都可以成为 DNS 服务器，因为区域内包含上千条资源记录，内存就成为了一个约束条件。除操作系统和安装角色所需的内存外，每条 DNS 记录大约需要 90B 的内存。所以如果一个区域包含 9 000 条资源记录，那么服务器管理该区域就需要大约 1MB 的内存。如果启用反向 IP 地址查找，每台计算机至少有两条资源记录，即 A 记录和 PTR 记录。

设置 DNS 服务器前必须设置好 DNS 服务器的 TCP/IP 属性，手工配置 IP 地址、子网掩码、默认网关和 DNS 服务器 IP 地址，为架设 DNS 服务器做好准备。DNS 服务器环境的设置如图 9-3 和图 9-4 所示。

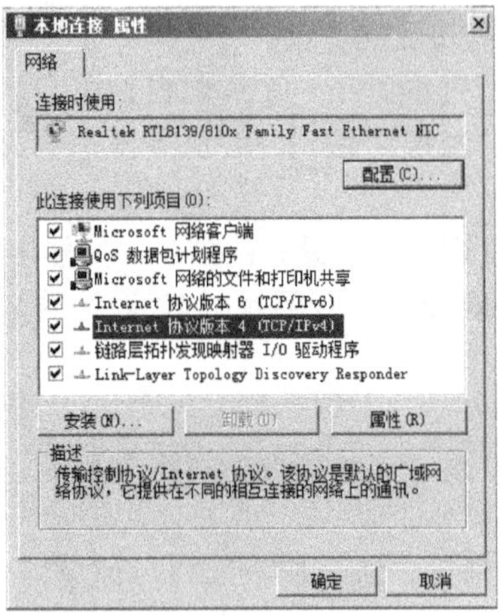

图 9-3　本地连接属性

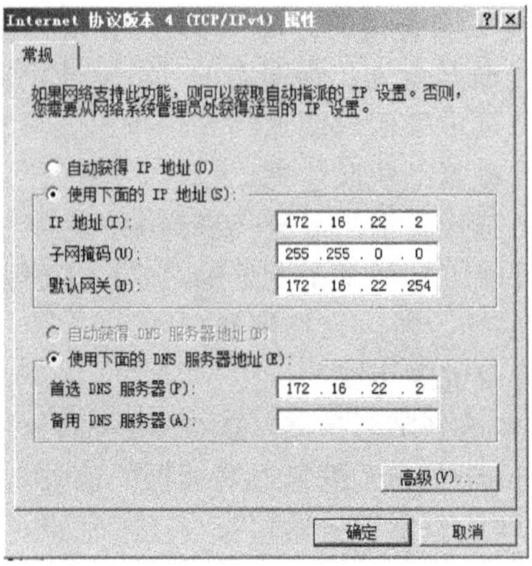

图 9-4　IP 配置

9.3.2　安装 DNS 服务器角色

在安装 Active Directory 域服务角色时，可以选择一起安装 DNS 服务器角色，或者可以在计算机 Windows Server 2008 系统上通过“服务器管理器”直接开始安装 DNS 服务器角色，具体步骤如下。

（1）以管理员账号登录到需要安装 DNS 服务器角色的计算机上，在“服务器管理器”控制台中，单击“角色”节点，然后在右侧窗口中单击【添加角色】按钮，打开“添加角色向导”。在打开的“选择服务器角色”对话框中，勾选“DNS 服务器”复选项，如图 9-5 所示。

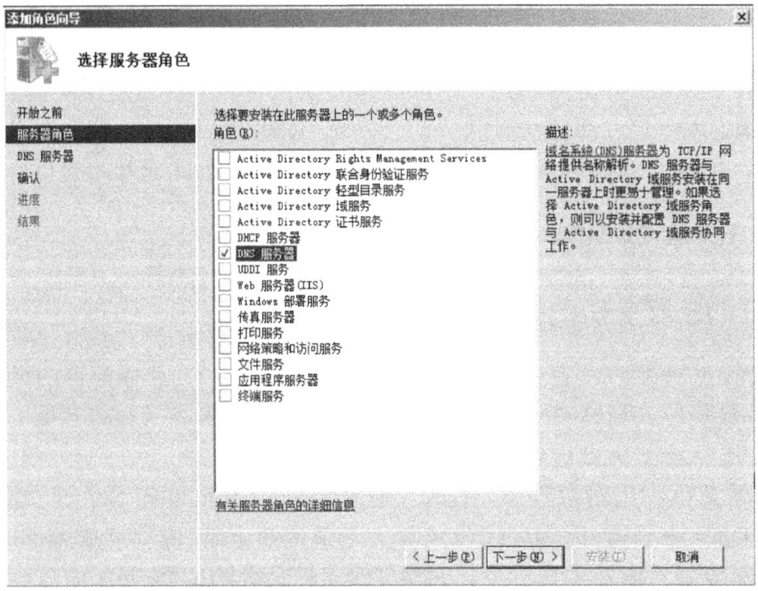

图 9-5　“选择服务器角色”对话框

（2）单击【下一步】按钮，出现“DNS 服务器”对话框，如图 9-6 所示。然后两次单击【下一步】按钮，出现“确认安装选择”对话框，在域控制器上安装 DNS 服务器角色，区域将与 Active Directory 域服务器集成在一起，如图 9-7 所示。

（3）单击【安装】按钮开始安装 DNS 服务器角色，安装完毕后出现“安装结果”对话框，如图 9-8 所示。最后单击【关闭】按钮完成 DNS 服务器的安装。

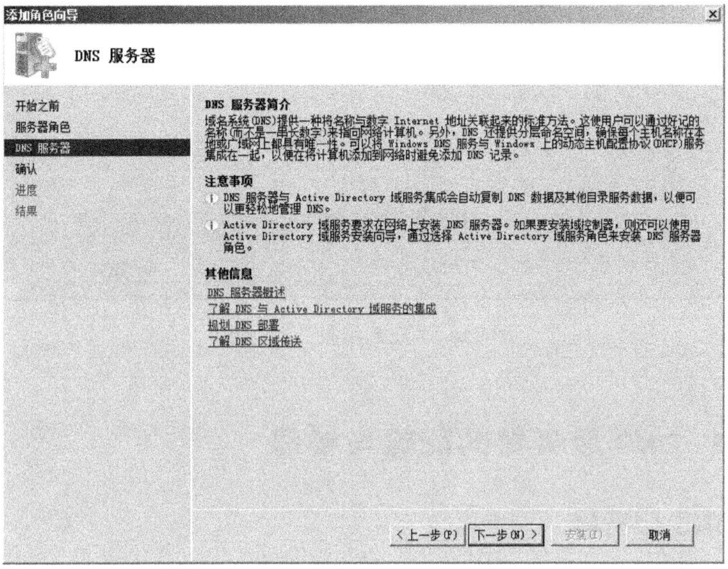

图 9-6 “DNS 服务器”对话框

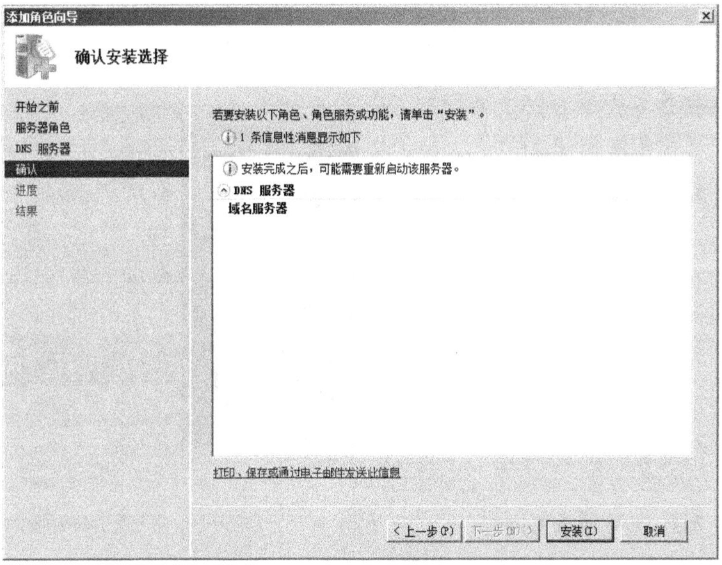

图 9-7 “确认安装选择”对话框

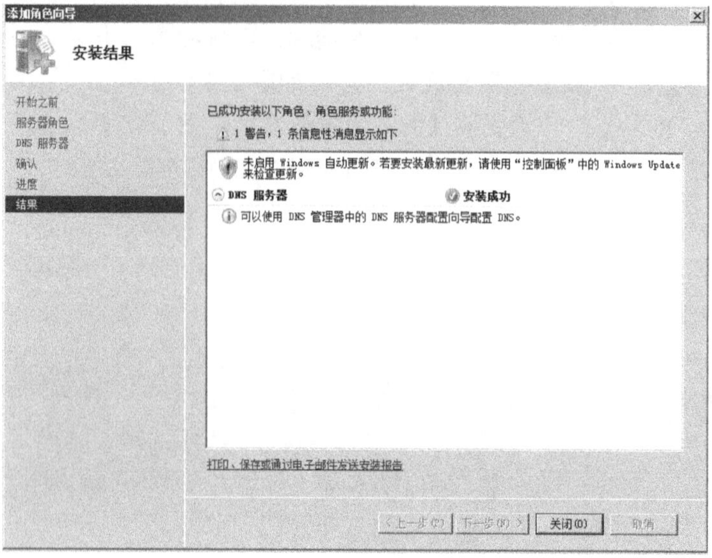

图 9-8 “安装结果”对话框

9.4 任务 2—DNS 服务器的配置与管理

9.4.1 配置 DNS 服务器

1. 利用配置 DNS 服务器向导

（1）打开配置 DNS 服务器向导，如图 9-9 所示，按照向导提示可以进行选择配置、主服务器位置选择、设定区域名称、动态更新设定、设置 DNS 转发器等操作。

（2）配置完毕后，单击【完成】按钮，如图 9-10 所示。

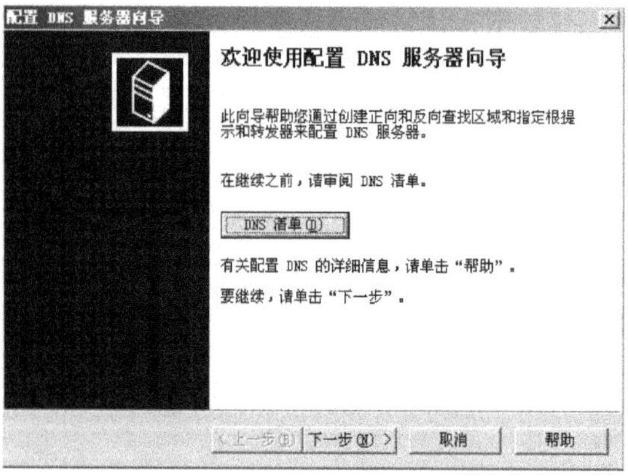

图 9-9 配置 DNS 服务器向导

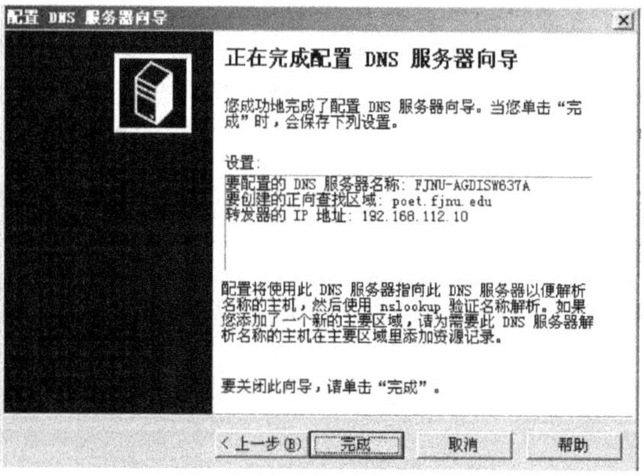

图 9-10 完成 DNS 服务器配置

2. 利用管理工具中的 DNS 管理台

（1）运行 DNS 服务，单击“开始”→“管理工具”→“DNS”，如图 9-11 所示。

（2）在 DNS 控制台进行选择，如图 9-12 所示。然后进行服务器配置，如图 9-13 所示。

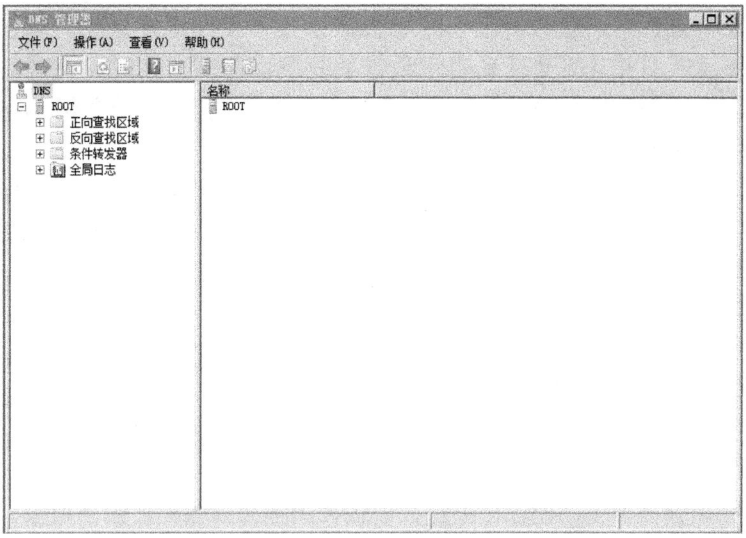

图 9-11　DNS 管理器

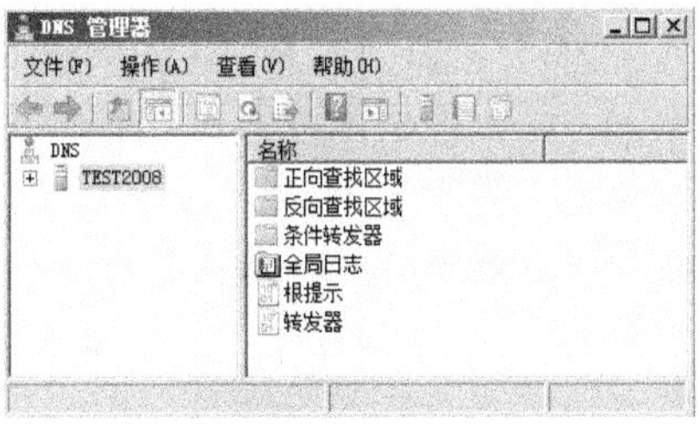

图 9-12　DNS 管理器选择

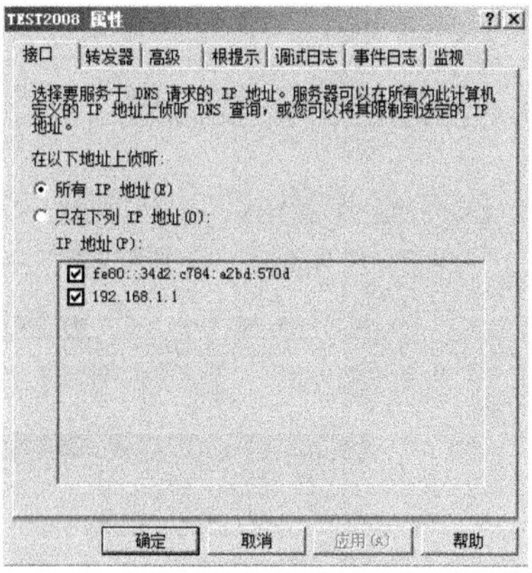

图 9-13　DNS 配置

9.4.2　DNS 区域类型

在部署 DNS 服务器时，必须先考虑 DNS 区域类型，从而决定 DNS 服务器的类型。DNS 区域分为正向查找区域和反向查找区域两类。

（1）正向查找区域：用于 FQDN（完全合格域名/全称域名）到 IP 地址的映射。当 DNS 客户端请求解析某个 FQDN 时，DNS 服务器在正向查找区域中进行查找，并返回给 DNS 客户端对应的 IP 地址。

（2）反向查找区域：用于 IP 地址到 FQDN 的映射，当 DNS 客户端请求解析某个 IP 地址时，DNS 服务器在反向查找区域中进行查找，并返回给 DNS 客户端对应的 FQDN。

这两类区域又分为 3 种区域类型，即主要区域、辅助区域和存根区域。

1）主要区域（Primary）：包含相应 DNS 命名空间所有的资源记录，是区域中包含的所有 DNS 域的权威 DNS 服务器。可以对区域中所有的资源记录进行读写，即 DNS 服务器可以修改此区域中的数据，默认情况下区域数据以文本文件格式存放。可以将主要区域的数据存放在活动目录中并且随着活动目录数据的复制而复制。此时，此区域称为活动目录集成主要区域，在这种情况下，每一个运行在域控制器上的 DNS 服务器都可以对此主要区域进行读写，这样避免了标注主要区域时出现的单点故障。

2）辅助区域（Secondary）：主要区域的备份，是从主要区域直接复制而来。同样包含相应 DNS 命名空间所有的资源记录，是区域中包含的所有 DNS 域的权威 DNS 服务器。与主要区域不同的是，DNS 服务器不能对辅助区域进行任何修改，即辅助区域是只读的。辅助区域数据只能以文本文件格式存放。

3）存根区域（Stub）：包含了用于分辨主要区域权威 DNS 服务器的记录，其中有 3 种记录类型。

- SOA（委派区域的起始授权机构）：此记录用于识别该区域的主要来源 DNS 服务器和其他区域属性。
- NS（名称服务器）：此记录包含了该区域的权威 DNS 服务器列表。
- A glue（黏附 A 记录）：此记录包含了该区域的权威 DNS 服务器的 IP 地址。

在默认情况下，区域数据以文本格式存放，可以和主要区域一样，将存根区域的数据存放在活动目录中，并且随着活动目录数据的复制而复制。

9.4.3 创建正向主要区域

在 DNS 服务器中，可以通过以下方法创建主要区域。

（1）单击“开始”→“程序”→“管理工具”→“DNS”，打开“DNS 管理器”对话框。在该对话框中展开 DNS 服务器树中的“正向查找区域”，单击鼠标右键，在弹出的菜单中选择“新建区域”选项，出现“新建区域向导”信息，如图 9-14 所示。

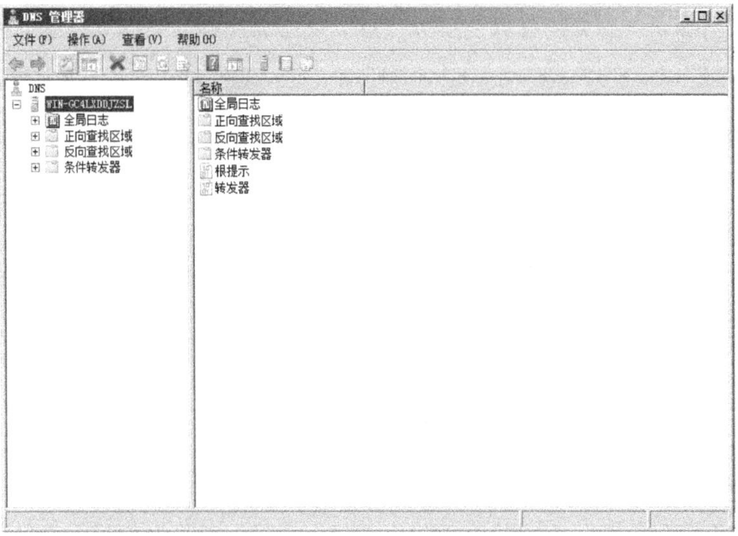

图 9-14 “DNS 管理器”对话框

（2）打开新建区域向导，在“DNS 管理器”控制台树中展开“服务器”节点，右键单击“正向查找区域”，在弹出的菜单中选择“新建区域”选项，如图 9-15 所示。

（3）在“区域类型”对话框中选中“主要区域”单选项，单击【下一步】按钮，如图 9-16 所示。

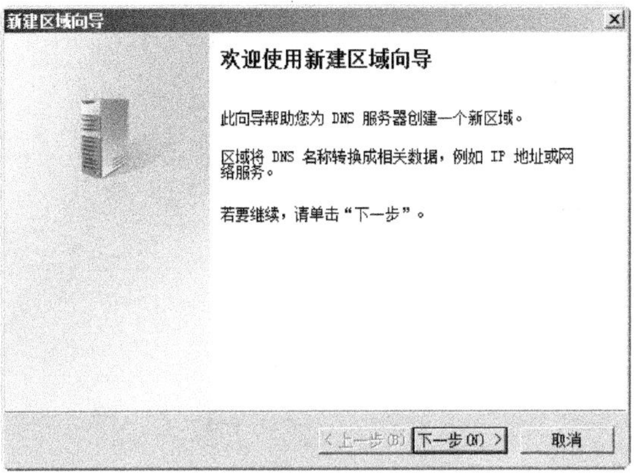

图 9-15　新建区域向导

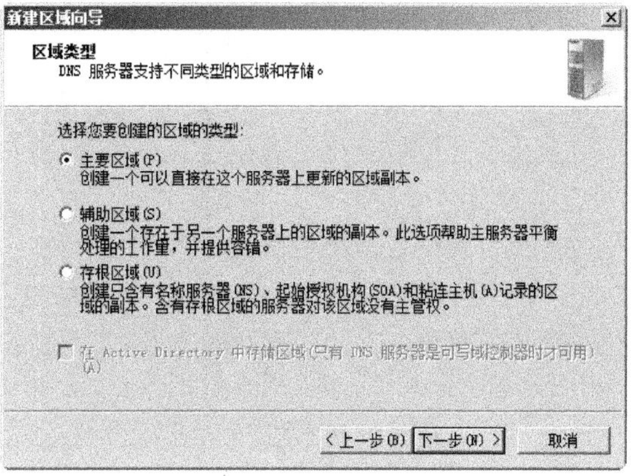

图 9-16　区域类型选择

（4）出现“区域名称”对话框，在“区域名称”文本框中输入需要创建区域的名称，如 linite.com，单击【下一步】按钮，如图 9-17 所示。

（5）出现“区域文件”对话框，直接单击【下一步】按钮。

（6）出现“动态更新”对话框。如果企业内部网没有连接到其他的网络，则在确保安全的前提下，可以运行非安全和安全的自动更新；如果网络不安全，则选中“不允许动态更新”单选项。这里选择“不允许动态更新”，单选项如图 9-18 所示。

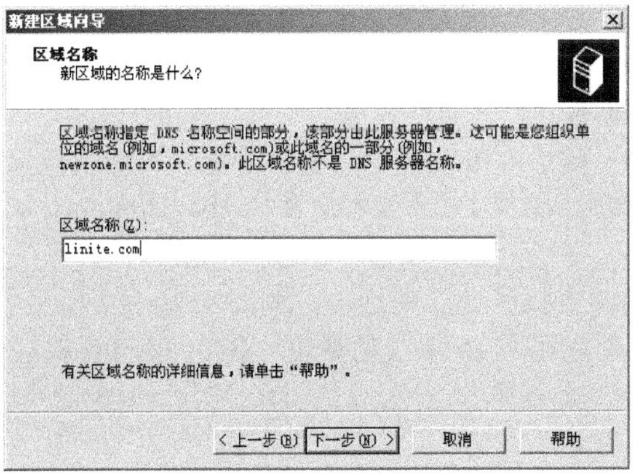

图 9-17　区域名称

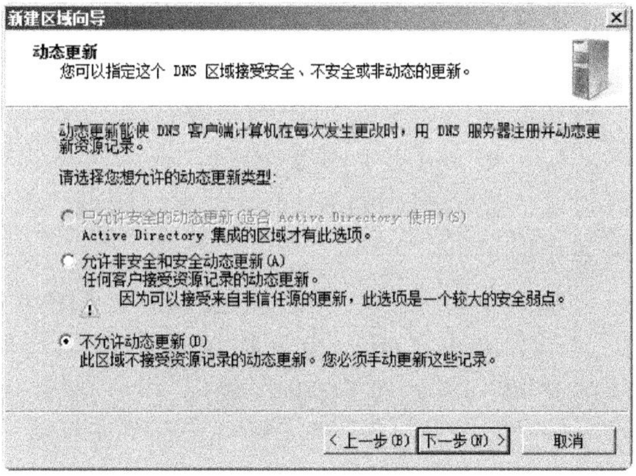

图 9-18　动态更新选择

（7）单击【下一步】按钮，出现“正在完成新建区域向导”对话框，单击【完成】按钮，返回 DNS 窗口，新建的区域 linite.com 将显示在窗口中，如图 9-19 所示。

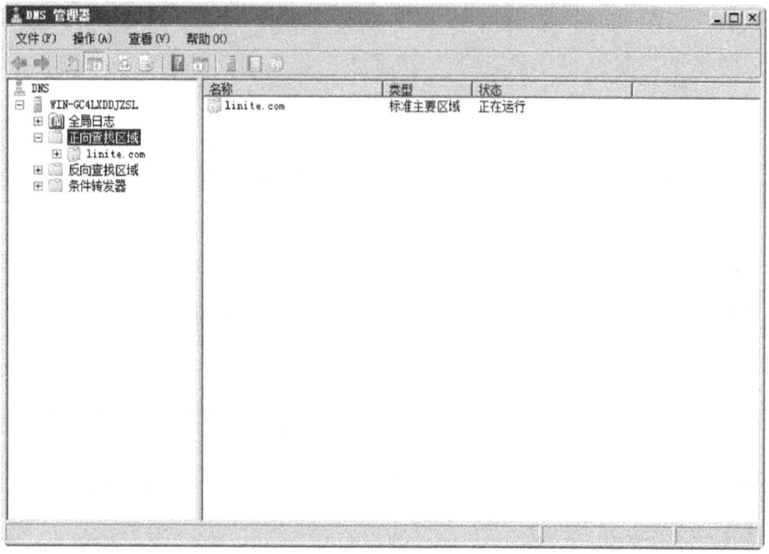

图 9-19 新建的 DNS

9.4.4 创建反向主要区域

通过 IP 地址查询其主机名的过程称为反向查询。反向查找区域可以实现 DNS 客户端利用 IP 地址来查询其主机名。这里同样提供了 3 种类型，即主要区域、辅助区域及根存区域。反向查找区域是用网络 ID 来定义区域的。反向查找区域信息及记录保存在一个文件中，默认的文件名称是网络 ID 的倒序形式，然后加上 in-addr.arpa，扩展名为.dns。该文件保存在%Systemroot%\system32\dns 文件夹中。

创建反向主要区域的步骤如下。

（1）在 DNS 控制台树中展开“反向查找区域”，单击鼠标右键，在弹出的菜单中选择“新建区域”选项，出现“新建区域向导”对话框。

（2）单击【下一步】按钮，在“区域类型”对话框中，选中“主要区域”单选项，取消勾选“在 Active Directory 中存储区域”复选项，这样 DNS 就不会和 Active Directory 域服务集成了。

（3）单击【下一步】按钮，选中“IPv4 反向查找区域”单选项，如图 9-20 所示。

（4）单击【下一步】按钮，出现“反向查找区域名称”对话框，输入反向查找区域的名称，需要使用网络 ID。在“网络 ID”文本框中输入“172.16.22”,如图 9-21 所示。

（5）单击【下一步】按钮，出现“区域文件”对话框，如果希望使用系统给定的默认文件名，只需单击【下一步】按钮，出现“动态更新”对话框，这里选中“不允许动态更新”单选项，如图 9-22 所示，然后单击【下一步】按钮。

（6）在“正在完成新建区域向导”对话框，对所显示的设置功能进行确认，然后单击【完成】按钮确认完成。

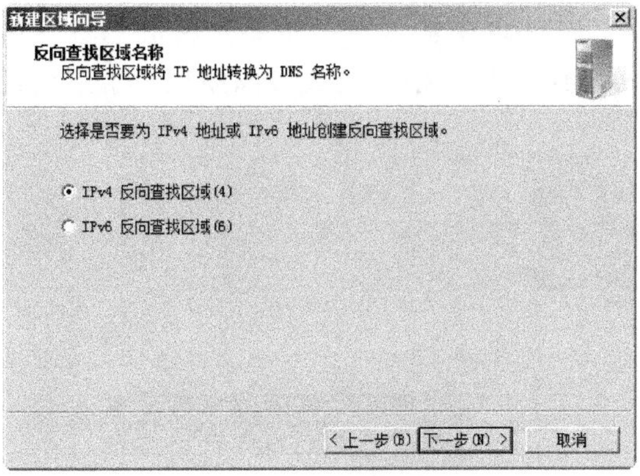

图 9-20　反向查找区域类型

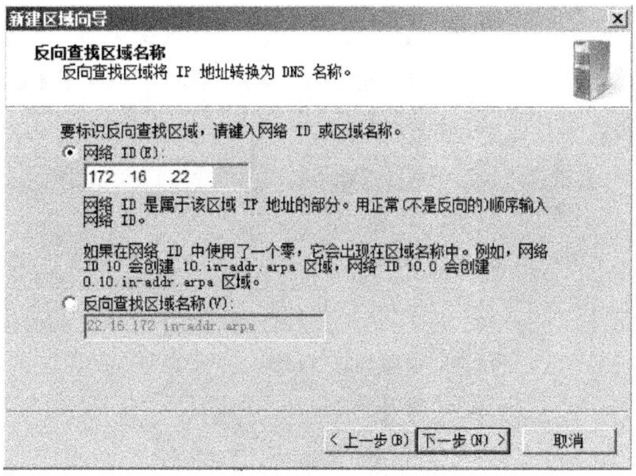

图 9-21　网络 ID 名称

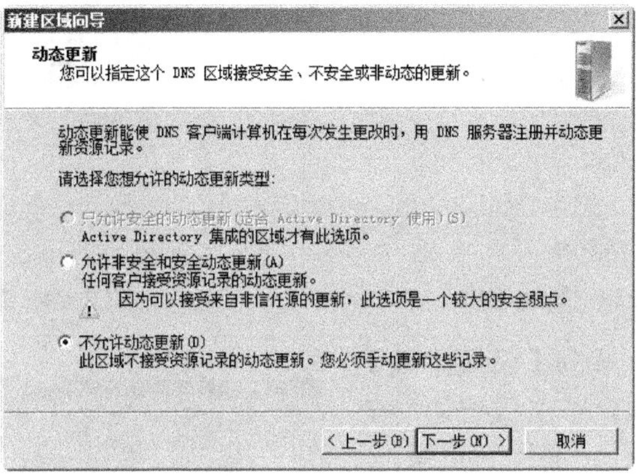

图 9-22　动态更新选项

9.4.5　在区域中创建资源记录

常见的资源记录见表 9-1。

表 9-1　常见的资源记录

记 录 类 型	功 能 描 述
SOA	任何区域文件中的首位纪录。开始授权记录，记录该区域的版本号，用于判断主要服务和次要服务器是否进行复制，标志区域主 DNS
NS	名称服务器记录，标志每个区域的 DNS 服务器
A	主机记录，定义网络中的主机名称，将主机名解析为 IP 地址
PTR	指针记录，定义从 IP 地址到特定资源的对应，用于方向查询
CNAME	别名记录，定义资源记录名称的 DNS 域名，常见别名有 WWW、FTP 等
SRV	服务记录，指定网络中某些服务提供商的资源记录，主要用于标志 Active Directory 域控制器
MX	电子邮件交换记录，指定邮件交换主机的路由信息

1．创建主机记录（A）

（1）单击“开始”→“程序”→“管理工具”→“DNS”，打开 DNS 窗口。

（2）在 DNS 窗口中选择已创建的主要区域 linite.com，单击鼠标右键，在弹出的菜单中选择“新建主机”选项，如图 9-23 所示。

（3）出现“新建主机”对话框，在“名称”文本框中输入网络中某主机的名称（如 www），在“IP 地址”文本框中输入该主机对应的 IP 地址，根据需要可以添加多个主机记录，如图 9-24 所示。

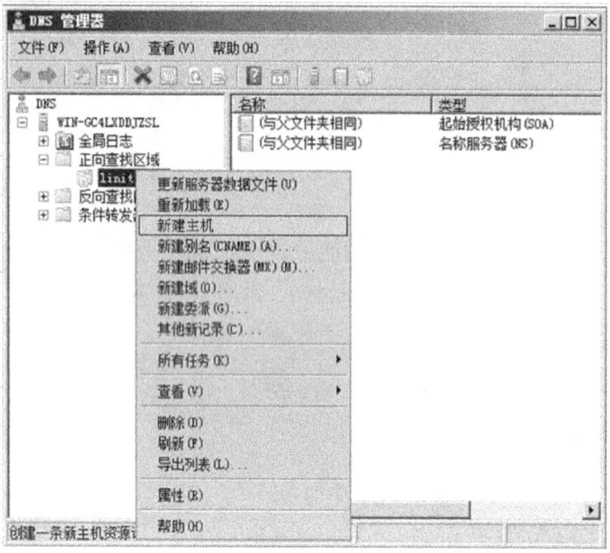

图 9-23　新建主机

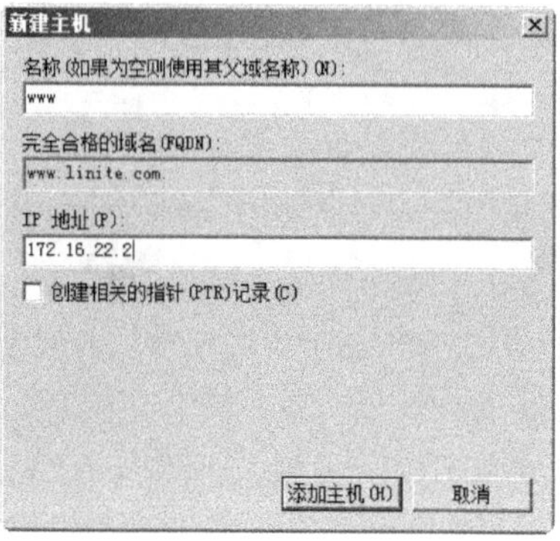

图 9-24　新建主机 IP 地址和名称

（4）设置正确后，单击【添加主机】按钮，出现“成功地创建了主机记录”信息，表示已成功地创建了一条主机记录。

（5）单击【确定】按钮。如果需要，可重复以上步骤，继续创建其他的主机记录。

（6）当所有的主机记录创建结束后，单击【完成】按钮，返回 DNS 窗口，刚刚所创建的主机记录将全部显示在窗口右侧的列表框中，如图 9-25 所示。

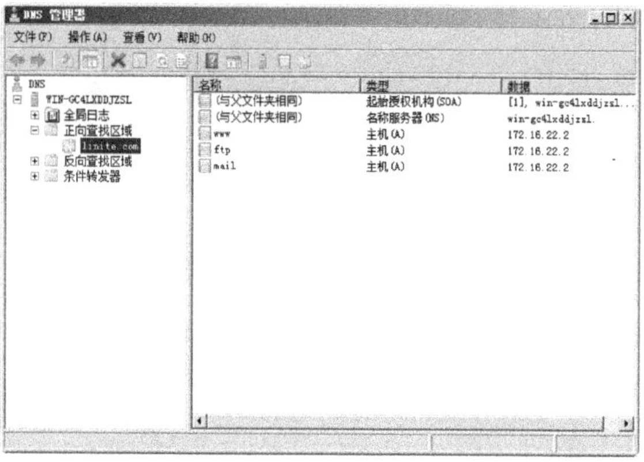

图 9-25　完成资源记录的添加

2．创建别名记录（CNAME）

（1）在 DNS 树形窗口控制台中选取已创建的主要区域 linite.com，单击鼠标右键，在弹出的菜单中选择“新建别名”选项。

（2）在“新建资源记录”对话框的“别名”文本框中输入待创建的主机别名“bbs”，在“目标主机的完全合格的域名”文本框中输入指派该别名的主机名称 www.linite.com，如图 9-26 所示。

（3）当确认输入的内容无误后，单击【确定】按钮，返回 DNS 控制台窗口，新建的别名记录将显示在窗口中。

3．创建邮件交换记录（MX）

邮件交换（Mail Exchanger，MX）记录可以告诉用户，哪些服务器可以为该域接收邮件。当局域网用户与其他 Internet 用户进行邮件交换时，将在该处指定的邮件服务器与其他 Internet 邮件服务器之间完成。也就是说，如果不指定 MX 邮件交换记录，那么网络用户将无法实现与 Internet 的邮件交换，也不能实现 Internet 电子邮件的收发。

创建邮件交换记录的方法：

（1）添加一个名为“mail”的主机记录，并将该“mail”指定的计算机作为邮件服务器。

（2）在 DNS 控制台树的“正向搜索区域”中，右键单击要添加 MX 邮件交换记录的域 linite.com，在弹出的菜单中选择“新建邮件交换器”选项，弹出“新建资源记录”对话框，如图 9-27 所示。用户创建 MX 记录，实现对邮件服务器的域名解析。

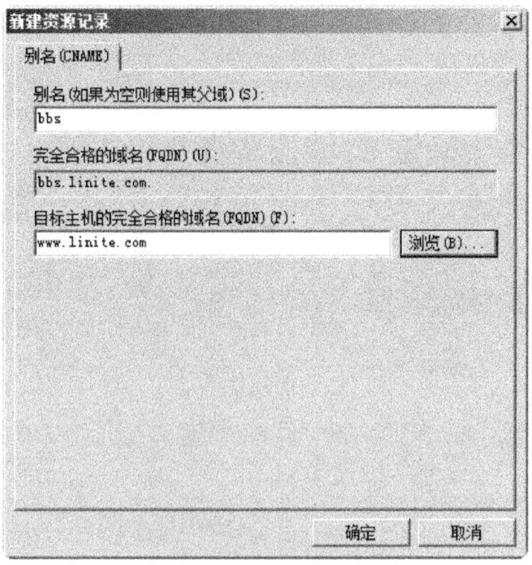

图 9-26　别名资源记录

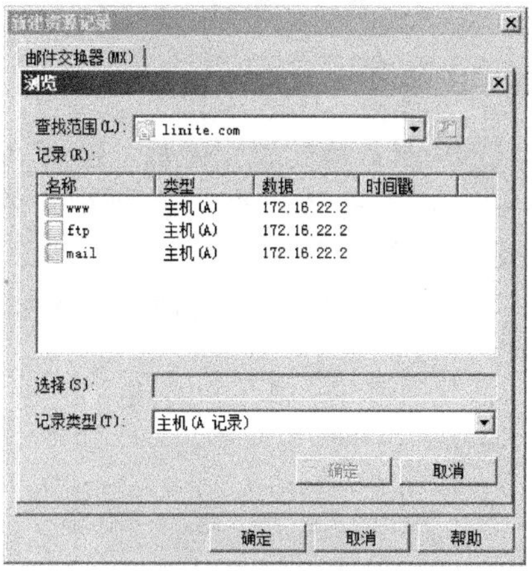

图 9-27　新建邮件交换器

（3）在“邮件服务器的完全合格的域名（FQDN）”文本框中输入邮件服务器的域名，如 mail.linite.com。

（4）指定邮件服务器的优先级。当该区域内有多个 MX 记录（即有多个邮件服务器）时，可以在此输入一个数字来确定其优先级。数字越低，优先级越高（0 最高）。

（5）单击【确定】按钮，完成 MX 邮件交换记录的添加。

重复上述操作，可为该域添加多个 MX 记录，要在“邮件服务器优先级”文本框中分别设置其优先级，从而实现邮件服务器的冗余和容错。

9.4.6　配置 DNS 客户端

客户端要解析 Internet 或内部网的主机名称，必须设置使用哪些 DNS 服务器。如果企业有自己的 DNS 服务器，可以将其设置为企业内部客户端的首选 DNS 服务器，否则设置 Internet 上的 DNS 服务器为首选 DNS 服务器（例如，广州电信的首选 DNS 服务器地址为 61.144.56.90）。

Windows 操作系统中 DNS 客户端的配置非常简单，只需在 IP 地址信息中添加 DNS 服务器的 IP 地址即可。配置 DNS 客户端的方法如下：

（1）打开控制面板，在控制面板中双击“网络连接”图标，打开网络连接窗口。

（2）右键单击“本地连接”，在弹出的菜单中选择“属性”选项，打开“本地连接　属性”对话框。

（3）在“此连接使用下列项目”中选取已安装的“Internet 协议（TCP/IP）”选项，然后单击【属性】按钮。

（4）在“首选 DNS 服务器”处输入 DNS 服务器的 IP 地址 172.16.22.2。如果网络中还有其他的 DNS 服务器，则在“备用 DNS 服务器”处输入备用 DNS 服务器的 IP 地址。也可以在“备用 DNS 服务器”中输入 Internet 上的 DNS 服务器 IP 地址。

9.5 任务 3-DNS 测试

DNS 服务器和客户端配置完成后，可以使用各种命令测试 DNS 是否配置正确。Windows 系统内置了用于测试 DNS 的相关命令，如 ipconfig、ping、nslookup 等。同时，Windows 2000 Resource Kits 提供的 netdiag 命令也是很好的测试工具。

9.5.1 ping 命令

确定 DNS 服务器配置正确后，使用 ping 命令来确定 DNS 服务器是否在线。如果 ping DNS 服务器的主机名，将会返回对应的 IP 地址及响应的简单统计信息。输入 ping puma.linite.com 命令的执行结果如图 9-28 所示。

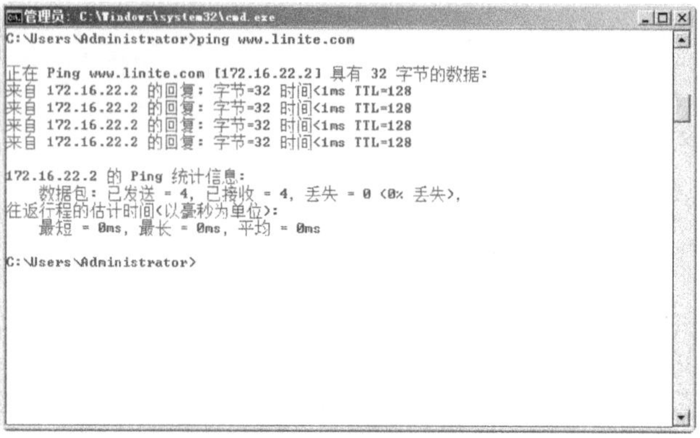

图 9-28　ping 命令

9.5.2 nslookup 命令

nslookup 是手动查询 DNS 的常用工具。它既可以模拟标准的客户解析器，也可以模拟服务器。作为客户解析器，nslookup 可以直接向服务器查询信息。作为服务器，nslookup 可以实现从主服务器到辅助服务器的域区传送。

nslookup 命令的用法为：nslookup [option] [host-to-find|server]。nslookup 命令可用于两种模式，即非交互模式和交互模式。非交互模式是在命令行中输入完整的命令，如 nslookup。交互模式则只要输入 nslookup 和回车，不输入参数，如图 9-29 所示。

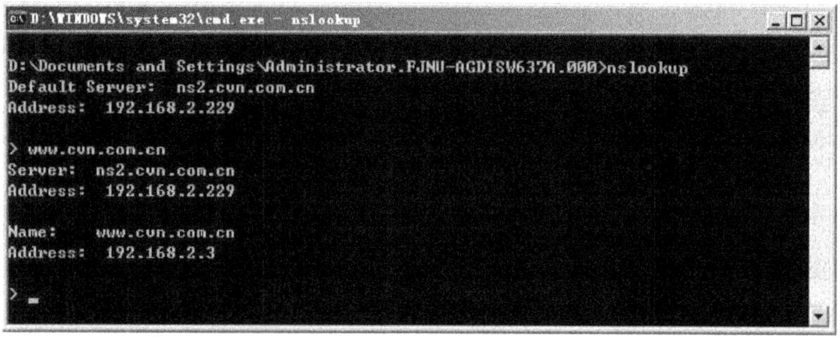

图 9-29　nslookup 命令

反向查询用于用户测试 DNS 服务器能否正确地提供名称解析功能，如当运行 nslookup 时，可以使用 ping 和 nslookup 命令测试反向查询功能，如图 9-30 所示。

图 9-30　反向查询

9.5.3　ipconfig/displaydns 命令与/flushdns 命令

可以使用 ipconfig 工具来查看和刷新 DNS 解析器缓存。要查看 DNS 解析器缓存，可以在命令提示符下输入 ipconfig/displaydns。ipconfig 会显示 DNS 解析器缓存的内容，包括从 Hosts 文件中预先加载的 DNS 资源记录和系统解析过的任何最近查询的名称。在一段特定的时间后，解析器会丢弃缓存中的记录。该时间段在与 DNS 资源记录相关联的生存时间（TTL）中指定。还可以手动刷新缓存，刷新后，计算机必须重新向 DNS 服务器查询计算机以前解析过的所有 DNS 资源记录。要删除 DNS 解析器缓存中的条目，可以在命令提示符下输入 ipconfig/flushdns。

9.6　DNS 服务器高级应用

9.6.1　DNS 动态更新

当被解析的主机 IP 地址发生变化时，DNS 服务器数据库中的记录会随之自动变更，并始终与该主机的域名相对应，这一过程称为 DNS 的动态更新。启用动态更新的操作步骤如下。

（1）在 DNS 控制台树上，右键单击区域名，如 linite.com。在弹出的菜单中选择“属性”选项，打开“linite.com 属性”对话框，如图 9-31 所示。在“动态更新”下拉列表框中，选择“非安全”选项。

（2）此时，如果 DHCP 服务器动态分配给该主机的 IP 地址发生变化，则在 DNS 服务器中会立即更新数据，从而保证域名解析的正确性。

（3）在 DHCP 控制台树的“作用域属性”对话框的“DNS”选项卡中，勾选“根据下面的设置启用 DNS 动态更新”复选项，选中“只有在 DHCP 客户端请求时才动态更新 DNS A 和 PTR 记录”单选项。这样，客户端在更改主机名后可通过执行 ipconfig/registerdns 命令更新 DNS 服务器上的信息，如图 9-32 所示。

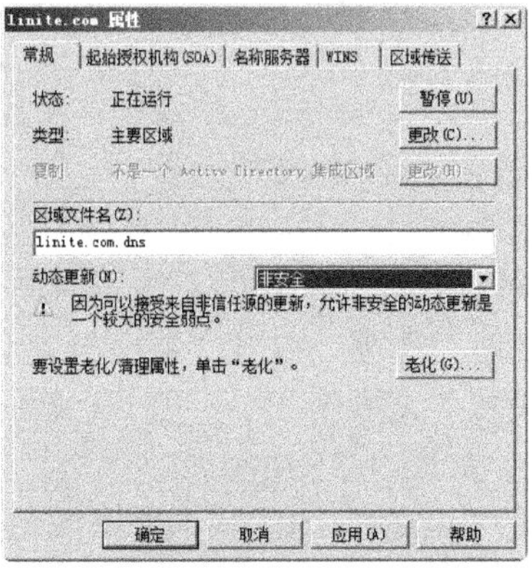

图 9-31　“linite.com 属性”对话框

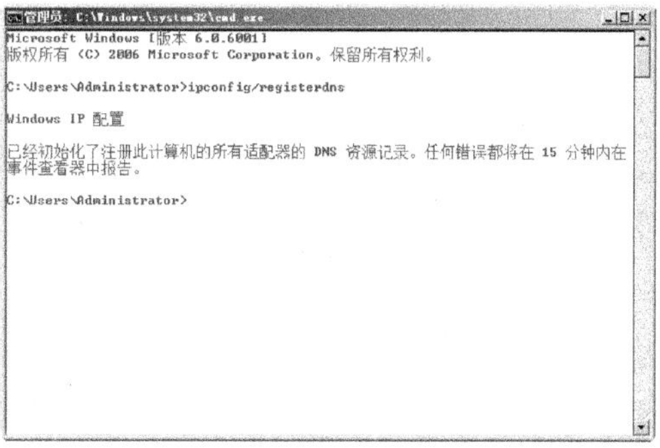

图 9-32　ipconfig/registerdns 命令

9.6.2 根提示和转发器

向 DNS 服务器提交一个查询请求时，如果该查询请求的是 Internet 上的资源，那么 DNS 服务器需要通过一种方式来遍历 Internet 上的相应 DNS 服务器，以响应客户端的请求。DNS 服务器使用根提示将客户端的迭代查询请求转发到 Internet 上。根提示包含多台服务器，如图 9-33 所示。

9.6.3 条件转发

Windows Server 2008 系统支持条件转发，可以将特定的域转发到特定的 DNS 服务器上。有关转发器的设置如图 9-34 所示。

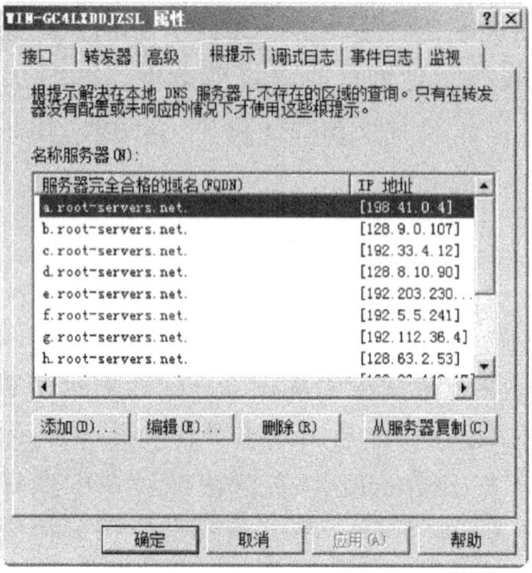

图 9-33 “根提示”选项卡

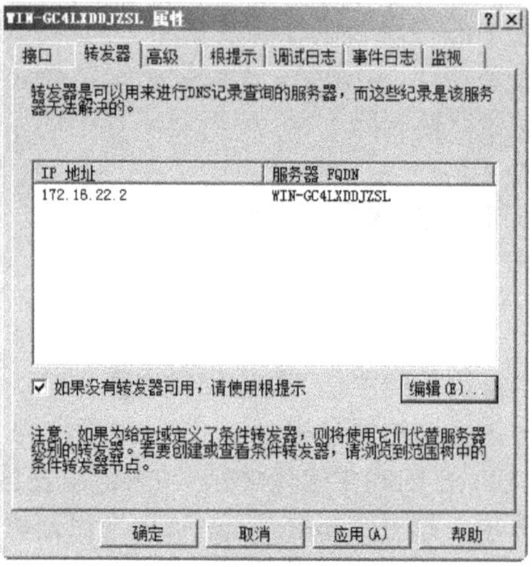

图 9-34 “转发器”选项卡

9.7 DNS 管理和监视

DNS 服务器安装后，有时可能由于某些错误导致不能正常地启动服务或提供名称解析功能。以下是常见的 DNS 故障。

（1）过时资源记录会占用服务器磁盘空间并导致不必要的长时间区域传送。

（2）DNS 服务器可能使用过期的信息来应答客户端查询，导致客户端在网络上遇到名称解析问题。

（3）降低 DNS 服务器的性能和响应速度。

（4）累积过时的资源记录会阻止其他计算机或主机设备使用 DNS 域名。

在 DNS 管理和监视中，应使用以下方法：

（1）以域管理员账户登录到 DNS 服务器上，在“DNS 管理器”控制台中，右键单击服务器，在弹出的菜单中选择“为所有区域设置老化/清理”选项，打开“服务器老化/清理属性”对话框，勾选“清理过时资源记录”复选项，设置“无刷新间隔”和“刷新间隔”为 7 天，单击【确定】按钮，完成服务器老化/清理设置，如图 9-35 所示。

（2）启用过时记录自动清理。可以自动清理域名称服务器宿主的区域中的资源记录。在“DNS 管理器”控制台中，右键单击服务器，在弹出的菜单中选择“属性”选项，单击

“高级”选项卡，勾选“启用过时记录自动清理”复选项，并设置“清理周期”为 7 天，如图 9-36 所示。然后单击【确定】按钮完成自动清理设置。

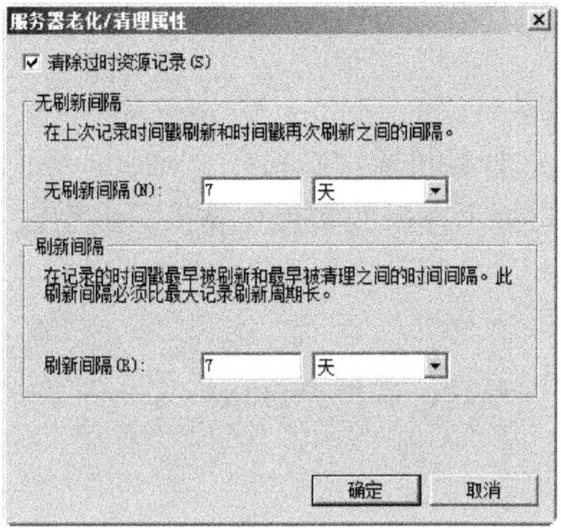

图 9-35 “服务器老化/清理属性”对话框

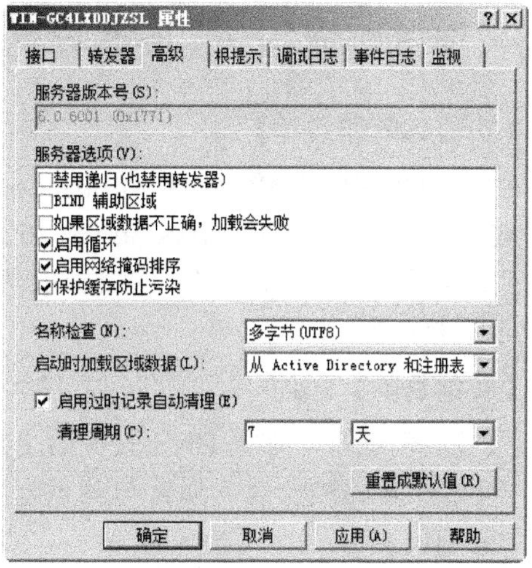

图 9-36 启用过时记录自动清理

（3）使用立即清理过时资源记录，控制台将立即删除自从被创建后已超过所有分配时间的服务器资源记录。在“DNS 管理器”控制台中，右键单击服务器，在弹出的菜单中选择“清理过时资源记录”选项，在弹出的对话框中，单击【是】按钮即可立即清理过时的记录。

9.8 回到工作情景

下面回到 9.1 节中介绍的工作场景，完成工作任务。

（1）在承载活动目录服务的主域控制器和辅助域控制器上承载 DNS 域名服务。

（2）实现域名到 IP 地址的映射和 IP 到域名的解析。

【工作过程一】添加 DNS 服务器

（1）熟悉 DNS 服务的相关术语和知识点。

（2）根据使用要求，在承载活动目录服务的主域控制器和辅助域控制器上，设置好 DNS 服务器的 TCP/IP 属性，为架设 DNS 服务器做好准备。

（3）在“服务器管理器”控制台中，使用“添加角色向导”，在打开的“选择服务器角色”对话框中，选择“DNS 服务器”，在域控制器上安装 DNS 服务器角色。

【工作过程二】配置 DNS 服务器

（1）利用配置 DNS 服务器向导。

（2）利用管理工具中的 DNS 管理台配置 DNS 服务器。

- 创建正向主要区域：单击“管理工具”→“DNS”打开 DNS 管理台，在窗口中选取 DNS 服务器树中的正向搜索区域，单击鼠标右键，选择“新建区域”选项，出现“新建区域向导”。在“区域类型”中选择“主要区域”。如果配置 DNS 冗余，则选择“辅助区域”。
- 创建反向主要区域：单击“管理工具”→“DNS”，打开 DNS 管理台，在窗口中选取 DNS 服务器树中的反向查找区域，单击鼠标右键，选择“新建区域”选项，出现“新建区域向导”。在“区域类型”中选择“主要区域”。

9.9 项目实训—DNS 服务器的配置与管理

【实训环境和条件】

（1）网络环境或 VMware Workstation 8.0 虚拟机软件。

（2）两台安装有 Windows Server 2008 系统的物理计算机或虚拟机。

（3）安装有 Windows XP、Windows Vista、Windows 7 系统的物理计算机或虚拟机（充当域客户端）。

【实训目的】

通过上机练习，掌握 DNS 服务的主要概念及工作原理，掌握 Windows Server 2008 系统中 DNS 服务器的安装、配置与测试方法。

【实训内容】

（1）安装主 DNS 服务器。

（2）安装辅助 DNS 服务器。

（3）设置正向搜索区域。

（4）配置和测试 DNS 服务器。

【实训过程】

（1）安装主 DNS 服务器，域名为 linite.com。

（2）安装辅助 DNS 服务器，并实现与主 DNS 服务器的同步。

（3）设置正向搜索区域，并添加 Web 服务器（www，A 记录，192.168.0.150）、FTP 服务器（ftp，A 记录，192.168.0.151）和 MAIL 服务器（mail，A 和 MX 记录，192.168.0.152）。

（4）设置 Windows XP 系统为 DNS 客户端。

（5）用 nslookup 命令验证以上配置是否正确。

习　题

简答题

1. DNS 有什么作用？DNS 是如何进行域名解析的？
2. 如何配置 DNS 服务器？
3. 什么是反向查找区域？如何设置反向查找区域？
4. 当 DNS 无法解析主机名时，如何进行故障诊断？

项目 10　WWW 服务器架设

主要内容

- Web 服务概述及 IIS 7.0 的主要特点。
- Web 服务器（IIS）角色的安装方法及基本设置。
- 在同一服务器上创建多个 Web 网站。
- 网站的安全性管理。

技术目标

- 熟悉 Web 服务的工作原理，了解 IIS 7.0 的主要特点。
- 掌握 Windows Server 2008 系统的 Web 服务器（IIS）角色的安装方法。
- 掌握 Web 网站的主要参数和安全配置的方法。
- 理解 Web 虚拟站点的实现原理，学会利用 IP 地址、主机名和端口号绑定在同一服务器上创建多个 Web 网站。
- 理解网站安全性的管理。

10.1　真实情景引入

【真实情景】

在 A 学院进行校园网建设时，该学院已完成对校园网主页的创建，该主页使用 ASP 和.NET 技术开发，数据库平台采用的是 Microsoft SQL Server，现在需要将学院主页对外发布。假设该学院的 Web 服务器的计算机名是 web，域名是 www.a.edu.cn，IP 地址为 192.168.88.22，并且已在域名服务器中完成了注册。

另外，该学院的人事处也创建了一个网站，使用的开发技术也是 ASP 和.NET，但由于没有专用的服务器，因此希望跟学院的 Web 服务器一并发布。

【引入问题】

（1）如何在 Windows Server 2008 系统中安装 Web 服务器角色？安装前有哪些准备工作？

（2）如何配置一个 Web 站点属性？如何提高 Web 服务器的安全性？

（3）实际目录与虚拟目录有何区别？如何创建和管理虚拟目录？

（4）如何在一台 Web 服务器中创建多个 Web 站点？有哪些方式？

10.2 Web 概述

10.2.1 Web 简介

1. 什么是 Web

World Wide Web，简称 WWW，也称为 Web。通过 Web，互联网上的资源可以比较直观地在一个网页中表示出来，并且在网页上可以相互链接。

Web 是一种超文本信息系统，其主要实现方式是超文本链接，它使得文本可以从一个位置跳转到另外一个位置。想要了解某一个主题的内容，只要在这个主题上单击鼠标左键，就可以跳转到包含这一主题的文档中。

2. Web 的特点

（1）Web 是图形化的、易于导航的（navigate）。Web 非常流行的一个很重要的原因是，它可以在一页上同时显示色彩丰富的图形和文本的性能。没有 Web 之前，Internet 上的信息只有文本形式。Web 具有将图形、音频、视频信息集合于一体的特性。同时，Web 是非常易于导航的，只需从一个链接跳到另一个链接，就可以在各页、各站点之间进行浏览了。

（2）Web 与平台无关。无论系统平台是什么，都可以通过 Internet 访问 WWW。对 WWW 的访问是通过浏览器（Browser）实现的，如 Netscape 的 Navigator、NCSA 的 Mosaic、Microsoft 的 Explorer 等。

（3）Web 是分布式的。大量的图形、音频和视频信息都会占用大量的磁盘空间。对于 Web 没有必要把所有信息都放在一起，信息可以放在不同的站点上。只需要在浏览器中指明这个站点就可以了，使在物理上并不一定在一个站点的信息在逻辑上一体化，从用户来看这些信息是一体的。

（4）Web 是动态的。各 Web 站点的信息都包含站点本身的信息，信息的提供者可以经常对站上的信息进行更新，如某个协议的发展状况、公司的广告等。各信息站点一般都尽量保证信息的时间性。所以，Web 站点上的信息是动态的、经常需要更新的，这一点是由信息的提供者保证的。

（5）Web 是交互的。Web 的交互性首先表现在它的超连接上，浏览顺序和所到站点完全由用户自己决定。另外，通过 FORM 的形式可以从服务器方获得动态信息。用户通过填写 FORM 可以向服务器提交请求，服务器可以根据用户的请求返回相应的信息。

10.2.2 IIS 7.0 特性

IIS（Internet Information Services）7.0 指 Windows Server 2008、Windows Server 2008 R2、Windows Vista 和 Windows 7 的某些版本中包含的 IIS 版本。IIS 7.0 在 Windows Server 2008 系统中是 Web 服务器（IIS）角色，而在 Windows Vista 中是 Web 服务器。

Web 服务器在 IIS 7.0 中经过重新设计，能够通过添加或删除模块来自定义服务器，以满足用户的特定需求。模块是服务器用于处理请求的独特功能。例如，IIS 使用身份验证模块来对客户端凭据进行身份验证，并使用缓存模块来管理缓存活动。IIS 是一个支持 HTTP 和 FTP 发布服务的 Web 服务器。

IIS 7.0 通过支持灵活的可扩展模型来实现强大的定制功能，通过安装和运行特征加强安全。IIS 7.0 还可以让负责 Web 应用程序或服务的人来代理权限，通过选择性地安装和运行特性来增强安全性。IIS 7.0 的可扩展性包括一个全新的核心服务器 API 集合，这使得特性模块可以用本机代码（C/C++）或托管代码开发。IIS 7.0 还启用了配置、脚本、事件日志和管理工具特性集的可扩展性，向软件开发者提供了一个完整的服务器平台，使开发者可以在该平台上建立 Web 服务器扩展模块。

IIS 7.0 包含一整套管理工具，包括新的管理员和命令行工具、新的托管代码和脚本 API，Windows PowerShell 可以简化开发人员和管理员的日常工作。管理工具是完全可扩展的，使得开发者能够使用.NET 框架建立新的管理模块，也可以很容易地将新的管理 UI 模块插入进来，如同随 IIS 7.0 发布的那些模块一般，新模块的工作过程是透明的。IIS 7.0 核心 Web 服务器与 IIS 6.0 相比，有一些根本性的变化。例如，本机代码和托管代码可以通过单一的请求流程进行处理。集成化的流程，使得不同的应用框架可以在单一的 Web 服务器请求流水线中运行，为所有应用程序提供了内建的 ASP.NET 可扩展性。IIS 7.0 还支持使用.NET 框架开发核心 Web 服务器扩展。

IIS 7.0 集成了现存的用于 ASP. NET 的 IHttpModule API，对于所有请求，托管代码模块都能访问请求流程中的所有事件。IIS 7.0 包含一个新的 Runtime State and Control API，提供了关于应用程序池、工作进程、网站、应用程序域和运行中的请求的实时状态信息，该信息通过本机 COM 组件 API 暴露出来，该 API 是通过 appcmd.exe 和 IIS Manager 包装、暴露出来的。

10.2.3 Web 服务器简介

1. Web 服务的工作原理

Web 服务采用客户机/服务器工作模式，它以超文本标记语言（Hyper Text Markup Language，HTML）和超文本传输协议（Hyper Text Transfer Protocol，HTTP）为基础，为用户提供界面一致的信息浏览系统。Web 服务器负责对各种信息进行组织，并以文件的形式存储在某一个指定目录中。Web 服务器利用超链接来链接各个信息片段，这些信息片段既可集中地存储在同一台主机上，也可分布地放在不同的主机上。Web 客户机（浏览器）负责显示信息和向服务器发送请求。当客户提出访问请求时，服务器负责响应客户的请求并按用户的要求发送文件；当客户端收到文件后，结束该文件并在屏幕上显示出来。图 10-1 所示为 Web 服务系统的工作原理。

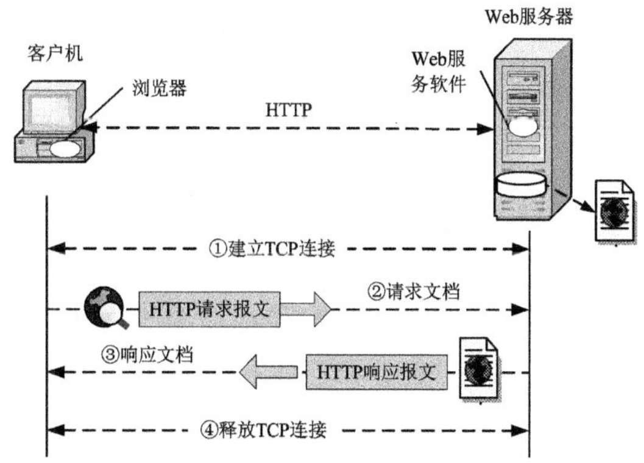

图 10-1　Web 服务系统的工作原理

（1）Web 的客户端。客户端软件通常称为浏览器，它是 HTML 的解释器。

在 Web 的客户端/服务器工作环境中，Web 浏览器起着控制的作用。Web 浏览器的任务是使用一个起始 URL 来获取一个 Web 服务器上的 Web 文档，解释这个 HTML 并将文档内容以用户环境许可的效果最大限度地显示出来。当用户选择一个超文本链接时，这个过程重新开始，Web 浏览器通过与超文本链接相连的 URL 来请求获取文档，等待服务器发送文档，处理这个文档并显示出来。

在众多的 Web 浏览器中，常见的有 Internet Explorer（IE）、傲游（Maxthon）、火狐（Mozilla Firefox）、世界之窗（The World）、360 安全浏览器（360SE）、腾讯 TT（Tencent Traveler）等。

（2）Web 的服务器。Web 的服务器从硬件角度来讲，是指在 Internet 上保存超文本和超媒体信息的计算机；从软件角度来讲，是指提供 Web 功能的服务程序。Web 的服务器软件默认使用 TCP 80 端口监听，等待客户端浏览器发出的链接请求。链接建立后，客户端可以发出一定的命令，服务器给出相应的应答。常见的 Web 服务器软件有微软公司的 IIS 和 Apache Web 服务器。

2. 超文本传输协议

超文本传输协议是分布式、协作式、超媒体系统应用之间的通信协议，是万维网交换信息的基础。

它允许将超文本标记语言（HTML）文档从 Web 服务器传送到 Web 浏览器。HTML 是一种用于创建文档的标记语言，这些文档包含相关信息的链接。用户可以单击一个链接来访问其他文档、图像或多媒体对象，并获得关于链接项的附加信息。

HTTP 将一次请求/服务的全过程定义为一个简单的事务处理，它由以下 4 个步骤组成。

（1）连接：客户与服务器建立连接。

（2）请求：客户向服务器提出请求，在请求中指明想要操作的页。

（3）应答：如果请求被接受，则服务器送回应答。

（4）关闭：客户与服务器断开连接。

HTTP 工作在 TCP/IP 体系中的 TCP 上，客户机和服务器必须都支持 HTTP 才能在万维网上发送和接收 HTML 文档并进行交互。

10.3 任务 1—IIS 的安装与 Web 的基本设置

10.3.1 架设 Web 服务器的需求和环境

在架设 Web 服务器之前，用户需要做一些必要的准备工作。

（1）为服务器配置一个静态的 IP 地址，不能使用由 DHCP 动态分配的 IP 地址。

（2）为了让用户能够使用域名来访问 Web 站点，建议在 DNS 服务器为站点注册一个域名。

（3）为了 Web 站点具有更高的安全性，建议用户把存放网站内容所在的驱动器格式化为 NTFS 文件系统。

10.3.2 IIS 7.0 的安装

Web 服务是 Windows Server 2008 系统的重要角色之一，它包含在 IIS7.0 中，用户可以通过“添加角色向导”来完成安装。在安装过程中，用户可以选择或取消 Web 服务组件（如安装或不安装 ASP 功能），具体安装过程如下：

（1）单击“开始”→“管理工具”→“服务器管理器”命令。打开“服务器管理器”窗口，选择左侧的“角色”节点，在右侧窗口中单击“添加角色”选项，打开“添加角色向导”对话框。

（2）在“开始之前”对话框中提示此向导可以完成的工作，以及操作之前应注意的相关事项，然后单击【下一步】按钮。

（3）在“选择服务器角色”对话框中勾选“Web 服务器（IIS）”复选项，如图 10-2 所示。

（4）系统提示无法安装 Web 服务器（IIS）角色，必须要安装 Windows 进程激活服务功能，否则无法安装 IIS 7.0，单击【添加必需的功能】按钮，如图 10-3 所示。

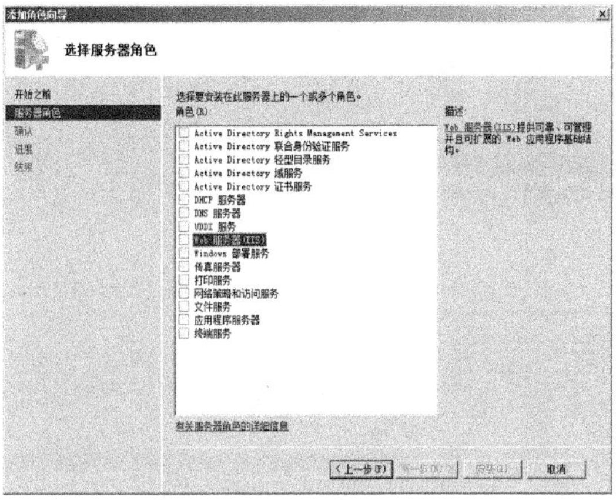

图 10-2　选择服务器角色

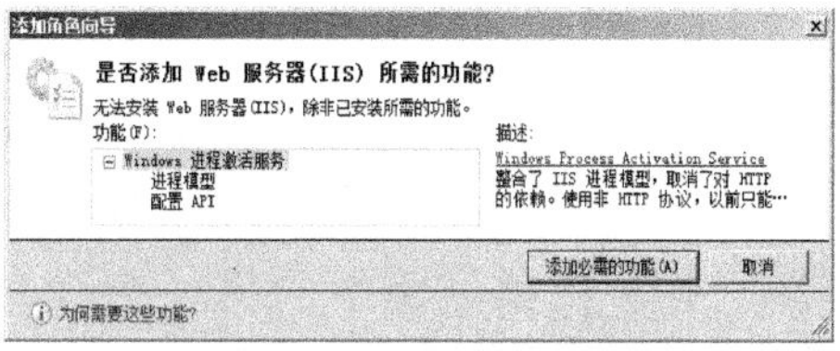

图 10-3　系统提示

（5）返回“选择服务器角色”对话框后，“Web 服务器（IIS）”复选项被选中，单击【下一步】按钮。在“Web 服务器（IIS）简介”对话框中显示 Web 服务器的功能、注意事项和其他信息，单击【下一步】按钮。

（6）在“选择角色服务”对话框中默认只选择安装 Web 服务所必需的组件，用户可根据实际需要选择安装的组件，选择完毕后，单击【下一步】按钮，如图 10-4 所示。

（7）在“确认安装选择”对话框中显示之前进行的设置，如果选择错误，用户可以单击【上一步】按钮返回。确认无误后，单击【安装】按钮开始安装 Web 服务器角色，如图 10-5 所示。

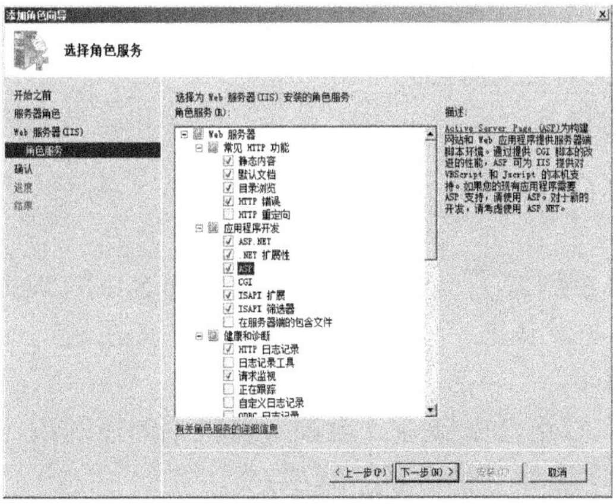

图 10-4　选择角色服务

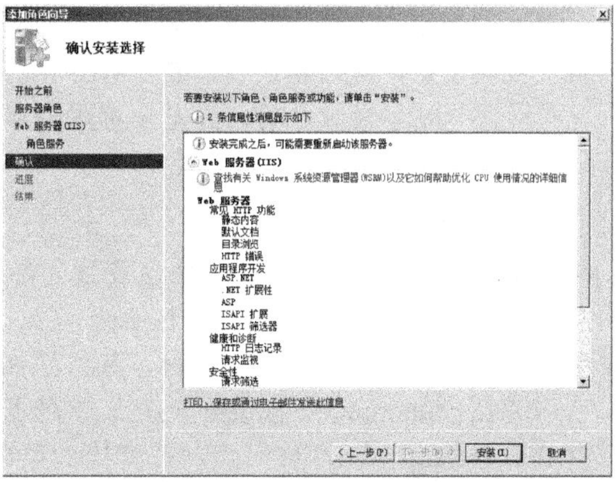

图 10-5　确认安装选择

（8）在“安装进度”对话框中显示服务器角色的安装过程，全部安装结束后，显示已安装的角色服务。单击【完成】按钮关闭“添加角色向导”对话框，即可完成 IIS 的安装。

（9）基于 IIS 的 Web 服务器安装成功后，可以打开“Internet 信息服务（IIS）管理器”对话框来管理 Web 站点。图 10-6 所示的是“Internet 信息服务（IIS）管理器”对话框，从该对话框中可以看出，在安装 IIS 时已创建了一个名为 Default Web Site 的 Web 网站。

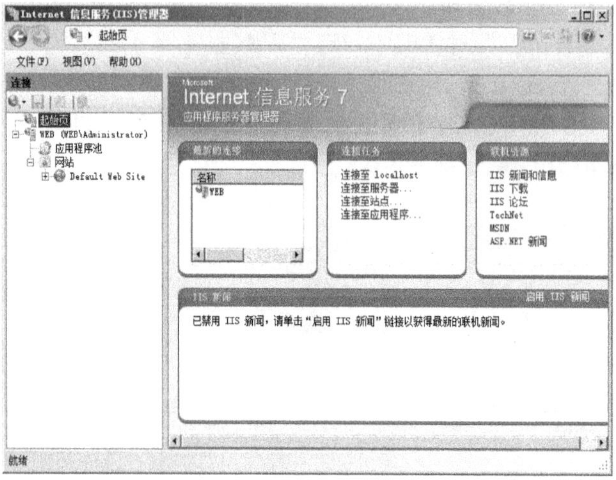

图 10-6 “Internet 信息服务（IIS）管理器”对话框

（10）在局域网中的另一台计算机上打开浏览器，在地址栏中输入“http://<服务器 IP 或域名>/”，若能看到如图 10-7 所示的界面，则说明 Web 服务器安装成功。

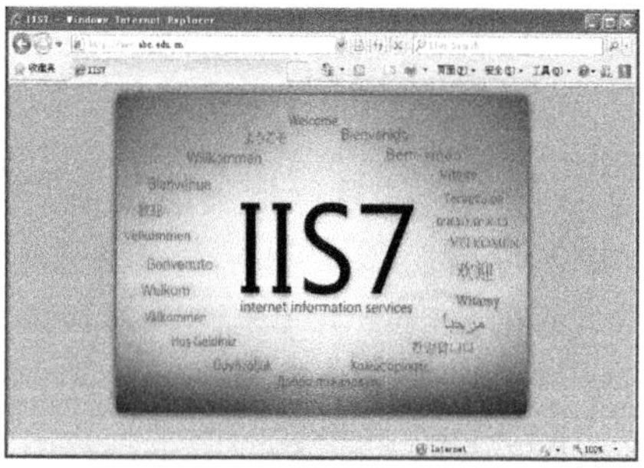

图 10-7 Web 服务器安装成功

10.3.3 网站主目录的设置

成功安装 IIS 后，用户可以单击“开始”→“管理工具”→“Internet 服务管理器”命令，打开“Internet 信息服务（IIS）管理器”对话框，在这个控制台对话框中可实现对各类服务器的配置和管理。

网站的配置与管理工作主要包括设置网站标志，绑定 IP 地址、域名和端口号，Web 网站主目录设置，网站默认页设置，Web 网站虚拟目录的创建等。

在设置网站主目录之前，首先应对网站标志进行设置，并对 IP 地址、域名和端口号进行绑定。

1. 更改网站标志

在安装 Web 服务器角色时，角色安装向导已经创建了一个名为 Default Web Site 的 Web 网站，若一台服务器中配置了多个 Web 网站，则默认名字无法区分 Web 网站的用途，此时最好为其设置一个有意义的名称，其方法如下：

（1）在“Internet 信息服务（IIS）管理器”对话框中展开“连接”窗格中的控制树，右键单击 Default Web Site 节点，在弹出的菜单中选择“重命名”选项。

（2）在文本框中输入新的网站标志，然后按<Enter>键即可。

2. 绑定 IP 地址、域名和端口号

如果一台 Web 服务器只提供一个 Web 站点，则对于 IP 地址、域名和端口号的绑定意义就不大。如果在同一台 Web 服务器上创建多个 Web 网站时，则必须修改 3 个参数中的 1 个，以区别不同的 Web 站点。绑定 IP 地址、域名和端口号的操作方法如下：

（1）打开“Internet 信息服务（IIS）管理器”对话框，在“连接”窗格的控制树中选择需要设置的 Web 站点，然后单击“操作”窗格中的“绑定”选项，如图 10-8 所示。

图 10-8　Web 站点配置主页

（2）在打开的“网站绑定”对话框中显示了该站点的主机名、绑定的 IP 地址和端口等信息。在默认情况下，列表中会显示一条信息，用户可以编辑该条目。若一个 Web 网站有多个域名或使用了多个 IP 地址侦听，则用户也可以单击【添加】按钮，添加一条新的绑定条目，如图 10-9 所示。

（3）在列表中选择设置的条目，单击【编辑】按钮，打开“编辑网站绑定”对话框。在“编辑网站绑定”对话框中设置 Web 站点绑定的 IP 地址和端口等，如图 10-10 所示。

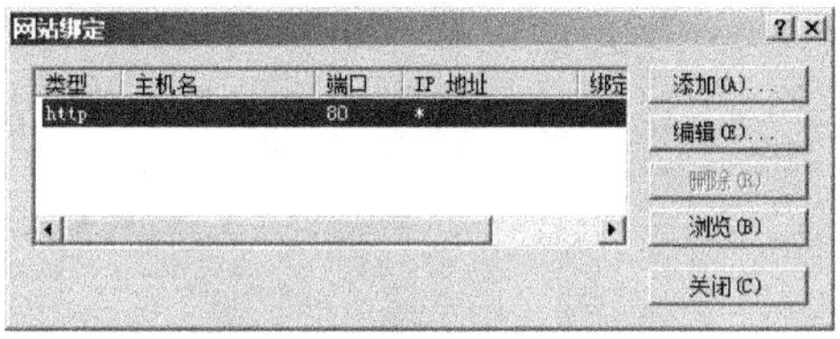

图 10-9 “网站绑定”对话框

图 10-10 “编辑网站绑定”对话框

（4）单击【确定】按钮完成站点的绑定设置。

3. 网站主目录设置

网站主目录也是网站的根目录，当用户访问网站时，服务器会先从主目录调取相应的文件。在安装 Web 服务器角色时，角色安装向导会在 Windows Server 2008 系统分区中创建一个“%Systemdrive%\Intepub\wwwroot”文件夹作为 Default Web Site 站点的主目录。但在实际应用中，通常不使用该默认文件夹，因为将数据文件和操作系统放在同一个磁盘中会失去安全保障，并且当保存大量的音频文件时可能会造成磁盘或分区的存储空间不足。所以，最好将 Web 主目录保存在其他硬盘或非系统分区中。设置网站主目录的方法如下。

（1）打开“Internet 信息服务（IIS）管理器”对话框，在“连接”窗格的控制树中选择需要设置的 Web 站点，然后单击“操作”窗格中的“基本设置”选项。

（2）打开“编辑网站”对话框后，在“物理路径”区域中单击浏览按钮，如图 10-11 所示。

（3）在“浏览文件夹”对话框中选择一个合适的文件夹作为站点的主目录，返回“编辑网站”对话框后单击【确定】按钮即可。

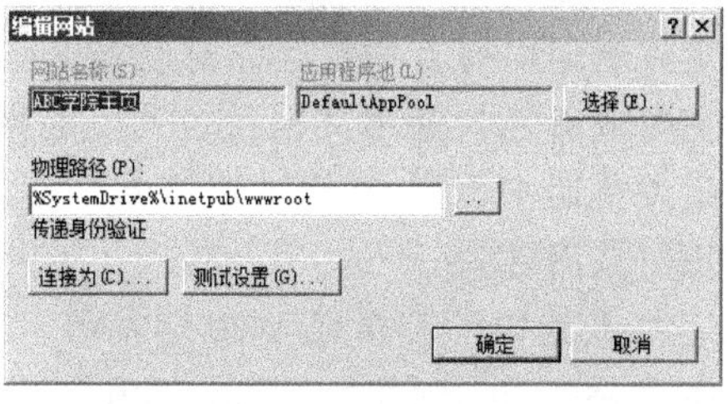

图 10-11 “编辑网站”对话框

4. 设置网站主目录的访问权限

对于一些比较重要的网站来说，主目录是不允许一般用户具有写入权限的，因此需要对网站主目录的访问权限进行设置。

（1）打开“Internet 信息服务（IIS）管理器”对话框，在“连接”窗格的控制树中选择需要设置的 Web 站点，然后单击“操作”窗格中的“编辑权限”选项。

（2）打开 Web 主目录文件夹的属性对话框后，选择“安全”选项卡，在“组或用户名”列表中显示了允许读取和修改该文件夹的组和用户名，如图 10-12 所示。

（3）对于一个公开的 Web 站点来讲，用户都是采用匿名方式访问 Web 服务器的。对于 Web 服务器来说，匿名账户名是 IIS_IUSRS。若 IIS_IUSRS 账户对 Web 站点主目录没有访问权限（读取、执行、列出文件夹目录或写入等），则无法访问 Web 站点。因此，一般要把 Web 站点主目录的读取、执行、列出文件夹目录权限授予 IIS_IUSRS 账户。授予方法是：在文件夹的属性对话框中单击【编辑】按钮，打开文件夹的权限对话框后，在“组或用户名”列表中可进行用户的添加和删除操作，如图 10-13 所示。若要修改某个用户的权限，可选中想要修改权限的用户，然后在“IIS_IUSRS 的权限”中进行修改即可。图 10-14 所示的是将 Web 站点主目录的读取和执行、列出文件夹目录权限授予 IIS_IUSRS 账户。

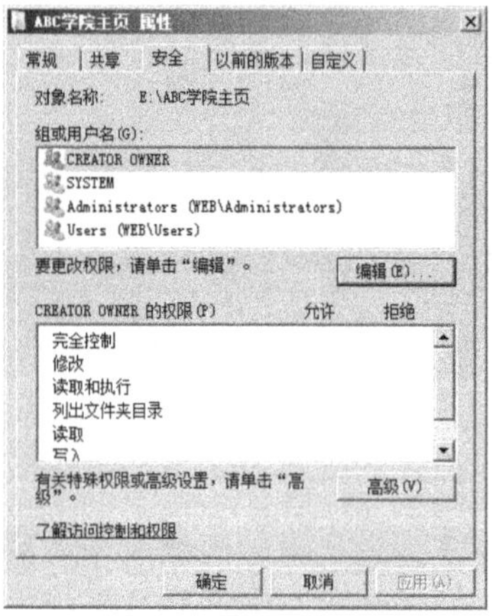

图 10-12 “安全”选项卡

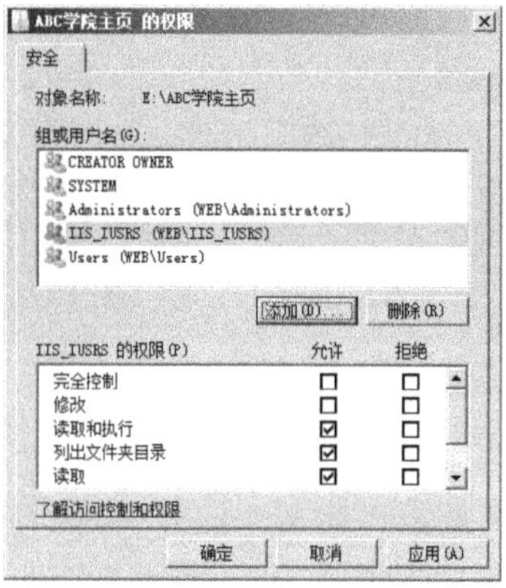

图 10-13 修改用户权限

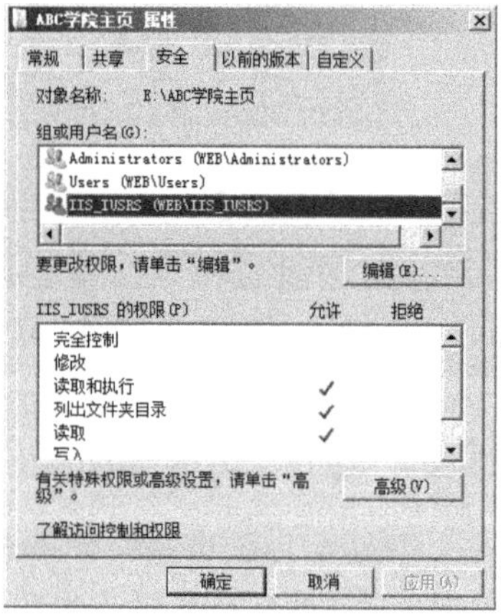

图 10-14 IIS_IUSRS 账户权限

（4）单击【确定】按钮保存设置。

10.3.4 网站默认文档的设置

用户在访问一个网站时，往往只输入网站的 IP 地址或域名，没有指定具体的网页路径和文件名即可打开主页，这一功能是通过设置网站的默认页来实现的。默认页是一个目录的主页或者包含网站文档目录列表的索引。通常情况下，Web 网站只需要一个默认文档。当在浏览器中使用 IP 地址或域名进行访问时，Web 服务器会将默认文档回应给浏览器，从而显示其内容。

当利用 IIS 7.0 搭建 Web 网站时，网站默认文档的文件名有 5 种，分别是 Default.htm、Default.asp、index.htm、index.html、iisstart.html，这些也是一般网站中最常用的主页名，当然用户也可以自定义默认的网页文件。当用户访问网站时，系统会自动按顺序由上至下依次查找与之相对应的文件名，如果无法找到其中的任何一个，则会提示“Directory Listing Denied（目录列表被拒绝）”信息。设置网站默认页的过程如下：

（1）打开“Internet 信息服务（IIS）管理器”对话框，在“连接”窗格的控制树中选择需要设置的 Web 站点，进入网站的设置主页，双击“默认文档”图标，如图 10-15 所示。

图 10-15　Web 站点配置主页

（2）打开“默认文档”页面后，在该列表中可定义多个默认文档，通过“操作”窗格中的【上移】和【下移】按钮调整各个默认文档的顺序，也可通过【删除】按钮删除不需要的默认文档，如图 10-16 所示。

（3）如果要添加一个新的默认文档，可在“操作”窗格中单击【添加】按钮，打开如图 10-17 所示的“添加默认文档”对话框。在“名称”文本框中输入要添加的文档名称，如 index.asp，单击【确定】按钮即可将其添加到列表中。

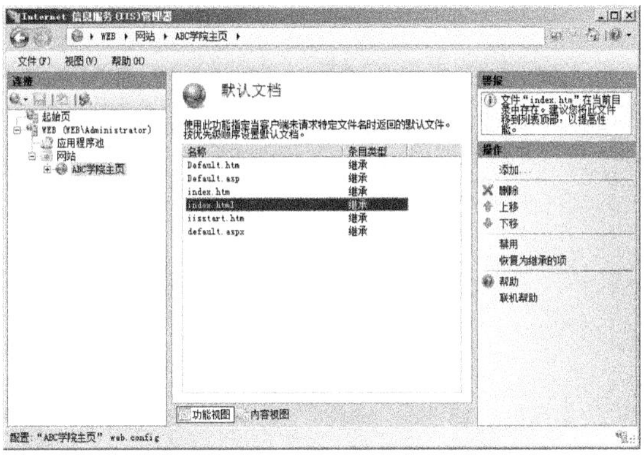

图 10-16　“默认文档”页面

图 10-17　添加默认文档

10.3.5　创建 Web 网站虚拟目录

1．实际目录与虚拟目录

对于一个小型网站来说，Web 管理员可以将所有的网页及相关文件都存放在网站主目录下，但对于较大的网站来说，这种方法不可取。通常的做法是把网页及相关文件进行分类，分别放在主目录下的子文件夹中，这些子文件夹称为实际目录。

如果要在主目录以外的其他文件夹中发表网页，就必须创建虚拟目录，虚拟目录不包含在主目录中，但在客户浏览器感觉不到虚拟目录的存在，感觉虚拟目录就在主目录中一样。虚拟目录有一个别名，Web 浏览器直接访问此别名即可，使用别名可以方便地移动站点中的目录。若要更改目录的 URL，只需更改别名与目录实际位置的映射即可。

2. 创建实际目录

在一个 Web 站点的主目录下，创建和访问实际目录的过程如下。

（1）打开“Internet 信息服务（IIS）管理器”对话框，在“连接”窗格的控制树中选择需要设置的 Web 站点，然后单击“内容视图”选项切换视图模式，此时在列表中显示网站主目录下的所有文件和文件夹，如图 10-18 所示。

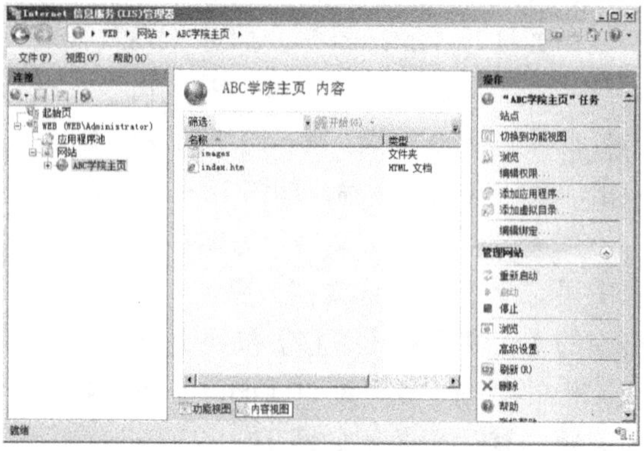

图 10-18　内容视图

（2）单击“操作”窗格中的“浏览”选项，打开网站的主目录，在该目录下创建一个名称为 music 的文件夹，如图 10-19 所示。

（3）在 music 文件夹中创建一个名称为 index.htm 的测试网页文件，文件内容如图 10-20 所示。

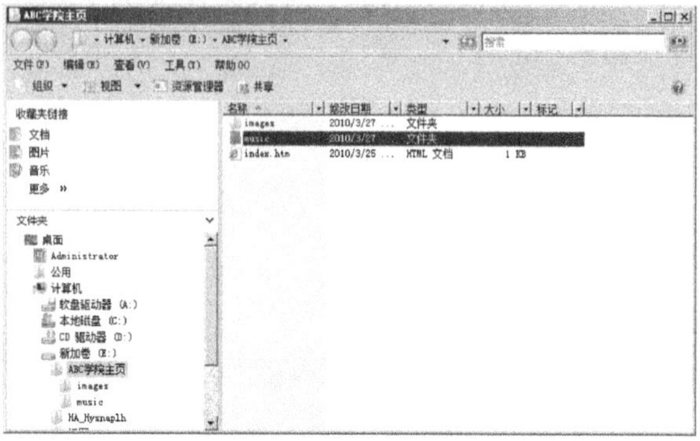

图 10-19　创建实际目录

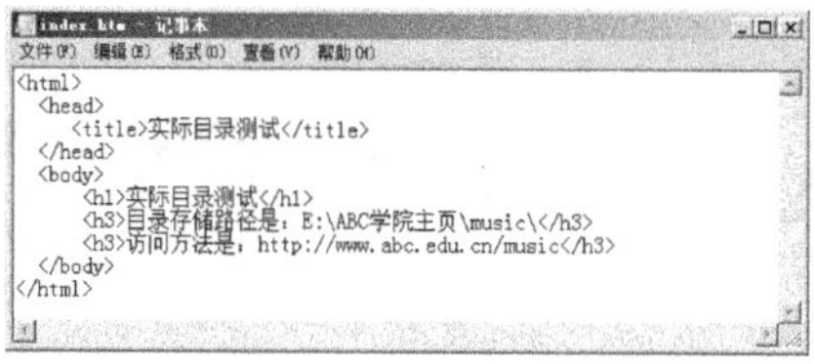

图 10-20　创建测试网页

（4）实际目录创建后，单击“管理文件夹”窗格中的“刷新”选项，刷新内容视图，即可看到刚刚创建的实际目录 music，如图 10-21 所示。

（5）打开浏览器，在地址栏中输入 http://www.abc.edu.cn/music/，即可看到在 music 文件夹下创建的网页内容，如图 10-22 所示。

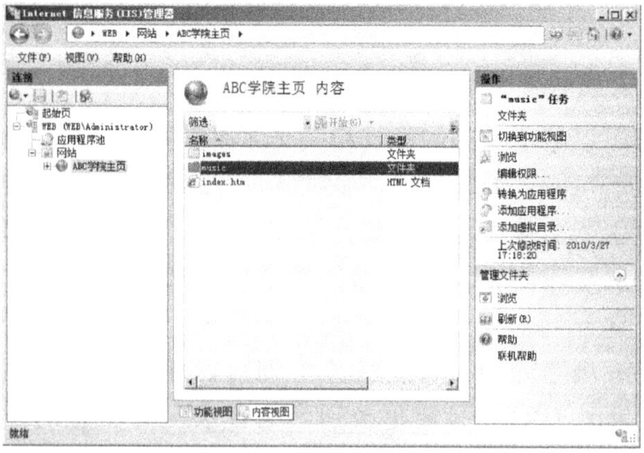

图 10-21　实际目录实例

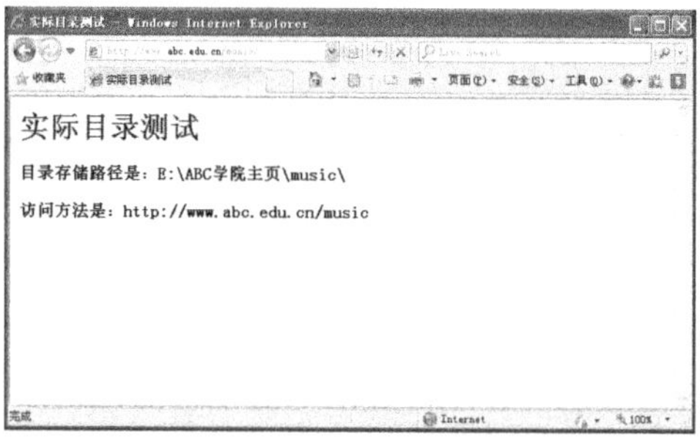

图 10-22　访问实际目录

3. 创建虚拟目录

在一个 Web 网站的主目录下，创建和访问虚拟目录的过程如下。

（1）在服务器的 C 盘根目录中创建一个名为“视频”的文件夹，如图 10-23 所示。

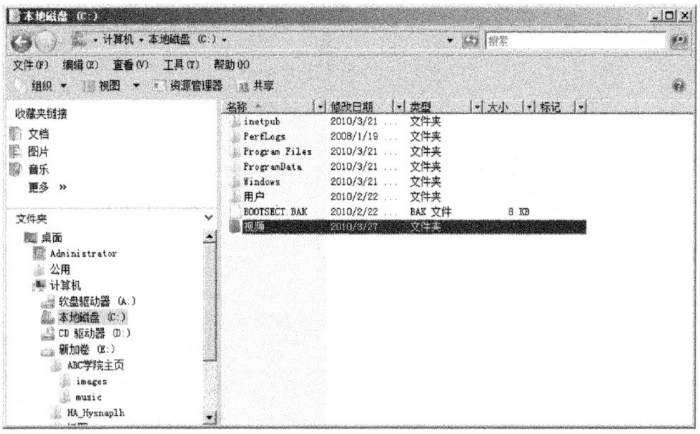

图 10-23　创建虚拟目录的存储目录

（2）将“视频”文件夹的读取、执行、列出文件夹目录权限授予 IIS_IUSRS 账户。在“视频”文件夹中创建一个名为 index.htm 的文件，文件内容如图 10-24 所示。

（3）在网站的内容视图中，单击“操作”窗格中的“添加虚拟目录”选项。打开“添加虚拟目录”对话框，在“别名”文本框中输入 video，在“物理路径”文本框中输入虚拟目录的实际目录。设置完毕后，单击【确定】按钮保存设置，如图 10-25 所示。

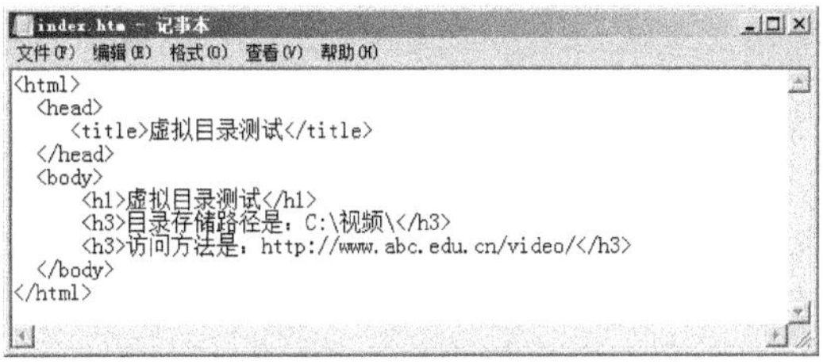

图 10-24　创建测试网页

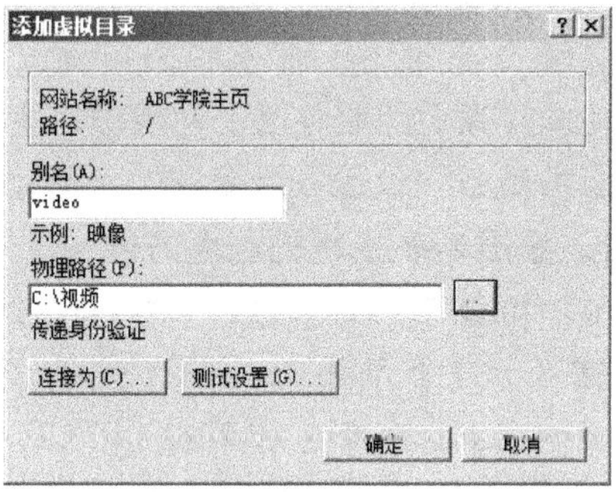

图 10-25　“添加虚拟目录”对话框

（4）虚拟目录添加完成后，将在“内容视图”中显示新创建的虚拟目录。打开浏览器，在地址栏中输入 http://www.abc.edu.cn/video/，即可看到刚刚在虚拟目录中创建的测试主页的内容，如图 10-26 所示。

4. 管理虚拟目录

虚拟目录创建后，可能因为物理路径的变更使虚拟目录不能正常使用，或者需要修改虚拟路径的名称，此时就需要对虚拟目录进行配置了。

修改虚拟目录的方法是：选择相应的虚拟目录，单击“操作”窗格中的“高级设置”选项，然后在打开的“高级设置”对话框中，重新设置虚拟目录的物理路径或者修改虚拟路径的名称，如图 10-27 所示。

图 10-26　测试虚拟目录

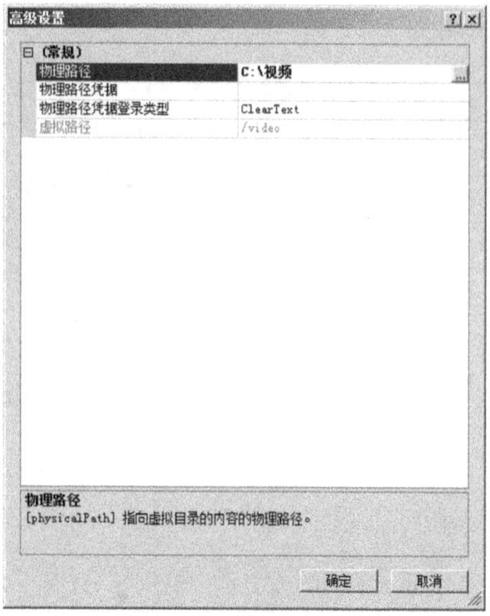

图 10-27　“高级设置”对话框

10.4　任务 2—在同一服务器上创建多个 Web 网站

10.4.1　虚拟 Web 主机

在同一个服务器上创建多个 Web 网站，也称为虚拟 Web 主机。虚拟 Web 主机是指将一台物理 Web 服务器虚拟成多台 Web 服务器。例如，一家公司想提供主机托管业务，为其他企业提供 Web 服务，那么该公司肯定不是为每家企业都准备一个物理上的服务器，而是在一个功能较强大的服务器上利用虚拟主机的方式，为多个企业提供 Web 服务。虽然所有的 Web 服务是由一台服务器提供的，但让访问者看来却是在不同的服务器上获取 Web 服务。

1．虚拟 Web 主机的创建方式

虽然可以在一台物理计算机上创建多个 Web 站点，但是为了让用户能访问到正确的 Web 站点，每个 Web 站点都必须有一个唯一的辨识信息。用来辨识 Web 站点身份的识别信息包括主机头名称、IP 地址和 TCP 端口号。创建虚拟 Web 主机有以下 3 种方式。

1）基于 IP 方式（IP-Based）：在 Web 服务器的网卡上绑定多个 IP 地址，每个 IP 地址对应一台虚拟主机。当访问这些虚拟主机时，用户可以使用虚拟主机的 IP 地址，也可以使用虚拟主机的域名。

2）基于主机头名称方式（Name-Based）：Web 服务器能跟踪 Web 浏览器请求的是哪个主机名称。采用基于主机头名称方式创建虚拟主机时，服务器只需要一个 IP 地址，但对应着多个域名，每个域名对应一台虚拟主机，此方式已成为建立虚拟主机的最常用方式之一。当访问虚拟主机时，只能使用虚拟主机域名来访问，不能通过 IP 地址访问。

3）基于 TCP 连接端口：Web 服务的默认端口号是 80，通过修改 Web 服务的工作端口，使每个虚拟主机分别拥有一个唯一的 TCP 端口号，从而区别不同的虚拟主机。访问基于 TCP 连接端口创建的虚拟主机时，需要在 URL 的后面添加 TCP 端口号，如 http://www.abc.edu.cn:8080。

2．虚拟 Web 主机的特点

虚拟 Web 主机的主要特点如下。

（1）节约软件投资。使用 Web 虚拟主机，用户可以在运行 IIS 7.0 的服务器上创建和管理多个 Web 站点（即只需一台服务器和软件包）。虚拟 Web 主机在性能和表现上都与独立的 Web 服务器基本一致。

（2）可管理。虚拟 Web 主机在管理上与真正的 Web 服务器机比基本是相同的，如服务的终止、启动和暂停等。同时，虚拟 Web 主机还可以使用 Web 方式进行远程管理。

（3）可配置。虚拟 Web 主机可以像真正的 Web 服务器一样进行各种功能的配置。

（4）数据安全。利用虚拟 Web 主机，可以将数据敏感的信息分出来，从信息内容到站点管理都相互隔离，从而提供了更高的数据安全性。

（5）分级管理。不同的虚拟网站可以安排不同的管理人员，同一虚拟网站也可以指定若干名管理人员，从而将 Web 站点层层委派给享有相应权限的人员进行管理，使每个部门都有自己的虚拟服务器，并且能够完全管理自己的站点。

（6）性能和带宽调节。当计算机上安装有若干个虚拟网站时，用户可以为每个 Web 虚拟主机提供性能和带宽，以保证服务器的稳定运行，同时合理分配网络带宽和 CPU 处理能力。

10.4.2 使用不同的 IP 地址在一台服务器上创建多个 Web 网站

当使用不同的 IP 地址在一台服务器上创建多个 Web 网站时，首先要为每个 Web 网站分配一个独立的 IP 地址，即每个 Web 网站都可以通过不同的 IP 地址进行访问，从而使 IP 地址成为网站的唯一标志。当使用不同的 IP 地址标志时，所有的 Web 网站都可采用默认的 80 端口，并且可在 DNS 中对不同的网站分别进行域名解析，从而方便用户访问。当然，由于每个网站都需要一个 IP 地址，因此，如果创建的虚拟网站很多，将会占用大量的 IP 地址。

使用不用的 IP 地址在一台服务器上创建多个 Web 网站的过程如下。

（1）为 Web 服务器的网卡绑定多个 IP 地址。在 Web 服务器上打开“Internet 协议（TCP/IP）属性”对话框，单击【高级】按钮。然后在“高级 TCP/IP 设置”对话框中，单击“IP 地址”区域中的【添加】按钮，为网卡再添加一个 IP 地址和子网掩码，如图 10-28 所示。

（2）为站点创建 Web 发布主目录，并将它的读取、执行、列出文件夹目录权限授予 IIS_IUSRS 账户，如图 10-29 所示。

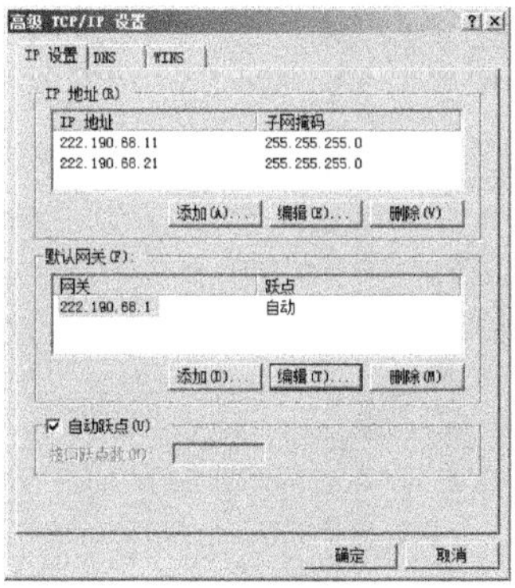

图 10-28　为网卡绑定多个 IP 地址

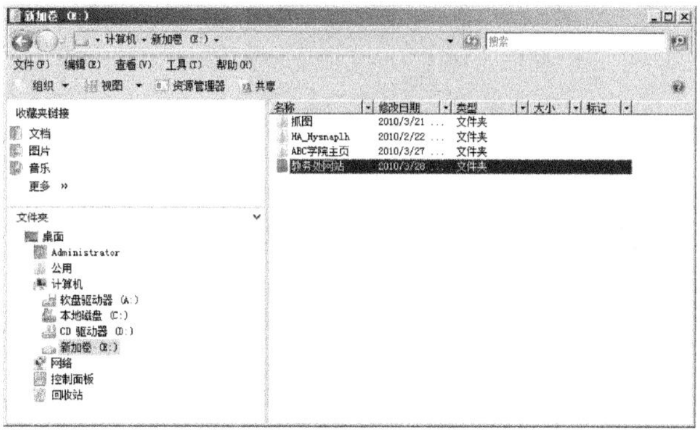

图 10-29　创建虚拟主机的主目录

（3）为站点创建测试网页。在文件夹中创建一个 index.htm 文件，将其作为该 Web 网站的测试文件，如图 10-30 所示。

（4）若 Web 服务器中已经创建了其他的 Web 站点，则需要通过“Internet 信息服务（IIS）

管理器”对话框设置 IP 地址的绑定。例如，服务器中已创建了 ABC 学院的主页网站，其绑定的 IP 地址是 222.190.68.11，如图 10-31 所示。

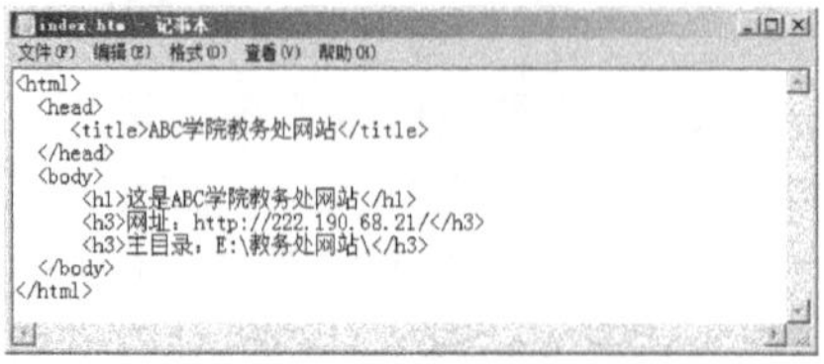

图 10-30 创建测试网页

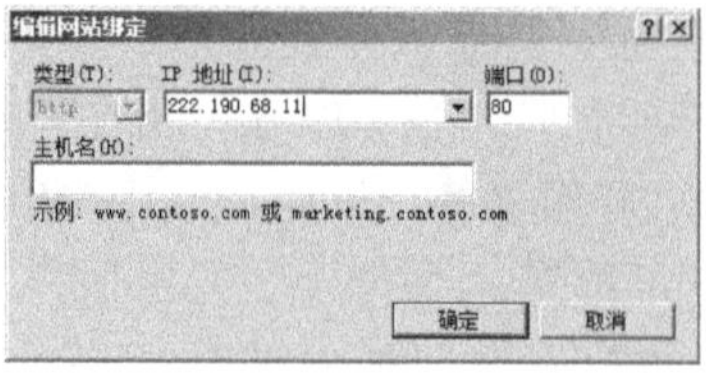

图 10-31 修改已创建 Web 站点的 IP 地址

（5）打开“Internet 信息服务（IIS）管理器”对话框，在“连接”窗格的控制树中选中“网站”节点，单击“操作”窗格中的“添加网站”选项，如图 10-32 所示。

（6）在“添加网站”对话框中，设置“网站名称”为“教务处”，以区别 ABC 学院的主页站点。在“物理路径”文本框中输入或选择教务处网站的主目录，在“IP 地址”下拉列表框中输入教务处网站绑定的 IP 地址，其他参数保持不变。设置完成后，单击【确定】按钮创建一个新网站，如图 10-33 所示。

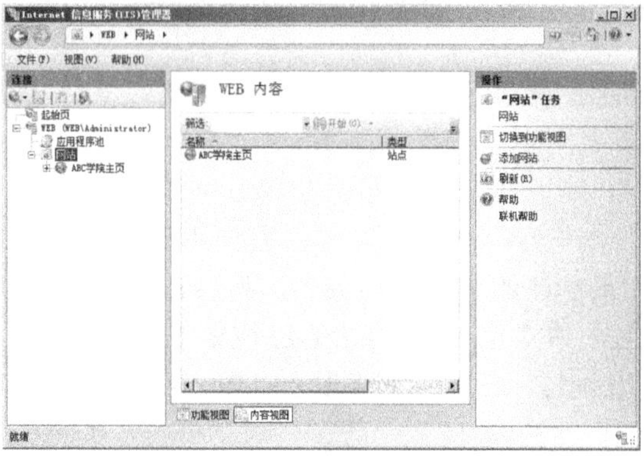

图 10-32 添加网站

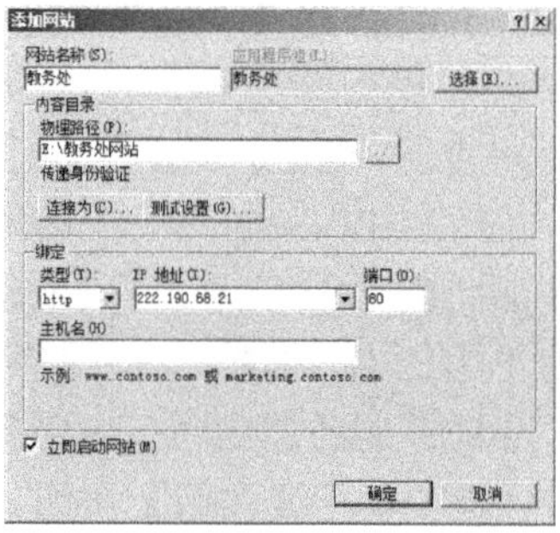

图 10-33 创建基于多个 IP 地址的虚拟主机

（7）创建好两个站点后的界面如图 10-34 所示。

图 10-34 两个站点已创建好

（8）打开浏览器，在地址栏中输入 http://222.190.68.11，即可看到 ABC 学院的主页，如图 10-35 所示。若在地址栏中输入 http://222.190.68.21，即可看到 ABC 学院教务处的主页，如图 10-36 所示。

图 10-35　访问 ABC 学院的主页

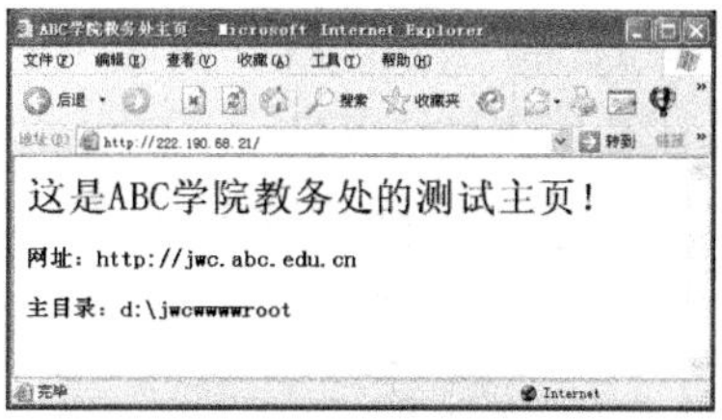

图 10-36　访问教务处的主页

10.4.3　使用不同的主机名在一台服务器上创建多个 Web 网站

如果 Web 服务器所在子网的 IP 地址有限，或者一台 Web 服务器上创建了多个 Web 网站，则用户可以使用不同的主机名在一台服务器上创建多个 Web 网站。当使用这种方法创建多个 Web 网站时，需要在 DNS 服务器上进行主机名的注册，即将多个主机名同时指向同一台 Web 服务器。这种方式在 Web 站点托管服务中被大量使用。

使用不同的主机名在一台服务器上创建多个 Web 网站的过程如下。

（1）在域名服务器中创建多条别名资源记录，并且都指向一台真实的 Web 服务器。例如，创建两条别名记录 www.abc.com.cn 和 jwc.abc.com.cn，其实现主机都指向 web.abc.edu.cn，IP 地址是 222.190.68.11，如图 10-37 所示。

（2）为站点创建 Web 发布主目录，并将它的读取、执行、列出文件夹目录权限授予 IIS_IUSRS 账户。

（3）在文件夹中创建一个 index.htm 文件，将其作为该 Web 网站的测试文件。

（4）若 Web 服务器中已经创建了其他 Web 站点，则需通过“Internet 信息服务（IIS）管理器”对话框修改其主机名绑定。例如，服务器中已创建了 ABC 学院的主页网站，其绑定的主机名为 www.abc.edu.cn，如图 10-38 所示。

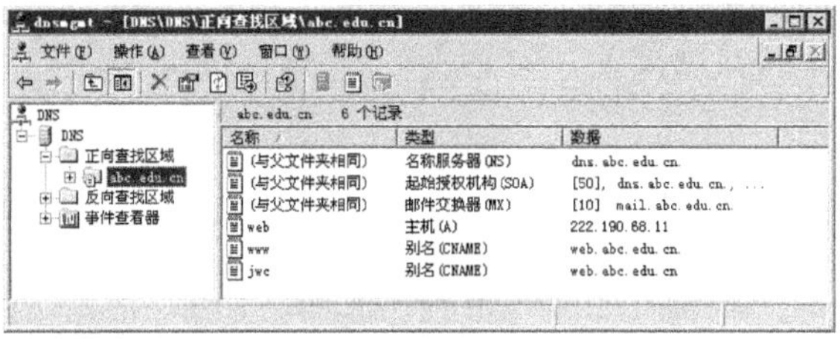

图 10-37　域名注册

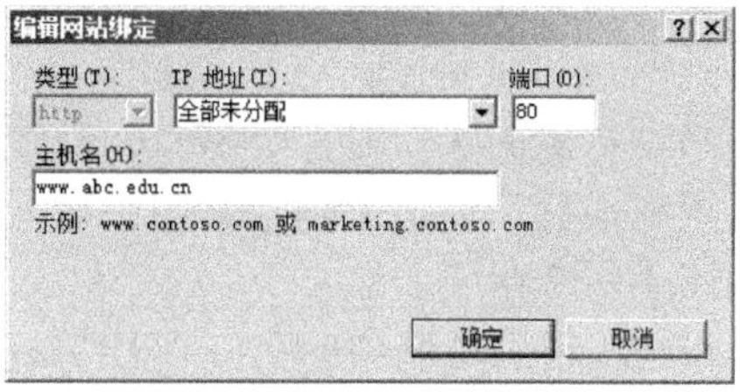

图 10-38　修改已创建 Web 站点的主机名绑定

（5）打开“Internet 信息服务（IIS）管理器”对话框，在“连接”窗格的控制树中选中“网站”节点，然后单击“操作”窗格中的“添加网站”选项。

（6）打开“添加网站”对话框后，在“网站名称”文本框中输入一个有含义的站点名称以示区别，在“物理路径”和“主机名”文本框中输入相应的参数，其他参数保持不变。设置完成后，单击【确定】按钮创建一个新的网站，如图 10-39 所示。

（7）在局域网中的另一台计算机上打开浏览器，在地址栏中输入 http://www.abc.edu.cn，即可看到 ABC 学

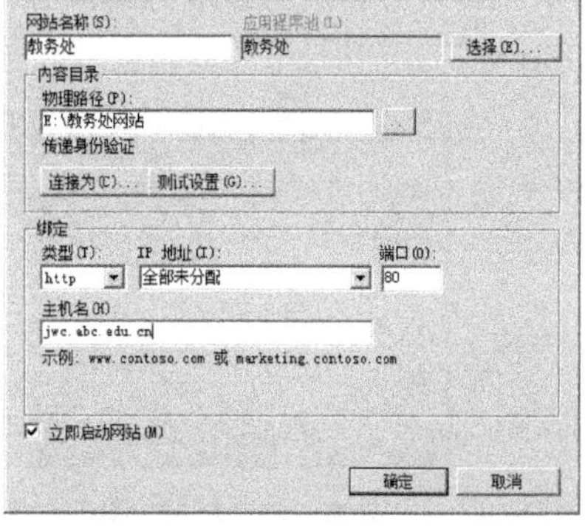

图 10-39　创建基于主机名的虚拟主机

院的主页，如图 10-40 所示。若在地址栏中输入 http://jwc.abc.edu.cn，即可看到 ABC 学院教务处的主页，如图 10-41 所示。

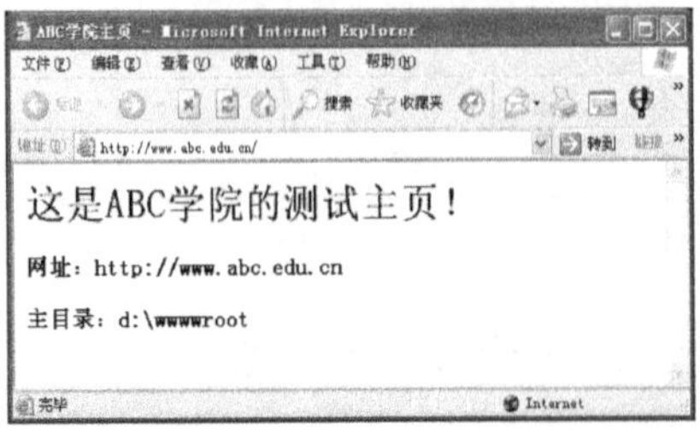

图 10-40　访问 ABC 学院的主页

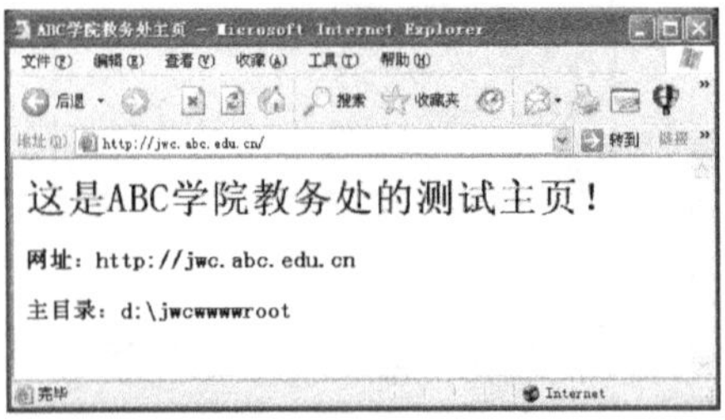

图 10-41　访问教务处的主页

10.4.4　使用不同的端口号在同一台服务器上创建多个 Web 网站

同一台计算机、同一个 IP 地址，采用不同的 TCP 侦听端口号也可以标志不同的 Web 网站。如果使用非标准的 TCP 端口号来标志网站，则用户无法通过标准名或 URL 来访问网站。

使用不同的端口号在同一台服务器上创建多个 Web 网站的过程如下。

（1）为站点创建 Web 发布主目录，并将它的读取、执行、列出文件夹目录权限授予 IIS_IUSRS 账户。

（2）在文件夹中创建一个 index.htm 文件，将其作为 Web 网站的测试文件

（3）打开“Internet 信息服务（IIS）管理器”对话框，在“连接”窗格的控制树中选中“网站”节点，单击“操作”窗格中“添加网站”选项。

（4）打开“添加网站”对话框后，在“网站名称”文本框中输入“教务处”，以区别 ABC 学院的主页站点。在“物理路径”文本框中输入或选择教务处网站的主目录，在“端口”文本框中输入教务处网站绑定的端口号，如 8080，其他参数保持不变。设置完成后，单击【确定】按钮创建一个新的网站，如图 10-42 所示。

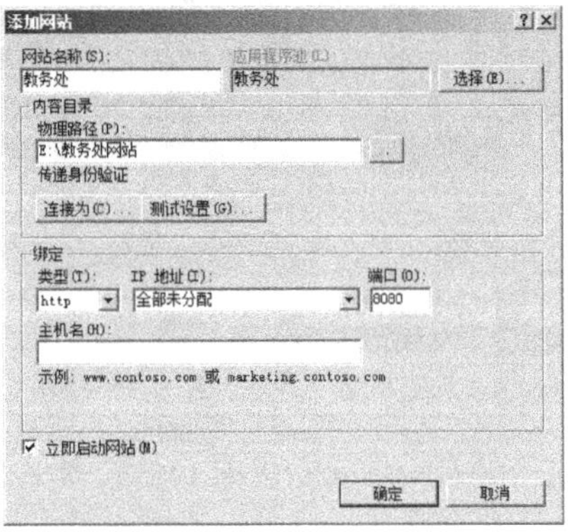

图 10-42　创建基于 TCP 端口号的虚拟主机

（5）在局域网中的另一台计算机上打开浏览器，在地址栏中输入 http://222.190.68.11 或 http://222.190.68.11:80，即可看到 ABC 学院的主页，如图 10-43 所示。若在地址栏中输入 http://222.190.68.11:8080，即可看到 ABC 学院教务处的主页，如图 10-44 所示。

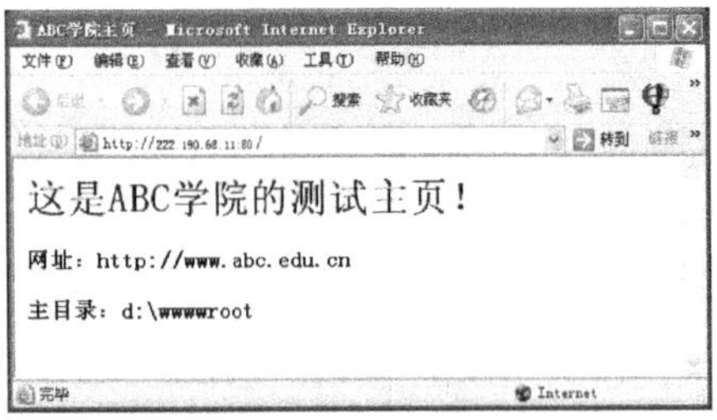

图 10-43　访问 ABC 学院的主页

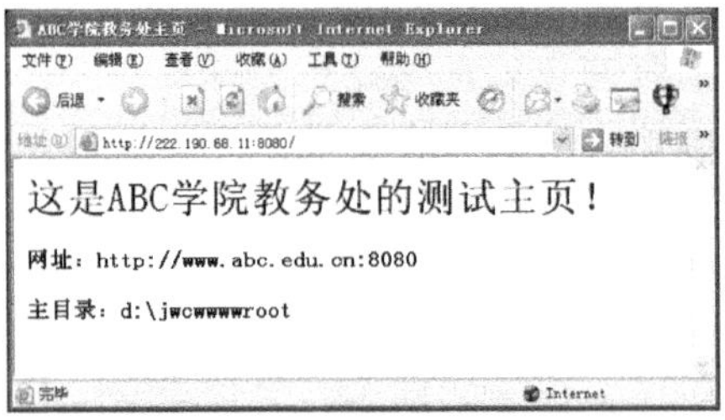

图 10-44　访问教务处的主页

10.5 任务 3-网站的安全性管理

10.5.1 网络限制设置

无论 Web 服务器的性能有多么强大、网络带宽有多大，都可能因为并发连接的数量过多而导致服务器死机。因此，为了保证用户的正常访问，应对网站进行一定的限制，如限制带宽和连接数量等。

（1）打开“Internet 信息服务（IIS）管理器”对话框，在“连接”窗口的控制树中选中需要设置的 Web 站点，然后单击“操作”窗格中的“限制”选项。

（2）在“编辑网站限制”对话框中，设置“限制带宽使用（字节）”“连接限制”和“连接超时”选项，如图 10-45 所示。

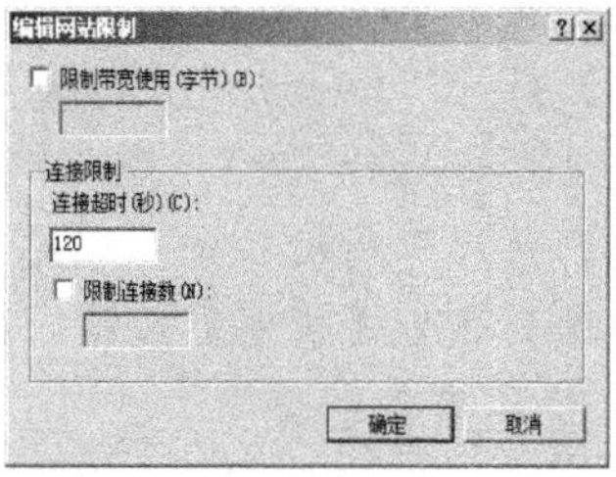

图 10-45 “编辑网站限制”对话框

下面简要介绍 3 个选项的含义：

1）限制带宽使用（字节）。若不限制带宽，则当 Web 站点的访问量很大时，服务器的带宽可能全部被 Web 服务占用，这样其他服务的带宽就无法保证。如果 Web 服务器使用的网络或 Internet 连接也被其他服务使用，如电子邮件或新闻，那么就要限制 Web 服务器所使用的带宽，以便其他服务使用。如果 Web 服务器作为多个网站的宿主，那么可以单独控制每个站点使用的带宽。

带宽限制使用数据包计划程序来管理何时发送数据包。当用 IIS 管理器来配置某个站点的使用带宽限制时，会自动安装数据包计划程序，而且 IIS 会自动将带宽限制设置为 1024 字节/秒（最小值）。但是，如果使用其他方法（如 Active Directory&reg、服务界面 ADSI 或 Windows Management Instrumentation），则必须安装数据包计划程序，使带宽限制能正常工作。

2）连接限制。IIS 连接数可以简单地理解为允许多少个浏览器窗口访问用户的站点。例如，100 个 IIS 连接数可以有 100 个浏览器窗口同时与服务器连接。减少弹出窗口是有效提高在线人数的最佳方法之一。对于一般的网站来说，基本上都在同一浏览器窗口进行链接访问，很少用弹出窗口，一个访问者只占一个 IIS 连接数，50 个 IIS 完全可以保证 25～40 人同时在线。但像社交类的网站，访问者通常都是开 2～3 个窗口进行访问，150 个 IIS 才能保证 50～75 人同时在线。

一般基于 IIS 的 Windows 类服务器的同时连接数都是有限的，连接过多将直接导致服务器不稳定或掉线。严重的还会导致服务器 IIS 进程中断甚至是整个操作系统的崩溃。

3）连接超时。当某条 HTTP 连接在一段时间内没有反应时，服务器就自动断开连接的时间，以便及时释放被占用的系统资源和网络带宽，减少无谓的系统资源和网络带宽资源的浪费，默认的连接超时为 120 秒。

（3）单击【确定】按钮并保存设置。

10.5.2 验证用户的身份

在 IIS 建设的网站中，默认允许所有的用户连接，并且在客户端访问时不需要使用用户名和密码。但对于安全要求较高的网站或有机密信息的网站，就需要对用户进行身份验证，只有使用了正确的用户名和密码才能进行访问。

1．禁用匿名访问

在默认情况下，Web 服务器启用匿名访问，网络中的用户不用输入正确的用户名和密码即可访问 Web 网站的网页。其实匿名访问也是需要身份验证的，当用户访问 Web 站点时，所有 Web 客户都使用 IIS_IUSRS 账号自动登录。如果 Web 站点的主目录允许 IIS_IUSRS 账号访问，就向用户返回网页页面；如果不允许访问，IIS 将尝试使用其他的验证方法。

如果 Web 网站是一个专用的信息管理系统，只允许授权的用户进行访问，那么此时，用户就要禁用 Web 网站匿名访问功能，其方法如下。

（1）打开“Internet 信息服务（IIS）管理器”对话框，在“连接”窗口的控制树中选中需要设置的 Web 站点，进入网站的设置主页，双击“身份验证”图标。

（2）打开“身份验证”对话框后，在列表中选中“匿名身份验证”选项，然后在“操作”窗格中单击【禁用】按钮，即可禁用匿名访问，如图 10-46 所示。

2．使用身份验证

在 IIS 7.0 中提供了身份验证、Windows 身份验证和摘要验证 3 种身份验证方式。在安装 Web 服务器角色时，默认不安装这些身份验证方法，但管理员可以手动选择安装这些组件。在如图 10-47 所示的“选择角色服务”对话框中，选中需要安装的身份验证方式即可。

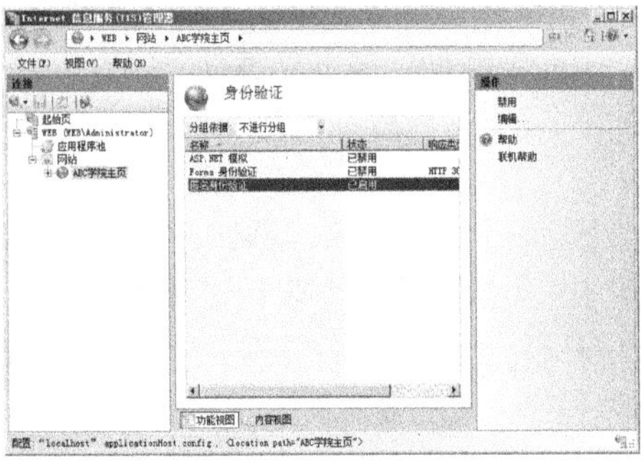

图 10-46 “身份验证”对话框

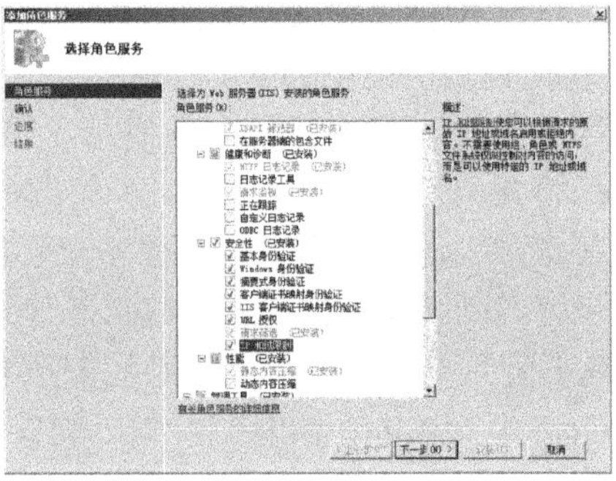

图 10-47 “选择角色服务”对话框

（1）打开“Internet 信息服务（IIS）管理器”对话框，在“连接”窗口的控制树中选中需要设置的 Web 站点，进入网站的设置主页，双击“身份验证”图标，如图 10-48 所示。

（2）打开“身份验证”对话框后，在列表中显示当前用户已安装的身份验证方式。如果想要使用非匿名访问身份验证方式，则首先需禁用匿名身份验证方式，然后再在列表中选择要使用的身份验证方式，并在右侧“操作”窗格中单击【启动】按钮，即可启动相应的身份验证方式，如图 10-49 所示。

图 10-48 Web 站点配置主页

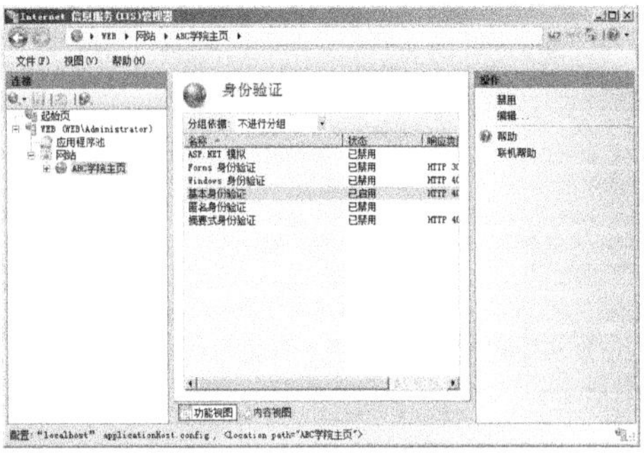

图 10-49 身份验证方式

下面简要介绍 3 种身份验证方式的主要特点。

1）基本身份验证。使用基本身份验证可以要求用户在访问内容时提供有效的用户名和密码。所有主要的浏览器都支持该身份验证方法，它可以跨防火墙和代理服务器工作。基本身份验证的缺点是，它使用弱加密方式在网络中传输密码。只有当知道客户端与服务器之间的连接是安全连接时，才能使用基本身份验证。如果使用基本身份验证，那么应禁用匿名身份验证。所有浏览器向服务器发送的第一个请求都是要匿名访问服务器内容。如果不禁用匿名身份验证，则用户可以匿名访问服务器上的所有内容，包括受限制的内容。

2）摘要式身份验证。摘要式身份验证要求用户输入账号名称和密码，但账号名称和密码都经过 MD5 算法处理，将处理后产生的散列随机数传送给 Web 服务器。采用这种方式时，Web 服务器必须是 Windows 域的成员服务器。

3）Windows 身份验证。集成 Windows 验证是一种安全的验证形式，它需要用户输入账户名和密码，但账户名和密码在通过网络发送前会经过散列处理，因此可以确保其安全性。Windows 身份验证方法有两种，分别是 Kerberos v5 验证和 NTLM。

（3）Web 服务器使用了基本身份验证，当客户端访问该网站时，就打开身份验证对话框，要求用户输入正确的用户名及密码，单击【确定】按钮即可，如图 10-50 所示。

（4）如果验证通过即可打开网页，否则将返回错误页（错误代码为 401），如图 10-51 所示。

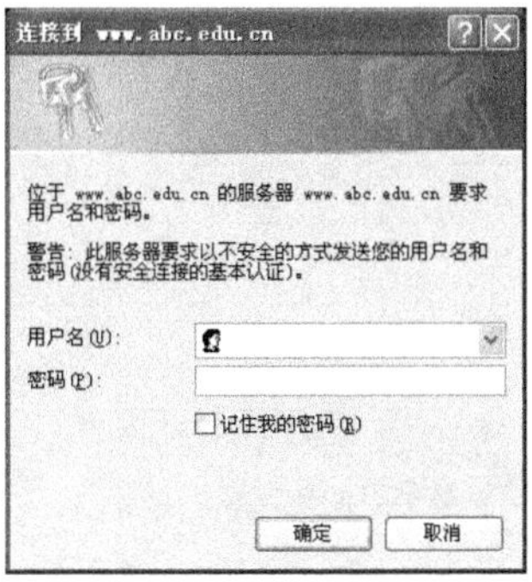

图 10-50　身份验证

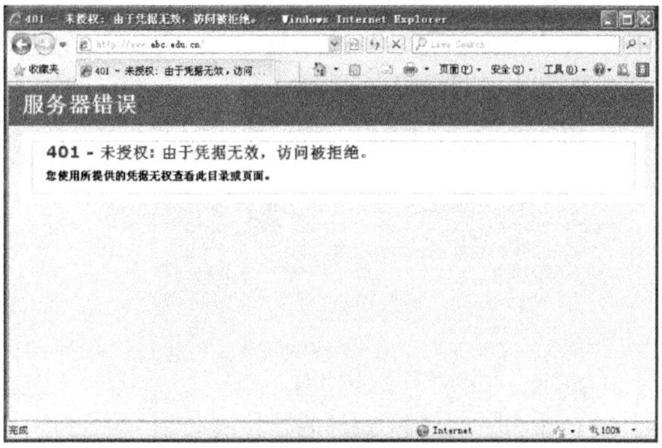

图 10-51　验证未通过

10.5.3　IP 地址和域名访问限制

启用了用户验证方式后，每次访问该 Web 站点都需要输入正确的用户名和密码，对于授权用户来说比较麻烦。由于 Web 服务器会检查每个来访者的 IP 地址，因此也可通过 IP 地址的访问来防止或允许某些特定的计算机、计算机组、域甚至整个网络对 Web 站点的访问，从而排除未知用户的访问。

在默认情况下，在安装 Web 服务器（IIS）角色时不安装“IP 和域限制”组件，该组件需要用户手动安装。其安装方法是：在“选择角色服务”对话框中选中“IP 和域限制”复选项即可。通过 IP 地址限制、保护网站的方法如下。

（1）打开“Internet 信息服务（IIS）管理器”对话框，在“连接”窗口的控制树中选中需要设置的 Web 站点，进入网站的设置主页，双击“IPv4 地址和域限制”图标，如图 10-52 所示。

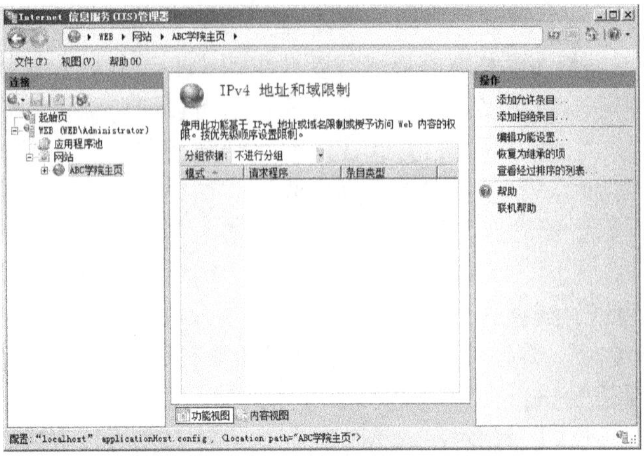

图 10-52 “IPv4 地址和域限制”页面

（2）打开“IPv4 地址和域限制”页面后，在“操作”窗格中单击“添加允许条目”或“添加拒绝条目”选项来设置 IP 地址限制，如图 10-53 所示。

（3）用户还可以根据域名来限制要访问的计算机。在“操作”窗格中单击“编辑功能设置”选项，打开“编辑 IP 和域限制设置”对话框，如图 10-54 所示。在“未指定的客户端的访问权”下拉列表框中可以设置除指定的 IP 地址以外的客户端访问该网站时所进行的操作，用户可以根据需要在下拉列表框中选择“允许”或“拒绝”选项。选中“启用域名限制”复选项可以启用域名限制。

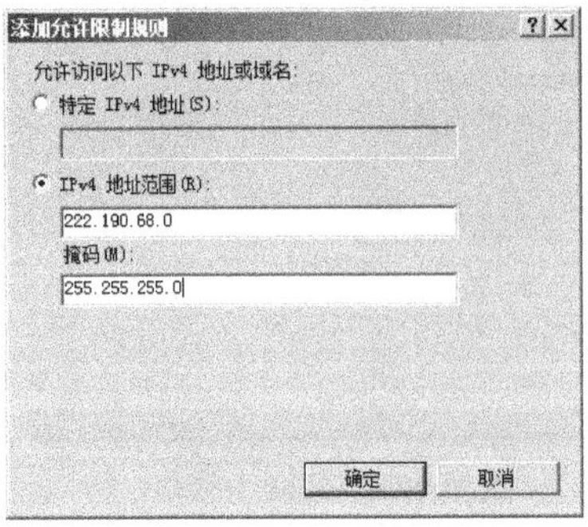

图 10-53 “添加允许限制规则”对话框

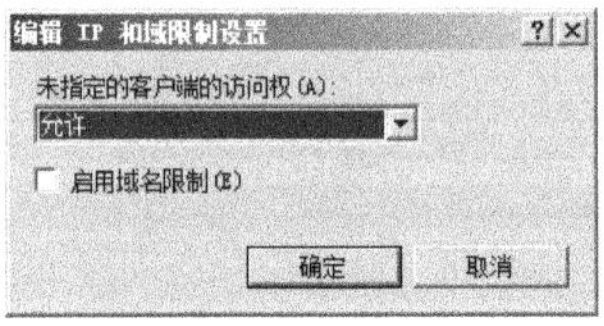

图 10-54 “编辑 IP 和域限制设置”对话框

10.6 回到工作情景

【工作过程一】安装 Web 服务器

（1）规划与安装操作系统。

（2）注册 DNS 域。

（3）安装 Web 服务器（IIS）角色。在安装时需要选中 ASP.NET 和 ASP 等角色服务。

【工作过程二】配置 Web 站点属性

（1）打开“Internet 信息服务（IIS）管理器”对话框，查看网站的 IP 地址、端口和主机名的绑定信息。

（2）打开“编辑网站”对话框，修改 Web 网站的主目录。

（3）单击“基本设置”选项，打开 Web 主目录文件夹的属性对话框，把 Web 站点主目录的读取、执行、列出文件夹目录权限授予 IIS_IUSRS 账户。

（4）打开“编辑网站限制”对话框，查看并设置“限制带宽使用”“连接限制”和“连接超时”选项。

（5）进入网站的设置主页，单击“默认文档”图标，打开“默认文档”对话框，添加一个新的默认文档 index.asp，并通过“操作”窗格中的【上移】和【下移】按钮来调整各个默认文档的顺序。

【工作过程三】配置 Web 站点安全

（1）由于 A 学院的主页对外提供服务，因此不能进行身份验证，需要保持 Web 服务器启用匿名访问设置。

（2）对于涉及内部管理的内容，通过 IP 地址限制来设置只允许校园网内部的计算机进行访问。

（3）及时监控 Web 服务器的运行，发现可能攻击服务器的隐患，锁定攻击者的 IP 地址，并通过 IP 地址限制将这些 IP 地址加入到拒绝访问的计算机行列中。

10.7 项目实训—WWW 服务器的配置与管理

【实训环境和条件】

（1）网络环境或 VMware Workstation 6.0 虚拟机软件。

（2）安装有 Windows Server 2008 系统的物理计算机或虚拟机。

（3）安装有 Windows XP、Windows Vista、Windows 7 的物理计算机或虚拟机。

【实训目的】

（1）掌握利用控制面板来配置 Windows Server 2008 系统的基本环境。

（2）熟悉服务器管理器的使用方法。

（3）利用服务器管理器来添加、删除和管理服务器角色和功能。

（4）掌握常用网络排错工具的使用方法及应用场合。

【实训内容】

（1）设置用户工作环境。

（2）查看和管理环境变量。

（3）更改计算机名与工作组名。

（4）配置 TCP/IP 属性，启用防火墙，启用远程桌面。

（5）使用常用的网络排错工具。

（6）使用 MMC 管理控制台。

（7）添加服务器角色和功能。

【实训过程】

（1）在 Windows Server 2008 系统（IIS）中安装 Web 服务器（IIS）角色及其基本配置。

1）为计算机配置合适的 IP 地址并测试其连接性。

2）在 DNS 服务器中注册 Web 站点并测试域名设置的正确性。

3）打开“服务器管理器”对话框，启动添加角色向导。

4）在添加角色向导中，选择 Web 服务器（IIS）角色，并选择合适的角色服务。

5）在 Web 客户端测试 Web 服务器是否安装成功。

6）打开“Internet 信息服务（IIS）管理器”对话框，修改默认网站名称 Default Web Site。打开“网站绑定”对话框，查看网站的 IP 地址、端口和主机名的绑定信息；打开“编辑网站”对话框，查看网站的主目录并修改。

7）单击“操作”窗格中的“编辑权限”选项，打开 Web 主目录文件夹的属性对话框，把 Web 站点主目录的读取、执行、列出文件夹目录权限授予 IIS_IUSRS 账号。进入网站的设置主页，添加一个新的默认文档 index.asp。

（2）管理 Web 网络的安全。

1）打开“编辑网站限制”对话框，查看并设置“限制带宽使用”“连接限制”和“连接超时”选项。

2）单击网站设置主页中的“身份验证”图标，打开“身份验证”对话框，禁用网站的匿名访问，并在 Web 客户端进行测试。

3）在“服务器管理器”对话框中，查看是否安装了基本验证、Windows 身份验证和摘要身份验证 3 种身份验证方式的角色服务，若未安装，则为其安装。

4）打开“身份验证”对话框后，先禁用匿名身份验证方式，再启动基本身份验证，并在 Web 客户端进行访问网站测试。设置允许和拒绝访问的计算机，并在 Web 客户端进行测试。

习　题

一．简答题

1. Windows Server 2008 系统能提供的网络服务主要有哪些？
2. 有几种可以进入防火墙设置的方法，区别是什么？

二．操作题

1. 对 Windows Server 2008 系统进行基本设置，主要完成以下操作：

（1）网络参数设置为 C 类 IP 地址，地址划分可自行确定。

（2）设置开启防火墙，并通过 MMC 控制台进入防火墙的高级设置。

（3）设置系统升级更新时间为每天中午 12 点。

2. 网络服务及功能的添加：

（1）在系统上添加 DHCP 服务器、DNS 服务器、Web 服务器角色。

（2）在系统上添加 SMTP 服务器和 TELNET 服务器以及 Windows Server Backup 功能。

项目 11 FTP 服务器架设

主要内容

- FTP 概述及其作用。
- Windows Server 2008 系统上 FTP 服务的安装方法。
- 在 Windows Server 2008 系统上创建、管理 FTP 站点。

技术目标

- 了解 FTP 的基本特点。
- 掌握在 Windows Server 2008 系统上安装新版本 FTP 发布服务的方法。
- 掌握通过 IIS 管理器创建新的 FTP 站点的方法。
- 掌握通过 IIS 管理器管理 FTP 站点的方法。

11.1 真实情景引入

【真实情景】

A 公司是一家大型建筑装饰公司，为了保证每个员工设计数据的可靠性，公司建设了一台文件服务器用于数据备份，同时提供公用数据资源的下载。考虑到有些员工可能通过 Internet 来访问文件服务器，因此需要使用 FTP 来实现此功能。文件服务器的 IP 地址是 222.190.68.12。

【引入问题】

（1）如何在 Windows Server 2008 系统中安装 FTP 服务？安装前有哪些准备工作？

（2）如何配置一个 FTP 站点属性？如何提高 FTP 服务器的安全性？

（3）实际目录与虚拟目录有何区别？如何创建和管理虚拟目录？

（4）如何实现用户隔离模式的 FTP 站点？

11.2 FTP 概述

FTP（File Transfer Protocol）是用来将文件从一台主机传送到另一台主机的标准网络协议，它基于 TCP/IP 网络，运行在 OSI 模型的应用层中。通过 FTP 服务，用户可以方便地将文件上传到服务器或下载到本地计算机。在 FTP 服务器上，能够严格地控制文件的访问权限。FTP 的这种特性为文件的交换与共享以及 Web 站点的维护都提供了极大的便利。因此，FTP 服务业已成为重要的、被广泛应用的 Internet 服务。

在 Windows Server 2008 系统中，IIS 7.0 组件包括了对 FTP 的支持，但在默认情况下，系统没有安装该功能。通过向服务器添加角色的方式可以方便地添加 FTP 服务，需要注意的是，在 Windows Server 2008 系统的 IIS 7.0 组件中，默认提供针对 Windows Server 2003 系统的文件传输协议版本的支持，即 FTP 6.0。微软强烈推荐用户使用新的 FTP 发布服务，新版本的 FTP 发布服务(即 FTP 7.5)可以从以下地址下载：http://www.iis.net/download/FTP。

提示

不能同时使用两种版本的 FTP 发布服务。如果已经安装了旧的版本，那么在安装新版本之前需要删除旧的版本，并重新启动计算机。

新的 FTP 服务集成了很多新的功能，允许 Web 用户更好地发布内容，为 Web 管理员提供了更加安全的选项。新增功能主要有：

（1）和 IIS 7.0 集成。IIS 7.0 已经提供了全新的管理界面和配置存储，新的 FTP 服务与这种新的设计功能紧密集成。原来 IIS 6.0 使用的 MetaBase 已不复存在，取代它的是基于.NET XML 的.config 格式存储。此外，IIS 7.0 还有一个新的管理工具，新的 FTP 服务也可以无缝集成到这个工具中。

（2）支持新的 Internet 标准。FTP 7.5 服务一个最重要的功能是支持 SSL，还支持 UTF-8 和 IPv6。

（3）共享主机功能的改进。通过与 IIS 7.5 完全集成，新的 FTP 服务器允许将 Web 站点和 FTP 部署在同一站点上，且只需要简单地将 FTP 绑定到现有的站点即可。此外，FTP 服务器支持虚拟主机名，可以将多个 FTP 站点部署在同一个 IP 上。新的 FTP 服务器还提供用户隔离功能，通过每个用户的虚拟目录隔离用户。

（4）可扩展性和自定义认证。新的 FTP 服务器允许开发人员进行扩展，软件厂商可以自行编写 FTP 认证提供者。微软为非 Windows 账户的 IIS 管理器和.NET 成员服务提供两种新的 FTP 认证方法。

（5）改进的日志功能。FTP 日志提供与 FTP 相关的所有功能，包括流量、FTP Session、FTP 子状态、FTP 日志中的详细字段内容等。

（6）新的支持功能。FTP 7.5 添加了为本地用户显示详细错误信息的功能，FTP 服务器也支持这种功能。当本机登录到 FTP 服务器时，能够显示详细的错误信息。FTP 服务器也可以使用 Windows 事件跟踪（Event Tracing for Windows，ETW）记录详细日志信息，方便错误的排查。

11.3 任务 1–安装和管理 FTP 服务

11.3.1 架设 FTP 服务器的需求和环境

在安装 FTP 服务器之前，用户需要做一些必要的准备工作。

（1）为服务器配置一个静态 IP 地址，不能使用由 DHCP 动态分配的 IP 地址。

（2）为了使用户能使用域名访问 FTP 站点，建议在 DNS 服务器为站点注册一个域名。

（3）为了使 FTP 站点具有更高的安全性，建议用户把存放 FTP 内容所在的驱动器格式化为 NTFS 文件系统。如果要限制用户上传文件的大小，还可以启动磁盘配额。

11.3.2 安装 FTP 发布服务和角色服务

如果要允许用户在站点中上传或下载文件，就需要在 Web 服务器上安装 FTP 服务。在默认情况下，FTP 服务不会安装在 IIS 7.0 上。如果要设置 FTP 站点，则必须先通过“服务器管理器”安装 FTP 服务，安装方法如下。

（1）单击“开始”→“管理工具”→“服务器管理器”命令，然后在打开的“服务器管理器”对话框中选择左侧的“角色”节点，在右侧的“角色摘要”中单击“添加角色”选项，启动“添加角色向导”。

（2）在“开始之前”对话框中提示此向导可以完成的工作，以及操作之前应注意的相关事项，单击【下一步】按钮。

（3）在“选择服务器角色”对话框中显示所有可以安装的服务器角色。如果某角色的复选项没有被选中，则表示该网络服务尚未安全。如果选中，则说明该服务已经安装。这里勾选“Web 服务器（IIS）”复选项。

（4）返回“选择服务器角色”对话框后，“Web 服务器（IIS）”复选项已勾选，单击【下一步】按钮。

（5）在“Web 服务器（IIS）”对话框中，显示 Web 服务器的功能、注意事项和其他信息，单击【下一步】按钮。

（6）打开“选择角色服务”对话框，勾选“FTP 发布服务”复选项。此时将打开“是否添加 FTP 发布服务　所需的角色服务”对话框，提示必须安装所需的角色服务才能安装 FTP 发布服务，单击【添加必需的角色服务】按钮，如图 11-1 所示。

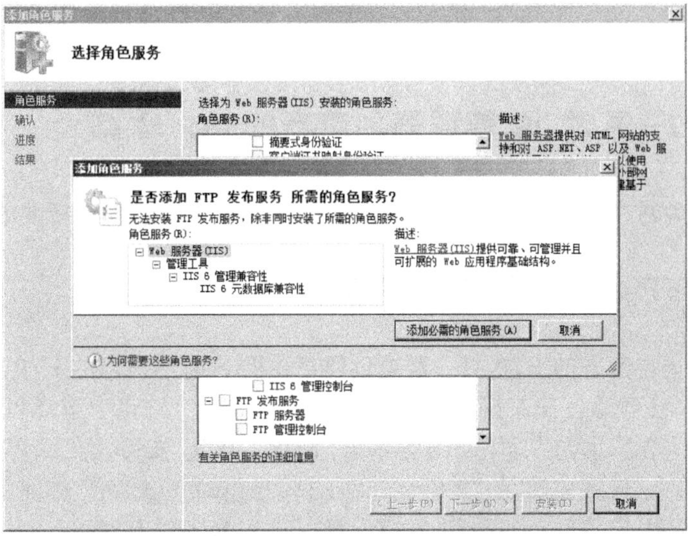

图 11-1　添加必需的角色服务

（7）由于在安装 Web 服务器（IIS）角色服务时，系统会默认安装一些 Web 服务所必需的组件。如果所要安装的服务器仅作为 FTP 服务器而不提供 Web 服务，则用户可取消勾选“Web 服务器（IIS）”角色服务。选择完毕后，单击【下一步】按钮。

（8）在“确认安装选择”对话框中，显示之前所进行的设置，确认正确后，单击【安装】按钮开始安装 FTP 角色服务，如图 11-2 所示。

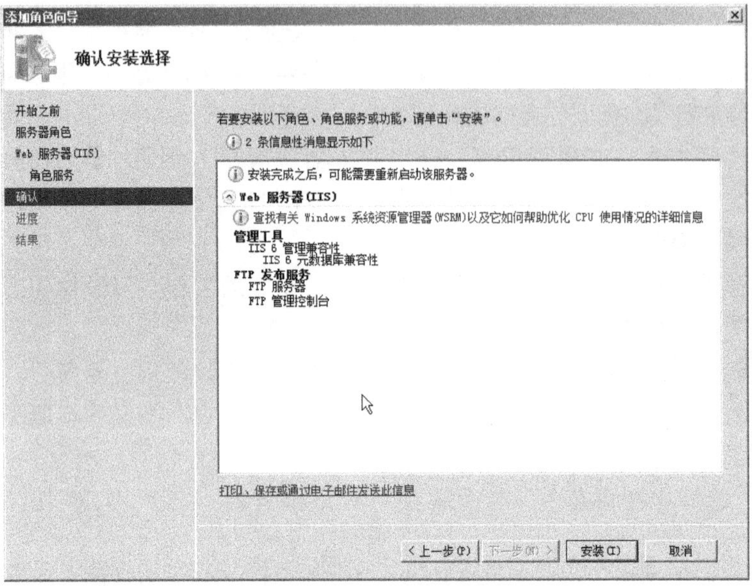

图 11-2　确认安装选择

（9）在“安装进度”对话框中显示服务器角色的安装过程。

（10）在“安装结果”对话框中显示安装 FTP 角色服务已经成功，然后单击【完成】按钮关闭“添加角色向导”对话框。

在安装 FTP 服务时，系统会创建一个默认的 FTP 站点，其主目录是%SystemDrive%\Inetpub\ Ftproot。随后用户可以使用 IIS 7.0 管理器根据自己的需要自定义该站点。

11.4　任务 2–通过 IIS 管理器创建新的 FTP 站点

新的 FTP 服务通过向导的方式收集信息，可以方便地创建一个新的 FTP 站点。

11.4.1　利用 FTP 站点向导创建 FTP 站点

在 11.3 节中安装的好的 FTP 服务器里创建可供匿名用户访问的 FTP 站点。

（1）打开 IIS 管理器，在左侧的“连接”窗口中单击“站点”节点以展开。

（2）在如图 11-3 所示的界面中，右键单击“Sites”节点，在弹出的菜单中选择“Add FTP Site”选项。此时，还应在主目录“%SystemDrive%\Inetpub\Ftproot”创建文件夹。然后，设置权限以允许匿名用户访问，打开命令提示符，输入 ICACLS "%SystemDrive%\Inetpub\Ftproot" /Grant IUSR:R /T。

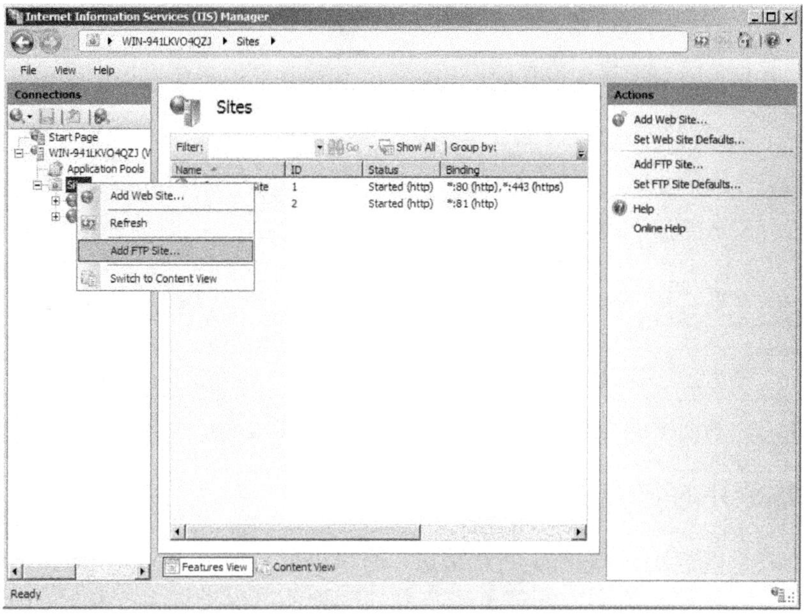

图 11-3　添加 FTP 站点

（3）此时系统弹出“Add FTP Site”对话框，在“FTP 站点名称（FTP site name）”中输入 FTP 站点的名称，然后将先前建立的路径写入到“物理路径（Physical path）”中。在所有项目都完成后，单击【Next】按钮，如图 11-4 所示。

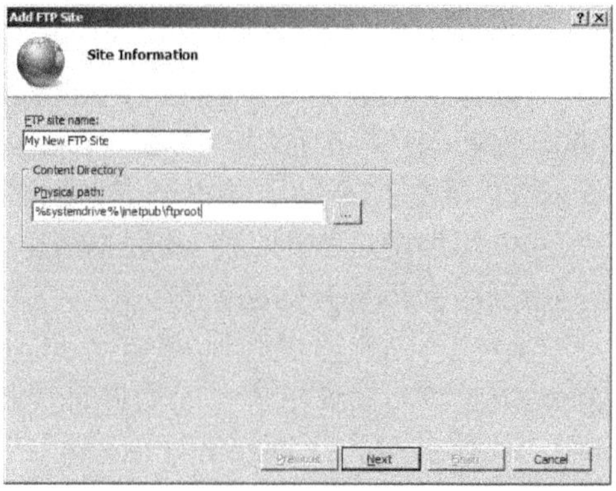

图 11-4　输入站点名称和物理位置

（4）在“IP Address”下拉列表框中为创建的 FTP 站点选择一个 IP 地址，或者使用默认选项“未指派（All Unassigned）”。然后，在“端口（Port）”中输入此 FTP 站点的 TCP/IP 端口号，这里使用默认端口号 21。在这个步骤中，不启用虚拟主机名（Virtual Host Name），所以确保“使用虚拟主机名（Enable Virtual Host Names）”复选项没有被选中。在 SSL 组中，确保“SSL 证书（SSL Certificates）”下拉列表框处于“未选定（Not Selected）”状态。选中“允许使用 SSL（Allow SSL）”单选项。设置完成后，单击【下一步】按钮，如图 11-5 所示。

（5）在如图 11-6 所示的“身份验证和授权信息（Authentication and Authorization Information）”对话框上，在“身份验证（Authentication）”中只勾选“匿名（Anonymous）”复选项在“授权（Authorization）”设置中，通过下拉列表框设置允许访问的权限为“匿名用户（Anonymous users）”，并在最下方的“权限（Permissions）”中勾选“只读（Read）”复选项。最后单击【Finish】按钮即可完成所有设置。

通过以上步骤创建了一个简单的 FTP 站点，这里作一个总结：①创建了一个名为“My New FTP Site”的 FTP 站点，它的根目录是“%SystemDrive%\Inetpub\Ftproot”。②绑定了 FTP 站点的 IP 地址为本地回环地址 127.0.0.1，并使用默认的 21 端口，没有启用 SSL。③为 FTP 站点启用了默认的访问规则，即允许匿名用户读取站点文件。

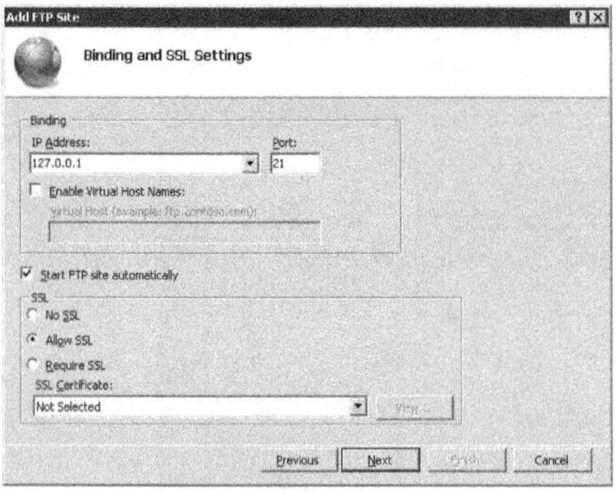

图 11-5　绑定和 SSL 设置

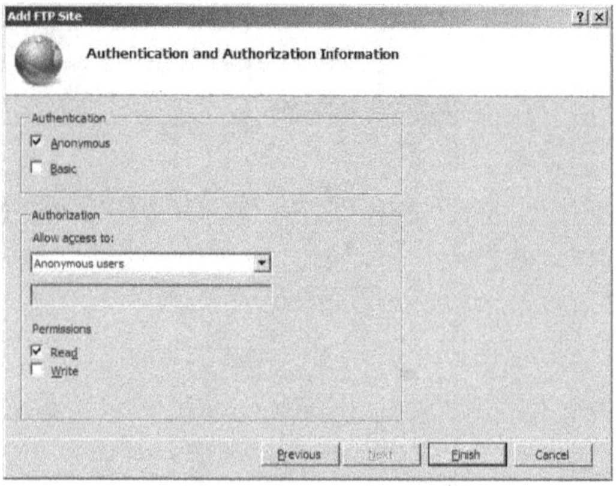

图 11-6　身份验证和授权信息

11.4.2　增加额外的 FTP 安全设置

创建一个可供匿名用户访问的 FTP 站点，用以公开下载是非常有用的，但是分别对用户进行授权也非常重要。下面为管理员账户添加额外的身份验证并授权。

（1）在“IIS 管理器（Internet Information Services（IIS）Manager）”中，单击先前创建的 FTP 站点的根节点，然后在中间的“功能视图”中双击“FTP 身份验证（FTP Authentication）”图标。

（2）当“FTP 身份验证（FTP Authentication）”页面打开后，选中“基本身份验证（Basic Authentication）”，在右侧的“操作（Actions）”窗格中“启用（Enable）”它，如图 11-7 所示。

（3）单击 FTP 站点的根节点，回到 FTP 设置页面。

（4）添加验证规则，使 administrator 可以登录。双击“FTP 授权规则（FTP Authorization Rules）”图标，展开详细设置。

（5）在“FTP 授权规则（FTP Authorization Rules）”页面上，单击“添加允许规则（Add Allow Rule）”，在弹出的“添加许可授权规则（Add Allow Authorization Rule）”对话框中，选中“指定的用户（Specified users）”单选项，将“administrator”输入文本框。在“权限（Permissions）”区域中，勾选“读取（Read）”和“写入（Write）”两个复选项。完成设置后单击【OK】按钮，如图 11-8 所示。

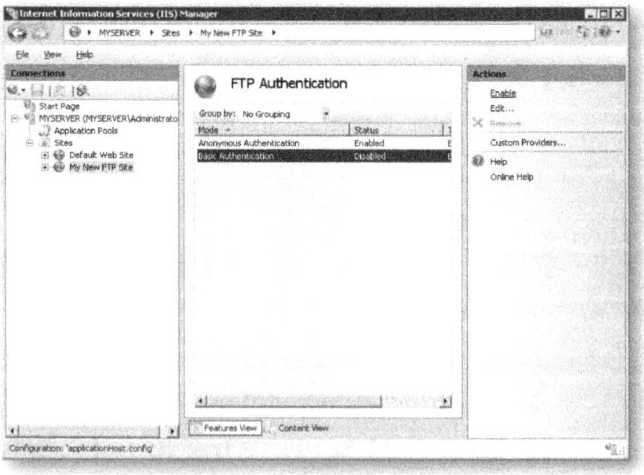

图 11-7　开启基本身份验证

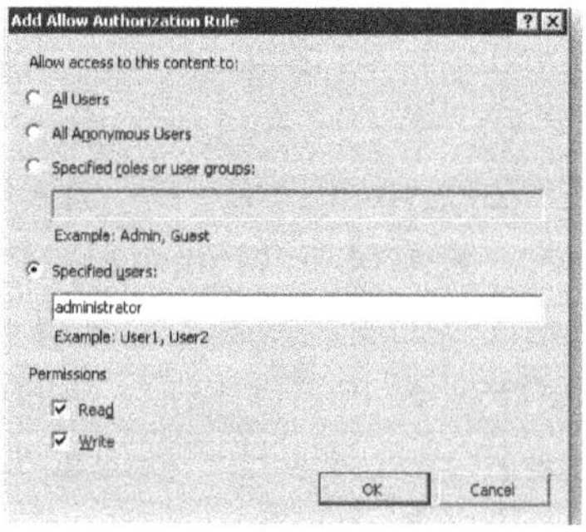

图 11-8　添加允许授权规则

注意

Windows Server 2008 系统默认开启了内建的防火墙，在此任务中创建的 FTP 站点暂时只能在服务器本身打开，如要在客户端打开此 FTP 站点，需暂时将 FTP 服务器的内置防火墙关闭。关闭防火墙的方法是：单击“控制面板”→“Windows 防火墙”→“启用或关闭 Windows 防火墙”→“关闭”。但强烈不推荐这么做，在本章的最后一个任务中，会详细介绍如何在开启 Windows 防火墙的状态下使用 FTP 服务。

11.5 在 IIS 7.0 上配置 FTP 用户隔离

“用户隔离”是 IIS 7.0 中包含的 FTP 组件中的一个新增功能。配置成“用户隔离”模式的 FTP 站点可以在用户登录后直接进入到属于该用户的目录中，但该用户不能查看或修改其他用户的目录。

11.5.1 创建用户账户

为了演示用户隔离模式的 FTP 站点，先利用“计算机管理”控制台创建两个用户账户，分别是 Bob 和 Henry。

11.5.2 规划目录结构

用户隔离模式的 FTP 站点对目录的名称和结构有一定的要求，其创建过程如下。

（1）在一个 NTFS 分区中创建一个文件夹作为 FTP 站点的主目录，然后在主目录中创建一个名为 LocalUser 的子文件夹。最后，在 LocalUser 文件夹下创建一个名为 Public 的文件夹作为匿名用户的主目录。创建若干个与用户账户名称一致的文件夹，这些文件夹分别作为相应用户的主目录，如图 11-9 所示。

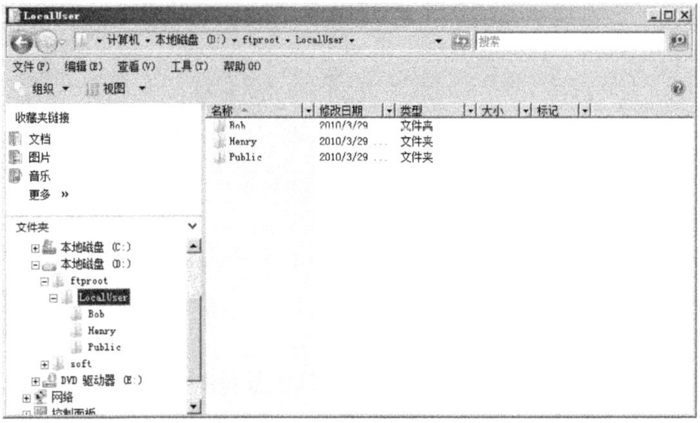

图 11-9 规划目录结构

（2）修改与用户账户名称一致的文件夹的安全属性，使该用户对文件夹具有“完全控制”权限，如图 11-10 所示。

（3）在 Public 文件夹和每个用户的主目录文件夹中创建一些测试文件，以示区别，如图 11-11 所示。

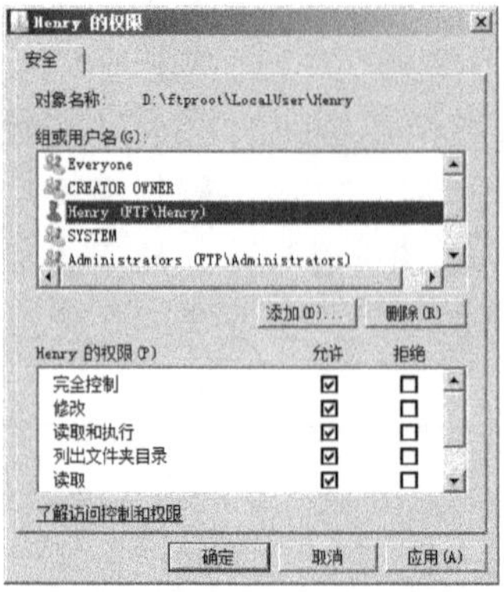

图 11-10　设置文件夹的安全权限

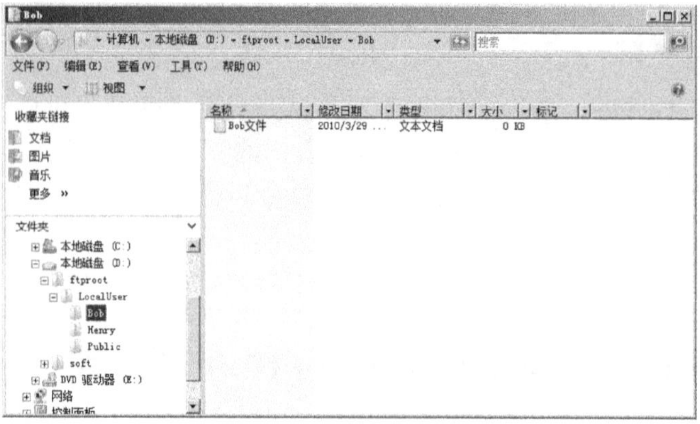

图 11-11　创建测试文件

11.5.3　创建 FTP 站点

（1）单击“开始”→“管理工具”→“Internet 服务（IIS7.0）管理器”命令，打开 IIS 7.0 管理器，展开控制树中的“FTP 站点”节点。

（2）创建新 FTP 站点前一定要删除或者停止“默认 FTP 站点”，否则，新创建的 FTP 站点将无法正常启动。选择“默认 FTP 站点”节点，然后单击工具栏中的【停止】按钮，将已存在的 FTP 站点删除或停止，如图 11-12 所示。

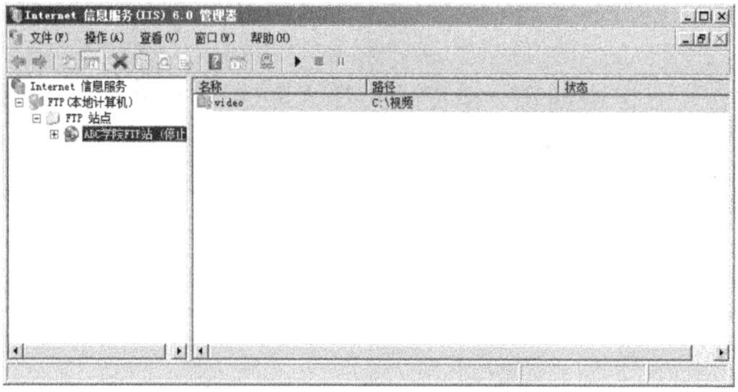

图 11-12　停止默认的 FTP 站点

（3）右键单击左侧的“FTP 站点”，在弹出的菜单中单击“新建”→“FTP 站点”命令，如图 11-13 所示。

（4）打开“FTP 站点创建向导”界面，单击【下一步】按钮。

（5）在“FTP 站点描述”对话框中输入 FTP 站点的描述信息，单击【下一步】按钮，如图 11-14 所示。

（6）在“IP 地址和端口设置”对话框中为 FTP 服务指定 IP 地址和端口号。IP 地址保留默认设置，端口号也保留默认设置，单击【下一步】按钮，如图 11-15 所示。

（7）在“FTP 用户隔离”对话框中选择用户隔离模式，FTP 站点的隔离模式只能在创建时设置，创建完成后将无法修改。若要修改，只能修改原来的 FTP 站点，重新创建新的 FTP 站点。

（8）在“FTP 站点主目录”对话框中指定 FTP 站点主目录的路径，可以在其文本框中直接输入，也可单击【浏览】按钮选择目录，然后单击【下一步】按钮。

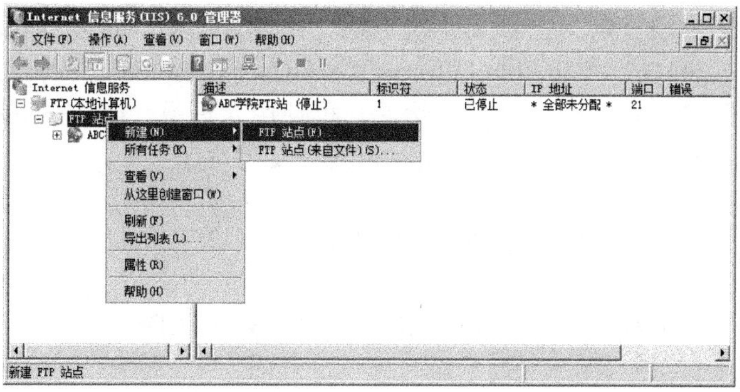

图 11-13　新建 FTP 站点

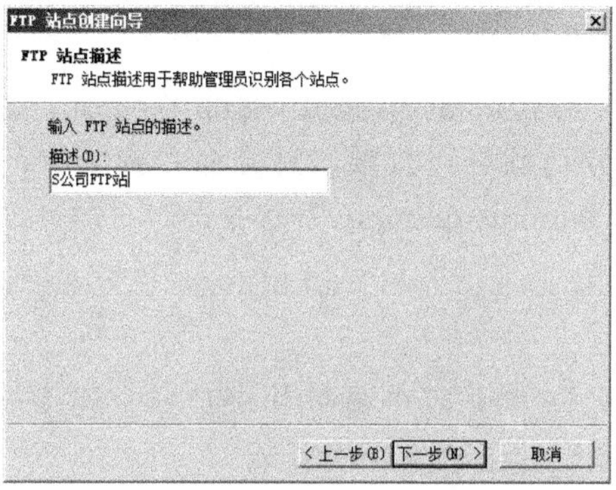

图 11-14　FTP 站点描述

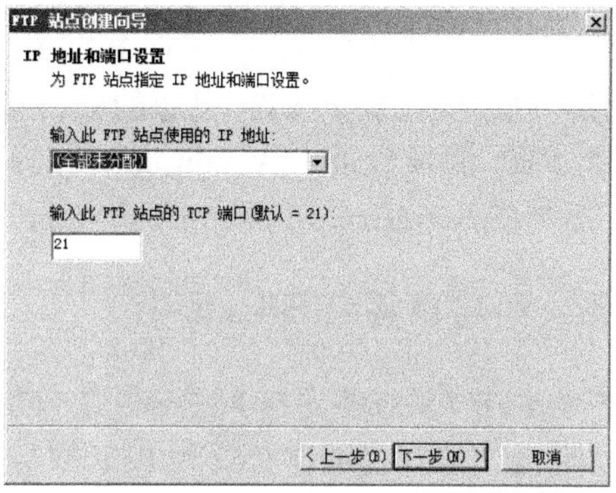

图 11-15　IP 地址和端口设置

（9）在“FTP 站点访问权限”对话框中选择用户访问 FTP 站点的权限。勾选“读取”复选项表示用户可以下载文件，勾选“写入”复选项表示用户可以上传文件。由于这里要允许每个用户都可以上传文件，因此勾选“读取”和“写入”两个复选项，然后单击【下一步】按钮。

（10）在“已成功完成 FTP 站点创建向导”对话框中单击【完成】按钮结束设置。

（11）FTP 站点创建完成后，将在“Internet 信息服务（IIS）7.0 管理器”窗口中显示该站点，如图 11-16 所示。

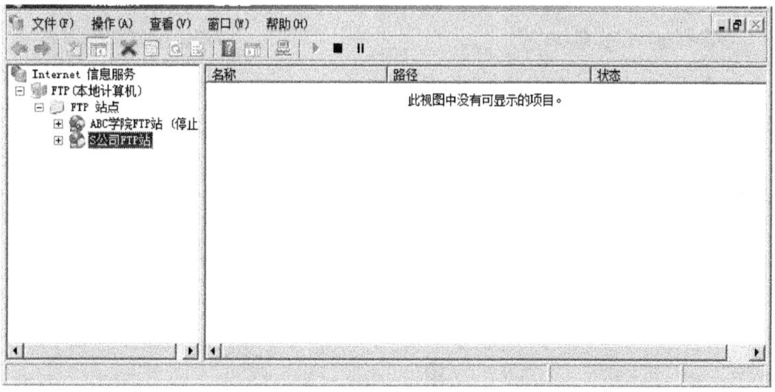

图 11-16　显示新创建的站点

现在可以登录开启了用户隔离的 FTP 站点，但需要注意以下几点：

1）如果匿名登入此 FTP 站点，用户会话将被限制在“LocalUser\Public”文件夹中。

2）如果试图使用管理员（administrator）账户登录，那么登录请求将会因为管理员

（administrator）账户没有定义主目录而被拒绝。允许管理员（administrator）账户登录的方法是：在“%SystemDrive%\Inetpub\Ftproot\LocalUser\Administrator”文件夹下为管理员（administrator）账户创建一个主目录。然后，再使用管理员（administrator）账户登录，用户会话就会被限定在“LocalUser\Administrator”文件夹下了。

11.6 在 IIS 7.0 上使用 FTP over SSL

11.6.1 在 IIS 7.0 上使用 FTP over SSL 的需求与环境

在 IIS 7.0 上使用 FTP over SSL 之前，用户需要做一些必要的准备工作。

（1）确认 Windows Server 2008 系统上已经安装了 IIS 7.0，IIS 管理器也已被安装。

（2）确认 FTP 7.5 已经安装在 IIS 7.0 上。

（3）已经创建好了 FTP 发布的根目录：在“%SystemDrive%\Inetpub\Ftproot”文件夹下创建 FTP 的根目录；为 administrators 组创建访问许可权限，打开命令提示符，输入 ICACLS "%SystemDrive%\Inetpub\Ftproot" /Grant administrators:F /T 命令。

11.6.2 创建自签名 SSL 证书

新的 FTP 7.5 服务支持 FTP to SSL（FTPS），允许 FTP 客户端利用 SSL 安全连接与 FTP 服务器通信，但在使用前必须为 FTP 服务器申请 SSL 证书且正确安装。

下面创建一个自签名的 SSL 证书以测试 FTP 站点。

（1）打开 IIS 7.0 管理器，选中连接面板的最顶端节点，然后双击“服务器证书（Server Certificates）”图标，如图 11-17 所示。

（2）在“操作（Actions）”窗格中单击“创建自签名证书（Create Self-Signed Certificate）”。在弹出的“创建自签名证书（Create Self-Signed Certificate）”对话框中，为新证书指定一个名称。本例中，将其命名为“My FTP Certificate”，然后单击【OK】按钮。

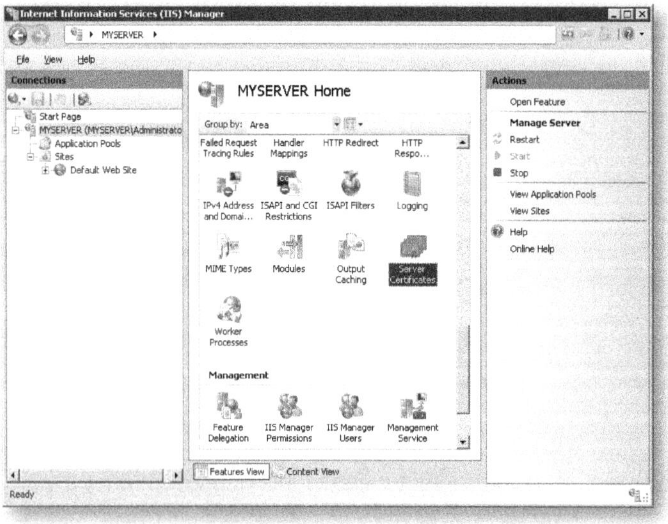

图 11-17　服务器证书

11.6.3 使用 IIS 7.0 管理器创建一个开启 SSL 验证的 FTP 站点

（1）创建一个开启了 SSL 验证的 FTP 站点，站点名称设置为“My New FTP Site”，将物理路径设置为“%SystemDrive%\Inetpub\Ftproot”，并开启“基本身份验证（Basic Authentication）”，不允许匿名访问，只允许 administrator 具有读取和写入权限。

（2）在添加 FTP 站点的过程中，“绑定和 SSL 设置（Binding and SSL Setting）”与上次的任务略有差别，由于在 11.5.2 节中已经创建了自签名证书，因此在这一步中，可以将 SSL 设置中的“SSL 证书（SSL Certificate）”通过单击下拉列表框的方式，设置为 11.6.2 节中的证书“My FTP Certificate”，如图 11-18 所示。

（3）在 FTP 站点创建完成后，要配置额外的 FTP SSL 设置。FTP 的 SSL 策略可根据站点的不同由用户自行定制，不同的设置可以精确控制用户和数据通道。此外，还要为 FTP 站点配置额外的 SSL 设置，以确保所有用户凭据加密。

（4）打开 IIS 7.0 管理器，展开 FTP 站点“My New FTP Site”节点。为了设置 SSL 选项，双击“FTP SSL 设置（FTP SSL Settings）”图标，打开后的对话框如图 11-19 所示。

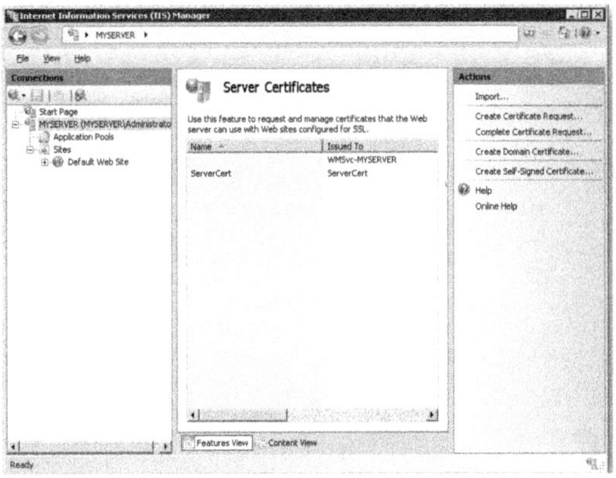

图 11-18　服务器证书

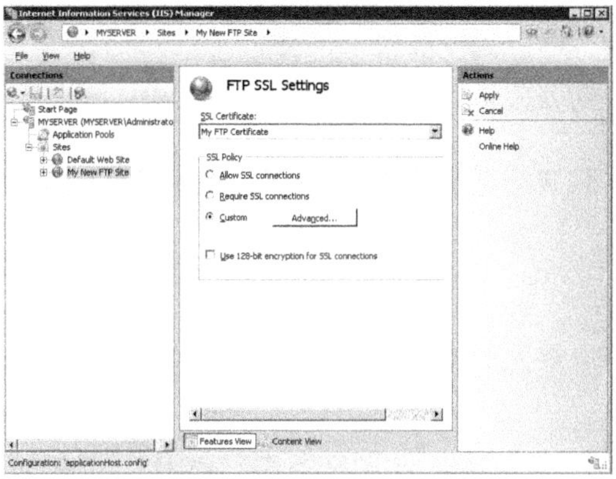

图 11-19　“FTP SSL 设置”对话框

（5）在图 11-19 中，选中“自定义（Custom）”单选项，然后单击【Advanced】按钮，弹出“高级 SSL 策略（Advanced SSL Policy）”对话框，如图 11-20 所示。

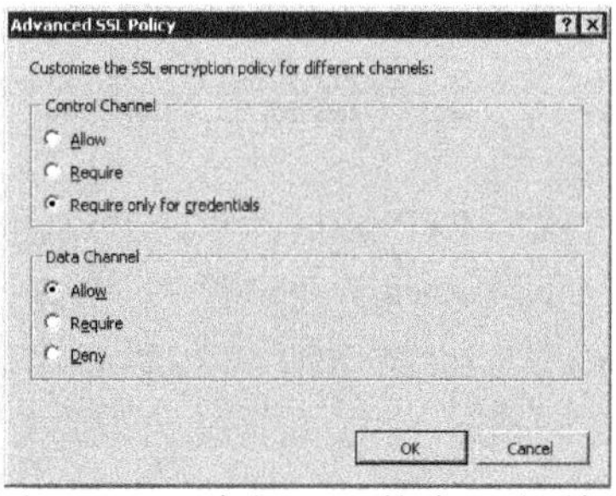

图 11-20　“高级 SSL 策略”对话框

1）在“控制通道（Control Channel）”区域选中“只有凭据才需要（Require only for credentials）”单选项，使所有客户端在传输用户凭据时，都对控制通道使用 SSL。用户凭据传输完毕后，允许客户端选择是否继续对控制通道使用 SSL，但是客户端可以选择是否加密其他控制通道的活动。

2）在“数据通道（Data Channel）”区域选中“允许（Allow）”单选项，允许用户选择是否加密数据通道的活动。

（6）单击【OK】按钮，返回 FTP SSL 设置（FTP SSL Settings）对话框，单击“Apply”选项以保存设置。

11.6.4 登录 FTP 站点验证

Windows 系统内置的各种连接方式，如 ftp.exe、IE7、IE8 或 Windows 资源管理器都不支持 FTPS，所以在登录启用 SSL 的 FTP 站点时需要使用第三方 FTP 客户端软件，如 SmartFTP、CuteFTP 或 FlashFXP。

FTPS 的运行有两种模式：

（1）Explicit SSL。Explicit SSL 又被称为 AUTH SSL 模式。Explicit SSL 保持了与传统 FTP 服务的良好兼容性，以 FTP 服务扩展指令的方式存在。初始化连接可以采用与传统 FTP 兼容的连接模式，当需要传输加密信息时使用 AUTH SSL 指令切换到保护模式。使用 Explicit SSL 时，服务器必须完整地实现 AUTH 等指令。将 FTP 服务器控制通道的端口号设置为 21，服务器就是以 Explicit SSL 模式运行的。

（2）Implicit SSL。Implicit SSL 是一个全新的 FTP 实现模式，在 TCP 三步握手完成之后就直接使用 SSL Socket 进行协商和通信，之后将全程采用 SSL 加密连接。在这种模式中，一般 FTP 服务器将监听一个新的服务端口，IANA 指定 990 端口为 Implicit SSL FTP 的控制通道端口号。因为在连接初始阶段就自动由 SSL 实现了协商，因此 Implicit SSL 模式中 AUTH 指令是可选的。

在不考虑兼容性的情况下，在服务器端最好优先使用 Implicit SSL 模式，可以获得更好的保密性。

11.7 任务 3—配置 FTP 防火墙设置

11.7.1 配置 FTP 防火墙的需求和环境

要完成本次任务，需要确认以下项目已经安装完成：

（1）Windows Server 2008 系统上已经安装了 IIS 7.0，IIS 管理器也已被安装。

（2）FTP 7.5 已经安装在了 IIS 7.0 上。

（3）已经创建好了 FTP 发布的根目录：在“%SystemDrive%\Inetpub\Ftproot”文件夹下创建 FTP 的根目录；为匿名用户访问创建好了访问权限，打开命令提示符，输入 ICACLS "%SystemDrive%\Inetpub\Ftproot" /Grant IUSR:R /T 命令。

11.7.2 创建匿名验证的 FTP 站点并为 FTP 服务配置被动端口范围

添加 FTP 站点，将 FTP 站点命名为“My New FTP Site”，将物理路径定位在“%SystemDrive%\ Inetpub\ Ftproot”。在绑定和 SSL 设置中，将 IP 地址设置为本地环回地址 127.0.0.1，端口保持默认设置 21。允许 SSL，但是不选择 SSL 证书。开启匿名用户验证，并授予匿名用户读取权限，如图 11-21 所示。

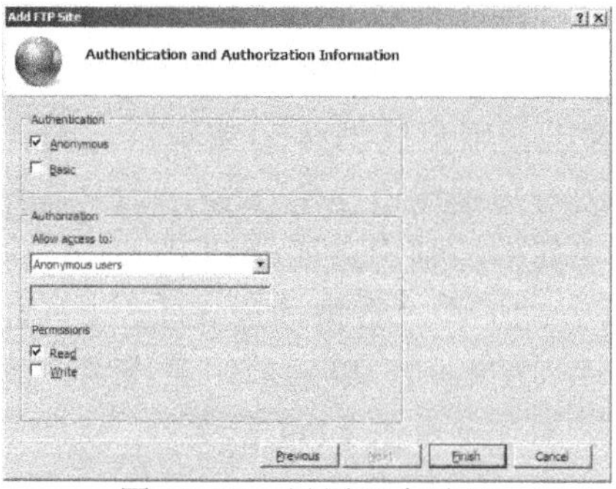

图 11-21 设置用户验证

11.7.3 为 FTP 服务配置被动端口范围

（1）打开 IIS 7.0 管理器，在连接面板中单击服务器级节点，双击“FTP 防火墙支持（FTP Firewall Support）”图标，以显示细节。

（2）在如图 11-22 所示的界面上输入端口范围：49152～65535。设置完成后，在“操作（Actions）”窗格中单击“Apply”选项以使设置生效。

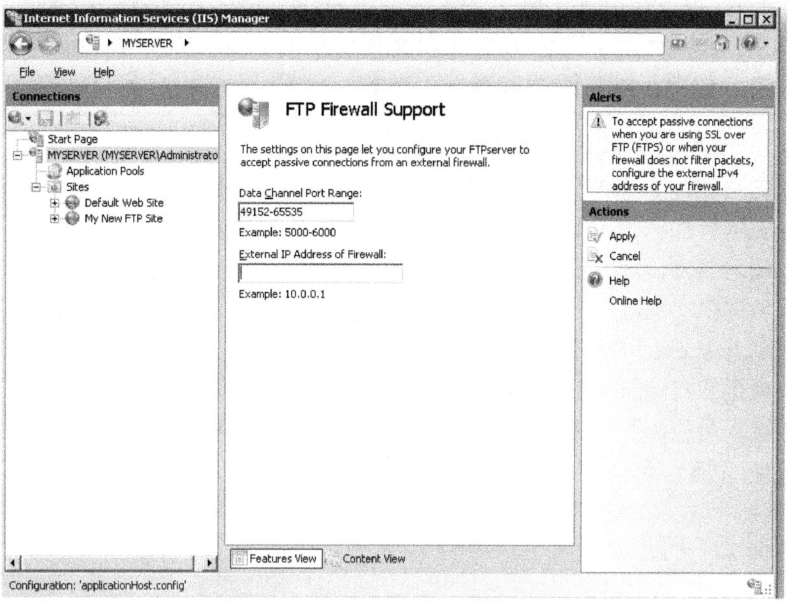

图 11-22　FTP 防火墙支持

注意

1）合法的端口范围 1024～65535，1～1023 的端口被系统服务保留使用。

2）可以输入一个特殊的端口范围“0～0”，此时 Windows 系统会动态使用端口。

3）有关端口的更多信息，请参阅微软知识库：http://support.microsoft.com/kb/929851。

4）前面设置的端口范围需要在防火墙上开启。

11.7.4　配置 Windows 防火墙设置

Windows Server 2008 系统包含内建的防火墙服务以应对网络安全风险。如果选择使用内建的 Windows 防火墙，需要进行以下配置来允许 FTP 通信通过防火墙。

考虑到 FTP 服务在使用上的不同，Windows 防火墙的配置会略有差异。这些不同包括：FTP 服务器使用主动连接或被动连接；使用非加密的 FTP 或使用 SSL 加密。

1．为未启用安全的 FTP 通信设置 Windows 防火墙

为未启用安全的 FTP 通信配置 Windows 防火墙需遵循以下步骤。

（1）使用管理员权限打开命令提示符，即单击“开始”→“所有程序”→“附件”。

（2）在防火墙上打开 21 端口，输入以下代码，按<Enter>键执行：

```
netsh advfirewall firewall add rule name="FTP（non-SSL）" action=allow protocol=TCP dir=in localport=21
```

（3）为 FTP 激活防火墙应用筛选器，用以动态地打开数据连接端口：

```
netsh advfirewall set global StatefulFtp enable
```

注意

1）上述规则不一定涵盖 FTP 主动连接模式。在 FTP 主动模式下，从 20 端口的出站连接也要启用。而在 FTP 客户端，用户需要完成自身防火墙的入站例外设置。

2）通过 SSL 加密的 FTP 通信不会受到这些规则的约束，因为 Windows 防火墙的筛选器无法解析加密的数据，SSL 协商可能会失败。

2．为启用安全的 FTP 通信设置 Windows 防火墙

Windows 防火墙的状态 FTP 包检查可能会阻止 SSL，因为 Windows 防火墙的状态 FTP 检测过滤器不能解析加密过的数据通信。基于这种行为，如果想要在 FTP 上使用 SSL，那么必须修改 Windows 防火墙的配置。最简单的方法是配置 Windows 防火墙允许 FTPS 通信，它的完整服务名称是“Microsoft FTP Service”，缩写为“ftpsvc”。FTP 服务托管在一个通用的服务进程“Svchost.exe”中，所以通过将其进程名称加入到应用程序例外列表是行不通的。

为启用安全的 FTP 通信设置 Windows 防火墙需遵循以下步骤。

（1）使用管理员权限打开命令提示符，即单击“开始”→“所有程序”→“附件”。

（2）配置防火墙，允许 FTP 服务监听所有由其自身打开的端口，输入以下命令：

```
netsh advfirewall firewall add rule name="FTP for IIS7" service=ftpsvc action=allow protocol=TCP dir=in
```

（3）禁用状态，FTP 过滤使 Windows 防火墙不再阻断 FTP 通信，输入以下命令：

```
netsh advfirewall set global StatefulFtp disable
```

3．FTP 连接模式

创建防火墙规则使 FTP 服务器能正确地工作是具有挑战性的，其根本原因在于 FTP 的协议架构。每个 FTP 客户端请求要求在服务器端与客户端之间保持两个连接：

1）控制通道——用来发送主要 FTP 控制命令，它使用服务器端口：21。

2）数据通道——用于 FTP 数据传输，如列出目录清单、进行文件的上传和下载。

在防火墙上打开 21 端口是非常简单的，但此时 FTP 客户端只能发送命令不能传送数据。这意味着客户端可以成功验证并能进行创建、删除目录的操作，但是无法看到目录清单，也无法进行上传和下载。

注意

这样可能会对 FTP 客户端造成混乱，因为客户端似乎能登录到服务器，但当试图从服务器检索目录列表时，会产生连接超时或停止响应。

对防火墙的配置并不会随着了解了 FTP 基本协议而结束，相反，在了解了 FTP 数据通道之后问题更加复杂了，因为在实际应用中，有两种不同的方式创建数据连接。

（1）主动数据连接。在主动数据连接中，FTP 客户端为数据通道设置了一个监听端口，服务器从自身的 20 端口发起到这个端口的连接。主动数据连接曾是连接到 FTP 服务器的默认方式，但现在主动数据连接不再被推荐，因为它在 Internet 上工作的并不好。

在如图 11-23 所示的网络中，客户端与服务器被防火墙隔离，客户端在第一步新建控制通道连接时必定会被防火墙阻挡，此时应在防火墙上开放 21 端口的入站连接。服务器在得到客户端的 IP 地址和数据端口号后，通过自身的 20 端口与客户端建立连接。

（2）被动数据连接。在被动数据连接中，FTP 服务器设置数据通道监听端口，由客户

端发起到这个端口的连接。被动连接方式在 Internet 上工作得非常好，在 RFC1579 中也被推荐，如图 11-24 所示。

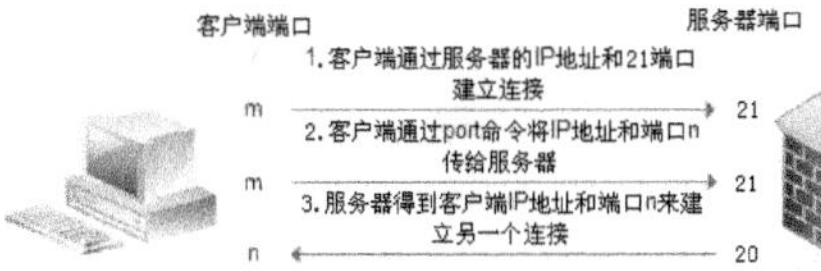

图 11-23　主动模式

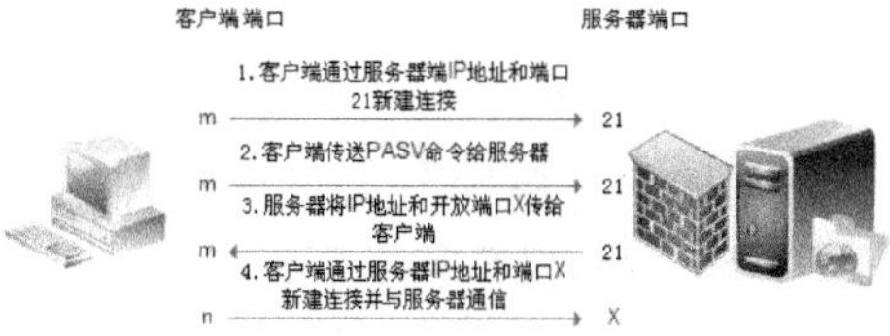

图 11-24　被动模式

注意

一些 FTP 客户端需要有明确的操作来开启被动连接，有一些客户端不支持被动连接（如 Windows 命令行中的 FTP）。然而一些客户端试图在网络错误发生时智能地在两种模式间进行切换，更加剧了混乱，因为这种切换并不能很好地实现。

一些防火墙试图通过内建的筛选器扫描 FTP 通信来修复数据连接问题，并动态允许数据连接通过防火墙。这些防火墙的筛选器能够探测到哪些端口会被用于数据传输，并暂时打开防火墙，使客户端可以打开数据连接。这种类型的防火墙被称为全状态数据包检测型防火墙（Stateful Packet Inspection，SPI），它能对每个连接信息（包括套接字对、源地址、目的地址、源端口和目的端口、协议类型、TCP 连接状态和超时时间等）进行检测，从而判断是否过滤数据包，现在的多数防火墙都包含这些功能，包括 Windows 系统内建的防火墙。有关微软的 Windows 防火墙软件的信息，请参阅微软网站。

11.8　回到工作情景

【工作过程一】安装 FTP 服务角色服务

（1）启动添加角色向导。

（2）在“选择服务器角色”对话框中勾选“Web 服务器（IIS）”复选项。在“选择角色服务”对话框中勾选“FTP 发布服务”复选项。

（3）启动 FTP 服务。

【工作过程二】重新规划文件服务器中 E 盘的目录

（1）在 E 盘中创建一个文件夹作为 FTP 站点的主目录。

（2）在 FTP 站点的主目录中创建一个名为 LocalUser 的子文件夹，并将用户文件夹全部移动到该目录下。

（3）在 LocalUser 文件夹下创建一个名为 Public 的文件夹作为匿名用户的主目录。

【工作过程三】创建用户隔离模式的 FTP 站点

（1）删除或停止已存在的 FTP 站点。

（2）右键单击左侧的“FTP 站点”节点，单击“新建”→“FTP 站点”命令，打开 FTP 站点创建向导，创建一个用户隔离模式的 FTP 站点，并将 FTP 站点主目录指向新创建的文件夹。FTP 站点的访问权限设置为读取和写入。

（3）创建虚拟目录，将 D 盘的文件夹作为虚拟目录发布到 FTP 站点中。

11.9 项目实训–FTP 服务器的配置与管理

【实训环境和条件】

（1）网络环境或 VMware Workstation 6.0 虚拟机软件。

（2）安装有 Windows Server 2008 系统的物理计算机或虚拟机（充当域控制器）。

（3）安装有 Windows XP、Windows Vista、Windows 7 的物理计算机或虚拟机（充当域客户端）。

【实训目的】

通过项目实训，熟悉 FTP 服务的工作原理；掌握 FTP 站点的配置；了解在 FTP 站点上创建虚拟目录的方法；掌握用户隔离模式的 FTP 站点的创建过程。

【实训内容】

（1）创建 FTP 站点。

（2）设置默认文档。

（3）建立非 80 端口的 Web 站点。

（4）限制匿名用户访问 FTP 站点。

（5）限制某 IP 地址访问 FTP 站点。

（6）查看用户连接情况。

（7）允许用户上传文件到 FTP 站点。

【实训过程】

（1）基本配置。

1）安装 IIS 中的 FTP 服务器。

2）在 FTP 服务器中配置一个 FTP 站点（如果 IIS 中已经有其他人配置过的 FTP 站点，应先将其删除）。

（2）在一台服务器上配置多个 FTP 站点。

1）为计算机配置多个 IP 地址，每个 FTP 站点设置一个不同的 IP 地址，用浏览器查看各 FTP 站点能否正常访问。

2）每个 FTP 站点设置相同的 IP 地址、不同的端口号（应使用大于 1024 的临时端口），用浏览器查看各 FTP 站点能否正常访问。

（3）非匿名 FTP 站点的设置。

如果一个 FTP 站点只允许指定的人员远程访问，则该站点是非匿名的。假设某 FTP 站点只允许用户 zhao、qian、sun、li 访问，则可进行如下设置。

1）在服务器上创建一个组账户（设组名为 Ftpusers），再创建若干个用户账户（如 zhao、qian、sun、li），把这些账户均加入 Ftpusers 组。

2）设置 FTP 站点主目录的 NTFS 权限，只允许 Administrators 和 Ftpusers 组的用户访问。

3）在 FTP 站点属性中，取消勾选“允许匿名连接”复选项。

在客户机上访问该 FTP 站点，检查访问效果。

（4）FTP 站点容量的限制。

想要限制一个 FTP 站点可使用的磁盘容量，可通过 NTFS 磁盘配额功能来实现。这项功能一般用于具有写入权限的非匿名用户。

例如，上例中的 FTP 站点由 Ftpusers 组的人员进行远程管理和维护，该站点允许的最大磁盘容量为 10MB，可通过如下设置实现。

1）在服务器上把该站点的主目录的所有者设置为 Ftpusers 组。

2）在主目录所在的磁盘分区上启用磁盘配额，并把 Ftpusers 组的配额限制为 10MB（其他用户不受限制）。

在客户机上向该 FTP 服务器上传文件，验证效果。

（5）FTP 客户端软件的使用（选做）。

FTP 客户端软件有多种，其性能和用途各有不同，以下为常用的 FTP 客户端软件。

1）浏览器：功能简单、易用，可向 FTP 站点上传或下载文件，但当大规模上传或下载文件时常出现问题。

2）CuteFTP：当前最流行的 FTP 客户端软件之一，功能强大，常用于 FTP 站点的远程管理和维护。

3）FlashGet（网际快车）：一款流行的下载工具，可以从 Web、FTP 等站点下载文件。不支持上传，可多线程下载和断点续传。

习　　题

一. 填空题

1. 在 FTP 服务器上，用户一般会建立两类连接，分别是________和________。
2. WWW 网站的 TCP 端口默认为________，FTP 服务器的端口默认为________。
3. 在 Internet 信息服务管理器中，设置 FTP 站点的访问权限有________和________两种。

二. 选择题

1. 匿名 FTP 访问通常使用（　　）作为用户名。

　A. Guest　　B. E-mail 地址　　C. Anonymous　　D. 主机 ID

2. 在 Windows 操作系统中可以通过安装（　　）组件来创建 FTP 站点。

　A. IIS　　B. IE　　C. POP3　　D. DNS

项目12 路由与远程访问

主要内容

- 路由概述。
- 网络地址转换 NAT。
- 路由和远程访问服务。
- VPN 服务器的配置与管理。

技术目标

- 了解路由的概念。
- 了解静态路由和动态路由的区别。
- 了解网络地址转换 NAT 的概念。
- 掌握路由和远程访问服务路由的配置。
- 掌握路由和远程访问服务 NAT 的配置。
- 掌握 VPN 服务器的配置与管理。

12.1 真实情景引入

【真实情景】

首先，由于公司各个部门内部只有小型的局域网，部门之间没有相互连通，因此对公司各部门之间信息和材料的传递造成了极大的不便，而且加大了信息互通的成本。公司迫切需求将内部的各个子网络连通起来，形成一个整体。其次，随着社会信息化程度的提高，许多部门工作的开展都需要同外部网络进行联系协作，公司带宽足够但现有公网 IP 地址不足，员工上网问题有待解决。最后，在外出差的员工的重要资料的实时传递可以为公司的业务开展提供有力的帮助，同时出差的员工也希望能够在外部访问公司的内部网络，以获取公司最新的情况，需要公司提供远程访问服务。

【引入问题】

（1）公司内部网络如何连通？

（2）如何使用有限的公网 IP 地址满足员工的上网需求？

（3）如何使在外的员工可以正常访问到公司的内部网络？

12.2 路由与远程访问服务

12.2.1 路由概述

路由是在被隔离的子网之间转发数据包的过程，它使不同的子网可以互通，以使用户访问到其他子网中的资源。路由功能的实现一般由路由器来完成，在企业网络中由很多路由器连接多个子网，并保证子网之间可以相互通信。在路由器中可以存储路由表，根据路由表的内容决定最有效的数据包路由转发路径。

12.2.2 静态路由与动态路由

静态路由是指由网络管理员手工配置的路由信息。当网络的拓扑结构或链路的状态发生变化时，网络管理员需要手工修改路由表中相关的静态路由信息。静态路由信息在默认情况下是私有的，不会传递给其他的路由器。当然，网管员也可以通过对路由器进行设置使之成为共享的。静态路由一般适用于比较简单的网络环境，在这样的环境中，网络管理员易于清楚地了解网络的拓扑结构，便于正确地设置路由信息。使用静态路由的另一个好处是网络安全保密性高。动态路由需要路由器之间频繁地交换各自的路由表，分析路由表可以得到网络的拓扑结构和网络地址等信息。因此，网络出于安全方面的考虑也可以使用静态路由。

大型和复杂的网络环境通常不宜使用静态路由。一方面，网络管理员难以全面地了解整个网络的拓扑结构。另一方面，当网络的拓扑结构和链路状态发生变化时，路由器中的静态路由信息需要大范围地调整，这一工作的难度和复杂程度非常高。

动态路由器上的路由表项是通过相互连接的路由器来交换信息，然后按照一定的算法优化出来的，这些路由信息在一定的时间间隔里是不断更新的，以适应不断变化的网络，以随时获得最优的寻路效果。为了实现 IP 分组的高效寻路，IETF 制定了多种寻路协议。其中，用于自治系统（Autonomous System，AS）内部网关的协议有开放式最短路径优先协议（Open Shortest Path First，OSPF）和寻路信息协议（Routing Information Protocol，RIP）。自治系统是指在同一实体（如学校、企业或 ISP）管理下的主机、路由器及其他网络设备的集合。还有用于自治域系统之间的外部网络路由协议 BGP－4 等。

12.2.3 网络地址转换 NAT

网络地址转换 NAT（Network Address Translation）属于接入广域网（WAN）技术，是一种将私有（保留）地址转化为合法 IP 地址的转换技术，它被广泛应用于各种类型的接入方式和网络中。这种通过使用少量的公有 IP 地址代表较多的私有 IP 地址的方式，将有助于减缓可用 IP 地址空间的枯竭，而且还能有效地避免来自网络外部的攻击，隐藏并保护网络内部的计算机。

NAT 的实现方式有 3 种，即静态转换 Static Nat、动态转换 Dynamic Nat 和端口多路复用 OverLoad。

静态转换是指将内部网络的私有 IP 地址转换为公有 IP 地址，IP 地址对是一对一的，是固定不变的，某个私有 IP 地址只能转换为某个公有 IP 地址。借助于静态转换，可以实现外部网络对内部网络中某些特定设备（如服务器）的访问。

动态转换是指将内部网络的私有 IP 地址转换为公用 IP 地址，IP 地址是不确定的，是随机的，所有被授权访问网络的私有 IP 地址可随机转换为任何指定的合法 IP 地址。也就是说，只要指定哪些内部地址可以进行转换，以及用哪些合法地址作为外部地址后，即可进行动态转换。动态转换可以使用多个合法外部地址集。当 ISP 提供的合法 IP 地址略少于网络内部的计算机数量时，可以采用动态转换的方式。

端口多路复用（Port Address Translation，PAT）是指改变外出数据包的源端口并进行端口转换，即端口地址转换。采用端口多路复用方式，内部网络的所有主机均可共享一个合法的外部 IP 地址，实现对 Internet 的访问，从而可以最大限度地节约 IP 地址资源。同时，又可隐藏网络内部的所有主机，有效避免来自 Internet 的攻击。

12.2.4 远程访问服务概述

Remote Access Service 是远程访问服务，简称 RAS。在 Windows Server 2008 系统中，RAS 可以让安装 Windows Server 2008 系统的客户端拨号或直接连接到其他系统，从而访问包括 Internet 在内的远程网络。RAS 也可以让 Windows Server 2008 系统作为网络和拨号访问服务器，将远程客户端路由连接到网络。在 Windows Server 2008 系统中，RAS 和 RRAS（Routing and Remote Access Service，路由和远程访问）集成为一个服务。

12.3 任务 1–添加路由和远程访问服务

12.3.1 安装路由和远程访问服务

Windows Server 2008 系统中的路由和远程访问服务可以实现以下功能：

（1）在企业中连接局域网的不同网段或子网，即软件路由器的功能。

（2）把分支机构的网络与企业网络通过 Internet 连接起来，以实现资源的共享。

（3）让远程的计算机可以接入到企业的网络中访问网络资源。

Windows Server 2008 系统中安装路由服务器的具体步骤如下。

（1）把要作为路由器的 Windows Server 2008 系统的计算机安装上双网卡，并分别配置两个不同子网中的 IP 地址，如图 12-1 所示。

图 12-1　使用 ipconfig 命令查看当前网络状态

（2）单击“开始”→“管理工具”→“服务器管理器”命令，单击左侧树中的“角色”节点，在右侧窗口中单击“添加角色”命令，如图 12-2 所示。

（3）在“选择服务器角色”对话框中单击“服务器角色”，勾选“网络策略和访问服务”复选项，然后单击【下一步】按钮，如图 12-3 所示。

（4）在“网络策略和访问服务”对话框中单击【下一步】按钮，如图 12-4 所示。

（5）在“选择角色服务”对话框中，单击“角色服务”，勾选“路由和远程访问服务”复选项，然后单击【下一步】按钮，如图 12-5 所示。

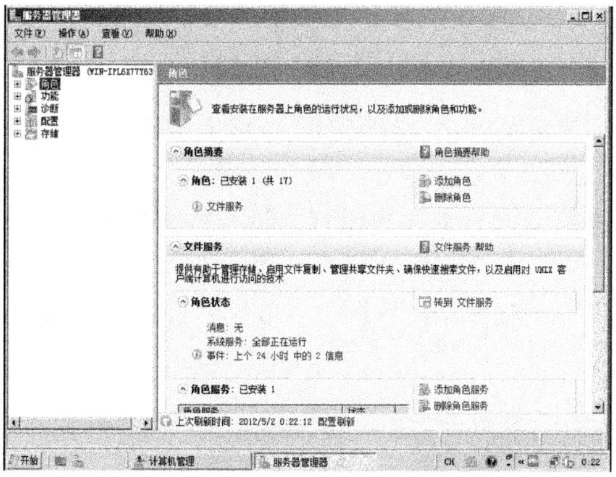

图 12-2　添加服务器角色

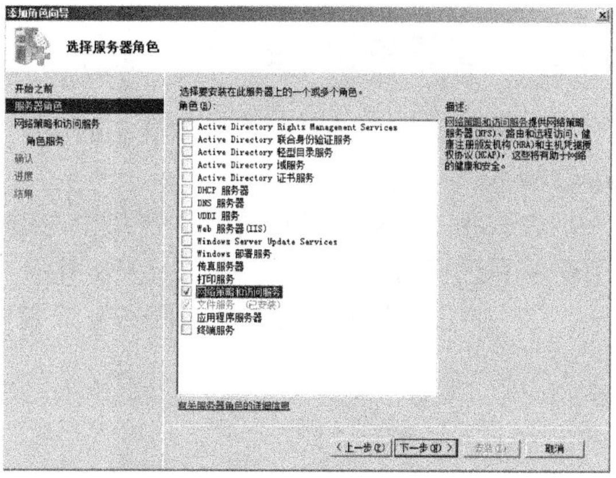

图 12-3　“选择服务器角色”对话框

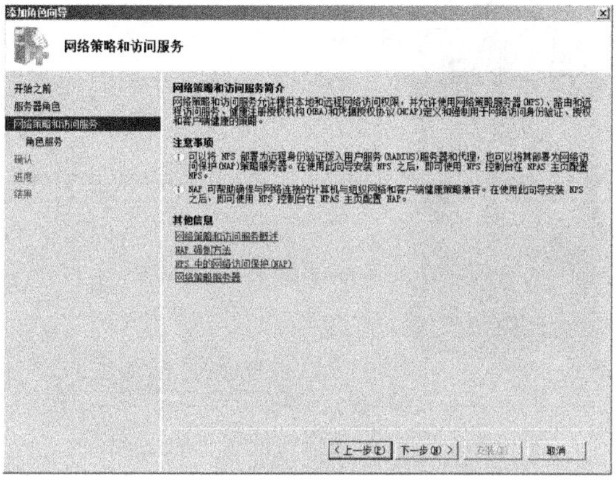

图 12-4　网络策略和访问服务简介

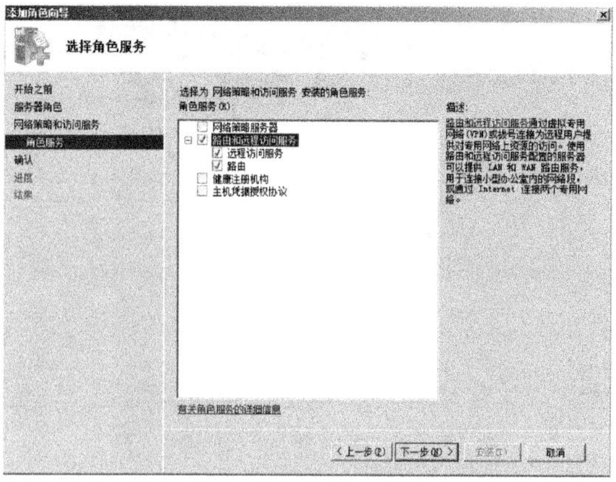

图 12-5　添加路由和远程访问服务

（6）在确认安装所选服务后，单击【安装】按钮，如图 12-6 所示。

（7）安装完成后，单击【关闭】按钮，如图 12-7 所示。

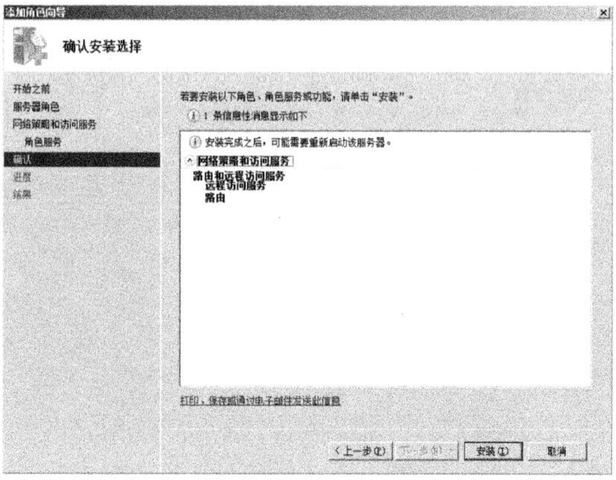

图 12-6　安装路由和远程访问服务

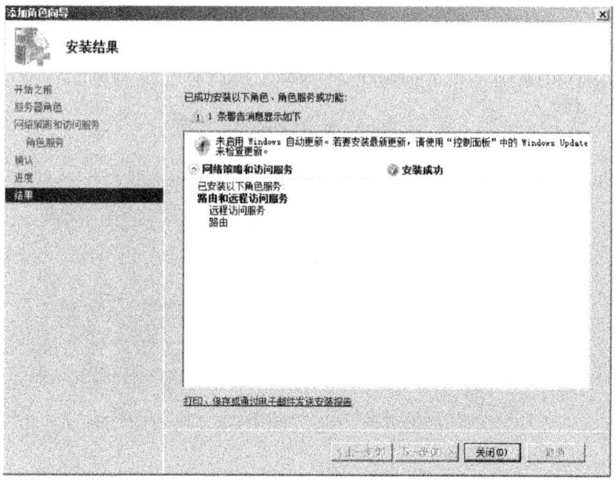

图 12-7　路由和远程访问服务安装成功

（8）安装完成以后，即可在“开始”→“管理工具”中找到路由和远程访问选项，代表此功能已经安装成功。打开路由和远程访问即可进行后续的网络功能配置与管理了。

12.3.2 配置静态路由

管理员可以在路由表中添加静态的路由表项来帮助路由器确定网络路由的路径。具体步骤如下：

（1）在“路由和远程访问”窗口中右键单击服务器，在弹出的菜单中选择“配置并启用路由和远程访问”选项，如图 12-8 所示。

（2）弹出“路由和远程访问服务器安装向导”对话框，单击【下一步】按钮，如图 12-9 所示。

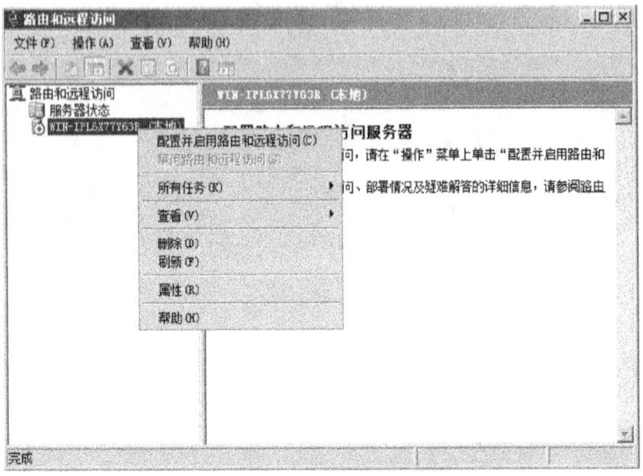

图 12-8 “路由和远程访问”窗口

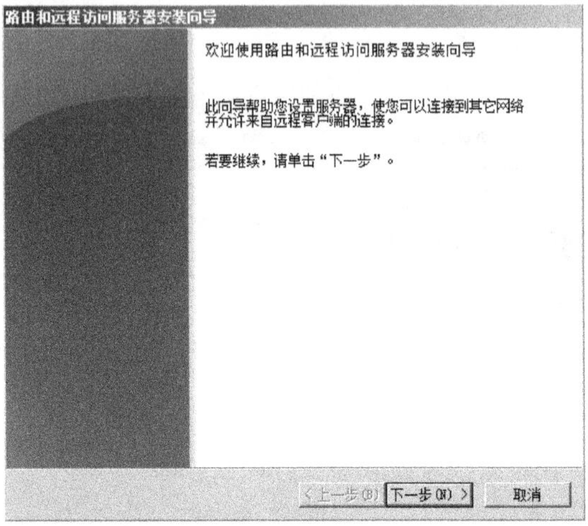

图 12-9 路由和远程访问服务安装向导

（3）在“配置”对话框中选中“自定义配置”单选项，然后单击【下一步】按钮，如图 12-10 所示。

（4）在“自定义配置”对话框中勾选“LAN 路由”复选项，然后单击【下一步】按钮，如图 12-11 所示。

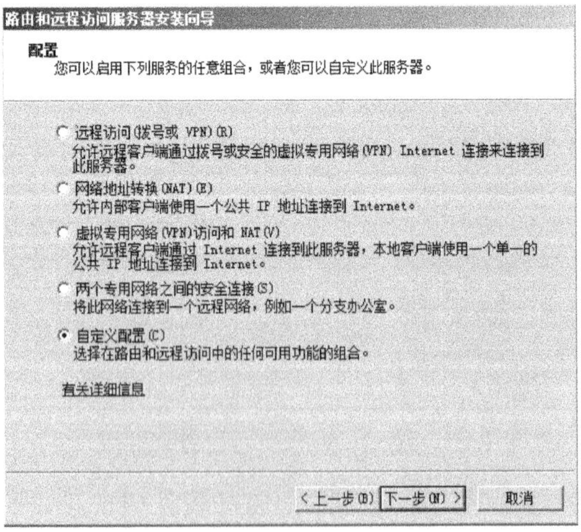

图 12-10 定义路由和远程访问服务器功能

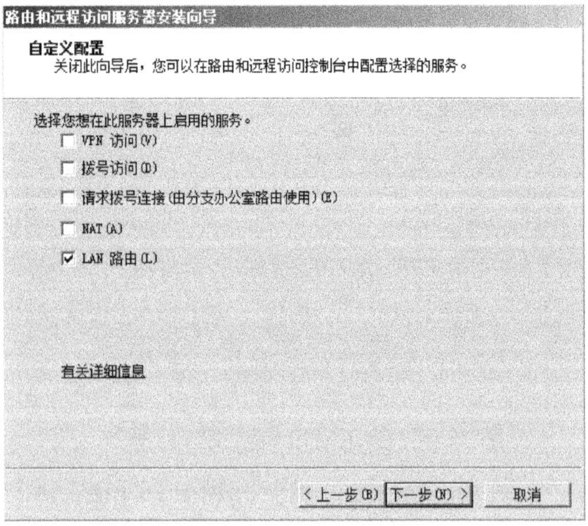

图 12-11 选择路由和远程访问服务器功能

（5）等待一段时间后，弹出窗口提示安装完成，单击【完成】按钮关闭安装向导，如图 12-12 所示。

（6）安装完成后，弹出窗口提示启动路由和远程访问服务，单击【启动服务】按钮启动服务，如图 12-13 所示。

（7）这时，在“路由和远程访问”窗口的左侧窗格中可以看到，服务器状态由红色不可用变为了绿色可用，并在下方出现了相应的功能，如图 12-14 所示。

（8）单击 IPv4 节点以展开，右键单击“静态路由”，在弹出的菜单中选择“新建静态路由…”选项，如图 12-15 所示。

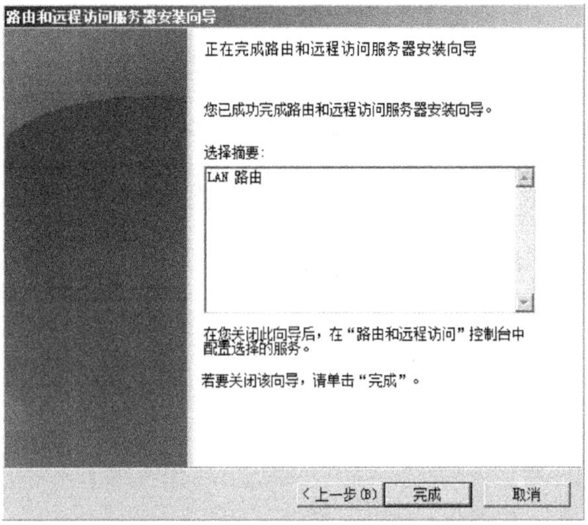

图 12-12　路由和远程访问服务器安装成功

图 12-13　启动路由和远程访问服务

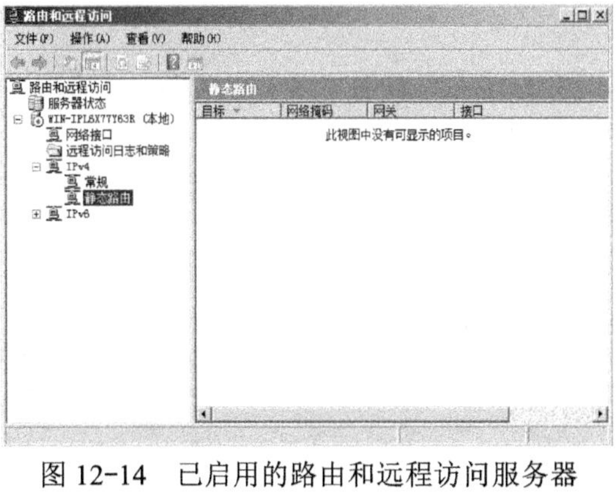

图 12-14　已启用的路由和远程访问服务器

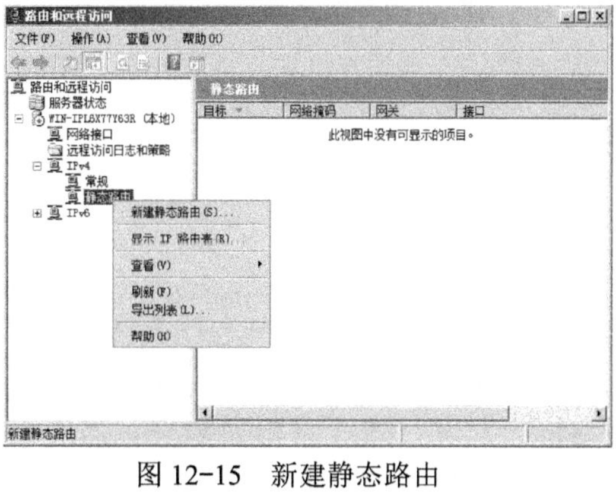

图 12-15　新建静态路由

（9）弹出“IPv4 静态路由”对话框，选择添加路由的网络接口（即网络连接），输入目标的网络地址、子网掩码和需要通过的网关，单击【确定】按钮即可，如图 12-16 所示。

（10）此时，在“路由和远程访问”窗口中，单击“静态路由”，在右侧的列表中，能够看到新添加的静态路由，如图 12-17 所示。

（11）右键单击“静态路由”，在弹出的菜单中选择“显示 IP 路由表…”选项，可以看到最新的 IP 路由表，其中第一项便是新添加的静态路由，对应的协议类型是静态（非请求拨号），如图 12-18 所示。

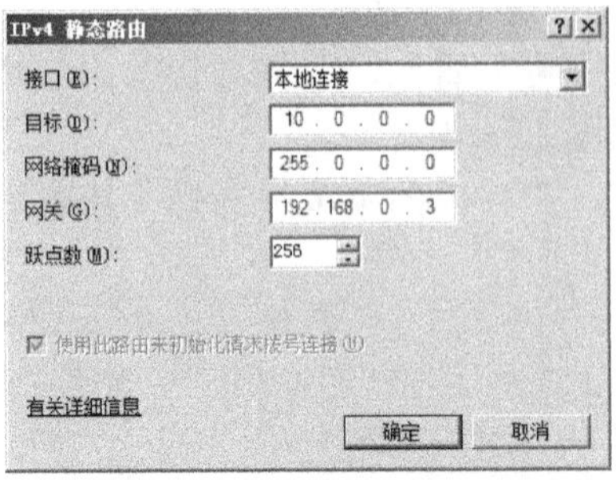

图 12-16　静态路由配置

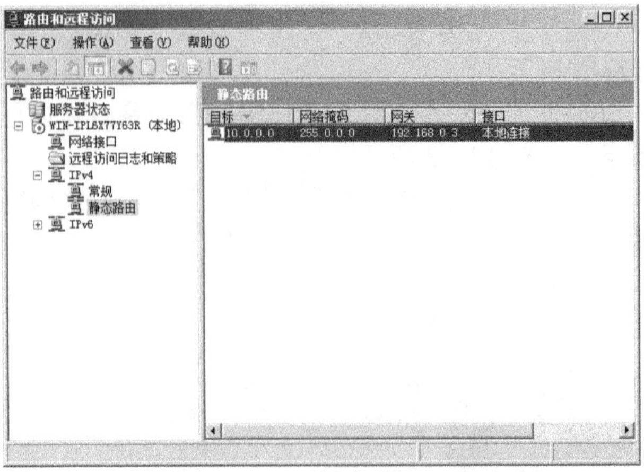

图 12-17　新添加的静态路由

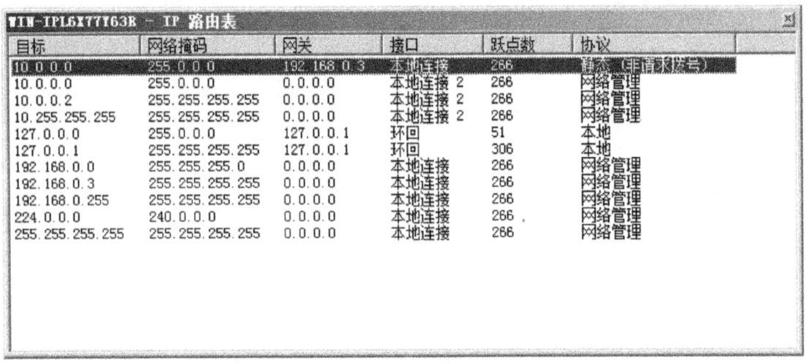

图 12-18　IP 路由表

12.3.3　配置 NAT

可以使用 NAT 的方法将内网私有地址映射成外网地址，从而实现跨网络访问，具体步骤如下：

（1）单击“开始”→“管理工具”→“路由和远程访问”，打开“路由和远程访问”窗口，如图 12-19 所示。

（2）右键单击“常规”，在弹出的菜单中选择“新路由选择协议”选项，出现如图 12-20 所示的对话框。在列表中选择“NAT（网络地址转换）”选项，单击【确定】按钮返回。此时，在“路由和远程访问”窗口左侧的“IPv4”中，将会添加新的“NAT”子项。

（3）右键单击“NAT”子项，在弹出的菜单中选择“新增接口”选项，弹出“IPNAT 的新接口”对话框，如图 12-21 所示。在“接口”列表中选择合法的 IP 地址对应的网络接口，即“本地连接 2”，单击【确定】按钮。

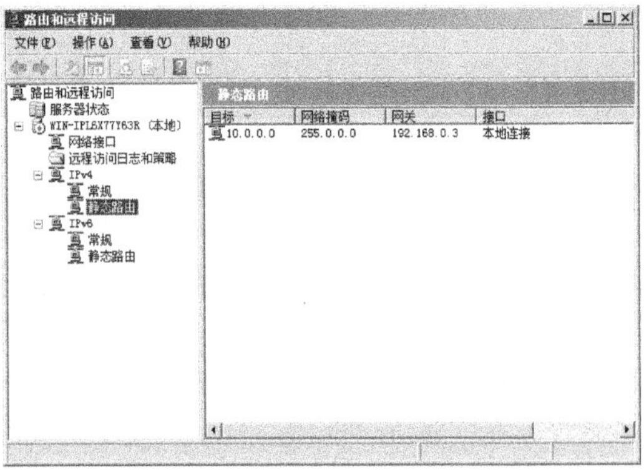

图 12-19　“路由和远程访问”窗口

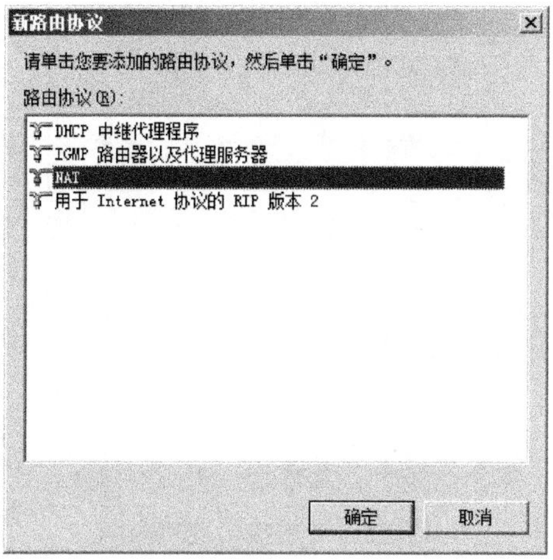

图 12-20　添加 NAT 协议

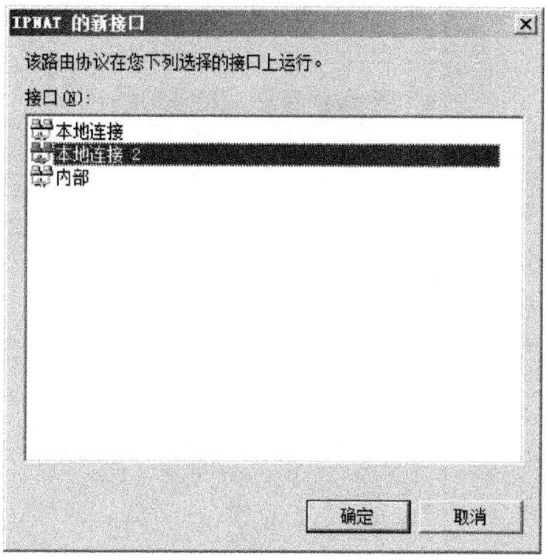

图 12-21　启用 NAT 的网络接口

（4）弹出如图 12-22 所示的“网络地址转换-本地连接 2 属性”对话框，在“NAT”选项卡中选择网络连接方式，如“公用接口连接到 Internet”和“在此接口上启用 NAT”。

（5）选择“地址池”选项卡，单击【添加】按钮，如图 12-23 所示。在弹出的“添加地址池”对话框中，输入映射的合法 IP 地址的范围，预留 10.0.0.100～10.0.0.200 的 IP 地址空间，配置后的路由器将把内网专有 IP 地址映射到上述地址池的合法 IP 地址上。

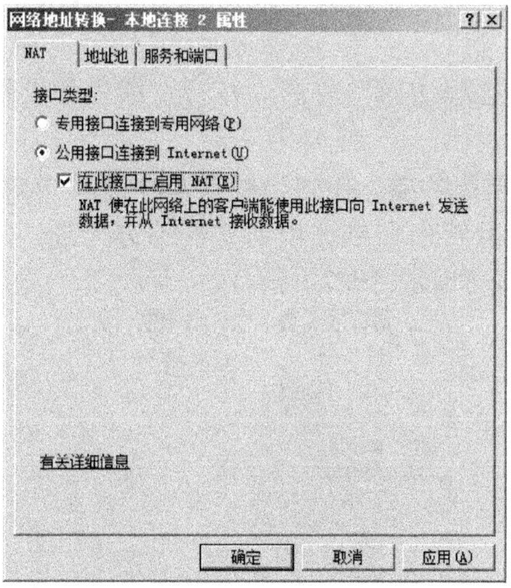

图 12-22　NAT 接口设置

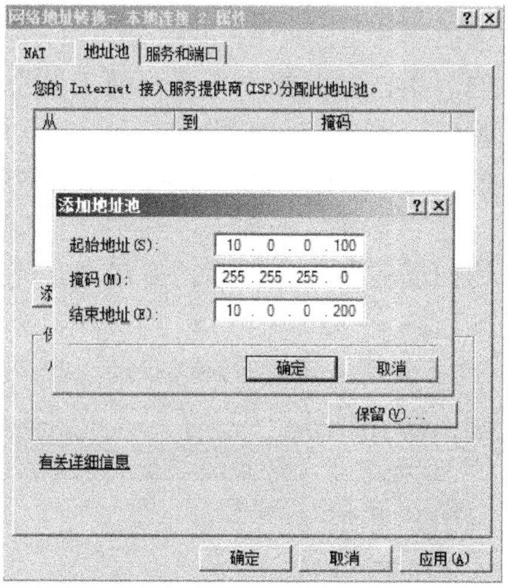

图 12-23　指定 NAT 地址池

（6）在“路由和远程访问”窗口左侧的目录树中，右键单击“NAT（网络地址转换）”子项，并在弹出的菜单中选择“新接口”选项。弹出“IPNAT 的新接口”对话框，如图 12-24 所示，在“接口”列表中选择“内部”（此接口为连接内网 IP 地址网段的网络适配器），弹出“网络地址转换—内部 属性”对话框，选中“专用接口连接到专用网络”单选项即可，如图 12-25 所示。

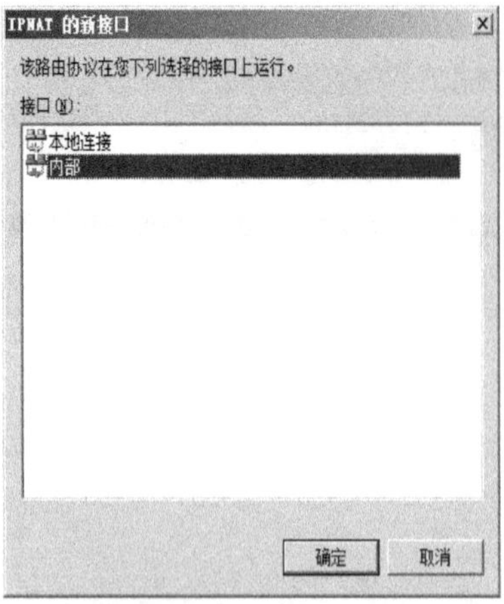

图 12-24　指定内部接口

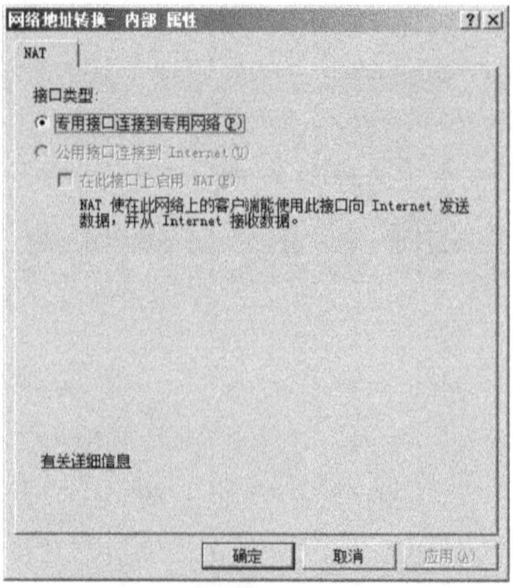

图 12-25　专用接口连接内网

（7）上述配置完成后，就可以使用内网计算机访问 Internet 了。

12.4　任务 2-VPN 服务器的配置与管理

虚拟专用网络 VPN（Virtual Private Network）是一种提供远程接入的手段，具有高安全性、扩展性好、节约成本等优点。远程用户只需先接入 Internet，然后根据 VPN 服务器的 IP 地址呼叫，就可以接入到企业的私有网络中。在 Internet 中传输的私有网络中的数据会被加密并被隧道协议封装在隧道中，有效地保证了数据传输的安全性。

在 Windows Server 2008 系统中，可以建立 VPN 服务器作为远程访问服务器，具体步骤如下：

（1）单击“开始”→“管理工具”→“路由和远程访问”命令，打开“路由和远程访问”窗口，如图 12-26 所示。

（2）在“路由和远程访问”窗口中右键单击本地服务器，在弹出的菜单中选择“属性”选项，在“常规”选项卡中选中“局域网和请求拨号路由”单选项，并在下方勾选“IPv4 远程访问服务器”复选项，最后单击【确定】按钮，如图 12-27 所示。

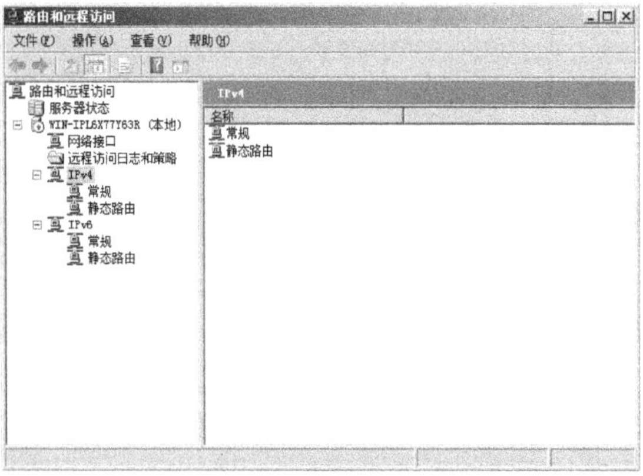

图 12-26　“路由和远程访问”窗口

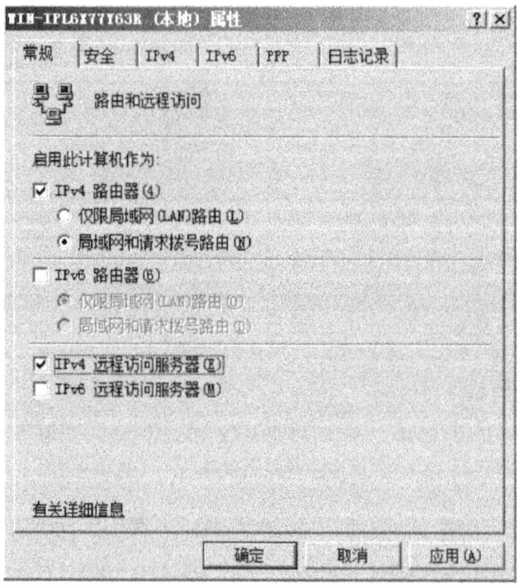

图 12-27　修改本地路由和远程访问服务器的属性

（3）确定并重启路由和远程访问服务后，右键单击“网络接口”，在弹出的菜单中选择“新建请求拨号接口”选项，如图 12-28 所示。

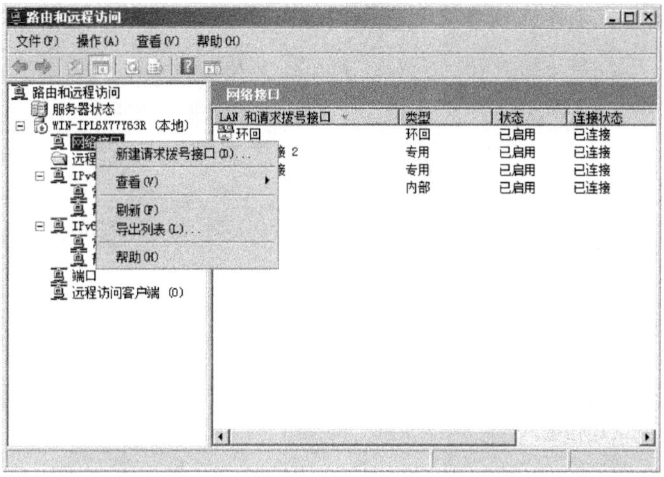

图 12-28　选择“新建请求拨号接口”选项

（4）在弹出的“请求拨号接口向导”对话框中单击【下一步】按钮。在“接口名称”对话框中为请求拨号接口定义接口名称，再单击【下一步】按钮，如图 12-29 所示。

（5）在“连接类型”对话框中选中“使用虚拟专用网络（VPN）连接”单选项，并单击【下一步】按钮，如图 12-30 所示。

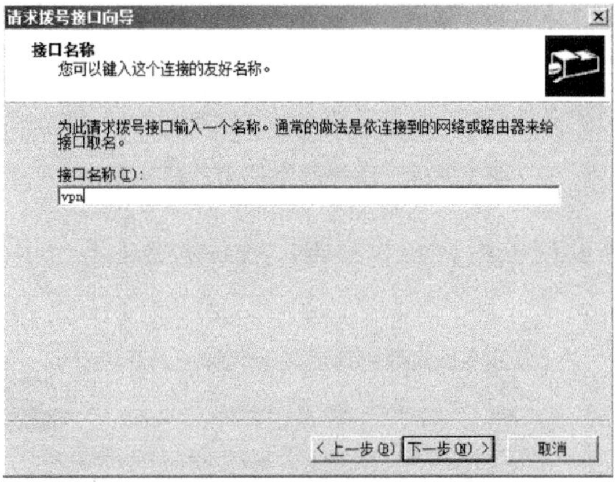

图 12-29　定义请求拨号接口名称

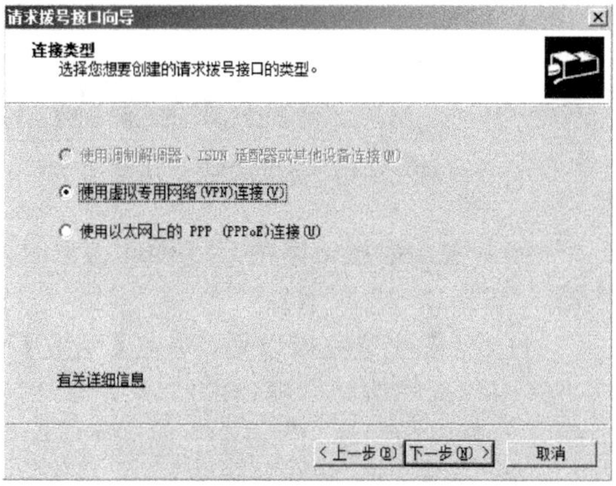

图 12-30　定义接口类型

（6）在“VPN 类型”对话框中选中“自动选择”单选项，并单击【下一步】按钮，如图 12-31 所示。

（7）在“目标地址”对话框中，输入正在连接的 IP 地址，如图 12-32 所示。

（8）在“协议及安全”对话框中勾选“在此接口上路由选择 IP 数据包”复选项，然后单击【下一步】按钮，如图 12-33 所示。

（9）添加远程网络的静态路由为“0.0.0.0”，表示所有数据将从此网络接口传输，然后单击【下一步】按钮，如图 12-34 所示。

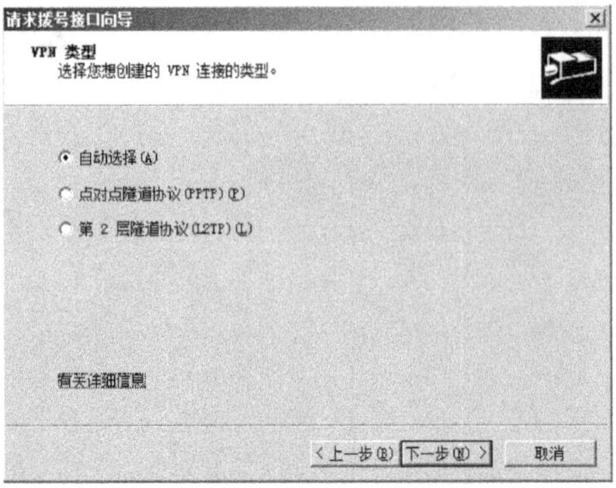

图 12-31　定义 VPN 类型

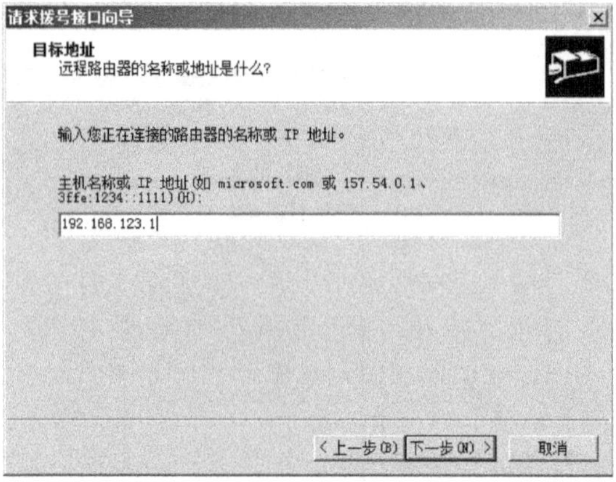

图 12-32　远程访问服务器地址

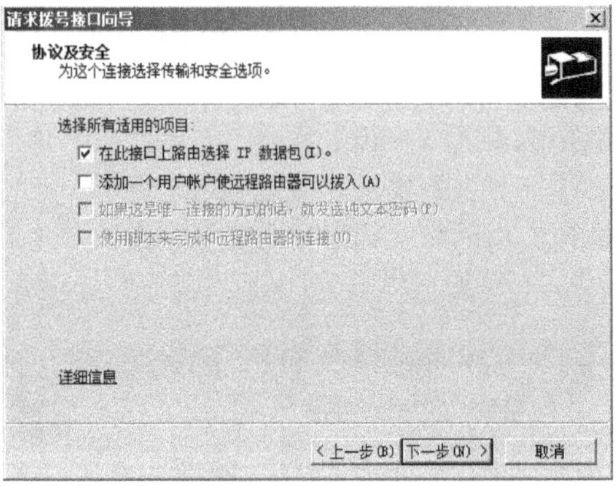

图 12-33　协议及安全选项

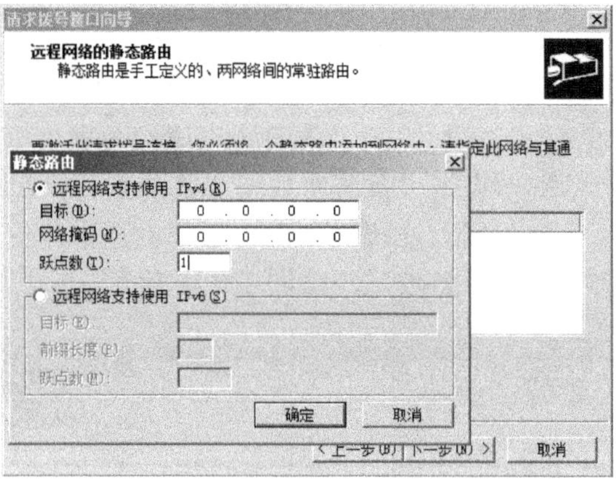

图 12-34　远程网络使用的静态路由

（10）输入远程访问用户连接此接口时，需要提供用户名和密码，然后单击【下一步】按钮，如图 12-35 所示。

（11）全部配置完成以后，单击【完成】按钮。在“路由和远程访问”窗口的“网络接口”中出现新建的远程访问接口“vpn”，如图 12-36 所示。

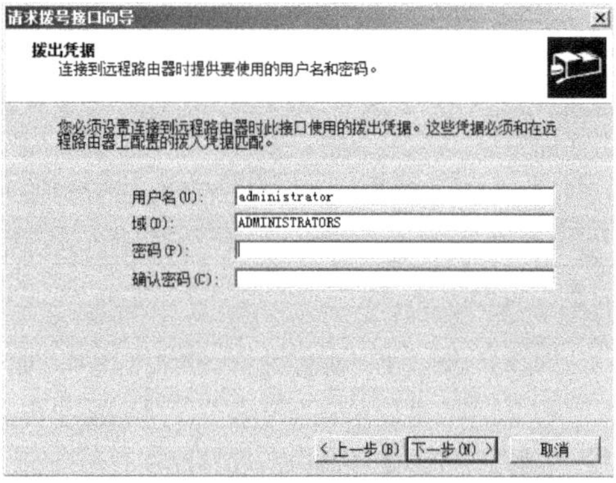

图 12-35　远程访问登录验证设置

（12）在远程访问的客户端打开“网络”，单击“网络和共享中心”，在“网络和共享中心”窗口中单击左侧的“设置连接或网络”，如图 12-37 所示。

（13）选择连接选项为“连接到工作区”，然后单击【下一步】按钮，如图 12-38 所示。

（14）单击“连接到 Internet”，在“连接到工作区”对话框中输入 VPN 服务器的 IP 地址，然后单击【下一步】按钮，如图 12-39 所示。

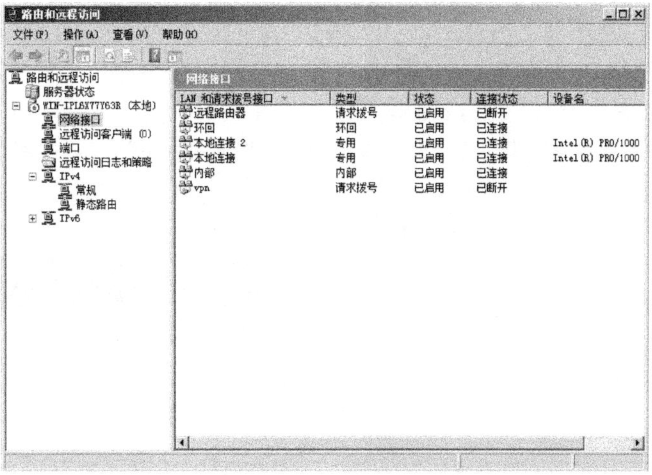

图 12-36　建立 vpn 请求拨号成功

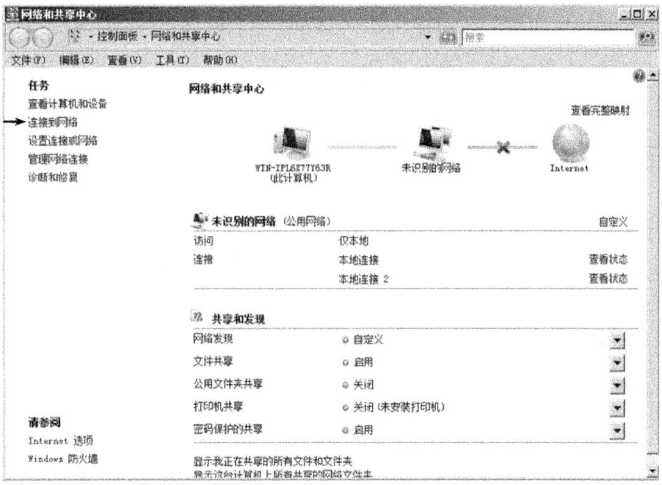

图 12-37　客户端网络和共享中心

图 12-38　建立到 VPN 服务器的连接

图 12-39　输入 VPN 服务器的 IP 地址

（15）输入连接到 VPN 服务器的远程用户的用户名、密码以及所属域，然后单击【创建】按钮，如图 12-40 所示。

（16）返回“网络和共享中心”，单击左侧的“连接到网络”，在弹出的对话框中选择新建的 VPN 连接，单击【连接】按钮即可，如图 12-41 所示。

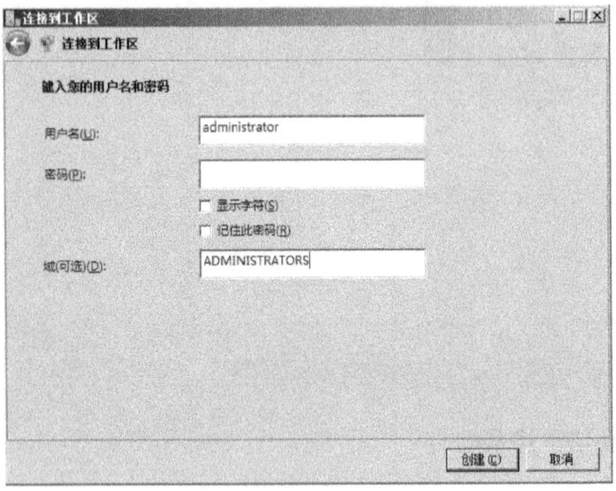

图 12-40　连接 VPN 服务器认证

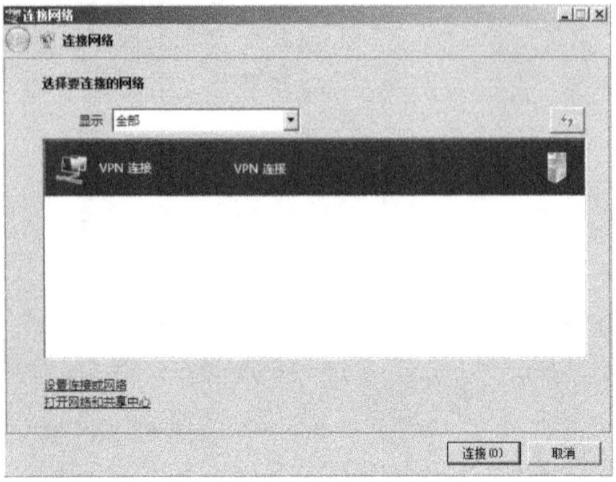

图 12-41　连接到 VPN 服务器

（17）如果 VPN 连接服务器失败，将弹出 VPN 连接登录界面，要求用户修改连接设置，如图 12-42 所示。

（18）单击【属性】按钮，可以对建立的 VPN 连接作更加详细的设置，如图 12-43 所示。

图 12-42　VPN 连接登录界面

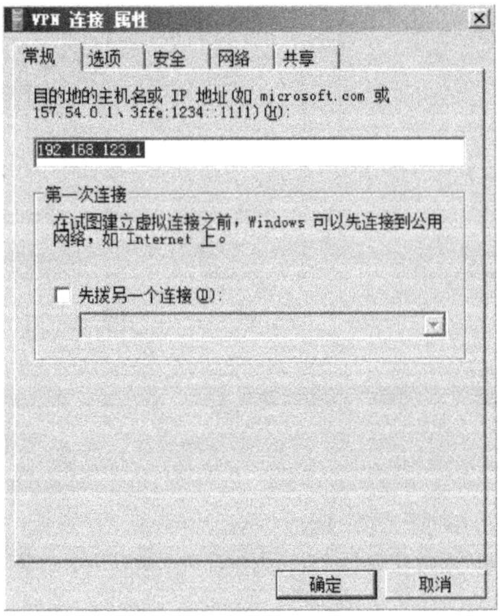

图 12-43　VPN 连接属性设置

12.5　回到工作情景

【工作任务一】公司内部网络如何连通？

（1）在 Windows Server 2008 系统中启用路由和远程访问服务。

（2）使用双网卡分别连接不同的子网。

（3）添加静态路由。

【工作任务二】如何使用有限的公网 IP 地址满足员工的上网需求？

（1）在 Windows Server 2008 系统的路由和远程访问服务中添加 NAT 功能。

（2）指定能够访问外网的网络地址。

（3）指定 NAT 的合法地址池。

（4）内网计算机从合法地址池中获取 IP 地址，以访问外部网络。

【工作任务三】如何使在外的员工可以正常访问到公司的内部网络？

（1）在 Windows Server 2008 系统的路由和远程访问服务中添加请求访问接口。

（2）设置请求访问接口属性，尤其是对外部网络地址和登录用户验证数据的设置。

（3）在外的员工通过建立 VPN 连接访问公司的内部网络。

12.6 项目实训—路由服务器的安装、配置与测试

【实训环境和条件】

（1）VMware Workstation 8.0 虚拟机软件。

（2）Windows Server 2008 系统虚拟机。

【实训目的】

通过上机练习，熟悉 Windows Server 2008 系统的路由和远程访问服务的使用，掌握路由设置、NAT 设置和建立 VPN 远程访问服务器的方法。

【实训内容】

（1）安装路由和远程访问服务。

（2）配置静态路由。

（3）配置 NAT。

（4）VPN 服务器的配置与管理。

【实训过程】

（1）安装路由和远程访问服务。

1）添加服务器角色。

2）选择路由和远程访问服务。

（2）配置静态路由。

1）启用路由和远程访问服务。

2）建立 LAN 路由服务器。

3）添加静态路由。

（3）配置 NAT。

1）添加 NAT 路由协议。

2）设置 NAT 网络接口属性。

3）指定 NAT 地址池。

4）设置内网网络接口。

（4）VPN 服务器的配置与管理。

1）添加远程访问接口。

2）设置远程访问地址。

3）设置远程访问用户验证。

4）客户端远程访问配置。

习　　题

简答题

1. 静态路由有哪些优点？适用于什么样的环境？
2. NAT 的实现方式有哪些？
3. 简述配置静态路由的步骤。
4. 简述配置 NAT 的步骤。
5. 简述 VPN 服务器建立的步骤。

参 考 文 献

[1] 微软技术资源库．http://technet.microsoft.com/zh-cn/library/default.aspx.

[2] William R.Stanek．精通 Windows Server 2008[M]．北京：清华大学出版社，2009.

[3] 吕强，富万利．Windows Server 2008 服务器完全技术宝典[M]．北京：中国铁道出版社，2009.

[4] Charlie Russel．Windows Server 2008 高级管理应用大全[M]．北京：人民邮电出版社，2010.

[5] 戴有炜．Windows Server 2008 R2 安装与管理[M]．北京：清华大学出版社，2011.

[6] Dan Holme．配置 Windows Server 2008 活动目录（MCTS 教程）[M]．北京：清华大学出版社，2011.

[7] 魏文胜，刘本军．网络操作系统教程——Windows Server 2008 管理与配置[M]．北京：机械工业出版社，2012.

[8] 胡刚强．Windows Server 2008 案例教程[M]．北京：机械工业出版社，2011.

[9] 卢豫开．Windows Server 2008 网络服务[M]．北京：机械工业出版社，2011.

[10] 李春辉．Windows Server 2008 网络操作系统配置与管理[M]．北京：北京邮电大学出版社，2012.

[11] 张庆力．Windows Server 2008 教程[M]．北京：电子工业出版社，2012.

[12] 张浩军．计算机网络操作系统:Windows Server 2008 管理与配置[M]．北京：水利水电出版社，2012.

[13] 张博．Windows Server 2008 R2 网络配置与管理[M]．北京：人民邮电出版社，2013.

[14] 程书红．网络操作系统管理与配置:Windows Server 2008[M]．北京：中国铁道出版社，2013.

[15] 邱方家．Windows Server 2008 配置与管理[M]．重庆：重庆大学出版社，2013.

[16] 陈晴．基于项目式的 Windows Server 2008 网络操作系统教程[M]．北京：科学出版社，2011.